第**3**版

みんなが欲しかった！

# 電験三種
## 理論の
### 教科書&問題集

TAC出版開発グループ 編著

**TAC出版**
TAC PUBLISHING Group

# は し が き

　電験三種の内容は難しく，学習範囲が膨大です。かといって中途半端に薄い教材で学習して負担を軽減しようとすると，説明不足でかえって多数の書籍を購入しなければならなくなり，理解に時間がかかってしまうという問題がありました。

　そこで，本書では教科書と問題集を分冊にし，十分な紙面を設けて，他書では記述が省略される基礎的な内容も説明しました。

## １．教科書

　紙面を大胆に使ってたくさんのイラストを載せています。電験三種の膨大な範囲をイラストによって直感的にわかるように説明しているため，学習スピードを大幅に加速することができます。

## ２．問題集

　過去に出題された良問を厳選して十分な量を収録しました。電験三種では似た内容の問題が繰り返し出題されます。しかし，過去問題の丸暗記で対応できるものではないので，教科書と問題集を何度も交互に読み理解を深めるようにして下さい。

　なお，本シリーズでは科目間（理論，電力，機械，法規）の関連を明示しています。これにより，ある科目の知識を別の科目でそのまま使える分野については，学習負担を大幅に軽減できます。

　皆様が本書を利用され，見事合格されることを心よりお祈り申し上げます。

2024年2月

TAC出版開発グループ

●第３版刊行にあたって

　本書は『みんなが欲しかった！　電験三種理論の教科書＆問題集』につき，試験傾向に基づき，改訂を行ったものです。

# 本書の特長と効果的な学習法

## 1 「このCHAPTERで学習すること」「このSECTIONで学習すること」をチェック！

　学ぶにあたって，該当単元の全体を把握しましょう。全体像をつかみ，知識を整理することで効率的な学習が可能です。

　また，重要な公式などを抜粋しているので，復習する際にも活用することができます。

## 2　シンプルで読みやすい「本文」

### 1 電荷　重要度 ★★★

　磁石にN極とS極があるように，電気にも ＋の電気と － の電気があります。電荷とは，物質が帯びている電気のことです。プラスの性質を持つ電荷を正電荷，マイナスの性質を持つ電荷を負電荷といいます。同じ性質を持つ電荷は反発し合い，異なる性質を持つ電荷は引き合います。

　論点をやさしい言葉でわかりやすくまとめ，少ない文章でも理解できるようにしました。カラーの図表をふんだんに掲載しているので，初めて学習する人でも安心して勉強できます。

## 3　「板書」で理解を確実にする

板書 コンデンサ

コンデンサ …電源につなげると，電気を蓄えることのできる電気回路の部品

導体
絶縁体
（誘電体）
導体

図記号

　フルカラーの図解やイラストなどを用いてわかりにくいポイントを徹底的に整理しています。
　本文，板書，公式をセットで反復学習しましょう。復習する際は板書と公式を重点的に確認しましょう。

## 4　重要な「公式」をしっかりおさえる

公式 オームの法則

電圧　抵抗 電流
$V = R\ I$
[V]　[Ω] [A]　←押し流す力＝流れにくさ×流れる量

抵抗　電圧[V]
$R = \dfrac{V}{I}$
[Ω]　電流[A]　←流れにくさ＝押し流す力÷流れる量

電流　電圧[V]
$I = \dfrac{V}{R}$
[A]　抵抗[Ω]　←流れる量＝押し流す力÷流れにくさ

つまり，「電流 $I$ は電圧 $V$ に比例し，抵抗 $R$ に反比例する」ということです。

電流 $I$[A]
抵抗 $R$[Ω]
電圧降下 $V$[V]
電位（高）
電位（低）

　電験は計算問題が多く出題されます。重要な公式をまとめていますので，必ず覚えるようにしましょう。問題を解く際に思い出せなかった場合は，必ず公式に立ち返るようにしましょう。

## 5  かゆいところに手が届く「ひとこと」

本文を理解するためのヒントや用語の意味，応用的な内容など，補足情報を掲載しています。プラスαの知識で理解がいっそう深まります。

 ←ほかの科目の内容を振り返るときはこのアイコンが出てきます。

## 6  学習を助けるさまざまな工夫

### ●重要度

見出しの横に重要度を示しています。

| 重要度 ★★★ | 重要度　高 |
| 重要度 ★★☆ | 重要度　中 |
| 重要度 ★☆☆ | 重要度　低 |

### ●問題集へのリンク

本書には，教科書にリンクした問題集がセットになっています。教科書中に，そこまで学習した内容に対応した問題集の番号を記載しています。

### ●科目間リンク

電験の試験科目4科目はそれぞれ関連しているところがあります。関連する項目には，関連箇所のリンクを施しています。

**❓ 基本例題** ────────────────────────────── 抵抗による分圧(2)

$V_0 = 100$ V, $R_1 = 2$ Ω, $R_2 = 3$ Ω のとき, $V_1$[V], $V_2$[V] の電圧を求めよ。

**解答**

電圧 $V_0$[V] が $R_1 : R_2$ で分圧されるから,

$$V_1 = V_0 \times \frac{R_1}{R_1 + R_2}$$

$$= 100 \times \frac{2}{2+3} = 40 \text{ V}$$

$$V_2 = V_0 \times \frac{R_2}{R_1 + R_2}$$

$$= 100 \times \frac{3}{2+3} = 60 \text{ V}$$

　知識を確認するための基本例題を掲載しています。簡単な計算問題や,公式を導き出すもの,過去問のなかでやさしいものから出題していますので,教科書を読みながら確実に答えられるようにしましょう。

　本書の問題集編は，厳選された過去問題で構成されています。教科書にリンクしているので，効率的に学習をすることが可能です。

レベル表示
問題の難易度を示しています。AとBは必ず解けるようにしましょう。
・A　平易なもの
・B　少し難しいもの
・C　相当な計算・思考が求められるもの

出題
実際にどの過去問かが分かるようにしています。なお，B問題のなかで選択問題はCと記載しています。

問題集の構成
徹底した本試験の分析をもとに，重要な問題を厳選しました。1問ずつの見開き構成なので，解説を探す手間が省け効率的です。

**A　合成抵抗(2)**　重要 SECTION 02

問題02　抵抗値が異なる抵抗$R_1$[Ω]と$R_2$[Ω]を図1のように直列に接続し，30Vの直流電圧を加えたところ，回路に流れる電流は6Aであった。次に，この抵抗$R_1$[Ω]と$R_2$[Ω]を図2のように並列に接続し，30Vの直流電圧を加えたところ，回路に流れる電流は25Aであった。このとき，抵抗$R_1$[Ω]，$R_2$[Ω]のうち小さい方の抵抗[Ω]の値として，正しいのは次のうちどれか。

（1）1　（2）1.2　（3）1.5　（4）2　（5）3

H21-A6

6

チェック欄
学習した日と理解度を記入することができます。問題演習は全体を通して何回も繰り返しましょう。

# 電験三種試験の概要

 試験日程など

|  | 筆記方式 | CBT方式 |
|---|---|---|
| 試験日程 | （上期）8月下旬の日曜日<br>（下期）3月下旬の日曜日 | （上期）7月上旬〜7月下旬で日時指定<br>（下期）2月上旬〜3月初旬で日時指定<br>※CBT方式への変更申請が必要 |
| 出題形式 | マークシートによる五肢択一式 | コンピュータ上での五肢択一式 |
| 受験資格 | なし | |

 申込方法，申込期間，受験手数料，合格発表

| 申込方法 | インターネット（原則） |
|---|---|
| 申込期間 | 5月中旬〜6月上旬（上期）　11月中旬〜11月下旬（下期） |
| 受験手数料 | 7700円（書面による申し込みは8100円） |
| 合格発表 | 9月上旬（上期）　4月上旬（下期） |

 試験当日持ち込むことができるもの

・筆記用具
・電卓（関数電卓は不可）
・時計
※CBT方式では会場で貸し出されるボールペンとメモ用紙，持参した電卓以外は持ち込むことができません。

 試験実施団体

一般財団法人電気技術者試験センター
https : //www.shiken.or.jp/

※上記は出版時のデータです。詳細は試験実施団体にお問い合わせください。

試験科目，合格基準

| 試験科目 | 内容 | 出題形式 | 試験時間 |
|---|---|---|---|
| 理論 | 電気理論，電子理論，電気計測及び電子計測に関するもの | A問題14問<br>B問題3問（選択問題を含む） | 90分 |
| 電力 | 発電所，蓄電所及び変電所の設計及び運転，送電線路及び配電線路（屋内配線を含む。）の設計及び運用並びに電気材料に関するもの | A問題14問<br>B問題3問 | 90分 |
| 機械 | 電気機器，パワーエレクトロニクス，電動機応用，照明，電熱，電気化学，電気加工，自動制御，メカトロニクス並びに電力システムに関する情報伝送及び処理に関するもの | A問題14問<br>B問題3問（選択問題を含む） | 90分 |
| 法規 | 電気法規（保安に関するものに限る。）及び電気施設管理に関するもの | A問題10問<br>B問題3問 | 65分 |

・合格基準…すべての科目で合格基準点（目安として60点）以上

 科目合格制度

・一部の科目のみ合格の場合，申請により2年間（連続5回）試験が免除される

 過去5回の受験者数，合格者数の推移

| | R2年 | R3年 | R4年上期 | R4年下期 | R5年上期 |
|---|---|---|---|---|---|
| 申込者（人） | 55,406 | 53,685 | 45,695 | 40,234 | 36,978 |
| 受験者（人） | 39,010 | 37,765 | 33,786 | 28,785 | 28,168 |
| 合格者（人） | 3,836 | 4,357 | 2,793 | 4,514 | 4,683 |
| 合格率 | 9.8% | 11.5% | 8.3% | 15.7% | 16.6% |
| 科目合格者(人) | 11,686 | 12,278 | 9,930 | 8,269 | 9,252 |
| 科目合格率 | 30.0% | 32.5% | 29.4% | 28.7% | 32.8% |

# 目 contents 次

## 第 **1** 分冊　　**教科書編**

### CHAPTER 01 　直流回路

### CHAPTER 02 　静電気

### CHAPTER 03 　電磁力

# 第2分冊　問題集編

# 教科書と問題集が分解できる！
## セパレートBOOK

『みんなが欲しかった！　電験三種　理論の教科書＆問題集』は，かなりページ数が多いため，「１冊のままだと，バッグに入れて持ち運びづらい」「問題集を解きながら教科書を見るのにページを行ったりきたりしないといけない」という方もいらっしゃると思います。

そこで，本書は教科書と問題集に分解して使うことができるつくりにしました。

---

第１分冊：教科書編
第２分冊：問題集編

---

## ２分冊の使い方

### ★セパレートBOOKの作りかた★

白い厚紙から，各分冊の冊子を取り外します。

※厚紙と冊子が，のりで接着されています。乱暴に扱いますと，破損する危険性がありますので，丁寧に抜きとるようにしてください。

表紙をしっかり持って，ぐいっと引っぱります。

白い厚紙

※抜きとるさいの損傷についてのお取替えはご遠慮願います。

# 電験三種の
# 試験科目の概要 1

電験三種の試験では電気についての理論，電力，機械，法規の4つの試験科目があります。
どんな内容なのか，ざっと確認しておきましょう。

## 理論

**内容**

電気理論，電子理論，電気計測及び電子計測に関するもの

**ポイント**

理論は電験三種の土台となる科目です。すべての範囲が重要です。合格には，❶直流回路，❷静電気，❸電磁力，❹単相交流回路，❺三相交流回路を中心にマスターしましょう。この範囲を理解していないと，ほかの科目の参考書を読んでも理解ができなくなります。一発合格をめざす場合は，この5つの分野に8割程度の力を入れて学習します。

## 電力

**内容**

発電所，蓄電所及び変電所の設計及び運転，送電線路及び配電線路（屋内配線を含む。）の設計及び運用並びに電気材料に関するもの

**ポイント**

重要なのは，❶発電（電気をつくる），❷変電（電気を変成する），❸送電（電力会社のなかで電気を輸送していく），❹配電（電力会社がお客さんに電気を配分していく）の4つです。

電力は，知識問題の割合が理論・機械に比べて多いので4科目のなかでは学習負担が少ない科目です。専門用語を理解しながら，理論との関連を意識しましょう。

## 4科目の相関関係はこんな感じ

## 機械

**内容**

電気機器, パワーエレクトロニクス, 電動機応用, 照明, 電熱, 電気化学, 電気加工, 自動制御, メカトロニクス並びに電力システムに関する情報伝送及び処理に関するもの

**ポイント**

「電気機器」と「それ以外」に分けられ, 「電気機器」が重要です。「電気機器」は❶直流機, ❷変圧器, ❸誘導機, ❹同期機の４つに分けられ, 「四機」と呼ばれるほど重要です。他の３科目と同時に, 一発合格をめざす場合は, この四機に全体の７割程度の力を入れて, 学習します。

## 法規

**内容**

電気法規（保安に関するものに限る。）及び電気施設管理に関するもの

**ポイント**

法規は４科目の集大成ともいえる科目です。法規を理解するために, 理論, 電力, 機械という科目を学習するともいえます。ほかの３科目をしっかり学習していれば, 学習の内容が少なくてすみます。

過去問の演習にあたりながら, 実際の条文にも目を通しましょう。特に「電気設備技術基準」はすべて原文を読んだことがある状態にしておくことが大事です。

# 理論の学習マップ

## 「理論」のイメージ図

四機 機械

理論の出題範囲

### CH01 直流回路

| オームの法則 | 合成抵抗 |
| キルヒホッフの法則 |
| テブナンの定理 |
| ブリッジ回路 |

など

### CH03 電磁力

| 磁界 | 電磁力 |
| ビオ・サバールの法則 |
| トルク | フレミングの法則 |
| 電磁誘導 | インダクタンス |

など

電流が流れる原理

似てる

交流が発生する

### CH02 静電気

| クーロンの法則 | 電界 |
| 静電誘導 | コンデンサ |

など

### CH04 交流回路

| 交流 | R-L-C回路 |
| 交流電力 | 皮相電力と力率 |

など

### CH05 三相交流回路

応用

送電・配電 電力

理論で学習する内容とほかの試験科目の関係を
ざっと確認しましょう。
また，次のページからは学習のコツもまとめました。

## CH06 過渡現象と その他の波形

非正弦波交流

過渡現象 　微分回路・積分回路
など

→ 変圧器 機械

## CH07 電子理論

半導体 　ダイオード

トランジスタ 　整流回路
など

→ パワー
エレクトロニクス
機械

## CH08 電気測定

電力と電力量の測定
など

全科目に関連 →

「電力」科目

「機械」科目

「法規」科目

交流機 機械
（変圧器，誘導機，同期機）

# 学習のコツ

### 勉強に必要なもの

教科書　問題集　電卓

あとノートも

各科目の学習にあたっては，まずは勉強に必要なものを用意しましょう。必要なものは，教科書，問題集，そして電卓です。

問題を解く過程を残しておくためにもノートも用意しましょう。

### 電卓について

○　　　　　×

電卓については，試験会場に持ち込むことができるのは，計算機能（四則計算機能）のみのものに限られ，プログラム機能のある電卓や関数電卓は持ち込めません。

### 電卓の選び方

- 「00」と「√」は必須
- メモリーキーも必須
- 10ないし12桁程度あるとよい

必須なのは「00」と「√」です。電験の問題は桁数が多く，ルートを使った計算も多いからです。

メモリー機能と戻る機能があると便利です。桁数は10桁以上，12桁程度あるとよいでしょう。

## 教科書の選び方

- 読み比べて選ぶ
- 初学者は丁寧な解説のある
  ものを選ぶ

教科書については，一冊に全科目がまとまっているものもあれば，科目ごとに分冊化されているものもあります。試験日までずっと使うものですので，読み比べて，自分に合ったものを選ぶとよいでしょう。

TAC出版の書籍なら…

理論の教科書&問題集(本書)

☆全科目そろえる！
☆長期間使えるものを選ぶ！

物理や電気の勉強をこれまであまりしてこなかった人は，丁寧な解説のある教科書を選びましょう。

TAC出版の書籍なら，教科書と問題集がセット！

理論の教科書&問題集(本書)

☆教科書に対応したものを選ぶ
☆教科書を読んだら，必ず問題を解く！

教科書に対応している問題集が1冊あると便利です。教科書を読み，該当する箇所の問題を解くというサイクルができるようにしましょう。

問題集の勉強のポイント

教科書編　　問題集編

間違えた問題は、
教科書に戻って、
該当箇所を確認!

間違えた箇所は必ず教科書に戻っ
て確認しましょう。

## その他購入するもの

TAC出版の書籍なら…

電験三種合格へのはじめの一歩

☆数学の知識が身につくもの
を!

電験はとても難しい試験です。問
題を解くためには，高校の数学や
物理の知識が必要です。もし，い
ろいろな教科書を読んでみて，な
んだかよくわからないという場合
は，基本的な知識を学習しましょ
う。

## 実力をつけるために

TAC出版の書籍なら…

電験三種の10年過去問題集

☆解説がわかりやすいものを!

教科書と問題集で学習したら，1
回分の過去問を通して解きましょ
う。
過去問は最低5年分，できれば
10年分解いておくとよいでしょ
う。

# 勉強方法のポイント

## ポイント（1）

✕ テキストを 全部 読んでから、問題を解く

○ テキストを ちょっと 読んだら、それに対応する問題を解く

そのつど解く！

電験の難しいところは，過去問を丸暗記しても合格できないということです。過去問と似た問題が出題されることはありますが，単に数字を変えただけの問題が出題されるわけではないからです。一つひとつの分野を丁寧に勉強して，しっかりと理解することが合格への近道です。

## ポイント（2）

- 過去問丸暗記ではなく理解する
- 教科書は何度も読む
- じっくり読むというよりは，何度も読み返す
- 問題を解くときは，ノートに計算過程を残す

学習の際は，公式や重要用語を暗記するのではなく，しっかりと理解するようにしましょう。疑問点や理解したところを教科書やノートにメモするとよいでしょう。
また，教科書は何回も読みましょう。一度目はざっくりと，すべてをじっくり理解しようとせず，全体像を把握するようなイメージで。

TAC出版の「みんなが欲しかった！」シリーズなら…

教科書編　問題集編
おわり　問題 問題 おわり

全部終わったら…

問題集編　問題1 問題2

問題集編の問題を最初からはば〜っと解く！

こまめに過去問を解くようにしましょう。一度教科書を読んだだけでは解けない問題も多いので，同じ問題でも繰り返し解きましょう。

# CBT試験のポイント

## CBT方式の申し込み

CBT方式とは、「Computer Based Testing」の略で、コンピュータを使った試験方式のことです。テストセンターで受験し、マークシートではなく、解答をマウスで選択して行います。

### CBT方式とは？

- コンピュータを使った試験方式
- テストセンターで受験
- マークシートではなくマウスで解答
- CBT方式を希望する場合は、変更の申請が必要

→申請しないと筆記方式のまま

CBT方式で受験するには受験申し込み後の変更期間内に申請が必要です。変更の申請をしないと筆記方式での受験となります。

### 試験日の選択

○1日に4科目連続で受験
○各科目を別日で受験
　例 「理論」「電力」「機械」「法規」をそれぞれ別の日に受験
　例 「理論」と「電力」、「機械」と「法規」を同じ日に受験
×筆記とCBTを併用
　例 「理論」のみ筆記、ほかはCBT

1日で4科目を連続して受験することも、各科目を別日で受験することも可能ですが、筆記方式とCBT方式の併用はできません。

### 当日は30分前に

- 30分〜5分前には会場に着く
- 30分遅刻すると受験できない
- 本人確認証を忘れずに！

当日は受験時刻の30分〜5分前までに会場に着くようにしましょう。開始時刻から30分遅刻すると受験することはできません。また，遅刻すると遅刻した分受験時間が短くなります。

メモ用紙と筆記用具が貸与されます。持ち込みが可能なのは電卓のみで自分の筆記用具も持ち込みはできません。
メモ用紙はA4用紙1枚です。電卓はPCの電卓機能を使うことができますが，できるだけ使い慣れた電卓を持っていきましょう。

### メモ用紙について

- 科目ごとに配布，交換される
- 問題に書き込む場合は，PC画面内のペンツールを使う

配布されたメモ用紙（A4）は科目ごとに交換されます。試験中に追加が可能ですが，とくに計算問題の多い理論科目などはスペースを計画的に使うようにしましょう。

**執筆者**

澤田隆治（代表執筆者）

青野　晃

田中真実

山口陽太

**装丁**

黒瀬章夫（Nakaguro Graph）

**イラスト**

matsu（マツモト　ナオコ）

エイブルデザイン

みんなが欲しかった！電験三種シリーズ

# みんなが欲しかった！電験三種 理論の教科書&問題集 第3版

2018年3月1日　初　版　第1刷発行
2024年3月25日　第3版　第1刷発行

| | | |
|---|---|---|
| 編　著　者 | ＴＡＣ出版開発グループ | |
| 発　行　者 | 多　田　敏　男 | |
| 発　行　所 | ＴＡＣ株式会社　出版事業部 | |
| | | （ＴＡＣ出版） |

〒101-8383
東京都千代田区神田三崎町3-2-18
電話 03(5276)9492(営業)
FAX 03(5276)9674
https://shuppan.tac-school.co.jp

| | | |
|---|---|---|
| 組　　版 | 株式会社　グ ラ フ ト | |
| 印　　刷 | 株式会社　光　　　邦 | |
| 製　　本 | 株式会社　常 川 製 本 | |

© TAC 2024　　　Printed in Japan

ISBN 978-4-300-10881-9
N.D.C. 540.79

# TAC電験三種講座のご案内

「みんなが欲しかった! 電験三種 教科書&問題集」を
お持ちの方は
## 「教科書&問題集なし」コースで
## お得に受講できます!!

TAC電験三種講座のカリキュラムでは、「みんなが欲しかった!電験三種 教科書&問題集」を教材として使用しておりますので、既にお持ちの方でも「教科書&問題集なし」コースでお得に受講する事ができます。
独学ではわかりにくい問題も、TAC講師の解説で本質と基本の理解度が深まります。また、学習環境や手厚いフォロー制度で本試験合格に必要なアウトプット力が身につきますので、ぜひ体感してください。

### こんな方にオススメ!
- 教科書に書き込んだ内容を活かしたい!
- ほかの解き方も知りたい!
- 本質的な理解をしたい!
- 講師に質問をしたい!

TACだからこそ提供できる合格ノウハウとサポート力!
# TAC電験三種講座 **5**つの特長

### POINT ① 電験三種を知り尽くしたTAC講師陣!

「試験に強い講師」「実務に長けた講師」が様々な色を
持つ各科目の関連性を明示した講義を行います!

### POINT ② 新試験制度も対応! 全科目も科目も狙えるカリキュラム

分析結果を基に効率よく学習する最強の学習方法!

- 十分な学習時間を用意し、学習範囲を基礎的なものに絞ったカリキュラム
- 過去問に対応できる知識の運用まで教えます!
- 半年、1年で4科目を駆け抜けることも可能!

応用 ↑ 基礎
法規 / 電力 / 機械 / 理論

| 講義ボリューム | | | | |
|---|---|---|---|---|
| | 理論 | 機械 | 電力 | 法規 |
| **TAC** | 18 | 19 | 17 | 9 |
| 他社例 | 4 | 4 | 4 | 2 |

丁寧な講義でしっかり理解!
※2024年合格目標4科目完全合格コースの場合

---

# はじめてでも安心! 効率的に無理なく全科目合格を目指せる!

## ■カリキュラム ※イメージ

| POINT | POINT | POINT |
|---|---|---|
| 電験の各科目では、数学の知識が必須です。数学に自信のある方も、復習の意味で受講されることをおすすめします。 | 理論は電験三種の土台となる科目です。しっかりとした理解が今後の科目学習に大きく役立ちます。フォロー制度を上手に活用し知識の復習と定着を行います。 | 本試験と同一形式の模擬試験で実力判定を行います。成績表もつきますので、自分の実力が測れます。 |

**時間をかけて取り組みたい**

電気数学 → 理論（実力テスト） → 機械（実力テスト） → 電力（実力テスト） → 法規（実力テスト） → 予想全国公開模試 → 本試験 → 合格

4科目完全合格コース（電気数学付き）

4科目完全合格コース

理論単科生 / 機械単科生 / 電力単科生 / 法規単科生

**仕上げたい・演習中心に**

理論演習 / 電力演習
機械演習 / 法規演習

演習コース

演習単科生(理論) / 演習単科生(機械) / 演習単科生(電力) / 演習単科生(法規)

※コース名称等は変更となる場合がございます。※コース・料金、日程等の詳細はTAC電験三種講座のホームページをご覧ください。

# TAC出版 書籍のご案内

TAC出版では、資格の学校TAC各講座の定評ある執筆陣による資格試験の参考書をはじめ、資格取得者の開業法や仕事術、実務書、ビジネス書、一般書などを発行しています！

## TAC出版の書籍

*一部書籍は、早稲田経営出版のブランドにて刊行しております。

### 資格・検定試験の受験対策書籍

- ✪日商簿記検定
- ✪建設業経理士
- ✪全経簿記上級
- ✪税理士
- ✪公認会計士
- ✪社会保険労務士
- ✪中小企業診断士
- ✪証券アナリスト

- ✪ファイナンシャルプランナー(FP)
- ✪証券外務員
- ✪貸金業務取扱主任者
- ✪不動産鑑定士
- ✪宅地建物取引士
- ✪賃貸不動産経営管理士
- ✪マンション管理士
- ✪管理業務主任者

- ✪司法書士
- ✪行政書士
- ✪司法試験
- ✪弁理士
- ✪公務員試験(大卒程度・高卒者)
- ✪情報処理試験
- ✪介護福祉士
- ✪ケアマネジャー
- ✪電験三種　ほか

### 実務書・ビジネス書

- ✪会計実務、税法、税務、経理
- ✪総務、労務、人事
- ✪ビジネススキル、マナー、就職、自己啓発
- ✪資格取得者の開業法、仕事術、営業術

### 一般書・エンタメ書

- ✪ファッション
- ✪エッセイ、レシピ
- ✪スポーツ
- ✪旅行ガイド (おとな旅プレミアム/旅コン)

**TAC出版**

(2024年2月現在)

# 書籍のご購入は

## 1 全国の書店、大学生協、ネット書店で

## 2 TAC各校の書籍コーナーで

資格の学校TACの校舎は全国に展開!
校舎のご確認はホームページにて

資格の学校TAC ホームページ
**https://www.tac-school.co.jp**

## 3 TAC出版書籍販売サイトで

**CYBER** TAC出版書籍販売サイト
**BOOK STORE**

24時間ご注文受付中

TAC 出版 で 検索

**https://bookstore.tac-school.co.jp/**

新刊情報をいち早くチェック!

たっぷり読める立ち読み機能

学習お役立ちの特設ページも充実!

TAC出版書籍販売サイト「サイバーブックストア」では、TAC出版および早稲田経営出版から刊行されている、すべての最新書籍をお取り扱いしています。

また、会員登録(無料)をしていただくことで、会員様限定キャンペーンのほか、送料無料サービス、メールマガジン配信サービス、マイページのご利用など、うれしい特典がたくさん受けられます。

### サイバーブックストア会員は、特典がいっぱい! (一部抜粋)

通常、1万円(税込)未満のご注文につきましては、送料・手数料として500円(全国一律・税込)頂戴しておりますが、1冊から無料となります。

専用の「マイページ」は、「購入履歴・配送状況の確認」のほか、「ほしいものリスト」や「マイフォルダ」など、便利な機能が満載です。

メールマガジンでは、キャンペーンやおすすめ書籍、新刊情報のほか、「電子ブック版TACNEWS(ダイジェスト版)」をお届けします。

書籍の発売を、販売開始当日にメールにてお知らせします。これなら買い忘れの心配もありません。

# 書籍の正誤に関するご確認とお問合せについて

書籍の記載内容に誤りではないかと思われる箇所がございましたら、以下の手順にてご確認とお問合せをしてくださいますよう、お願い申し上げます。

なお、正誤のお問合せ以外の**書籍内容に関する解説および受験指導などは、一切行っておりません。**
そのようなお問合せにつきましては、お答えいたしかねますので、あらかじめご了承ください。

## 1 「Cyber Book Store」にて正誤表を確認する

TAC出版書籍販売サイト「Cyber Book Store」の
トップページ内「正誤表」コーナーにて、正誤表をご確認ください。

**CYBER** TAC出版書籍販売サイト
**BOOK STORE**

### URL：https://bookstore.tac-school.co.jp/

## 2 ①の正誤表がない、あるいは正誤表に該当箇所の記載がない ⇒ 下記①、②のどちらかの方法で文書にて問合せをする

★ご注意ください★

**お電話でのお問合せは、お受けいたしません。**

①、②のどちらの方法でも、お問合せの際には、「お名前」とともに、
「対象の書籍名（○級・第○回対策も含む）およびその版数（第○版・○○年度版など）」
「お問合せ該当箇所の頁数と行数」
「誤りと思われる記載」
「正しいとお考えになる記載とその根拠」
を明記してください。

なお、回答までに1週間前後を要する場合もございます。あらかじめご了承ください。

---

**①** ウェブページ「Cyber Book Store」内の「お問合せフォーム」より問合せをする

【お問合せフォームアドレス】

### https://bookstore.tac-school.co.jp/inquiry/

---

**②** メールにより問合せをする

【メール宛先　TAC出版】

### syuppan-h@tac-school.co.jp

---

※土日祝日はお問合せ対応をおこなっておりません。
※正誤のお問合せ対応は、該当書籍の改訂版刊行月末日までといたします。

乱丁・落丁による交換は、該当書籍の改訂版刊行月末日までといたします。なお、書籍の在庫状況等により、お受けできない場合もございます。
また、各種本試験の実施の延期、中止を理由とした本書の返品はお受けいたしません。返金もいたしかねますので、あらかじめご了承くださいますようお願い申し上げます。

（2022年7月現在）

## ★セパレートBOOKの作りかた★

白い厚紙から，各分冊の冊子を取り外します。

※厚紙と冊子が，のりで接着されています。乱暴に扱いますと，破損する危険性がありますので，丁寧に抜きとるようにしてください。

表紙をしっかり持って，ぐいっと引っぱります。

白い厚紙

※抜きとるさいの損傷についてのお取替えはご遠慮願います。

第**3**版

みんなが欲しかった!

# 電験三種
# 理論の
## 教科書&問題集

## 第**1**分冊

# 教科書 編

第 **1** 分冊

# 教科書編

# 目 contents 次

CHAPTER 01

# 直流回路

# 直流回路

直流回路は，全ての科目の基礎となる重要な分野です。試験では，計算問題が多く出題されます。そのため，色々な問題に触れることで解けるパターンを増やしていくことを意識しましょう。

## このCHAPTERで学習すること

### SECTION 01 電気回路とオームの法則

電圧　抵抗 電流
$$V = R\ I$$
[V]　[Ω]　[A]

電気回路を学習するうえで，基本となる電荷，電流，抵抗，電圧などの考え方と，これらの関係であるオームの法則を学びます。

### SECTION 02 合成抵抗

**1. 直列接続の合成抵抗（n個）**

抵抗
$$R_0 = R_1 + R_2 + \cdots + R_n$$
[Ω]

**2. 並列接続の合成抵抗（n個）**

抵抗
$$R_0 = \cfrac{1}{\cfrac{1}{R_1} + \cfrac{1}{R_2} + \cdots + \cfrac{1}{R_n}}$$
[Ω]

電源や抵抗などの接続方法や，複数の抵抗をまとめて置き換える方法について学びます。

## SECTION 03 導体の抵抗の大きさ

抵抗の大きさの求め方や抵抗の温度変化について学びます。

## SECTION 04 キルヒホッフの法則

$$\underset{(I_1 + I_2)}{流れ込む電流の和} = \underset{(I_3 + I_4 + I_5)}{流れ出る電流の和}$$

$$\underset{(E_1 + E_2)}{起電力の総和} = \underset{(R_1I + R_2I)}{電圧降下の総和}$$

2つのキルヒホッフの法則について学びます。

## SECTION 05 複雑な電気回路

右図の回路で抵抗 $R$ を接続したときに流れる電流 $I$ は,

$$\underset{[A]}{電流}\ I = \frac{\overset{起電力\ [V]}{E_0}}{\underset{抵抗\ [Ω]}{R_0 + R}}$$

①$E_0$…開放電圧（抵抗$R$を接続する前のab間の電位差）
②$R_0$…ab間からみた回路網内部の合成抵抗

回路に複数の電源がある場合や，電源と抵抗が複雑に並んでいるときに，整理するための公式や定理について学びます。

$$\underset{[\text{W}]}{\overset{\text{電力}}{P}} = \underset{[\text{V}]}{\overset{\text{電圧}}{V}} \underset{[\text{A}]}{\overset{\text{電流}}{I}} = \underset{[\Omega]}{\overset{\text{抵抗}}{R}} \underset{[\text{A}]}{\overset{\text{電流}}{I^2}} = \frac{\overset{\text{電圧}[\text{V}]}{V^2}}{\underset{\text{抵抗}[\Omega]}{R}}$$

$$\underset{[\text{W·s}]}{\overset{\text{電力量}}{W}} = \underset{[\text{W}]}{\overset{\text{電力}}{P}} \underset{[\text{s}]}{\overset{\text{時間}}{t}}$$

$$\underset{[\text{J}]}{\overset{\text{ジュール熱}}{Q}} = \underset{[\text{W}]}{\overset{\text{消費電力}}{P}} \underset{[\text{s}]}{\overset{\text{時間}}{t}} = \underset{[\Omega]}{\overset{\text{抵抗}}{R}} \underset{[\text{A}]}{\overset{\text{電流}}{I^2}} \underset{[\text{s}]}{\overset{\text{時間}}{t}}$$

電力と電力量，熱量などについて，
その求め方を学びます。

# 傾向 と 対策

## 出題数

## 2～5問／22問中

・計算問題中心

|  | H27 | H28 | H29 | H30 | R1 | R2 | R3 | R4上 | R4下 | R5上 |
|---|---|---|---|---|---|---|---|---|---|---|
| 直流回路 | 4 | 2 | 3 | 3 | 2 | 5 | 2 | 4 | 2 | 3 |

## ポイント

直流回路の計算問題は，簡単な問題から難しい問題まで幅広く出題されます。難しいと感じられる問題でも，簡単な問題の組み合わせでできている場合がほとんどです。そのため，簡単な問題から解けるようにし，テブナンの定理などを使った難しい問題に挑戦しましょう。また，直流回路で学ぶ内容は，交流回路で応用できるので，しっかりと学習しましょう。

# SECTION 01 電気回路とオームの法則

このSECTIONで学習すること

## 1 電荷

電荷の性質について学びます。

## 2 電流

電子の移動によって発生する電流について学びます。

$$\underset{[\text{A}]}{\overset{\text{電流}}{I}} = \dfrac{\overset{\text{電荷[C]}}{Q}}{\underset{\text{時間[s]}}{t}}$$

## 3 抵抗

電流の流れにくさを示す抵抗について学びます。

## 4 電圧

電流を流す力となる電圧について学びます。

## 5 電気回路図

電流の流れる道すじを図記号で表した電気回路図について学びます。

## 6 オームの法則

電圧, 抵抗, 電流の関係であるオームの法則を学びます。

$$\underset{[\text{V}]}{\overset{\text{電圧}}{V}} = \underset{[\Omega]}{\overset{\text{抵抗}}{R}} \underset{[\text{A}]}{\overset{\text{電流}}{I}}$$

# 1 電荷

重要度 ★★★

## I 電荷とは

　磁石にN極とS極があるように，電気にも＋の電気と－の電気があります。電荷とは，物質が帯びている電気のことです。プラスの性質を持つ電荷を正電荷，マイナスの性質を持つ電荷を負電荷といいます。同じ性質を持つ電荷は反発し合い，異なる性質を持つ電荷は引き合います。

板書 電荷の性質

磁石のN極とS極，電荷の＋と－は似ている

同じ性質どうしは反発力(斥力)が働く　　異なる性質どうしは吸引力が働く

磁石の場合…

　電荷の量記号は$Q$，単位は C です。

## Ⅱ 量記号と単位記号

**量記号**とは，量を文字式で表す場合に使われます。たとえば，電荷を1C や5Cなどと具体的な数値と単位で記さずに，電荷 $Q$[C] と表します。

**単位記号**とは，単位を表す記号です。量記号と区別するため[　]で囲んで表示します。

---

**板書 記号の示し方**

(例)　電荷 $Q$ [C]

量記号 単位記号

---

 **ひとこと**

量を1Cや5Cなどのように数値と単位を組み合わせて書く場合は，量記号と単位記号を区別する必要がないので[　]は不要です。

また，[C]や[A]のように人名に由来する単位の場合，人名の一文字目（大文字）を単位記号として表記されます。

## 2 電流　重要度 ★★★

## Ⅰ 電流とは

**電流**（量記号：$I$，単位：A）は，電子が移動することで発生します。小さな粒子である電子は，ひと粒ひと粒が − の電気を帯びています。それらが移動すると，負電荷を運ぶことになり，電流が流れます。

電子の移動は負電荷の移動なので，電流の向きと電子の移動は逆です。電流は，電池の＋極から − 極に向かって流れます。一方で，電子は電池の − 極（負極）から供給され続け，＋極（正極）に向かって移動します。

電流の流れ

電子

電流

電子の移動と電流の流れは逆!

**ひとこと**

　逆である理由は，電子が発見される前に電流の向きを決めてしまい，今さら電流の向きを変更できないからだと言われています。

　ある断面に流入した電荷は，増減することなく，その断面から同じ量だけ流出します。したがって，ある断面に流入する電流は，増減することなく流出します。これを**電流の連続性**といいます。

## Ⅱ 電流の大きさ

　電流の量記号は $I$，単位は $A$（アンペア）です。

　**電流の大きさ**は，ある断面を1秒間にどれくらいの電荷（でんか）が移動したかで決まります。

　したがって，次の公式が成り立ちます。

**公式** **電流の大きさ**

　$t$秒間に$Q$[C]の正電荷が通過したとき，電流 $I$[A]は次のように表せる。

$$\underset{[A]}{\overset{\text{電流}}{I}} = \frac{\overset{\text{電荷[C]}}{Q}}{\underset{\text{時間[s]}}{t}}$$

抵抗

---

**基本例題** ────────────────────── 電流の大きさ

4秒間に，2Cの正電荷が通過したとき，いくらの電流が流れているか答えなさい。

**解答**

2C÷4秒＝0.5A

---

# 3 抵抗 重要度 ★★★

抵抗（量記号：$R$，単位：$\Omega$）とは，電流の流れにくさのことです。電流を流れにくくする部品（抵抗器）のことを指すこともあります。

**板書 抵抗**

抵抗 …電流の流れにくさ

障害物があり，電子⬤が移動しにくいイメージ
抵抗が大きいほど，電流が流れにくくなる

# 4 電圧

## Ⅰ 電圧と起電力

電圧（量記号：$V$，単位：V）とは，＋極から－極へ電流を押し流す力をいいます。押し流す力である電圧が高いほど，電流はよく流れます。乾電池のような，電圧の元となる力を起電力（量記号：$E$，単位：V）といいます。

板書 電圧

電圧 …＋極から－極へ電流を押し流す力

注射器で水を押し流すようなイメージ
電圧が高いほど，大きな電流が流れる

### ひとこと

正確には，電圧は電位の差です。

## Ⅱ 電圧（電位差）と電位

電気は，形がなく想像しにくいので，水にたとえられることがあります。図の水位が異なる二つのタンクの場合は，高いほうから低いほうへ水が流れます。二つのタンクの水位が同じだと，水は流れません。

これを電気の世界で考えたとき，電気の位置の高さを電位（単位：V）と呼びます。電圧は，電位の差であると考え，電流は電位の高いところから低いほうへ流れるようなイメージを持つことができます。

**板書** 電圧と電位のイメージ

くみ上げ
つづける（＝起電力）

水位（高）
＝
電位（高）

水の流れ
＝
電気の流れ

水位の差
＝
電圧（電位の差）

水位（低）
＝
電位（低）

同じ電位であれば，電流は流れないと考えてください。

電流を押し流す力である電圧は，抵抗を通るたびに弱くなります。これを電圧降下（てんあつこうか）といいます。抵抗の両端子において，電流が入る側の端子における電位（高）と，電流が出ていく側の端子における電位（低）に差ができ，電位が降下した状況をさします。

なお，端子（たんし）とはほかの電源や電気機器と接続できる部分のことです。

板書 電圧降下

電位（高）　　電圧降下$V$　　電位（低）

端子　電流$I$　抵抗$R$　端子

ひとこと

電圧降下は，電子が抵抗にある障害物に衝突して，エネルギーが失われると考えることもできます。

16

# 5 電気回路図

電流の流れる道すじを電気回路といい，これを図記号で表したものを電気回路図といいます。図記号は，電線，スイッチ，直流電源，抵抗などを示す記号です。

**板書 さまざまな図記号**

| 図記号 | 名称 | 説明 | 図記号 | 名称 | 説明 |
|---|---|---|---|---|---|
| ----- | 直流 | 電流計など他の図記号と組み合わせて使います | ⏚ | 接地（アース） | 基準の電位（0V）として考えます |
| —/— | スイッチ | 回路をつないだり切ったりします | 可変抵抗器 | 可変抵抗器 | 抵抗を変えられる抵抗器です |
| ┤├ | 直流電源（定電圧源） | 起電力を表します | すべり抵抗器 | すべり抵抗器 | 矢印の接続位置によって抵抗を変えられる抵抗器です |
| ▭ | 抵抗器 | 抵抗を表します | Ⓐ | 電流計 | 電流の大きさを測ります |
| 可変直流電源 | 可変直流電源 | 起電力の大きさを変えられる電源です | Ⓥ | 電圧計 | 電圧の大きさを測ります |
| ⊖ | 定電流源 | 負荷の大きさに関わらず一定の電流を供給できる電源です | ↑ | 検流計 | 電流の向きを測定します |

電気回路図を用いると，次のように，電気回路を簡単に表現することができます。

スイッチを表す図記号（この図ではスイッチはOFF）

直流電源を表す図記号
・長いほうが＋極
・短いほうが－極

$E = 10$ V

S

抵抗を表す図記号

$R = 5$ Ω

線は導線を表す

　次の図のように，スイッチをONにすると，電流は電源の＋極から－極に向かって流れます。電源を通過すると電位が上昇します。この働きを**起電力**といいます。他方で，抵抗を通過すると電位が降下します。この働きを**電圧降下**といいます。

　回路図において，起電力や抵抗を通過しない限り，電位は変化しないと考えます。

電流

スイッチ ON

S

$E = 10$ V

$R = 5$ Ω

　回路図の電線は，電流を導く線であることから導線と呼ばれ，導線を等しい電位ごとに色分けすると，次のようになります。

【電位分布図】

仮に，❶電源の－極側が接地され，その電位を0Vとすると，❷電源を通過することで電位は10Vだけ押し上げられ，＋極側の電位は10Vになります。❸抵抗を通過すると，電圧降下により電位は下がります。なお緑色の導線の電位はどこでも等しいので，0Vにまで電位が下がったとわかります。

 ひとこと

電流は電位の高いほうから低いほうに流れます。

# 6 オームの法則

重要度 ★★★

電圧 $V$，抵抗 $R$，電流 $I$ には，以下のような関係があります。

## 公式 オームの法則

| 電圧 抵抗 電流 $V = R\ I$ [V] [Ω] [A] | ←押し流す力＝流れにくさ×流れる量 |
| 抵抗 $R = \dfrac{V}{I}$ [Ω] 電圧[V] 電流[A] | ←流れにくさ＝押し流す力÷流れる量 |
| 電流 $I = \dfrac{V}{R}$ [A] 電圧[V] 抵抗[Ω] | ←流れる量＝押し流す力÷流れにくさ |

つまり，「電流 $I$ は電圧 $V$ に比例し，抵抗 $R$ に反比例する」ということです。

電流 $I$ [A]
抵抗 $R$ [Ω]　電圧降下 $V$ [V]
電位（高）
電位（低）

## 基本例題　——————————————————— オームの法則(1)

以下の回路のように，抵抗 $R$ の両端に 20 V の電圧を加えると，4 A の電流 $I$ が流れた。抵抗 $R$[Ω] の数値を求めよ。

$I = 4$ A

$E = 20$ V　　$R = ?$

### 解答

オームの法則 $R = \dfrac{V}{I}$ より

$R = 20$ V $\div$ 4 A
　　$= 5$ Ω

【電位分布図】

$I = 4$ A

$E = 20$ V

　20 V
　0 V

※電源の−端子を
基準 0 V とする

## 基本例題

図において以下の値[V]を求めよ。ただし，電源の－端子を基準0Vとする。

(1) 各点a，eの電位 $V_a$，$V_e$

(2) a－e端子における電圧（電位の差）$V_{ae}$

(3) b－c間，c－d間の電圧降下 $V_{bc}$，$V_{cd}$

(4) 各点b，c，dの電位 $V_b$，$V_c$，$V_d$

### 解答

(1) 起電力が40Vで，電源の－端子が0Vであるから，

$$V_a = 40\,\text{V}, \quad V_e = 0\,\text{V}$$

(2) 電圧 $V_{ae}$ は，a点とe点における電位の差であるから，

$$V_{ae} = V_a - V_e$$
$$= 40 - 0 = 40\,\text{V}$$

(3) オームの法則 $V = RI$ より，

電圧降下 $V_{bc} = R_1 I = 5 \times 2 = 10\,\text{V}$

電圧降下 $V_{cd} = R_2 I = 15 \times 2 = 30\,\text{V}$

(4) b点とa点は同電位だから，

$$V_b = 40\,\text{V}$$

c点での電位 $V_c$ は電位 $V_b$ より，$V_{bc}$ だけ降下しているから，

$$V_c = V_b - V_{bc} = 40 - 10 = 30\,\text{V}$$

d点での電位 $V_d$ は電位 $V_c$ より，$V_{cd}$ だけ降下しているから，

$$V_d = V_c - V_{cd} = 30 - 30 = 0\,\text{V}$$

【電位分布図】

40 V

30 V

0 V

# SECTION
## 02 合成抵抗

このSECTIONで学習すること

### 1 直列接続と並列接続

電源や抵抗などの接続方法である直列接続と並列接続について学びます。

### 2 合成抵抗

複数の抵抗をまとめて置き換える合成抵抗と, その計算方法について学びます。

**1. 直列接続の合成抵抗（n個）**

抵抗 $R_0 = R_1 + R_2 + \cdots + R_n$
[Ω]

**2. 並列接続の合成抵抗（n個）**

抵抗 $R_0 = \dfrac{1}{\dfrac{1}{R_1} + \dfrac{1}{R_2} + \cdots + \dfrac{1}{R_n}}$
[Ω]

### 3 分圧と分流

分圧と分流について学びます。

## 1 直列接続と並列接続

**直列接続**とは，抵抗を「数珠つなぎ」のように一列につなげる方法です。
**並列接続**とは，電流が枝分かれするようなつなぎ方で，抵抗の同じ側の端子
どうしをつなげる方法です。**直並列接続**とは，直列接続と並列接続を組み合
わせた接続方法をいいます。

板書 直列と並列

| 直列接続 | 並列接続 | 直並列接続 |

$R_1$ $R_2$ $R_3$

抵抗が一列につながっている

$R_1$
$R_2$
$R_3$

抵抗が枝分か
れにつながって
いる

$R_1$ $R_2$ $R_3$

$R_1$ $R_2$ $R_3$

直列と並列が組み合わ
さっている

**ひとこと**

　回路図では，線がクロスしているだけではつながっていることにはなりま
せん。つながっていることを表すには，●が必要です。

つながっていない　　　つながっている

## Ⅰ 直列接続

直列接続された各抵抗には電流の連続性から同じ大きさの電流が流れます。

## Ⅱ 並列接続

並列接続の場合，並列接続された各抵抗による電圧降下は等しくなります。
電位は抵抗や電源を通過しない限り変化しないので，導線を等しい電位ごとに色分けした**電位分布図**を書くと次のようになります。

電位分布図より，並列接続された各抵抗の両端子の電位差，すなわち並列接続された各抵抗による電圧降下が等しいのがわかります。

板書 直列接続された抵抗・並列接続された抵抗を含む
電気回路のポイント

直列接続 …各抵抗に流れる電流は等しい

並列接続 …各抵抗による電圧降下は等しい

## 2 合成抵抗

複数の抵抗をひとまとめにして，置き換えができる抵抗を**合成抵抗**といいます。合成抵抗$R_0[\Omega]$は次のように求めます。

**公式 合成抵抗**

**1. 直列接続の合成抵抗（n個）**

抵抗
$$R_0 = R_1 + R_2 + \cdots + R_n$$
$[\Omega]$

● は障害物

障害物がある通り道が長くなって電流は通りにくくなる

**2. 並列接続の合成抵抗（n個）**

抵抗
$$R_0 = \cfrac{1}{\cfrac{1}{R_1} + \cfrac{1}{R_2} + \cdots + \cfrac{1}{R_n}}$$
$[\Omega]$

→抵抗が2個のときだけ，$\dfrac{R_1 R_2}{R_1 + R_2}$ で計算できる

$\dfrac{積}{和}$ で「わぶんのせき」と覚える

通路の入口が広くなって，電流が流れやすくなる

---

### Ⅰ 直列接続された抵抗の合成抵抗

回路図1のように直列接続された複数の抵抗を，回路図2のように1つの抵抗に置き換えて，回路図1と回路図2で等しい大きさの電流が流れるようにします。

このとき，回路図2は回路図1の**等価回路**であるといいます。ここで，ど

のような抵抗$R_0$に置き換えると2つの回路図が**等価**になるかを考えます。

【回路図1】　　　　　　　　　　　　　　　　【回路図2】

　まず回路図1において，抵抗$R_1[\Omega]$，$R_2[\Omega]$，$R_3[\Omega]$による電圧降下をそれぞれ$V_1[\mathrm{V}]$，$V_2[\mathrm{V}]$，$V_3[\mathrm{V}]$とすると，オームの法則より以下の式が成り立ちます。

$$\begin{cases} V_1 = R_1 I\,[\mathrm{V}] \\ V_2 = R_2 I\,[\mathrm{V}] \\ V_3 = R_3 I\,[\mathrm{V}] \end{cases}$$

　各電圧降下$V_1[\mathrm{V}]$，$V_2[\mathrm{V}]$，$V_3[\mathrm{V}]$の合計は，赤い点線範囲❶の両端の電位差$E$に等しいので，次の等式を導くことができます。

$$E = V_1 + V_2 + V_3$$
$$= R_1 I + R_2 I + R_3 I$$
$$= (R_1 + R_2 + R_3)I\,[\mathrm{V}] \cdots ①$$

次に回路図2において，オームの法則より，以下の式が成り立ちます。

$$V = R_0 I\,[\mathrm{V}]$$

　電圧降下$V$は，赤い点線範囲❷の両端の電位差$E$に等しいので，次の等式を導くことができます。

$$E = V$$
$$= R_0 I\,[\mathrm{V}] \cdots ②$$

①＝②であるから，比較すると，合成抵抗$R_0 = R_1 + R_2 + R_3\,[\Omega]$となり，

合成抵抗は各抵抗の合計となります。これは，抵抗の数が$n$個であっても成り立ちます。

## II 並列接続された抵抗の合成抵抗

並列接続された複数の抵抗を1つの抵抗に置き換えて，2つの回路に等しい大きさの電流が流れるようにします。ここで，どのような抵抗$R_0[\Omega]$に置き換えると2つの回路図が等価になるかを考えます。

まず回路図1において，
$$I = I_1 + I_2 + I_3 [\text{A}] \quad \cdots ①$$
が成り立ちます。

$I_1[\text{A}]$, $I_2[\text{A}]$, $I_3[\text{A}]$はオームの法則より，それぞれ次のように表されます。
$$I_1 = \frac{V}{R_1}[\text{A}], I_2 = \frac{V}{R_2}[\text{A}], I_3 = \frac{V}{R_3}[\text{A}]$$

これを①に代入すると，次のようになります。

$$I = I_1 + I_2 + I_3$$

$$= \frac{V}{R_1} + \frac{V}{R_2} + \frac{V}{R_3}$$

$$= V \times \left( \frac{1}{R_1} + \frac{1}{R_2} + \frac{1}{R_3} \right) [A] \quad \cdots ②$$

次に回路図2において，$I[A]$はオームの法則より，次のように表されます。

$$I = \frac{V}{R_0}$$

$$= V \times \frac{1}{R_0} [A] \quad \cdots ③$$

②＝③なのでこれを比較すると，

$$\frac{1}{R_0} = \frac{1}{R_1} + \frac{1}{R_2} + \frac{1}{R_3} [S] \quad \cdots ④$$

であることがわかります。

抵抗$R$の逆数$\frac{1}{R}$をコンダクタンス$G$といい，電流＝電圧×コンダクタンスとなります。単位は[S]です。

さらに両辺の逆数を取っても等式④は成り立つので，

$$\frac{1}{\left( \dfrac{1}{R_0} \right)} = \frac{1}{\left( \dfrac{1}{R_1} + \dfrac{1}{R_2} + \dfrac{1}{R_3} \right)}$$

左辺に$\dfrac{R_0}{R_0}$を掛けても等式は成立するので，

$$左辺 = \frac{1}{\left( \dfrac{1}{R_0} \right)} = \frac{1 \times R_0}{\left( \dfrac{1}{R_0} \right) \times R_0} = R_0 [\Omega]$$

したがって，

$$R_0 = \frac{1}{\dfrac{1}{R_1} + \dfrac{1}{R_2} + \dfrac{1}{R_3}} [\Omega]$$

となり，合成抵抗 $R_0 [\Omega]$ は並列に接続された「各抵抗の逆数の和」の逆数であることがわかります。

**ひとこと**

$I = I_1 + I_2 + I_3$ が成立する理由

　ある断面に流入する電荷と，そこから流出する電荷は等しく，電荷が消滅したり湧き出したりすることはありません。したがって，ある断面に注目したとき，$t$秒間に流入する電荷 $Q$ と，$t$秒間に流出する電荷が $Q_1, Q_2, Q_3$ であるならば，$Q = Q_1 + Q_2 + Q_3$ の関係があります。

　両辺を $t$ 秒で割ると，

$$\frac{Q}{t} = \frac{Q_1}{t} + \frac{Q_2}{t} + \frac{Q_3}{t}$$

となります。これは，1秒あたりに通過する電荷量，つまり電流を意味するので，$I = I_1 + I_2 + I_3$ の関係が成り立ちます。

電流の向きは逆であることに注意

$I = \dfrac{Q}{t}$

$I_1 = \dfrac{Q_1}{t}$　$I_2 = \dfrac{Q_2}{t}$　$I_3 = \dfrac{Q_3}{t}$

問題集　問題01　問題02　問題03　問題04　問題05

# 3 分圧と分流

重要度 ★★★

## I 抵抗の直列接続と分圧

　抵抗は直列につながれると，電圧降下によって，電圧を分ける機能があります（**分圧**）。回路全体の電圧を各抵抗の抵抗値で比例配分します。

## ひとこと

　　オームの法則から導くことができます。

**基本例題** ─────────────────────────── 抵抗による分圧（1）

　直列に接続された抵抗による分圧を考察する。以下の空欄を埋めよ。
(1) 直列に接続された抵抗 $R_1[\Omega]$, $R_2[\Omega]$, $R_3[\Omega]$ に流れる電流の大きさが $I[A]$ であるとき，オームの法則より，$V_1 =$ （ア），$V_2 =$ （イ），$V_3 =$ （ウ）と表すことができる。
(2) $V_1[V]$ $V_2[V]$, $V_3[V]$ の比は，（ア）：（イ）：（ウ）となり，すべての項を $I[A]$ で割ると，$V_1 : V_2 : V_3 = R_1 : R_2 : R_3$ となる。

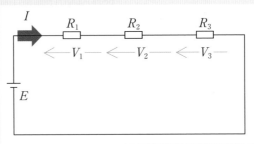

(3) 電圧降下は，抵抗による電位の降下を意味する。電源電圧の起電力を $E[V]$ とすると，$R_1[\Omega]$, $R_2[\Omega]$, $R_3[\Omega]$ による電圧降下 $V_1[V]$, $V_2[V]$, $V_3[V]$ の合計は，$E[V]$ である。これを $R_1 : R_2 : R_3$ の比で分圧すると，

$$V_1 = E \times \frac{R_1}{R_1 + R_2 + R_3}[V]$$

$$V_2 = E \times \frac{\boxed{（エ）}}{R_1 + R_2 + R_3}[V]$$

$$V_3 = E \times \dfrac{\boxed{(\text{オ})}}{R_1 + R_2 + R_3}[\text{V}]$$

と表すことができる。

**解答**

(ア) $R_1 I$　　(イ) $R_2 I$　　(ウ) $R_3 I$　　(エ) $R_2$　　(オ) $R_3$

**基本例題** ————————————————————— 抵抗による分圧(2)

$V_0 = 100$ V, $R_1 = 2$ Ω, $R_2 = 3$ Ω のとき, 電圧
$V_1[\text{V}]$, $V_2[\text{V}]$ を求めよ。

**解答**

電圧 $V_0[\text{V}]$ が $R_1 : R_2$ で分圧されるから,

$$V_1 = V_0 \times \dfrac{R_1}{R_1 + R_2}$$

$$= 100 \times \dfrac{2}{2+3} = 40 \text{ V}$$

$$V_2 = V_0 \times \dfrac{R_2}{R_1 + R_2}$$

$$= 100 \times \dfrac{3}{2+3} = 60 \text{ V}$$

## Ⅱ 抵抗の並列接続と分流

　抵抗の並列接続回路では, 電流を分け合う**分流**が起こります。各抵抗に流れる**分路電流**は, 抵抗値の逆比例配分 (たとえば, $\dfrac{1}{R_1} : \dfrac{1}{R_2} : \dfrac{1}{R_3}$) で求められます。

**公式** **分路電流**（分流の式）

| 電流が分かれる比率 | 2つの抵抗の場合の分路電流 |

電流
$$I_1 : I_2 : \cdots : I_n$$
[A]

$$= \frac{1}{R_1} : \frac{1}{R_2} : \cdots : \frac{1}{R_n}$$
抵抗
[Ω]

分路電流＝分流前の電流×$\dfrac{\text{反対側の抵抗}}{\text{抵抗の和}}$

$$I_1 = I_0 \times \frac{R_2}{R_1 + R_2}$$

$$I_2 = I_0 \times \frac{R_1}{R_1 + R_2}$$

**基本例題** ──────────────────────── 抵抗による分流（1）

並列に接続された抵抗による電流の分流を考察する。以下の空欄を埋めよ。

(1) 次の回路の電位分布を見ると，並列接続された $R_1, R_2, R_3$ の両端子の各電位差はすべて $V = E - 0 = \boxed{\text{ア}}$ [V]である。電圧とは電位差のことであるから，並列接続された各抵抗に加わる電圧はすべて等しいといえる。

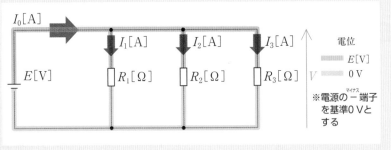

(2) オームの法則より，電圧 $V$ と抵抗 $R_1, R_2, R_3$ を用いて，$I_1 = \boxed{\text{イ}}$，$I_2 = \boxed{\text{ウ}}$，$I_3 = \boxed{\text{エ}}$ と表すことができる。

(3) $I_1, I_2, I_3$ の比は，$\boxed{(イ)} : \boxed{(ウ)} : \boxed{(エ)}$ となり，すべての項を $V$ で割ると，$I_1 : I_2 : I_3 = \dfrac{1}{R_1} : \dfrac{1}{R_2} : \boxed{(オ)}$ となる。$I_1, I_2, I_3$ は $I_0$ がこの比で分流したものだから，

$$I_1 = I_0 \times \frac{\dfrac{1}{R_1}}{\dfrac{1}{R_1}+\dfrac{1}{R_2}+\dfrac{1}{R_3}}\,[\text{A}]$$

$$I_2 = I_0 \times \frac{\boxed{(カ)}}{\dfrac{1}{R_1}+\dfrac{1}{R_2}+\dfrac{1}{R_3}}\,[\text{A}]$$

$$I_3 = I_0 \times \frac{\dfrac{1}{R_3}}{\dfrac{1}{R_1}+\dfrac{1}{R_2}+\dfrac{1}{R_3}}\,[\text{A}]$$

と表すことができる。

**解答** (ア)$E$ (イ)$\dfrac{V}{R_1}$ (ウ)$\dfrac{V}{R_2}$ (エ)$\dfrac{V}{R_3}$ (オ)$\dfrac{1}{R_3}$ (カ)$\dfrac{1}{R_2}$

**基本例題** 抵抗による分流(2)

電流 $I_0 = 100$ A，$R_1 = 2\ \Omega$，$R_2 = 3\ \Omega$ のとき，分路電流 $I_1[\text{A}]$，$I_2[\text{A}]$ を求めよ。

**解答**

2つの抵抗が並列接続されている場合，分路電流＝分流前の電流×$\dfrac{\text{反対側の抵抗}}{\text{抵抗の和}}$ となるから，

$$I_1 = I_0 \times \frac{R_2}{R_1+R_2} = 100 \times \frac{3}{2+3} = 60\ \text{A}$$

$$I_2 = I_0 \times \frac{R_1}{R_1+R_2} = 100 \times \frac{2}{2+3} = 40\ \text{A}$$

問題集 問題06 問題07

SECTION
03

# 導体の抵抗の大きさ

このSECTIONで学習すること

## 1 抵抗率と導電率

抵抗率と導電率の概念と，抵抗率と
導電率から抵抗を求める方法につい
て学びます。

## 2 抵抗温度係数

温度が変化したとき，抵抗値がどう
変化するのかについて学びます。

# 1 抵抗率と導電率　重要度 ★★★

抵抗率（量記号：$\rho$，単位：$\Omega \cdot m$）とは，断面積 $1\,m^2$，長さ $1\,m$ の導体が持つ抵抗値です。導体は，断面積が広いほど電流が流れやすくなり，長いほど電流が流れにくくなります。

また，抵抗率の逆数を導電率（量記号：$\sigma$，単位：$S／m$）といいます。

公式 導体の抵抗の大きさ

$$\sigma = \frac{1}{\rho}\ [S/m]\quad \rho の逆数$$

$$R = \frac{\rho\,\ell}{A}\ [\Omega]$$

または

$$R = \frac{\ell}{\sigma A}\ [\Omega]$$

電流の流れやすさから考えた式

## 基本例題　　　　　　　　　　　　　抵抗率と抵抗

断面積 $5.02\,mm^2$，長さ $100\,m$ の標準軟銅の抵抗 $R[\Omega]$ を求めよ。ただし，標準軟銅の抵抗率 $\rho$ は，$1.72 \times 10^{-8}\,\Omega\cdot m$ である。

### 解答

5.02 ㎟　　100 m

$$R = \rho \times \frac{100}{5.02 \times 10^{-6}}$$

$$= 1.72 \times 10^{-8} \times \frac{100}{5.02 \times 10^{-6}}$$

$$\fallingdotseq 0.343\ \Omega$$

温度が1℃変化したときの抵抗値の変化の割合を**抵抗温度係数**といい, $\alpha$ で表します。

$t_1$[℃]のときの抵抗を$R_1$[Ω]とすると, $t_2$[℃]のときの抵抗$R_2$[Ω]は, 抵抗温度係数$a_1$を用いて, 次のように表すことができます。

 **抵抗の温度変化**

抵抗
$$R_2 = R_1\{1 + a_1(t_2 - t_1)\}$$
[Ω]

$a_1$は基準温度$t_1$[℃]のときの抵抗温度係数

基準温度が変わると, 抵抗温度係数は変化します。

$a_1$は基準温度 $t_1$[℃]のときの抵抗温度係数

導体の抵抗は, 温度が上がると大きくなるので, 抵抗温度係数は正の値となります。

 **ひとこと**

温度が高くなると原子の熱振動が激しくなり, 電子の移動を邪魔するので, 電気が通りにくくなります。そのため, 温度が上昇すると導体の電気抵抗は大きくなります。

## SECTION 04 キルヒホッフの法則

このSECTIONで学習すること

### 1 キルヒホッフの第一法則（電流則）

流れ込む電流の和＝流れ出る電流の和
$(I_1 + I_2)$ $\qquad$ $(I_3 + I_4 + I_5)$

### 2 キルヒホッフの第二法則（電圧則）

起電力の総和＝電圧降下の総和
$(E_1 + E_2)$ $\qquad$ $(R_1 I + R_2 I)$

# 1 キルヒホッフの第一法則（電流則） 重要度 ★★★

ある点に流れ込む電流の和と，そこから流れ出る電流の和は同じです。これをキルヒホッフの第一法則（電流則）といいます。

---

**公式** キルヒホッフの第一法則

流れ込む電流の和＝流れ出る電流の和
$(I_1 + I_2)$　　　　$(I_3 + I_4 + I_5)$

これを別の表現にすると…

$I_1 + I_2 - I_3 - I_4 - I_5 = 0$

出て行く電流には − をつける

---

# 2 キルヒホッフの第二法則（電圧則） 重要度 ★★★

回路中の任意の閉回路（一周しているループ）において，起電力の総和と電圧降下の総和は等しくなります。これをキルヒホッフの第二法則（電圧則）といいます。

---

**公式** キルヒホッフの第二法則

任意の閉回路（回路の一部）

起電力の総和＝電圧降下の総和
$(E_1 + E_2)$　　　$(R_1 I + R_2 I)$

---

**ひとこと**

もしも，電源が逆向きにあるときは，単純にマイナスします。

$E_1 - E_2 = R_1 I + R_2 I$

## 基本例題
キルヒホッフの法則（H20A7）

図のように，2種類の直流電源と3種類の抵抗からなる回路がある。各抵抗に流れる電流を図に示す向きに定義するとき，電流$I_1$[A]，$I_2$[A]，$I_3$[A]の値として，正しいものを組み合わせたのは次のうちどれか。

| | $I_1$ | $I_2$ | $I_3$ |
|---|---|---|---|
| (1) | $-1$ | $-1$ | $0$ |
| (2) | $-1$ | $1$ | $-2$ |
| (3) | $1$ | $1$ | $0$ |
| (4) | $2$ | $1$ | $1$ |
| (5) | $1$ | $-1$ | $2$ |

### 解答

回路図において緑色の節点に注目すると，キルヒホッフの第一法則より，流れ込む電流と出て行く電流は等しいから，

$$I_1 = I_2 + I_3[A] \quad \cdots ①$$

オレンジ色のループに注目すると，キルヒホッフの第二法則より，起電力の和と電圧降下の和は等しいから（なお，自分で決めたループと逆向きの電流はマイナスをつけて計算する），

回路図

$$\begin{cases} 4 = 4I_1 + 5I_3 & \cdots ② \\ 2 = 2I_2 - 5I_3 & \cdots ③ \end{cases}$$

②に①を代入して，

$$4 = 4(I_2 + I_3) + 5I_3$$
$$4 = 4I_2 + 9I_3 \quad \cdots ②'$$

②'と③×2より，

$$\begin{array}{r} 4 = 4I_2 + 9I_3 \quad \cdots ②' \\ - ) \ 4 = 4I_2 - 10I_3 \cdots ③×2 \\ \hline 0 = 19I_3 \end{array}$$

したがって，$I_3 = 0$ A，$I_2 = 1$ A
これと①より$I_1 = 1$ A
よって，(3)が正解。

 問題09 問題10 問題11

# SECTION

## 05

# 複雑な電気回路

このSECTIONで学習すること

## 1 短絡と開放

電気回路における短絡と開放について学びます。

## 2 重ね合わせの理（重ねの理）

回路に複数の電源がある場合の，電流の計算方法について学びます。

> 電気回路が複雑なとき，電源が単独にあるとして別々に電流を求めて合計することができる

## 3 電池の内部抵抗とテブナンの定理（等価電圧源定理）

電池の内部抵抗と，テブナンの定理を使って複数の抵抗や電源を合成する方法を学びます。

## 4 ミルマンの定理（全電圧の定理）

ミルマンの定理を使って，電源と抵抗が並列になっている回路の全電圧を計算する方法を学びます。

> それぞれの枝路に流れる電流の合計に並列の合成抵抗を乗じたもの

## 5 ブリッジ回路

ブリッジ回路と，その平衡の条件について学びます。

## 6 抵抗のΔ−Y変換

Δ接続とY接続の等価交換について学びます。

# 1 短絡と開放  重要度 ★★★

## I 短絡

電気回路において，短絡とは❶電気回路の2点以上を導線で接続すること，または，❷導線に置き換えることを意味します。短絡すると抵抗0Ωの経路がつくられることになります。

板書 短絡

使用例 ❶「ab間を短絡した」

ab間を導線で結ぶ
（電流はすべて短絡された導線を流れることになる）

使用例 ❷「電源$E$を取り除き，短絡した」

1．取り除く

2．導線が途切れる箇所ができる

3．その箇所を短絡する
（導線で結ぶ）

問題集 問題12 問題13 問題14

## Ⅱ 開放

　**開放**とは電気回路の導線を切り取ることをいいます。開放すると電流の通り道がなくなるので，無限大の抵抗が接続されたことと同じ意味になります。

**板書 開放**

使用例「ab間で開放した」

ab 間で開放すると…

ab 間が切り取られる
（電流が流れなくなる）

## 2 重ね合わせの理 （重ねの理） 重要度 ★★★

　**重ね合わせの理**とは，複数の電源が回路網にあるとき（図2），回路網の任意の枝路に流れる電流は，各電源が単独にあるとき（図1-1，図1-2）に，それぞれの枝路に流れる電流を合計したものに等しいことをいいます。

**ひとこと**

網のように複雑な電気回路を回路網といいます。

**ひとこと**

枝路とは，枝のように分岐した電流の通り道（導線）のことをいいます。

42

## 公式 重ね合わせの理

【図1-1】

6 A

電気回路が複雑なとき，電源が単独にあるとして別々に電流を求めて合計することができる

6+2=8 A

【図1-2】

2 A

【図2】

### ひとこと

　　【図1-1】や【図1-2】は，【図2】のうち残したい電源以外の電源を取り除いて短絡した回路図です。

### ？ 基本例題 ─────────────────────── 重ね合わせの理（H25A6改）

図の直流回路において，抵抗$R = 10\ \Omega$に流れる電流$I$を求めよ。

40 Ω　　$R = 10\ \Omega$　　60 Ω

60 V　　40 Ω　　電流$I$　　60 Ω　　80 V

### 解答

電源が2つあるため，重ね合わせの理を利用して，2つの回路に分ける。

【回路1】
　緑色の抵抗の部分は，電源からみて並列だから，合成抵抗$R_{緑1}$を求めると，

合成抵抗$R_{緑1} = \dfrac{40 \times 40}{40 + 40} = 20\ \Omega$

　よって，回路図aのように書き直せる。直列の合成抵抗$R_{緑2}$を求めると，

【回路図a】

合成抵抗$R_{緑2} = 20 + 10 = 30\ \Omega$

　よって，さらに回路図bのように書き直せる。この回路の全抵抗$R_1$を求め，30 Ωの抵抗がある枝路に流れる電流$I_1$を求めると，

【回路図b】

$R_1 = \dfrac{30 \times 60}{30 + 60} + 60 = 80\ \Omega$

$I_1 = 全電流 \times \dfrac{60}{30 + 60}$ ← 分流

$= \dfrac{E_1}{R_1} \times \dfrac{60}{30 + 60} = \dfrac{2}{3}\ \mathrm{A}$

【回路2】

同様の計算を，60 Vの電源についても行うと，

$$全抵抗 R_2 = \frac{40 \times \left(10 + \dfrac{60 \times 60}{60 + 60}\right)}{40 + \left(10 + \dfrac{60 \times 60}{60 + 60}\right)} + 40$$

$$= 60 \ \Omega$$

$$I_2 = \frac{E_2}{R_2} \times \frac{40}{40 + \left(10 + \dfrac{60 \times 60}{60 + 60}\right)}$$

$$= \frac{60}{60} \times \frac{40}{40 + \left(10 + \dfrac{60 \times 60}{60 + 60}\right)}$$

$$= \frac{1}{2} \ A$$

【回路1】＋【回路2】

重ね合わせの理より（電流$I_1$と電流$I_2$は逆方向であることに注意して），

$$I = I_1 + (-I_2) = \frac{2}{3} + \left(-\frac{1}{2}\right) = \frac{1}{6} \ A$$

### ひとこと

ここでは，練習のために重ね合わせの理を利用しましたが，後述するテブナンの定理を利用するともっと早く解けます。

問題集 問題15

## 3 電池の内部抵抗とテブナンの定理（等価電圧源定理） 重要度 ★★★

### Ⅰ 電池の内部抵抗

電池のような電源は，起電力$E[V]$と内部抵抗$r[\Omega]$の直列回路で表現することができます。電池に外部抵抗$R[\Omega]$を接続したとき，電流が内部抵抗を通るので，内部抵抗$r[\Omega]$による電圧降下が生じて，端子電圧は起電力よりも少し弱まります。

内部抵抗が無視できるほど小さいときは，ないものとして扱うことがあります。電池の内部抵抗は次式で求められます。

内部抵抗で使用した
押し流す力（電圧降下）

$$r_{[\Omega]} = \dfrac{\overbrace{E}^{起電力[V]} - \overbrace{V}^{電圧[V]}}{\underbrace{I}_{電流[A]}}$$

内部抵抗

## ひとこと

スイッチを開いた状態での端子abの電圧を開放電圧といいます。

スイッチを開いたとき

押し流そうとする起電力はあるが
通り道がなく電流が進まない

内部抵抗に電流が流れていないので
電圧降下が起こらず
端子abの電圧は，起電力に等しい

## 基本例題　　　　　　　　　　　　　　　　　電池の内部抵抗(1)：開放電圧

開放電圧に関する考察である。以下の空欄を埋めよ。

(1) 図1のようにab間が開放された回路を考える。
　　このとき，電流は流れないので$I=0$ Aである。
　　オームの法則より，内部抵抗$r$による電圧降下$V_r$
　　は，

$$V_r = rI = \boxed{\phantom{(ア)}} \text{[V]}$$

　　となる。

【図1】

(2) したがって，電源の−極を基準0Vとすると電位分布は図2のようになる。ab間の電圧$V_\circ$は，a点とb点の電位差だから，

$$V_\circ = E - 0 = \boxed{\text{(イ)}} \, [\text{V}]$$

となる。

【図2】

(3) 以上から，開放電圧$V_\circ$と内部起電力$E$は等しい。

**解答**

(ア) 0　　(イ) $E$

---

**❓ 基本例題** ━━━━━━━━ 電池の内部抵抗（2）：内部抵抗と外部抵抗

電池に外部抵抗$R$を接続した場合のab間の端子電圧に関する考察である。以下の空欄を埋めよ。

(1) オームの法則より内部抵抗$r$による電圧降下$V_r$は，

$$V_r = \boxed{\text{(ア)}} \, [\text{V}] \quad \cdots ①$$

となる。

(2) キルヒホッフの第二法則（電圧則）より$E = V_r + V_\circ$だから，これを整理して，

$$V_\circ = \boxed{\text{(イ)}} \, [\text{V}] \quad \cdots ②$$

②式に①式を代入して，

$$V_\circ = \boxed{\text{(ウ)}} \, [\text{V}]$$

したがって，電流$I$が流れていない場合は，電圧降下が生じないため，端子電圧$V_\circ$と内部起電力$E$は等しいが，本問のように電流$I$が流れている場合，内部抵抗$r$による電圧降下によって，端子電圧$V$は内部起電力$E$よりも$rI$だけ低下する。

(3) 起電力$E$は抵抗値の比で分圧されるから，

$$V_\circ = \boxed{\text{(エ)}} \, [\text{V}]$$

となって，$r$が$R$に比べて非常に小さい場合，端子電圧$V_\circ \fallingdotseq$内部起電力$E$となる。

$(ア)rI$    $(イ)E-V_r$    $(ウ)E-rI$    $(エ)E \times \dfrac{R}{r+R}$

---

**基本例題**　　　　　　　　　　　　　　　　　　　　　　　　電池の内部抵抗(3)

電池の内部抵抗に関する考察である。以下の空欄を埋めよ。

(1)　図のようにab間に外部抵抗$R$が接続された回路を考える。このとき，オームの法則より，内部抵抗$r$を$V_r$, $I$で表すと，

　　　　$r=\boxed{\quad (ア) \quad}[\Omega]$　…①

(2)　キルヒホッフの第二法則（電圧則）より$E=V_r+V_o$だから，これを整理して，

　　　　$V_r=\boxed{\quad (イ) \quad}[V]$　…②

(3)　①式に②式を代入すると，内部抵抗$r$は次式のように求められる。

　　　　$r=\boxed{\quad (ウ) \quad}[\Omega]$

---

$(ア)\dfrac{V_r}{I}$    $(イ)E-V_o$    $(ウ)\dfrac{E-V_o}{I}$

**テブナンの定理**

回路網中のある抵抗に流れる<u>電流</u>を求めたいとき，**テブナンの定理**が役に立ちます。

図のように，電源を含む回路網において，端子ab間に抵抗$R$を接続したとき，この抵抗に流れる電流$I$は，次のように求めることができます。

**公式 テブナンの定理**

右図の回路で抵抗$R$を接続したときに流れる電流$I$は，

$$I_{[A]} = \frac{\overset{\text{起電力 [V]}}{E_0}}{\underset{\text{抵抗 }[\Omega]}{R_0 + R}}$$

電流

①$E_0$…開放電圧（抵抗$R$を接続する前のab間の電位差）
②$R_0$…ab間からみた回路網内部の合成抵抗

**ひとこと**

テブナンの定理は，求めたい電流が通る枝路を切り取り，それ以外の複雑な回路網を，1つの電池（起電力と内部抵抗）に変換しているにすぎません。

端子abからみた
回路内部の合成抵抗

 問題集 問題16

テブナンの定理がなぜ成り立つかを説明します。

回路図1があり，抵抗$R$に流れる電流$I$を求めたいとします。

【回路図1】

　これを，多数の電源と抵抗が含まれた複雑な能動回路Aと受動回路Bに分けたときの開放電圧を$V_{ab}$[V]とします。なお，電源を含む回路を能動回路といい，電源を含まない回路を受動回路といいます。

a

$V_{ab}$

$R$

b

能動回路A　　　　　受動回路B

【回路図2】

　回路図3は，回路図1に開放電圧 $V_{ab}$ と等しい大きさの起電力 $E_0$, $E'_0$ を互いに逆向きに追加したものです。このようにしても，抵抗 $R$ に流れる電流 $I$ には影響がありません。

　なぜなら，追加した起電力は互いに打ち消し合うので，抵抗 $R$ の両端子間の電位差に影響しないからです。

互いに逆向きで，開放電圧と等しい大きさの起電力を追加する（抵抗に流れる電流に影響はない）。

【回路図3】

　このときに流れる電流 $I$ を<u>重ね合わせの理</u>を使って求めます。回路図3を回路図4－1と回路図4－2に分けます。

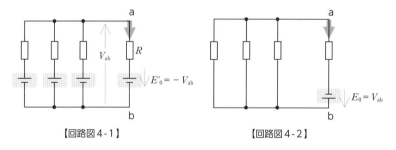

【回路図4-1】　　　　　　　【回路図4-2】

　回路図4－1において，抵抗 $R$ に流れる電流 $I$ は0Aとなります。仮に能動回路Aがどんなに複雑であっても，開放電圧 $V_{ab}$ と大きさが等しく逆向きの起電力 $E'_0$ を接続しているので，抵抗 $R$ に電流は流れません（回路図5）。

【回路図5】

　回路図6は回路図4－2と同じ回路です。端子abよりも左側の合成抵抗を$R_0[\Omega]$とすると，抵抗$R$に流れる電流$I''$は，$I'' = \dfrac{E_0}{R_0 + R}$となります。

【回路図6】

　重ね合わせの理より，回路図3に流れる電流$I$は次のようになります。

$$I = I' + I'' = 0 + \frac{E_0}{R_0 + R} = \frac{E_0}{R_0 + R}$$

これは，回路図1に流れる電流$I$と等しいので，結局，回路図6に流れる電流$I''$を求めるのと同じことになります。

　また，回路図6は，回路図7においてスイッチを閉じた回路と等価です。

$$I'' = \frac{E_0}{R_0 + R}$$

合成抵抗$R_0$

$E_0 = V_{ab}$

$R$

$V_{ab}$

【回路図7】

したがって，複数の電源と抵抗等からなる回路網は，単一の内部抵抗$R_0$と起電力$E_0$を持つ電圧源（等価電圧源）に描き直すことができます。

以上から，テブナンの定理が成り立つことがわかります。

 **基本例題** テブナンの定理（H13A10）

図のような直流回路において，$2R[\Omega]$の抵抗に流れる電流$I[A]$の値として，正しいのは次のうちどれか。

$3R[\Omega]$

$E[V]$

$2R[\Omega]$  $I[A]$

$3E[V]$

$3R[\Omega]$

(1) $\dfrac{2E}{7R}$ (2) $\dfrac{5E}{6R}$ (3) $\dfrac{E}{6R}$ (4) $\dfrac{3E}{4R}$ (5) $\dfrac{E}{2R}$

特定の枝路の電流を求める問題なので，テブナンの定理を利用する。

**STEP1** $E_0$を求める

まず，求める電流が流れる枝路を切りはなし，下図の点aと点bの電位$V_a$と$V_b$の差を求める。

点aは，電源$3E[V]$のプラス端子と直接つながっているから，$V_a = 3E[V]$

点bでは，2つ目の電源により$3E + E[V]$の電位まで上がった後（緑），さらに，2つの等しい抵抗❶❷で分圧され，電位が半分に下がっているから $V_b = 2E[V]$

よって，開放電圧 $V_{ab} = 3E - 2E = E[V]$

**STEP2** $R_0$を求める

端子abから見ると，切り離した枝路以外の部分の抵抗は並列だから，

$$合成抵抗 R_0 = \frac{3R \times 3R}{3R + 3R} = \frac{3}{2}R[\Omega]$$

**STEP3** 公式に代入する

$$I = \frac{E}{\dfrac{3}{2}R + 2R} \longleftarrow \boxed{テブナンの定理 \quad I = \frac{E_0}{R_0 + R}}$$

$$= \frac{2E}{3R + 4R} = \frac{2E}{7R}[A]$$

$\uparrow$ ── 分母と分子に2をかけた

よって，(1)が正解。

## 4 ミルマンの定理（全電圧の定理） 重要度 ★★★

ミルマンの定理は，電源と抵抗が並列になっている回路の全電圧を求める定理のことです。

### 公式 ミルマンの定理

端子 ab 間の電圧は次のようになる

それぞれの枝路に流れる電流 の合計に

$$電圧 \underset{[V]}{V_{ab}} = \frac{\dfrac{E_1}{R_1} + \dfrac{E_2}{R_2} + \cdots + \dfrac{E_n}{R_n}}{\dfrac{1}{R_1} + \dfrac{1}{R_2} + \cdots + \dfrac{1}{R_n}}$$

並列の合成抵抗を乗じたもの

$$\times \frac{1}{\dfrac{1}{R_1} + \dfrac{1}{R_2} + \cdots + \dfrac{1}{R_n}}$$

### ひとこと

ミルマンの定理は，（全）電圧＝（全）電流×（全）抵抗であり，オームの法則と似ていて覚えやすい定理です。

次の回路のように，求めたい全電圧 $V_{ab}$ の方向と逆向きの起電力がある場合は，$-\dfrac{E_1}{R_1}$，$-\dfrac{E_3}{R_3}$ などと符号をマイナスにします。また，起電力が枝路にない場合は，$E_4 = 0\,\text{V}$ として $\dfrac{E_4}{R_4} = 0\,\text{A}$ と考えます。

$$V_{ab} = \frac{-\dfrac{E_1}{R_1} + \dfrac{E_2}{R_2} - \dfrac{E_3}{R_3} + 0}{\dfrac{1}{R_1} + \dfrac{1}{R_2} + \dfrac{1}{R_3} + \dfrac{1}{R_4}}$$

マイナス　　マイナス　　ゼロ
（逆向き）（逆向き）（起電力なし）

端子電圧の値が $V_{ab} = \dfrac{\dfrac{E_1}{R_1} + \dfrac{E_2}{R_2} + \dfrac{E_3}{R_3}}{\dfrac{1}{R_1} + \dfrac{1}{R_2} + \dfrac{1}{R_3}}$ [V]で表せることを導きなさい。

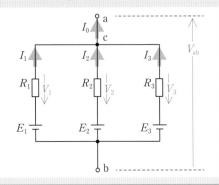

**解答**

キルヒホッフの第一法則（電流則）をc点に適用すると，

流入する電流の合計（$I_1 + I_2 + I_3$）と流出する電流（$I_0$）の合計が等しいから，

$$I_1 + I_2 + I_3 = I_0 \text{[A]}$$

しかし，この回路は開放状態であり，a点で回路が途切れている。よって，c点からa点のほうへ電流が流れていくことはできない。したがって，$I_0 = 0$ A であるため

$$I_1 + I_2 + I_3 = 0 \text{ A} \quad \cdots ①$$

$R_1$に加わる電圧 $V_1$ は，

$$V_1 = E_1 - V_{ab} \text{[V]}$$

これとオームの法則 $I = \dfrac{V}{R}$ から，$R_1$を流れる電流 $I_1$ は

$$I_1 = \frac{V_1}{R_1} = \frac{E_1 - V_{ab}}{R_1} \text{[A]} \quad \cdots ②$$

同様に，

$$I_2 = \frac{V_2}{R_2} = \frac{E_2 - V_{ab}}{R_2} \text{[A]} \quad \cdots ③$$

$$I_3 = \frac{V_3}{R_3} = \frac{E_3 - V_{ab}}{R_3} \text{[A]} \quad \cdots ④$$

②, ③, ④式を, ①式の$I_1 + I_2 + I_3 = 0$ Aに代入すると,

$$\frac{E_1 - V_{ab}}{R_1} + \frac{E_2 - V_{ab}}{R_2} + \frac{E_3 - V_{ab}}{R_3} = 0 \text{ A}$$

$$\left(\frac{E_1}{R_1} - \frac{V_{ab}}{R_1}\right) + \left(\frac{E_2}{R_2} - \frac{V_{ab}}{R_2}\right) + \left(\frac{E_3}{R_3} - \frac{V_{ab}}{R_3}\right) = 0 \text{ A}$$

類似の項同士を等号の左右にまとめて,

$$\frac{V_{ab}}{R_1} + \frac{V_{ab}}{R_2} + \frac{V_{ab}}{R_3} = \frac{E_1}{R_1} + \frac{E_2}{R_2} + \frac{E_3}{R_3}$$

$$V_{ab}\left(\frac{1}{R_1} + \frac{1}{R_2} + \frac{1}{R_3}\right) = \frac{E_1}{R_1} + \frac{E_2}{R_2} + \frac{E_3}{R_3}$$

$$V_{ab} = \frac{\dfrac{E_1}{R_1} + \dfrac{E_2}{R_2} + \dfrac{E_3}{R_3}}{\dfrac{1}{R_1} + \dfrac{1}{R_2} + \dfrac{1}{R_3}} [\text{V}]$$

となる。

## ひとこと

抵抗$R$の逆数である$\dfrac{1}{R}$をコンダクタンス（量記号：$G$　単位：[ S ]）といいます。ミルマンの定理はコンダクタンスを用いて,

$$V_{ab} = \frac{\dfrac{E_1}{R_1} + \dfrac{E_2}{R_2} + \dfrac{E_3}{R_3}}{\dfrac{1}{R_1} + \dfrac{1}{R_2} + \dfrac{1}{R_3}}$$

$$= \frac{\left(\dfrac{1}{R_1}\right)E_1 + \left(\dfrac{1}{R_2}\right)E_2 + \left(\dfrac{1}{R_3}\right)E_3}{\dfrac{1}{R_1} + \dfrac{1}{R_2} + \dfrac{1}{R_3}}$$

$$= \frac{G_1E_1 + G_2E_2 + G_3E_3}{G_1 + G_2 + G_3} [\text{V}]$$

と表すこともできます。

# 5 ブリッジ回路

## I ブリッジ回路（ホイートストンブリッジ）の平衡条件

ブリッジ回路とは，直並列回路の中間点を橋渡ししている回路をいいます。斜めに向かい合った抵抗を掛け算した値が等しいとき，橋の部分（bd間）には電流が流れません。このようになる条件を，ブリッジの平衡条件といいます。

板書 ブリッジの平衡条件

どちらの回路も電気的にはまったく同じ回路。

抵抗
$$R_1 R_4 = R_2 R_3$$
[Ω] のとき，bd間には電流が流れない。

ブリッジ回路の問題で「bd間の電位差が0のとき」「bd間に電流が流れていないとき」という表現がある場合，ブリッジの平衡条件 $R_1 R_4 = R_2 R_3$ が成り立っています。

## Ⅱ ブリッジ回路の平衡条件の導き方

電位の分布

— $V_a$ [V]

— $V_b = V_d$ [V]

0 V

※電源の−端子を基準0Vとする

bd間で電流が流れないということは，電流$I_1$と電流$I_2$は図のように流れ，節点bとdでの電位$V_b$と$V_d$は等しい（$R_5$の両端子で電位が同じ）といえます。

このとき，$R_1$と$R_3$による電圧降下$V_{ad} = V_{ab}$，$R_2$と$R_4$による電圧降下$V_{dc} = V_{bc}$が成り立つはずだから，これとオームの法則より，①式と②式が成り立ちます。

$$V_{ad} = V_{ab} \quad \Rightarrow \quad R_1 I_1 = R_3 I_2 \quad \cdots ①$$

$$V_{dc} = V_{bc} \quad \Rightarrow \quad R_2 I_1 = R_4 I_2 \quad \cdots ②$$

①÷②を行なっても，両辺は等しいから，次の式が成り立ちます。

$$\frac{R_1 I_1}{R_2 I_1} = \frac{R_3 I_2}{R_4 I_2} \quad \Rightarrow \quad \frac{R_1}{R_2} = \frac{R_3}{R_4} \quad \cdots ① \div ②$$

よって，$R_1 R_4 = R_2 R_3$となり，ブリッジ回路の平衡条件が導けました。

### ひとこと

ブリッジ回路の平衡条件は利用できるだけでなく，証明できるようにしておきましょう。

## Ⅲ スイッチの開閉に関わらず全電流が一定となる条件

また，図のような直流回路において，スイッチSを開閉しても，電源からブリッジ回路に向かって流れる電流が一定のとき，ブリッジの平衡条件$R_1 R_4 = R_2 R_3$が成立します。

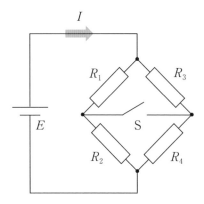

$$I$$

$$R_1 \quad R_3$$

$$E \quad S$$

$$R_2 \quad R_4$$

スイッチSの開閉によらず電流が一定

ブリッジの平衡条件が成立

**ひとこと**

（発展）なぜブリッジ回路の平衡条件が成り立つのか？

　スイッチSを開閉して回路に流れる電流が変化しないということは，スイッチの開閉前後の合成抵抗が等しいということです。

　まず，スイッチが開いているとき合成抵抗$R_{op}$は，

$$R_{op} = \frac{(R_1 + R_2)(R_3 + R_4)}{(R_1 + R_2) + (R_3 + R_4)} \cdots ①$$

　次に，スイッチが閉じているときの合成抵抗$R_{cl}$は，

$$R_{cl} = \frac{R_1 R_3}{R_1 + R_3} + \frac{R_2 R_4}{R_2 + R_4} \cdots ②$$

　スイッチ開閉前後で抵抗値は変わらないとき，①式＝②式として，

$$\frac{(R_1 + R_2)(R_3 + R_4)}{(R_1 + R_2) + (R_3 + R_4)} = \frac{R_1 R_3}{R_1 + R_3} + \frac{R_2 R_4}{R_2 + R_4}$$

$$\frac{R_1 R_3 + R_1 R_4 + R_2 R_3 + R_2 R_4}{R_1 + R_2 + R_3 + R_4} = \frac{R_1 R_3 (R_2 + R_4) + R_2 R_4 (R_1 + R_3)}{(R_1 + R_3)(R_2 + R_4)}$$

　右辺を展開し，両辺の分母を払うと次のように計算できます。

$$(R_1 R_3 + R_1 R_4 + R_2 R_3 + R_2 R_4)(R_1 R_2 + R_1 R_4 + R_2 R_3 + R_3 R_4)$$
$$= (R_1 R_2 R_3 + R_1 R_3 R_4 + R_1 R_2 R_4 + R_2 R_3 R_4)(R_1 + R_2 + R_3 + R_4)$$

　両辺でこれらを展開し，$R_1^2$と$R_1$の項について整理すると次のようになります。

$$R_1^2 (R_2 R_3 + R_3 R_4 + R_2 R_4 + R_4^2)$$
$$+ R_1 (R_2 R_3^2 + R_3^2 R_4 + R_2 R_3 R_4 + R_3 R_4^2 + R_2^2 R_3 + R_2 R_3 R_4 + R_2^2 R_4 + R_2 R_4^2)$$
$$+ R_2^2 R_3^2 + R_2 R_3^2 R_4 + R_2^2 R_3 R_4 + R_2 R_3 R_4^2$$
$$= R_1^2 (R_2 R_3 + R_3 R_4 + R_2 R_4)$$

$$+R_1(R_2\,R_3\,R_4+R_2^2\,R_3+R_2\,R_3\,R_4+R_2^2\,R_4+R_2\,R_3^2+R_3^2\,R_4+R_2\,R_3\,R_4$$
$$+R_2\,R_3\,R_4+R_3\,R_4^2+R_2\,R_4^2)+R_2^2\,R_3\,R_4+R_2\,R_3^2\,R_4+R_2\,R_3\,R_4^2$$

非常に複雑な計算となりますが，左辺と右辺にて $R_1^2$ と $R_1$ についてまとめると，マーカー部分の項だけ残り，次のようになります。

$$R_1^2\,R_4^2+R_2^2\,R_3^2=2R_1\,R_2\,R_3\,R_4$$
$$R_1^2\,R_4^2-2R_1\,R_2\,R_3\,R_4+R_2^2\,R_3^2=0$$
$$(R_1\,R_4-R_2\,R_3)^2=0$$
$$\therefore R_1\,R_4=R_2\,R_3$$

よって，スイッチ開閉で電流が一定ならばブリッジの平衡条件が成立すると言えます。しかし，導出は極めて複雑なので結果のみ把握しておきましょう。

問題集 問題18 問題19 問題20 問題21

## 6 抵抗のΔ-Y変換 （デルタ スター）　　　重要度 ★★★

　図のような接続をそれぞれ **Δ接続** （デルタ）（Δ結線または三角結線），**Y接続** （スター）（Y結線または星型結線 （ほしがた）） といいます。この2種類の接続は，相互に等価変換できます。

　変換をすると，複雑な回路が簡単になることがあります。

板書 「Y-Δ変換 （スター デルタ）」と「Δ-Y変換 （デルタ スター）」

### 1 接続方法

Δ接続

Y-Δ

相互に
置き換え可能

Δ-Y

Y接続

## 2 等価変換

Y－Δ変換

Y接続で隣り合う抵抗の積の和

$$r_1 = \frac{R_1 R_2 + R_2 R_3 + R_3 R_1}{R_2}$$

$r_1$に対面するY接続の抵抗

$$r_2 = \frac{R_1 R_2 + R_2 R_3 + R_3 R_1}{R_3}$$

$$r_3 = \frac{R_1 R_2 + R_2 R_3 + R_3 R_1}{R_1}$$

Δ－Y変換（重要）

Δ接続で$R_1$をはさむ抵抗の積

$$R_1 = \frac{r_1 r_2}{r_1 + r_2 + r_3}$$

Δ接続の抵抗の和

$$R_2 = \frac{r_2 r_3}{r_1 + r_2 + r_3}$$

$$R_3 = \frac{r_3 r_1}{r_1 + r_2 + r_3}$$

和分のはさみ積と覚える

### ひとこと

相互に等価変換するには，端子ab，端子bc，端子caのどの端子からみても，合成抵抗がすべて等しいような抵抗に置き換える必要があります。

特に，抵抗値がすべて等しいとき，$r = 3R$，$R = \dfrac{r}{3}$の関係が成り立ちます。

Δ接続

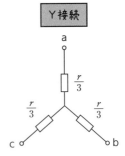

Y接続

×3倍

相互に
置き換え可能

×$\dfrac{1}{3}$倍

問題集 問題22

62

## ひとこと

（発展）Y－Δ変換とΔ－Y変換の導出

**Δ－Y変換**

端子ab, bc, ca間の抵抗がΔ結線とY結線で等しくなるので次の式が成り立ちます。

$$R_1 + R_3 = \frac{r_1(r_2 + r_3)}{r_1 + (r_2 + r_3)} \cdots ①$$

$$R_1 + R_2 = \frac{r_2(r_1 + r_3)}{r_2 + (r_1 + r_3)} \cdots ②$$

$$R_2 + R_3 = \frac{r_3(r_1 + r_2)}{r_3 + (r_1 + r_2)} \cdots ③$$

（①＋②＋③）÷2より，

$$R_1 + R_2 + R_3$$
$$= \frac{r_1 r_2 + r_2 r_3 + r_3 r_1}{r_1 + r_2 + r_3} \cdots ④$$

④－③より $R_1 = \dfrac{r_1 r_2}{r_1 + r_2 + r_3} \cdots ⑤$

④－①より $R_2 = \dfrac{r_2 r_3}{r_1 + r_2 + r_3} \cdots ⑥$

④－②より $R_3 = \dfrac{r_3 r_1}{r_1 + r_2 + r_3} \cdots ⑦$

**Y－Δ変換**

⑤×⑥より

$$R_1 R_2 = \frac{r_1 r_2^2 r_3}{(r_1 + r_2 + r_3)^2} \cdots ⑧$$

⑥×⑦より

$$R_2 R_3 = \frac{r_1 r_2 r_3^2}{(r_1 + r_2 + r_3)^2} \cdots ⑨$$

⑦×⑤より

$$R_3 R_1 = \frac{r_1^2 r_2 r_3}{(r_1 + r_2 + r_3)^2} \cdots ⑩$$

⑧＋⑨＋⑩より

$$R_1 R_2 + R_2 R_3 + R_3 R_1$$
$$= \frac{r_1 r_2 r_3}{r_1 + r_2 + r_3} \cdots ⑪$$

⑪と⑥より，

$$R_1 R_2 + R_2 R_3 + R_3 R_1 = r_1 R_2$$

$$\therefore r_1 = \frac{R_1 R_2 + R_2 R_3 + R_3 R_1}{R_2}$$

同様に，

$$r_2 = \frac{R_1 R_2 + R_2 R_3 + R_3 R_1}{R_3}$$

$$r_3 = \frac{R_1 R_2 + R_2 R_3 + R_3 R_1}{R_1}$$

SECTION

06

# 電力と電力量

このSECTIONで学習すること

### 1 電力

電力と，その計算方法について学びます。

$$\underset{[\mathrm{W}]}{\overset{\text{電力}}{P}} = \underset{[\mathrm{V}]}{\overset{\text{電圧}}{V}} \underset{[\mathrm{A}]}{\overset{\text{電流}}{I}} = \underset{[\Omega]}{\overset{\text{抵抗}}{R}} \underset{[\mathrm{A}]}{\overset{\text{電流}}{I^2}} = \frac{\overset{\text{電圧}[\mathrm{V}]}{V^2}}{\underset{\text{抵抗}[\Omega]}{R}}$$

### 2 電力量

電力量と，その計算方法について学びます。

$$\underset{[\mathrm{W \cdot s}]}{\overset{\text{電力量}}{W}} = \underset{[\mathrm{W}]}{\overset{\text{電力}}{P}} \underset{[\mathrm{s}]}{\overset{\text{時間}}{t}}$$

### 3 ジュール熱

抵抗に電圧を加えて電流が流れたときに発生するジュール熱について学びます。

$$\underset{[\mathrm{J}]}{\overset{\text{ジュール熱}}{Q}} = \underset{[\mathrm{W}]}{\overset{\text{消費電力}}{P}} \underset{[\mathrm{s}]}{\overset{\text{時間}}{t}} = \underset{[\Omega]}{\overset{\text{抵抗}}{R}} \underset{[\mathrm{A}]}{\overset{\text{電流}}{I^2}} \underset{[\mathrm{s}]}{\overset{\text{時間}}{t}}$$

# 1 電力

重要度 ★★★

**電力**（量記号：$P$，単位：W）とは，1秒あたりの供給または消費される電気エネルギーを表し，電圧と電流の積で求められます。電力には以下のような関係があります。

---

**公式 電力**

$$P = V \; I = R \; I^2 = \frac{V^2}{R}$$

電力 電圧 電流　抵抗 電流　　電圧[V]
[W]　[V]　[A]　　[Ω]　[A]　　抵抗[Ω]

$P$はPower（仕事率）の頭文字からきています。

---

**基本例題** ───────────────────────── 電力の公式

電力の公式に関する考察である。以下の空欄を埋めよ。

電位$V_a$（高）　電位差$V$　電位$V_b$（低）

端子a　電流$I$　抵抗$R$　端子b

(1) 抵抗$R$に電位差$V$を与えると電流$I$が流れる。

(2) 電力$P$は次の式で表すことができる。

$$P = \boxed{\phantom{(ア)}} \; [W] \quad \cdots ①$$

(3) オームの法則より，$V = RI$だからこれを式①に代入して変形すると，

$$P = \boxed{\phantom{(イ)}} \; [W]$$

(4) オームの法則より，$I = \dfrac{V}{R}$でもあるから，これを式①に代入して変形すると，

$$P = \boxed{\phantom{(ウ)}} \; [W]$$

---

**解答**

(ア) $VI$　　(イ) $RI^2$　　(ウ) $\dfrac{V^2}{R}$

## 基本例題

図に示す直流回路において，抵抗$R_1 = 5\ \Omega$で消費される電力は抵抗$R_3 = 15\ \Omega$で消費される電力の何倍となるか。その倍率として，最も近い値を次の(1)〜(5)のうちから一つ選べ。

(1) 0.9　　(2) 1.2　　(3) 1.5　　(4) 1.8　　(5) 2.1

### 解答

抵抗$R_1$に流れる電流を$I_1$とすると，抵抗$R_3$に流れる電流$I_3$は，

$$I_3 = \frac{R_2}{R_2 + R_3}I_1$$

　　　　$R_2$と$R_3$で分流

$$= \frac{10}{10 + 15}I_1 = 0.4I_1\,[\mathrm{A}]$$

ここで，抵抗$R_1$で消費される電力を$P_1$とし，抵抗$R_3$で消費される電力を$P_3$とすると

$$P_1 = R_1I_1^2 = 5I_1^2\,[\mathrm{W}]$$
$$P_3 = R_3I_3^2 = 15 \times (0.4I_1)^2 = 2.4I_1^2\,[\mathrm{W}]$$

したがって，抵抗$R_1$で消費される電力$P_1$と抵抗$R_3$で消費される電力$P_3$の比$\dfrac{P_1}{P_3}$は，

$$\frac{P_1}{P_3} = \frac{5I_1^2}{2.4I_1^2} \fallingdotseq 2.1$$

よって，(5)が正解。

問題集　問題23　問題24

## 2 電力量

重要度 ★★★

電力量（量記号：$W$, 単位：$\overset{\text{ワット秒}}{W \cdot s}$）とは，電力$P[W]$と時間$t[\overset{\text{秒}}{s}]$の積で表され，消費される電気エネルギーのことをいいます。電力$P[W]$と時間$T[\overset{\text{時}}{h}]$の積である$[\overset{\text{ワット時}}{W \cdot h}]$という単位を利用することもあります。

公式 **電力量**

電力量 電力 時間
$$W = P \quad t$$
[W·s]　[W]　[s]

$W$は$\overset{\text{ワーク}}{\text{Work}}$（仕事）の頭文字からきています。
単位の[s]は$\overset{\text{セカンド}}{\text{second}}$（秒）
[h]は$\overset{\text{アワー}}{\text{hour}}$（時間）を表します。

**ひとこと**

電力量の単位W·sは$\overset{\text{ジュール}}{J}$で表されることもあります。
1[W·s]＝1[J]

## 3 ジュール熱

重要度 ★★★

抵抗$R$に，電圧$V$を加えて電流$I$を$t$秒間流すと，熱エネルギーが発生します。これを**ジュール熱**といい，ジュール熱$Q[J]$は，次の式で表すことができます。

公式 **ジュールの公式**

ジュール熱　消費電力　時間　　抵抗 電流 時間
$$Q = P \quad t = R \, I^2 \, t$$
[J]　　　[W]　[s]　　[Ω]　[A]　[s]

ジュール熱$Q$

電流$I$　抵抗$R$
電圧$V$

## ┃Ⅰ┃ 熱と運動

　導体などの物質は原子や分子から構成されていて，これらは不規則な運動
をしています。これを**熱運動**といい，この熱運動のエネルギーを**熱エネルギ
ー**といいます。また，移動した熱エネルギーを**熱**または**熱量**といいます。

原子は不規則な熱運動をしている
これが熱エネルギー

## ┃Ⅱ┃ ジュール熱が発生する理由

　電流が流れるということは，導体中を電子が移動していることを意味しま
す。電子は，電源の＋極に引き寄せられて加速したり，移動中に抵抗を構成
する原子（陽イオン）にぶつかって減速したりして進みます。

　電子の移動時に起こる衝突によって，抵抗を構成する原子の熱運動が激し
くなり，熱が発生します。

熱運動が激しくなる

陽イオンに
衝突しながら
進む

　　イオンとは電気を帯びた粒子のことです。自由電子を放出した原子は正の
電荷を持ちます。この正の電荷を持つイオンを陽イオンといいます。

CHAPTER 02

静電気

# 静電気

静電気が及ぼす力や，生じさせる電界，電気を蓄えることができるコンデンサの仕組みについて考えます。計算問題が多く出題されますので，法則をしっかりと理解できるようにしましょう。

## このCHAPTERで学習すること

### SECTION 01 静電気に関するクーロンの法則

比例定数：$k[\mathrm{N \cdot m^2/C^2}]$
電荷：$Q_1, Q_2[\mathrm{C}]$
距離：$r[\mathrm{m}]$

静電力
$$F = k\frac{Q_1 Q_2}{r^2}$$
$[\mathrm{N}]$

❶2つの電気量の積に比例

❷距離の2乗に反比例

比例定数

静電気とその性質について学びます。

### SECTION 02 電界

静電力　　電荷　　電界の大きさ
$$F = Q \quad E$$
[N]　　　[C]　　　[V/m]
ニュートン

電界とは何か，また電気力線の考え方を学びます。

電位と電界と電圧の関係について学びます。

コンデンサの仕組みと静電容量について学びます。

# 傾向と対策

**4～5問**／**22問中**

・計算問題中心

| | H27 | H28 | H29 | H30 | R1 | R2 | R3 | R4上 | R4下 | R5上 |
|---|---|---|---|---|---|---|---|---|---|---|
| 静電気 | 2 | 5 | 2 | 4 | 4 | 5 | 4 | 5 | 5 | 4 |

## ポイント

静電気の力や電界の計算問題は，大きさと向きを問われるケースが多いので，注意しましょう。コンデンサを用いた計算問題は応用問題も多く出題されますが，ほとんどは基礎的な考え方を組み合わせているため，公式の意味をしっかりと理解することが大切です。CH03で学ぶ電磁力の法則と類似する部分もあるため，しっかりと学習して理解を深めましょう。

# 静電気に関する
# クーロンの法則

このSECTIONで学習すること

## 1 静電気

静電気の概念について学びます。

## 2 静電誘導

導体に電荷を近づけたときにおこる
現象について学びます。

## 3 静電気に関するクーロンの法則

静電力とその性質について学びます。

# 1 静電気

重要度 ★★★

**静電気**とは，物質が帯びている電気のことです。また，**帯電**（電気を帯びている）とは，正電荷か負電荷のどちらかの電荷が多い状態にあることをいいます。

また，帯電している物体を**帯電体**，大きさが無視できる帯電体を**点電荷**といいます。

# 2 静電誘導

重要度 ★★★

**静電誘導**とは，導体に電荷を近づけると，反対の符号を持つ電荷が現れる現象をいいます。**導体**とは，電気を通しやすい物質のことです。

# 3 静電気に関するクーロンの法則

重要度 ★★★

同種の電荷は反発し合い，異種の電荷は引き合います。このように，帯電した物体や電荷の間に働く力を**静電力**（量記号：$F$，単位：N）といいます。

板書 **静電力**

## I 静電力の向き

静電力の向きは，2つの点電荷を結ぶ一直線上に働き，同種の電荷であれば反発する方向に，異種の電荷であれば引き合う方向に働きます。

## II 静電力の大きさ

2つの点電荷 $Q_1$[C]，$Q_2$[C]が及ぼし合う静電力の大きさ$F$[N]は

$F = k\dfrac{Q_1Q_2}{r^2}$ で表すことができ，❶2つの点電荷の電気量 $Q_1$[C]，$Q_2$[C]の

積に比例し，❷距離$r$[m]の2乗に反比例します。これをクーロンの法則といいます。

2つの電荷の周りにある物質(媒質)によって 静電力$F = k\dfrac{Q_1 Q_2}{r^2}$ の比例定数$k$の値が変わります。すなわち,電荷の周りにどんな物質があるかによって静電力が変化します。

真空中における具体的な数字をあてはめたとき,真空中での静電力は 静電力$F = 9 \times 10^9 \dfrac{Q_1 Q_2}{r^2}$ と表すことができます。

**ひとこと**

2つの点電荷の電気量が大きいほど大きな力が働き,点電荷が離れるほど力は小さくなります。周りの媒質によっても静電力が変化します。

### 基本例題 ——— クーロンの法則(1)

真空中において，直線上に20 cm離れた位置に，$2 \times 10^{-6}$ Cと$6 \times 10^{-6}$ Cの2つの正電荷がある。いくらの反発力が働くか答えよ。

**解答**

真空中

$2 \times 10^{-6}$ C　　　$6 \times 10^{-6}$ C

$F[\text{N}]$　　　$F[\text{N}]$

$20 \text{ cm} = 0.2 \text{ m}$

クーロンの法則より，静電力$F[\text{N}]$は，

$$F = 9 \times 10^9 \times \frac{(2 \times 10^{-6}) \times (6 \times 10^{-6})}{0.2^2}$$

$$= 9 \times 10^9 \times \frac{12 \times 10^{-12}}{4 \times 10^{-2}}$$

$$= 9 \times 3 \times 10^{-1}$$

$$= 2.7 \text{ N}$$

よって，2.7 Nの反発力が働く。

### 基本例題 ——— クーロンの法則(2)(H17A1改)

真空中において，図に示すように一辺の長さが30 cmの正三角形の各頂点に$2 \times 10^{-8}$ Cの正の点電荷がある。この場合，各点電荷に働く力の大きさ$F[\text{N}]$の値として，最も近いのは次のうちどれか。

$2 \times 10^{-8}$ C

30 cm　　30 cm

$2 \times 10^{-8}$ C　　—30 cm—　　$2 \times 10^{-8}$ C

(1)　$6.92 \times 10^{-5}$　　(2)　$4.00 \times 10^{-5}$　　(3)　$3.46 \times 10^{-5}$

(4)　$2.08 \times 10^{-5}$　　(5)　$1.20 \times 10^{-5}$

　各点電荷は同量の正電荷だから，すべ
ての点電荷に同じ大きさの静電力が働
く。

　クーロンの法則より，静電力 $F_{AB}$[N]，
$F_{AC}$[N]は，

$$F_{AB} = F_{AC}$$

$$= 9 \times 10^9 \times \frac{(2 \times 10^{-8})^2}{0.3^2}$$

$$= 4 \times 10^{-5} \, \text{N}$$

　正電荷Aに働く静電力 $F_A$[N]は，$F_{AB}$
と $F_{AC}$ を合成して，

$$F_A = 2F_{AB}\cos 30°$$

$$= 2 \times (4 \times 10^{-5}) \times \frac{\sqrt{3}}{2} \fallingdotseq 6.92 \times 10^{-5} \, \text{N}$$

　よって，(1)が正解。

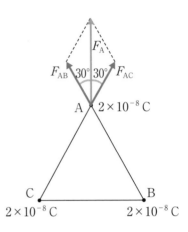

**ひとこと**

　右図の比率は，試験に非常によく出るので，計算スピー
ドアップのために覚えてしまいましょう。
　上の例題では，$F_{AB} \times \sqrt{3}$ で計算できます。

問題集 問題25 問題26

## ひとこと

[N]は，力$F$の単位です。以下を復習した上で，反発しあったり，引き付けあったりする力である静電力をイメージしてみましょう。

### 力$F$[N]とは何ですか？

力$F$[N]は，以下の公式で求められます。

**公式** **運動方程式**

$$\underset{[N]}{\underset{力}{F}} = \underset{[kg]}{\underset{質量}{m}} \times \underset{[m/s^2]}{\underset{加速度}{a}}$$

ある物体に一定の力をかけたとき，物体は加速します。

物体の質量が小さければ加速度は大きくなり，大きければ加速度は小さくなります。

力を加えると，加速する

質量 $m_1$

$F$

質量 $m_2$

$F$

加速度$a_1$（大きい）　　加速度$a_2$（小さい）

力の単位は，質量[kg]×加速度[m/s$^2$]＝力[kg·m/s$^2$]となります。しかし，毎回この単位を書くのは手間がかかるので，[kg·m/s$^2$]を[N]という単位で表現します。次に，速さと加速度について復習します。

### 速さ$v$[m/s]はどのように求めますか？

速さ$v$[m/s]は，以下の公式で求められます。sは英語のセカンドで秒を意味するので，以下の式は秒速です。

**公式** **速さ**

$$\underset{[m/s]}{\underset{速さ}{v}} = \underset{[m]}{\underset{移動距離}{x}} \div \underset{[s]}{\underset{時間}{t}}$$

位置 0m ➡ 20m
時間 0秒 ➡ 4秒　　20m÷4秒＝5[m／秒]

速さと速度の違い

　速さではどちらの向きに進んでいるのかわかりません。そこで，速さと向きを合わせて持つ量を速度とします。たとえば，後ろ向きに進んでいるときは，負の符号をつけて速度を表現します。

加速度[m/s²]とは何ですか？

　速度が時間とともに変化して，加速したり，減速したりしているとき，加速度$a$[m/s²]は，以下の公式で求められます。

**公式 加速度**

$$a = \Delta v \div \Delta t$$

加速度　　変化した速度　　変化にかかった時間
[m/s²]　　[m/s]　　　　　　[s]

速度 4m/s ➡ 24m/s
時間 0秒 ➡ 10秒

20[m／秒]÷10秒＝2[m／秒²]

なるほど！

## ひとこと

[J]は，仕事の単位です。エネルギーの単位でもあります。

仕事とはなんですか？
　仕事は，物体に力を加えて動かすことです。
　物体に一定の力 $F$[N]を加えて，その力の向きに距離 $x$[m]だけ動かしたとき，両者の積 $F \times x$ を力がした仕事（量記号：$W$，単位：J）と定義します。単位[N·m]を単位[J]で表わします。

### 公式 仕事の定義

$$W = F \times x$$
[J]　[N]　[m]

エネルギーとは何ですか？
　エネルギーとはほかの物を動かす能力（仕事をする能力）のことです。

SECTION
02

# 電界

このSECTIONで学習すること

## 1 電界とは

静電力が働く空間である電界と，その大きさの計算方法について学びます。

静電力　電荷　電界の大きさ
$$F = Q \qquad E$$
[N]　　[C]　　[V/m]
ニュートン

## 2 2つ以上の電荷がつくる電界

2つ以上の電荷がつくる電界を合成する方法を学びます。

## 3 電気力線

電気力線の概念と性質について学びます。

## 4 静電遮蔽

空間や物質を導体で囲ったときに起こる現象について学びます。

## 5 電束と電束密度

電束の概念と計算方法について学びます。

電束密度　　電束 [C]
$$D = \frac{\Psi}{A}$$
[C/m²]　　面積 [m²]

# 1 電界とは

電荷は，周囲に電界を生じさせます。**電界**とは，静電力が働く（電荷が引っ張られたり，押されたりする）空間をいいます。

**電界の大きさ（強さ）**（量記号：$E$，単位：V/m）とは，電界中で1 C あたりに働く静電力の大きさをいいます。

電界 $E$[V/m]では1C当たり $E$[N]の力が働くので，電界 $E$[V/m]に電荷 $Q$[C]をおいたとき，これに働く静電力の大きさ $F$[N]は，$F = QE$[N]と表せます。

公式 電界で電荷が受ける力

力に関する公式として，❶クーロンの法則 $F = k \cdot \dfrac{Q_1 Q_2}{r^2}$[N]と❷電界 $E$で働く静電力 $F = QE$[N]の2つが出てきました。この2つを比較すると，

> ❶クーロンの法則 $F = k \cdot \dfrac{Q_1 \ Q_2}{r^2}$[N]
>
> ❷電界で働く静電力 $F = Q \ E$[N]

と対応させることができるので，点電荷 $Q$[C]による電界の大きさは，$E = k\dfrac{Q}{r^2}$[V/m]と表現できます。

**2つ以上の電荷がつくる電界** 重要度 ★★★

電界の大きさと向きは，合成することができます。

板書 **2つ以上の電荷がつくる電界**

← $Q_1$ による電界の大きさ $E_1$
→ $Q_2$ による電界の大きさ $E_2$
点 P における電界の大きさ＝ $E_2 - E_1$

← $Q_1$ による電界の大きさ $E_1$
→ $Q_2$ による電界の大きさ $E_2$
→ 点 P における電界

---

**3** **電気力線** 重要度 ★★★

電界の様子や作用は，「正電荷から何かが湧き出して，負電荷に何かが吸い込まれ，何かの流れが空間にできている」と考えるとうまく表現できます。そこで，以下の性質を持つ**電気力線**という仮想の線を考えます。

電気力線は正電荷から出て負電荷に吸い込まれ，点電荷 $Q$[C]から出る電気力線の本数 $N$[本]は，周りの空間の電気力線の透しにくさと解釈できる**誘電率**（量記号： $\varepsilon$ ，単位：F/m）によって， $N = \dfrac{Q}{\varepsilon}$ [本]と表せます。

電気力線は引っ張られたゴムひもが縮もうとするような性質があるため，正電荷と負電荷は電気力線によって引き付けられます。一方で，電気力線どうしは反発するため，正電荷と正電荷，負電荷と負電荷は反発することになります。

**板書 電気力線のルール**

① 電気力線は，正電荷から出て，負電荷に吸い込まれる。点電荷から発する電気力線の本数は，電荷Q[C]に比例し$\dfrac{Q}{\varepsilon}$[本]である。

② 電気力線は，引っ張られたゴムひものように縮もうとする一方で，ほかの電気力線と反発し合う。

縮もうとする

でも他の電気力線と反発する

85

③電気力線は，途中で枝分かれしたり，消えたりしない。電気力線どうしは交わらない。

④電気力線は導体の表面に垂直に出入りし，導体の内部には存在しない。

垂直

内部にない

⑤電気力線の接線の向きと，その点の電界の向きは一致する。電気力線の1㎡あたりの本数は，その点の電界の大きさを表す。

**電界の大きさ**は，単位面積あたりの電気力線の本数です。

電気力線は，正の点電荷$Q$[C]から放射状に出て球状に広がります。点電荷$Q_1$から$r$[m]離れた点の電界の大きさ$E_1$は，$E_1 = \dfrac{電気力線の本数N[本]}{球の表面積A[\mathrm{m}^2]}$

$= \dfrac{\left(\dfrac{Q_1}{\varepsilon}\right)}{4\pi r^2}$[V/m]と表すことができます。球の表面積（$4\pi r^2$）が大きくなるにつれて電気力線の密度は小さくなり，電界の大きさも小さくなっていきます。

$+Q$[C]の点電荷から湧き出る電気力線の本数

$$N = \frac{Q}{\varepsilon} \text{[本]}$$

$+Q$[C]の点電荷から$r$[m]離れた点の電界の大きさ

$$E = 電気力線の密度$$

$$= \frac{電気力線の本数\ N[本]}{半径\ r\ の球の表面積\ A[\text{m}^2]}$$

$$= \frac{\left(\dfrac{Q}{\varepsilon}\right)}{4\pi r^2} [\text{V/m}]$$

点電荷$Q_1$[C]から$r$[m]離れた点の電界$E_1 = \dfrac{\left(\dfrac{Q_1}{\varepsilon}\right)}{4\pi r^2}$[V/m]に，点電荷$Q_2$[C]をおくと働く静電力$F$[N]は，

$$F = Q_2 E_1 = Q_2 \cdot \frac{\left(\dfrac{Q_1}{\varepsilon}\right)}{4\pi r^2} = \frac{Q_1 Q_2}{4\pi\varepsilon r^2} = \frac{1}{4\pi\varepsilon} \cdot \frac{Q_1 Q_2}{r^2} [\text{N}]$$

$4\pi$は具体的な数値であり，誘電率$\varepsilon$は媒質によって決まる定数であるため，このように整理します。これとクーロンの法則$F = k \cdot \dfrac{Q_1 Q_2}{r^2}$[N]を比較すると，比例定数$k$は$\dfrac{1}{4\pi\varepsilon}$であるとわかります。

公式 静電気に関するクーロンの法則（まとめ）

比例定数：$k$[N·m²/C²]
点電荷：$Q_1, Q_2$[C]
距離：$r$[m]
誘電率：$\varepsilon$[F/m]

$$\underset{[\text{N}]}{\overset{静電力}{F}} = k\ \frac{Q_1 Q_2}{r^2}$$

$$= \frac{1}{4\pi\varepsilon} \cdot \frac{Q_1 Q_2}{r^2}$$

❶ 2つの電気量の積に比例

❷ 距離の2乗に反比例

比例定数

クーロンの法則に関する考察である。以下の空欄を埋めよ。

(1) 点電荷$+Q_1$[C]から$r$[m]離れた点における電界の大きさ$E_1$を考える。点電荷$+Q_1$[C]から出る電気力線の本数$N$は，媒質の誘電率を$\varepsilon$[F/m]とすると ┌──(ア)──┐[本]となるから，

$$電界の大きさ E_1 = \frac{点電荷 +Q_1 から湧き出る電気力線の本数 N[本]}{半径 r[m] の球の表面積 A[m^2]}$$

$$= \frac{\boxed{(ア)}\,[本]}{\boxed{(イ)}\,[m^2]}$$

電気力線

$+Q_1$[C]

電界$E_1$

$r$[m]

誘電率$\varepsilon$

(2) 電界$E_1$に点電荷$Q_2$[C]をおくと，電荷に働く静電力$F$[N]は，
$$F = Q_2 E_1 = \boxed{(ウ)}\,[N] \quad \cdots ①$$

(3) クーロンの法則によれば，$r$[m]離れた点電荷$Q_1, Q_2$が及ぼし合う静電力$F$[N]は，

$$F = k\frac{Q_1 Q_2}{r^2}\,[N] \quad \cdots ②$$

①と②を比較すると，$k = \boxed{(エ)}$となる。

---

**解答**

(ア)$\dfrac{Q_1}{\varepsilon}$　　(イ)$4\pi r^2$　　(ウ)$Q_2 \dfrac{Q_1}{4\pi \varepsilon r^2}$　　(エ)$\dfrac{1}{4\pi \varepsilon}$

問題集 問題27

## 4 静電遮蔽

重要度 ★★★

　導体に空洞があるとき，導体外部に出入りする電気力線は空洞内部に入り込まず，外部の電界の影響は遮られます。このように，空間を導体で取り囲んだとき，内部が外部の電界の影響を受けなくなる現象を**静電遮蔽**といいます。

**板書 静電遮蔽その1**

導体に負に帯電した物体を近づけると

導体

③電荷は導体の表面に集まる

空洞
（電界は0）

①自由電子は導体の反対側へ移動する

②帯電体の近くに正の電荷が現れる

空洞内部は電荷の影響を受けない！＝ **静電遮蔽**

　逆に，帯電した物体を導体で取り囲み，導体を接地すると，帯電体の外部への影響が遮られます。この現象も静電遮蔽です。

（発展）空洞の電界が0になる理由

　空洞内部に電界があると仮定します。すると図のように空洞表面に電荷があることになります。帯電した2つの導体が空げきを隔てて向かい合っているため，中空の導体をコンデンサとみなせます（CH02 SEC04参照）。ただし，このコンデンサの両極板は導体でつながっているため短絡しています。したがって，コンデンサの極板間の電圧は0となるため，電荷も0となり仮定と矛盾します。この矛盾は空洞内部に電界があると仮定したことによります。よって，空洞内部に電界はありません。

点線の部分を極板と考える

---

**板書 静電遮蔽その2**

正に帯電した物体を導体で取り囲むと

接地すると

帯電体の外部への影響はなくなる＝ **静電遮蔽**

---

電荷の正負を入れ替えても静電遮蔽は成り立ちます。

# 5 電束と電束密度

電束（量記号：$\Psi$, 単位：C）とは, 電荷の周りの物質に関係なく, 電荷 $Q$ [C] から $Q$[本] の仮想の線が出ると考えたものです。電束は 1 本, 2 本と数えず, 1 C, 2 C と数えます。

## ひとこと

周りの空間（物質）の影響を考慮するのはややこしいので, 電束という概念が出てきました。

周りの空間（物質）の影響を考えるか？

YES

誘電率 $\varepsilon$ ➡ 電気力線 $\dfrac{Q}{\varepsilon}$ [本]

NO

誘電率を考慮 ➡ 電束 $\Psi$[C]
しない

単位クーロンでそのまま！

電束密度（量記号：$D$, 単位：C/m²）とは, ある面を垂直につらぬく 1 m² あたりの電束をいいます。

## 公式 電束密度

電束密度　電束[C]

$$D = \frac{\Psi}{A}$$

[C/m²]　面積[m²]

電束 $\Psi$[C]　　　面積 $A$ [m²]

$A$ はエリアという単語からきています

91

電束 $\Psi$ の本数は，電気力線の透しにくさである誘電率 $\varepsilon$ [F/m]を考慮しないので，電気力線の本数の $\varepsilon$ 倍です。したがって，単位面積あたりの密度も $\varepsilon$ 倍となります。

電気力線密度は電界の大きさ $E$[V/m]を表すので，電束密度 $D$[C/m²]は電界の大きさ $E$[V/m]の $\varepsilon$ 倍となります。

---

**公式** 電束密度と電界の大きさ

$$D = \varepsilon E = \varepsilon_0 \varepsilon_r E \ [\text{C/m}^2]$$

電束密度： $D$[C/m²]
電界の大きさ： $E$[V/m]
誘電率： $\varepsilon$ [F/m]
真空の誘電率： $\varepsilon_0$[F/m]
比誘電率： $\varepsilon_r$

---

ここで， $\varepsilon_0 \fallingdotseq 8.85 \times 10^{-12}$ （単位：F/m）は**真空の誘電率**と呼ばれ，何もない空間での電気力線の透しにくさを表します。ある物質の誘電率 $\varepsilon$ [F/m]と真空の誘電率 $\varepsilon_0$[F/m]との比率を比誘電率 $\varepsilon_r$ といいます。

**ひとこと**

空気中の誘電率は真空中の誘電率とほぼ等しく，問題を解くうえでは同じと考えてかまいません。

**ひとこと**

$E = \dfrac{D}{\varepsilon}$[V/m]より，$D$[C/m²]が一定なら下の図において誘電体を透る電気力線の数は比誘電率に反比例します。

# SECTION 03 電界と電位

このSECTIONで学習すること

## 1 電位と電界と電圧

電位と電界，電圧の関係性について学びます。

## 2 電位

電位とその計算方法について学びます。

## 3 誘電分極

誘電体に電荷を近づけたときに起こる誘電分極について学びます。

# 1 電位と電界と電圧

　重力に逆らって，ソリを山の上まで頑張って持っていくと，ソリすべりができます。ソリで滑るときは，もはや自分で押す必要はありません。よって，上の位置にソリがあること自体にエネルギーがあったと考えられます。

　**エネルギー**とは，物を動かす能力や源泉のことです。

　電荷を，反発するような方向に逆らって押してみましょう。ある程度近づいて，手を離すと電荷は吹き飛んでいきます。よって，電荷をある位置におくこと自体にエネルギーがあったと考えられます。

　状況が似ているので，このように考えましょう。電荷 $Q$[C]を，山の頂上まで運んでいきます。

　すると，**電位**（単位：V）は高さ，**電圧（電位差）**（単位：V）は２点間の高さの差，**電界**（単位：V/m）はその地点での山の勾配と考えることができます。

　電界（山の勾配）があると，正電荷は勝手にソリすべりを始めて，電位の高いところから低いところへ移動を始めます。

## 2 電位

重要度 ★★★

### Ⅰ 電位とは

電位（量記号：$V$, 単位：V）は，次の式で求めることができます。エネルギーが大きければ，電荷をより高い電位まで持ち上げることができます。

公式 **電位**

$$\underset{\text{[V]}}{\overset{\text{電位}}{V}} = \frac{\overset{\text{エネルギー[J]}}{W}}{\underset{\text{電荷[C]}}{Q}}$$

らくちん 1 C

大変 10 C

同じエネルギーで
低い位置までしか
持っていけない

同じエネルギーで
高い位置まで
持っていける

**ひとこと**

公式から，単位[V]は単位[J/C]と等しいことがわかります。
$W[\text{J}] \div Q[\text{C}] = V[\text{J/C}]$

点電荷 $Q[\text{C}]$ から $r[\text{m}]$ 離れた点の電位 $V[\text{V}]$ は，次の式で求めることができます。

公式 **電荷の周りの電位**

$$\underset{\text{[V]}}{\overset{\text{電位}}{V}} = \frac{\overset{\text{電荷[C]}}{Q}}{4\pi\ \underset{\substack{\text{誘電率 \ 距離}\\ \text{[F/m] \ [m]}}}{\varepsilon\ \ r}}$$

2乗ではないので注意

問題集 問題28

## Ⅱ 電位差

点aと点bの電位がそれぞれ $V_a$[V]，$V_b$[V]のとき，2点間の電位差 $V_{ab}$[V]は次のようになります。

**公式 2点間の電位差**

$$
\underset{\substack{\text{電位差}\\ [\text{V}]}}{V_{ab}} = \underset{\substack{\text{点aの電位}\\ [\text{V}]}}{V_a} - \underset{\substack{\text{点bの電位}\\ [\text{V}]}}{V_b}
$$

**ひとこと**

クーロンの法則 $F=\dfrac{1}{4\pi\varepsilon}\cdot\dfrac{Q_1 Q_2}{r^2}$[N]と，電界 $E_1$[V/m]に電荷 $Q_2$[C]を置いたときの式 $F=Q_2 E_1$[N]より，電荷 $Q_1$[C]の周りの電界 $E_1$[V/m]は，

$$
E_1=\frac{Q_1}{4\pi\varepsilon r^2}\text{[V/m]}
$$

となります。電位[V]と電界[V/m]を混同しないように注意しましょう。

問題集 問題29

## Ⅲ 平行平板電極内の電界

**平行平板電極**とは，空間（誘電率 $\varepsilon$[F/m]）をはさんで，向かい合わせにして平行に並べた，2枚の金属の板（電極）をいいます。これに電圧を加えると，平行平板電極の間では，電気力線は互いに平行で，密度も均一になります。このため，電界の大きさが等しくなります。

## Ⅳ 等電位面

**等電位面**とは，電界中の電位が等しい点を結んでできる面をいいます。等電位面は，電気力線や電束と直角に交わります。また，電位が異なる等電位面は互いに交わることはありません。

### ひとこと

山で表現すると，等電位面は等高線にあたります。

97

# 3 誘電分極

**誘電分極**とは，誘電体（絶縁体）に電荷を近づけると，反対の符号を持つ電荷が現れる現象をいいます。**絶縁体**とは，電気をほとんど通さない物質のことです。

**ひとこと**

絶縁体は自由電子をほとんどもたないので，静電誘導のように自由電子が移動するわけではありません。誘電分極が生じる過程をおおまかに説明すると次のようになります。

① 原子や分子の内部には電気的な偏りがあります。
② 誘電体に電荷を近づけると静電力が働き，結果として（－＋）のペアが整列しているように考えることができます。
③（－＋）（－＋）（－＋）の＋と－は打ち消し合って，端っこだけが残ります。

また，誘電分極では端に残った電荷による電界が外部の電界を少しだけ打ち消します。誘電体の周りの電界の大きさと電位のグラフを描くと次のようになります。

誘電体内部の電界の
大きさは0にならない

# コンデンサ

このSECTIONで学習すること

## 1 コンデンサと静電容量

コンデンサのしくみと，静電容量の計算方法について学びます。

- 導体
- 絶縁体
  （誘電体）
- 導体

## 2 誘電率・真空の誘電率・比誘電率

コンデンサを通して誘電率について考えます。

## 3 コンデンサの並列接続と直列接続

コンデンサを並列・直列接続した場合の合成静電容量の求め方を学びます。

## 4 コンデンサに蓄えられる静電エネルギー

コンデンサの持つ静電エネルギーとその計算方法について学びます。

# 1 コンデンサと静電容量

重要度 ★★★

## Ⅰ コンデンサとは

**コンデンサ**とは，電池などの電源につなげると電気を蓄えることができる電気回路の部品のことです。基本的には，金属板などの導体の間に，電気を通さない絶縁体（誘電体）をはさんでつくります。この金属板を**極板**といいます。

### ひとこと

　　電気を通さない物質を不導体といい，電気が漏れないように使うと絶縁体，コンデンサに使うと誘電体と区別することもありますが，試験上は同じものと考えてかまいません。

**板書** コンデンサ

コンデンサ …電源につなげると，電気を蓄えることのできる電気回路の部品

導体
絶縁体（誘電体）
導体

図記号

　　電気を蓄えることができるというのは，電気の正体である正電荷や負電荷を，金属板にくっつけたままにできるという意味です。コンデンサの極板に電荷を蓄えることを**充電**といい，充電したコンデンサから電荷が放出されることを**放電**といいます。

　　次の回路図において，電圧 $V$[V]を加えると，各極板に $+Q$[C]と $-Q$[C]の電荷が帯電します。また，極板間においては，どこであっても大きさが一定となる，**平等電界**が生じます。

## Ⅱ 静電容量

コンデンサに蓄えられる電荷$Q$[C]は，比例定数$C$[F]と極板間の電圧$V$[V]の積で表します。この比例定数は，**静電容量**または**キャパシタンス**（量記号：$C$，単位：F）と呼ばれます。

## ひとこと

[F]は単位としては大きすぎるので，マイクロファラド[μF]やピコファラド[pF]がよく使われます。静電容量は，[C/V]を使わず，[F]という単位で表します。

### 基本例題 ──────────── コンデンサに蓄えられる電荷

静電容量 $C = 200\,\mu$F のコンデンサに電圧 $V = 10$ V を加えた。コンデンサに蓄えられる電荷 $Q$[C]を求めよ。

#### 解答

$Q = CV$ だから，$Q = (200 \times 10^{-6}) \times 10 = 2 \times 10^{-3}$ C

静電容量 $C$[F]は，コンデンサの電荷の蓄えやすさを表します。誘電体の誘電率を $\varepsilon$ [F/m]，極板の面積を $A$[m$^2$]，両極板間の距離を $\ell$ [m]とすると，

$$C = \frac{\varepsilon A}{\ell}\,[\mathrm{F}]$$

と表現できます。

### 公式 静電容量（電荷の蓄えやすさ）

## ひとこと

電極板間に比誘電率 $\varepsilon_r$ の大きな誘電体をはさむほど，静電容量 $C$ は大きくなります。

平行平板コンデンサの金属板上には，電荷が一様に分布しています。また，間にはさまっている絶縁体（誘電体）内部の電気力線密度も一様になり，平等電界となります。電界の大きさは次のようになります。

公式 **平行平板コンデンサ内の電界の大きさ**

$$E_{[V/m]} = \frac{V_{[V]}}{\ell_{[m]}}$$

電界の大きさ　電圧 [V]　距離 [m]

**ひとこと**

[V/m]ってどういうこと？
仕事の計算は，[N]×[m]，[C]×[V]の二通りあります。
$$W[J] = F[N] \times \ell[m]$$
$$= Q[C] \times E[V/m] \times \ell[m]$$
$$= Q[C] \times E\ell[V] \cdots ①$$
$$W[J] = Q[C] \times V[V] \cdots ②$$
したがって，①と②より，
$$Q[C] \times E\ell[V] = Q[C] \times V[V]$$
$$E\ell[V] = V[V]$$
$$E[V/m] = V[V]/\ell[m]$$

問題集 問題30 問題31 問題32 問題33

## 2 誘電率・真空の誘電率・比誘電率 重要度 ★★☆

### I コンデンサで考える誘電率

ここで改めて，誘電率とは何かについて考えましょう。**誘電率**とは，コンデンサの極板間にはさまれた誘電体（媒質）の誘電分極のしやすさを表します。

たとえば，誘電体に電界をかけると原子レベルで電気的な偏りが生じます。これが，**誘電分極**です。

板書 **誘電分極**

電気的な偏りがない状態
（軌道がゆがんでないと考える）

↓ 電界がかかると…

原子からは
逃がさないぞ！

電界に
引っ張られる−

電界

電子の軌道がゆがんで，電気的な偏りが生まれる
まるでプラスとマイナスの棒のように考えられる
（**電気双極子** ＋ − という）

**誘電分極** …絶縁体に電界をかけると生じる電気的な偏り

分極が起こると，❶分極した正電荷⊕から負電荷⊖ に向かって電気力線が出ます。❷これは，もとからある電気力線（電界は電気力線密度）と逆向き

になるので，❸打ち消し合います。

❸電気力線が打ち消し合う

　このことをふまえて，真空部分と誘電体（絶縁体）部分があるコンデンサについて考えましょう。コンデンサに電圧を加えると，誘電体をはさんだ部分では分極が起こり，一部の電気力線を打ち消します。したがって，誘電体部分では電界が小さくなります。

誘電率が2倍になると…

絶縁体　　真空中
比誘電率 $\varepsilon_r = 2$

╳は打ち消しあう

電界は1/2倍になる

　誘電率が大きい，つまり，分極をしやすい誘電体ほど，電気力線を打ち消し，電気力線密度である電界が小さくなります。したがって，誘電率は，電気力線の透しにくさと考えることもできます。

**ひとこと**

　　極板の間にはさまれた絶縁体を誘電体といいます。同じ意味と考えて問題ありません。

## Ⅱ コンデンサで考える真空の誘電率

真空の誘電率 $\varepsilon_0$[F/m]は，分極のしやすさではありません。何もない状態での電気力線の透しにくさです（区別するために透電率ということもあります）。

 **ひとこと**

真空中には何もないので，分極のしようがないからです。

## Ⅲ コンデンサで考える比誘電率

コンデンサの極板の間に誘電体をはさむと，真空に比べて誘電分極により，さらに電気力線を透しにくくなります。

真空の何もない状態を基準として，電気力線を何倍透しにくくなるかを示す値を，**比誘電率** $\varepsilon_r$ といいます。

**公式** 比誘電率

$$\varepsilon = \varepsilon_0 \varepsilon_r$$

誘電率：$\varepsilon$ [F/m]
真空の誘電率（定数）：$\varepsilon_0$[F/m]
比誘電率：$\varepsilon_r$ ※比率なので単位なし

 **ひとこと**

したがって，比誘電率 $\varepsilon_r = \dfrac{\varepsilon}{\varepsilon_0}$ となります。

## Ⅰ 並列接続

コンデンサ $C_1$, $C_2$, $\cdots$, $C_n$ を並列接続した場合，合成静電容量 $C_0[\mathrm{F}]$ は $C_0 = C_1 + C_2 + \cdots + C_n[\mathrm{F}]$ で求めることができます。

公式 並列接続されたコンデンサの合成静電容量

静電容量
$$C_0 = C_1 + C_2 + \cdots + C_n$$
[F]

並列接続は，金属板の面積█を増やしたのと同じ
→合成静電容量は増える

$C_1$
$C_2$
$C_n$
電圧 $E$

## 基本例題 ──── 並列接続されたコンデンサの合成静電容量

2つのコンデンサ $C_1$ と $C_2$ を, 1つのコンデンサ $C_0$ に置き換えて等価回路にしたと仮定したとき, コンデンサ $C_0$ の静電容量(合成静電容量)[F]はいくらか。

**解答**

【回路図1】　　【回路図2(等価回路)】

回路図1で各コンデンサに蓄えられる電荷を,それぞれ $Q_1$[C], $Q_2$[C]とする。
各コンデンサに加わる電圧は並列接続なので等しいから,

$$\begin{cases} Q_1 = C_1 V[\mathrm{C}] \\ Q_2 = C_2 V[\mathrm{C}] \end{cases}$$

よって回路図1全体で蓄えられる電荷 $Q_0 = Q_1 + Q_2$[C]は,

$$Q_0 = Q_1 + Q_2 = C_1 V + C_2 V = (C_1 + C_2) V[\mathrm{C}] \quad \cdots ①$$

次に回路図2全体で蓄えられる電荷 $Q_0$[C]は,

$$Q_0 = C_0 V[\mathrm{C}] \quad \cdots ②$$

①=②より,

$$C_0 V = (C_1 + C_2) V$$

よって, $C_0 = (C_1 + C_2)$[F]

## Ⅱ 直列接続

　コンデンサを直列接続した場合，各コンデンサに等しい電荷が蓄えられます。

直列接続されたコンデンサに等しい電荷が蓄えられる理由は？

まず，$C_1$の左の電極に$+Q$[C]，$C_2$の右の電極に$-Q$[C]の電荷が蓄えられる。

次に，静電誘導によって，$C_1$の右の電極に$-Q$[C]，$C_2$の左の電極に$+Q$[C]が現れる。

**基本例題** ━━━━━━━━━━━━━━━━ 直列接続されたコンデンサの合成静電容量

　2つのコンデンサ$C_1$, $C_2$を，1つのコンデンサ$C_0$に置き換えて等価回路にした場合，コンデンサ$C_0$の静電容量（合成静電容量）[F]はいくらか。

（解答）

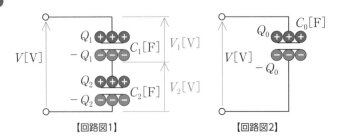

【回路図1】　　　　　　　　【回路図2】

110

回路図1において各コンデンサに蓄えられる電荷を$Q_1$[C]，$Q_2$[C]，電圧を$V_1$[V]，$V_2$[V]，静電容量を$C_1$[F]，$C_2$[F] とすると，次の関係が成り立つ。

$$\begin{cases} Q_1 = C_1 V_1 [\text{C}] \\ Q_2 = C_2 V_2 [\text{C}] \end{cases}$$

直列接続なので，各コンデンサに蓄えられる電荷は等しいから，$Q_1 = Q_2$となる。
回路図1と回路図2は等価だから，各コンデンサに蓄えられる電荷は等しく，

$$Q_1 = Q_2 = Q_0$$
$$C_1 V_1 = C_2 V_2 = Q_0$$
$$\therefore V_1 = \frac{Q_0}{C_1}, \quad V_2 = \frac{Q_0}{C_2}$$

また，

$$V = V_1 + V_2 = \frac{Q_0}{C_1} + \frac{Q_0}{C_2} = \left( \frac{1}{C_1} + \frac{1}{C_2} \right) Q_0 [\text{V}]$$

よって，

$$C_0 = \frac{Q_0}{V} = \frac{Q_0}{\left( \dfrac{1}{C_1} + \dfrac{1}{C_2} \right) Q_0} = \frac{1}{\dfrac{1}{C_1} + \dfrac{1}{C_2}} [\text{F}]$$

2つのコンデンサ$C_1$と$C_2$を直列に接続したときの合成静電容量$C_0$[F]は

$$C_0 = \frac{1}{\dfrac{1}{C_1} + \dfrac{1}{C_2}} = \frac{C_1 C_2}{C_1 + C_2} [\text{F}]$$

の形に変形することができます。

また，コンデンサ$C_1$，$C_2$，$\cdots$，$C_n$を直列に接続した場合，合成静電容量$C_0$[F]は，

$$C_0 = \frac{1}{\dfrac{1}{C_1} + \dfrac{1}{C_2} + \cdots + \dfrac{1}{C_n}} [\text{F}]$$

となります。

問題集 問題34 問題35 問題36 問題37 問題38 問題39 問題40 問題41 問題42 問題43 問題44

# 4 コンデンサに蓄えられる静電エネルギー 重要度 ★★★

**静電エネルギー**（量記号：$W$, 単位：J）とは, 充電されたコンデンサが持っているエネルギーのことです。充電されたコンデンサの端子間を導体でつなぐと, 電荷を放出するのでエネルギーがあると考えられます。

静電容量 $C[F]$ のコンデンサに $Q[C]$ の電荷が蓄えられており, 極板間の電位差が $V[V]$ のとき, 静電エネルギー $W[J]$ は,

$$W = \frac{1}{2}QV = \frac{1}{2}CV^2 = \frac{1}{2}\frac{Q^2}{C}[J]$$

と表すことができます。

公式 静電エネルギー

$$W = \frac{1}{2} \, Q \, V \quad \text{[J]} \quad \text{[C]} \quad \text{[V]}$$

静電エネルギー[J] ＝ $\frac{1}{2}$ 電荷$Q$[C] 電圧$V$[V]

$$= \frac{1}{2} \, C \, V^2$$

＝ $\frac{1}{2}$ 静電容量$C$[F] 電圧$V^2$[V]

$$= \frac{Q^2}{2C}$$

＝ $\dfrac{$電荷$Q^2$[C]$}{2C$静電容量[F]$}$

$Q = CV$

この面積が
静電エネルギー $W$

電荷[C] $\uparrow$
→ 電圧（電位差）[V]

 ひとこと

電気のつぶを1Cずつ移動させると考えたとき，たとえば＋がたくさんある場所に＋をもう1つ押し込んだり，引き寄せたりするのは大変そうです。小さな電荷をとどめるには低い電圧でよく，大きな電荷になるにつれて徐々に大変になっていきます。このようすが上のグラフです。

問題集 問題45 問題46 問題47 問題48 問題49 問題50

 ひとこと

（発展）静電エネルギーの導出

一方の極板から他方へ小さい電荷d$Q$[C]を移すことによってコンデンサを充電していくと考えます。電荷d$Q$[C]を移動させる仕事d$W$[J]は，

$$dW = V dQ \text{[J]}$$

$Q = CV$より$V = \dfrac{Q}{C}$を代入して，

$$dW = \frac{Q}{C} dQ \text{[J]}$$

電荷のない状態から最終の電荷$Q$まで積分すると，静電エネルギー$W$[J]は，

$$W = \frac{1}{2} \frac{Q^2}{C}$$

$$= \frac{1}{2} C V^2 \text{[J]}$$

CHAPTER 03

電磁力

# 電磁力

磁石に働く磁力や，磁力の働く空間である磁界，電流と磁界と力の関係について考えます。この単元も計算問題が多く出題されますので，法則をしっかりと理解しましょう。

## このCHAPTERで学習すること

### SECTION 01 磁界

| | 直線状導体 | 円形コイル | 細長いコイル | 環状ソレノイド |
|---|---|---|---|---|
| 図 | $H$ $r$ $I$ | $r$ $H$ $I$ | 1mあたりの巻数 $N_0$ $I$ $H$ | 平均の磁路の長さ $\ell$ [m] 電流 $I$[A] $r$[m] $O$ $H$ 巻数 $N$ |
| 場所 | 導体から $r$ [m] 離れた点 | 円形コイルの中心 | 細長いコイル（無限長ソレノイド）の内部 | 環状ソレノイドの内部 |
| 磁界の大きさ $H$ | $H = \dfrac{I}{2\pi r}$ 磁界の強さ $H$[A/m] 電流 $I$[A] | $H = \dfrac{NI}{2r}$ 巻数 $N$ | $H = N_0 I$ 1mあたりの巻数 $N_0$ | $H = \dfrac{NI}{\ell}$ $= \dfrac{NI}{2\pi r}$ |

電流と磁界の関係について学びます。

① 磁束密度と電流の向きが垂直な場合

$$\underset{\text{電磁力}}{F} = \underset{\substack{\text{磁束}\\\text{密度}}}{B} \; \underset{\text{電流}}{I} \; \underset{\substack{\text{導体の}\\\text{長さ}}}{\ell}$$
[N]　　[T]　[A]　[m]

② 磁束密度と電流の向きの角度が $\theta$ の場合

$$\underset{\text{電磁力}}{F} = \underset{\substack{\text{磁束}\\\text{密度}}}{B} \; \underset{\text{電流}}{I} \; \underset{\substack{\text{導体の}\\\text{長さ}}}{\ell} \; \sin\theta$$
[N]　　[T]　[A]　[m]

電流と磁界による電磁力や，トルクについて学びます。

磁束の通り道である磁気回路と，そこで成り立つオームの法則などについて学びます。

$$\underset{\substack{\text{磁気抵抗}\\ [\text{H}^{-1}]}}{R_{\mathrm{m}}} = \frac{\overset{\text{磁路の長さ [m]}}{\ell}}{\underset{\substack{\text{透磁率}\\ [\text{H/m}]}}{\mu} \; \underset{\substack{\text{断面積}\\ [\text{m}^2]}}{A}}$$

## SECTION 04 電磁誘導

コイルに起電力が発生するしくみや，さまざまな法則について学びます。

## SECTION 05 インダクタンスの基礎

$$e = -L \frac{\Delta I}{\Delta t} = -N \frac{\Delta \phi}{\Delta t}$$

誘導起電力 $e$ [V]
自己インダクタンス [H]
電流変化 $\Delta I$ [A]
時間変化 $\Delta t$ [s]
巻数 $N$
磁束変化 $\Delta \phi$ [Wb]
時間変化 [s]

誘導起電力：$e$[V]

自己インダクタンス：$L$[H] → $\left[ \dfrac{\mathrm{Wb}}{\mathrm{A}} \right]$ のこと

電流変化：$\Delta I$[A]
時間変化：$\Delta t$[s]
巻数：$N$
磁束変化：$\Delta \phi$[Wb]

$$L = \frac{N\phi}{I} \ [\mathrm{H}]$$

インダクタンスの考え方とその計算方法について学びます。

# 傾向と対策

**2〜4問** / 22問中

・計算問題中心

|  | H27 | H28 | H29 | H30 | R1 | R2 | R3 | R4上 | R4下 | R5上 |
|---|---|---|---|---|---|---|---|---|---|---|
| 電磁力 | 2 | 2 | 4 | 2 | 2 | 2 | 2 | 2 | 2 | 3 |

## ポイント

右ねじの法則，フレミングの右手の法則，フレミングの左手の法則のように，向きを正しく理解しないと解けない問題が多いため，注意しましょう。電流と磁界の関係は，コイルや導体の形状によって公式が異なるので，多くの問題を解いてしっかりと理解しましょう。電磁誘導の考え方は，交流回路や機械の発電機でも大切になります。

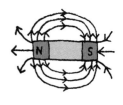

# SECTION 01 磁界

## このSECTIONで学習すること

### 1 磁力（磁気力）

磁極や磁力について学びます。

### 2 磁気に関するクーロンの法則

磁力の向きと大きさを求めるために必要な磁気に関するクーロンの法則について学びます。

### 3 磁界

磁界とその強さの計算方法，磁力線，磁束について学びます。

$$
\underset{\substack{\text{磁力} \\ \text{[N]}}}{F} = \underset{\substack{\text{磁極の} \\ \text{強さ} \\ \text{[Wb]}}}{m} \quad \underset{\substack{\text{磁界の} \\ \text{大きさ} \\ \text{[A/m]}}}{H}
$$

### 4 電流と磁界の向き

電流によって発生する磁界の向きについて学びます。

### 5 電流と磁界の大きさ

電流によって発生する磁界の大きさの計算方法について学びます。

# 1 磁力（磁気力）

重要度 ★★★

## Ⅰ 磁石と磁気

　磁石には，鉄などを引きつける性質である**磁性**があります。磁石の両端は鉄を引きつける力が最も強く，このように最も引きつける力が強い部分のことを**磁極**といいます。

---

**板書 磁極**

**磁性** …鉄などを引きつける性質

**磁極** …最も磁性が強い部分

磁極 → 　N　　　　S　 ← 磁極（一番強い部分）

---

### ひとこと

　上の磁石では，磁極が左右に2極あります。極対数は2つで1セットであり，1対と数えます（**機械**）。

## Ⅱ 磁気誘導

　**磁気誘導**とは，磁気が接近すると，鉄などの物質に反対の磁極が現れる現象をいいます。たとえば，磁石にクリップなどの鉄を近づけると，次の図のように連なってくっつきます。これは，クリップに交互にN極とS極が現れて吸引力が働くからです。

**板書 磁気誘導**

クリップに
反対の磁極が次々に現れる
➡ 磁気誘導

## Ⅲ 磁界

　磁界とは，磁力の働く空間をいいます。磁力（磁気力）とは，磁石が鉄などを引きつけるときに働く力のことです。磁石には，N極（正極）とS極（負極）があり，異なる性質の磁極どうしは吸引力が働き，同じ性質の磁極どうしは反発力が働きます。

## 2 磁気に関するクーロンの法則　重要度 ★★☆

　静電気に関するクーロンの法則と同じく，磁気においても磁気に関するクーロンの法則があります。

**ひとこと**

　試験では，電気と磁気で似た性質のもの（クーロンの法則など）に関しては，静電気の問題として出題される傾向にあります。したがって，重要度が少し低くなります。

　同種の磁極は反発し合い，異種の磁極は引き合います。このように，磁極の間に働く力を磁力（量記号：$F$，単位：N）といいます。

**ひとこと**

　N極とS極はセットで存在し，N極だけ，S極だけということは存在しませんが，簡単に考えるためにN極やS極が単体で存在すると考えることがあります。

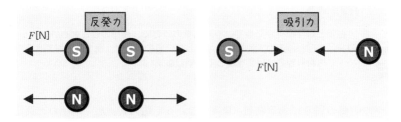

## Ⅰ 磁力の向き

　磁力の向きは，2つの点磁極を結ぶ一直線上に働き，同種の磁極であれば反発する方向に，異種の磁極であれば引き合う方向に働きます。

## Ⅱ 磁力の大きさ

　2つの点磁極が及ぼし合う磁力の大きさ$F$[N]は，磁荷（磁極の強さ）（量記号：$m$，単位：Wb）を使って$F = k_\mathrm{m} \dfrac{m_1 m_2}{r^2}$で表すことができ，❶2つの点磁荷$m_1$[Wb]，$m_2$[Wb]の積に比例し，❷距離$r$[m]の2乗に反比例します。これを磁気に関するクーロンの法則といいます。

磁荷とは，磁極が持っている磁気量のことで，磁極の強さともいいます。磁荷は電荷とは違い，実際には存在しないものですが，簡単に理解できるため，この教科書では磁荷を使って説明します。

2つの磁荷の周りにある物質（媒質）によって磁力 $F = k_\mathrm{m} \dfrac{m_1 m_2}{r^2}$ の比例定数 $k_\mathrm{m}$ の値が変わります。すなわち，磁荷の周りにどんな物質があるかによって磁力が変化します。

真空中における具体的な数字をあてはめたとき，真空中での磁力は磁力 $F = 6.33 \times 10^4 \times \dfrac{m_1 m_2}{r^2}$ [N] と表すことができます。

**公式 磁気に関するクーロンの法則（真空中）**

$m_1$[Wb]　　$m_2$[Wb]

$F$[N]　⬅　Ⓝ　　　Ⓝ　➡　$F$[N]

磁荷：$m_1$, $m_2$[Wb]
距離：$r$[m]

$r$[m]

磁力
$$F = 6.33 \times 10^4 \frac{m_1 m_2}{r^2}$$
[N]

❶ 2つの磁荷の積に比例
❷ 距離の2乗に反比例
比例定数 $k_\mathrm{m}$（真空中）

また，2つの磁荷の周りにある物質の透磁率を $\mu$[H/m] とすると，2つの点磁荷 $m_1$[Wb]，$m_2$[Wb] が $r$[m] 離れているとき，互いに及ぼし合う力 $F$[N] は，

$$F = \frac{1}{4\pi\mu} \cdot \frac{m_1 m_2}{r^2}$$

と表すことができます。

**透磁率**（量記号：$\mu$，単位：H/m）とは磁気（磁力線）の透しにくさです。また真空の透磁率とは，何もない空間での磁気の透しにくさを表します。

真空の透磁率 $\mu_0$[H/m] に対するある物質の透磁率 $\mu$[H/m] との比率を比透磁率（量記号：$\mu_\mathrm{r}$，単位：倍率なので単位なし）といいます。

# 3 磁界

重要度 ★★★

## I 磁界の強さ

磁極は,周囲に磁界を生じさせます。磁界とは,磁力の働く空間をいいます。

磁界の強さ (量記号:$H$, 単位:A/m) は, 磁界中で1Wbあたりに働く磁力の大きさと向きで考えます。

板書 磁界の強さ

磁界H[A/m]では1WbあたりH[N]の力が働くので, 磁界H[A/m]に磁荷m[Wb]をおいたとき, これに働く磁力の大きさF[N]は, m倍の$F = mH$と表せます。

公式 磁界で働く磁力

磁力に関する公式として，❶磁気に関するクーロンの法則 $F = k_{\mathrm{m}} \cdot \dfrac{m_1 m_2}{r^2}$ と❷磁界 $H$ で働く磁力 $F = mH$ の2つが出てきました。この2つを比較すると，

　　❶磁気に関するクーロンの法則 $F = k_{\mathrm{m}} \cdot \dfrac{m_1 m_2}{r^2}$ [N]

　　❷磁界で働く磁力 $F = mH$ [N]

と対応させることができます。したがって，磁気に関するクーロンの法則は，点磁荷 $m_1$ [Wb] がつくった磁界 $H = k_{\mathrm{m}} \cdot \dfrac{m_1}{r^2}$ [A/m] に，点磁荷 $m_2$ [Wb] をおいた結果，磁力 $F$ [N] が働いたことを表す式と解釈できます。

### Ⅲ 磁力線

#### 1 点磁荷による磁力線

点磁荷がつくる磁界 $H$ [A/m] を理解するには，磁力線という仮想の線を考えると便利です。磁力線は，N極から出てS極に吸い込まれる想像上の線です。

点磁荷 $m$ [Wb] から出る磁力線の本数 $N$ は，点磁荷の周りの空間の透磁率 $\mu$ [H/m] を使って，$N = \dfrac{m}{\mu}$ [本] と表すことができます。

透磁率 $\mu$ は，磁力線の透しにくさと考えられます。なぜなら，$N = \dfrac{m}{\mu}$ [本] の式において $\mu$ が分母にあり，これが大きくなるほど磁力線の本数が減るからです。

**板書 点磁荷による磁力線の本数**

透磁率 $\mu$ [H/m]

$m$ [Wb]

→磁力線 $\dfrac{m}{\mu}$ [本]

## ひとこと

静電気の電気力線（でんきりきせん）と発想は同じで，磁気では磁力線（じりょくせん）です。

磁力線には，ゴムひものように縮もうとする一方で，ほかの磁力線と反発し合うといった性質があります。磁力線の性質は次のとおりです。

吸引力

磁力線はゴムひもが縮もうとするように，N極とS極は引き寄せ合う

反発力

磁力線は互いに反発するので，N極とN極は離れる

---

**板書 磁力線の性質**

① 磁力線は，N極から出てS極に吸い込まれる
② 磁力線は，ゴムひものように縮もうとする一方で，ほかの磁力線と反発し合う
③ 磁力線は，互いに交わらない
④ ある点の磁界の向きは，その点の磁力線の接線の向きと一致する
⑤ 磁界の大きさは，磁力線の密度と一致する

---

### 2 磁力線密度と磁界の大きさ

磁界の大きさは，単位面積あたりの磁力線密度と一致します。

**3** **点磁荷から$r$[m]離れた点における磁界の大きさ**

透磁率$\mu$[H/m]の物質中に正の点磁荷$m$[Wb]をおくと，磁力線$\dfrac{m}{\mu}$[本]が点磁荷から放射状に出て球状に広がります。点磁荷$m_1$[Wb]から$r$[m]離れた点の磁界の大きさ$H$[A/m]は，

$$H = \frac{磁力線の本数\,N[本]}{球の表面積\,A[\mathrm{m}^2]} = \frac{\left(\dfrac{m}{\mu}\right)}{4\pi r^2}[\mathrm{A/m}]$$

と表すことができます。球の表面積（$4\pi r^2$）が大きくなるにつれて磁力線の密度が小さくなり，磁界の大きさも小さくなっていきます。

**公式** **点磁荷から$r$[m]離れた点の磁力線密度＝磁界の大きさ**

$$磁力線密度 = \frac{磁力線の本数\,N[本]}{球の表面積\,A[\mathrm{m}^2]} = \frac{\left(\dfrac{m}{\mu}\right)}{4\pi r^2}$$
$$= 磁界の大きさ$$

点磁荷 $m_1$[Wb]から $r$[m]離れた点の磁界 $H_1 = \dfrac{\left(\dfrac{m_1}{\mu}\right)}{4\pi r^2}$ に，点磁荷 $m_2$ を置く

と，働く磁力 $F$[N]は，

$$F = m_2 H_1 = m_2 \cdot \frac{\left(\dfrac{m_1}{\mu}\right)}{4\pi r^2} = \frac{m_1 m_2}{4\pi \mu r^2} = \frac{1}{4\pi \mu} \cdot \frac{m_1 m_2}{r^2}$$

となります。

　$4\pi$ は具体的な数値であり，透磁率 $\mu$ は媒質によって決まる定数であるため，このように整理します。これと磁気に関するクーロンの法則 $F = k_{\mathrm{m}} \cdot \dfrac{m_1 m_2}{r^2}$[N]を比較すると，比例定数 $k_{\mathrm{m}}$ は $\dfrac{1}{4\pi \mu}$ であることがわかります。

**公式** 磁気に関するクーロンの法則（まとめ）

磁力 $F = k_{\mathrm{m}} \dfrac{m_1 m_2}{r^2}$

$\quad = \dfrac{1}{4\pi \mu} \cdot \dfrac{m_1 m_2}{r^2}$

❶ 2つの磁荷の積に比例

❷ 距離の2乗に反比例

比例定数

比例定数：$k_{\mathrm{m}}$[N・m$^2$/Wb$^2$]
点磁荷：$m_1$, $m_2$[Wb]
距離：$r$[m]
透磁率：$\mu$[H/m]

　ここで，$\mu_0 = 4\pi \times 10^{-7}$（単位：H/m）は**真空の透磁率**と呼ばれ，何もない空間での磁力線の透しにくさを表します。真空の透磁率 $\mu_0$[H/m]に対するある物質の透磁率 $\mu$[H/m]の比率を比透磁率 $\mu_{\mathrm{r}}$ といいます。

**ひとこと**

　空気中の透磁率は真空中の透磁率とほぼ等しく，問題を解くうえでは同じだと考えて問題ありません。

　磁力線で磁界を考えると，周りの物質から影響を受けて不便なので，磁束
や磁束密度という概念を用います。

**ひとこと**

　たとえば，磁力線で考えると，透磁率が異なる物質の境界面では磁力線が
連続しなくなってしまいます。

　磁束（じそく）（量記号：$\phi$（ファイ），単位：Wb（ウェーバー））とは，磁荷の周りの物質の透磁率に関係なく，
$+m$[Wb]の磁荷から出る $m$ 本の想像上の線のことをいいます。

**板書 磁力線と磁束の違い**

磁力線

磁束

- 透磁率 $\mu$ [H/m]に**影響される**
（鉄ではたくさん本数が増える）
- **磁石のなかは通らない**
（N極から出てS極に吸い込まれる）

- 透磁率 $\mu$ [H/m]に**影響されない**
（周りが鉄であろうが，空気であろうが
関係ない）
- **磁石のなかも通る**

磁束密度（量記号：$B$, 単位：T）とは, 磁束に垂直な1 m²の面積を貫く磁束の本数をいいます。

磁束$\phi$の本数は, 磁力線の透しにくさである透磁率$\mu$[H/m]を考慮しないので, 磁力線の本数の$\mu$倍です。したがって, 磁束密度も磁力線密度の$\mu$倍となります。

公式 **磁束密度**

$$B = \frac{\phi}{A}$$

磁束密度[T] ＝ 磁束[Wb] / 面積[m²]

磁束＝$\phi$ [Wb]

面積 $A$ [m²]

$A$はエリアという単語からきています

磁束密度：$B$ [T]

[T]＝ [Wb/m²]

公式 **磁束密度と磁力線密度の関係**

$$B = \mu H$$

磁束密度[T] ＝ 透磁率[H/m] × 磁界の大きさ[A/m]

# 4 電流と磁界の向き 重要度 ★★★

## Ⅰ アンペアの右ねじの法則

　電流が流れる導体の周りには磁界が生じます。電流の向きが決まると，磁界の向きも決まります。

　電流が流れる向きを右ねじの進む向きとあわせると，右ねじを回す向きが磁界の向きとなります。これを**右ねじの法則**といいます。

板書 右ねじの法則

磁界の向き

電流の向き

磁界の向き
＝右ねじを回す向き

電流の向き
＝右ねじの進む向き

これを上下からみると次の図のようになります。

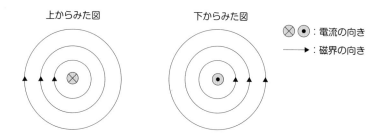

上からみた図　　　　　　　下からみた図

⊗ ⊙：電流の向き
——→：磁界の向き

⊗はネジの頭部，⊙はネジの先端を示しています。

**ひとこと**

⊗はクロス，　⊙はドットと読みます。

## Ⅱ 円形コイルの中心部の磁界の向き

　円形コイルの中心部では，円形コイルの各点で流れる電流がつくる磁界が合成されます。その結果，円形コイルの中心部分において，磁界の向きは，図のようになります。

板書 **円形コイルの中心部の磁界の向き**

⟹ 電流の向き
——→ 各点での電流がつくる磁界の向き

合成された
磁界の向き

円形コイルでは
右ねじの法則で
1点1点考えて
合成すると ➡ 向きになる

## Ⅲ 細長い円筒状のコイルの磁界の向き

　細長い円筒状の鉄心に巻いたコイルにおける磁界の向きは，図のようになります。鉄は，磁力線を通しやすく，強力な磁石のような働きをする電磁石になります。

板書 **細長い円筒状のコイルの磁界の向き**

電流の向き　　　　　　　　　　　　磁界の向き

鉄心

※鉄心に電気が流れないように，電線は絶縁物（ゴムなど）で覆っているとします。

S　　　N

電磁石になる

**ひとこと**

　右手の親指を立てて図のように握ると，コイルにおける磁界の向きがわかりやすくなります。

電流の向き

磁界の向き

**ひとこと**

　このように鉄心などにコイルを一様に隙間なく密に巻いたものをソレノイドといいます。

# 5 電流と磁界の大きさ

重要度 ★★★

## I 電流と磁界の関係式の概要

電流が流れ，その周囲に生じた磁界の大きさは，**ビオ・サバールの法則**や**アンペアの周回路の法則**によって求めることができます。これらを利用すると，次のような関係を導くことができます。

**板書 電流と磁界の大きさ**

| | 直線状導体 | 円形コイル | 細長いコイル | 環状ソレノイド |
|---|---|---|---|---|
| 図 | | | | 平均の磁路の長さ $\ell$ [m]<br>電流 $I$ [A]<br>$r$ [m]<br>巻数 $N$ |
| | | | 1mあたりの巻数 $N_0$ | |
| 場所 | 導体から $r$ [m] 離れた点 | 円形コイルの中心 | 細長いコイル（無限長ソレノイド）の内部 | 環状ソレノイドの内部 |
| 磁界の大きさ $H$ | $H = \dfrac{I}{2\pi r}$<br><br>磁界の強さ $H$ [A/m]<br>電流 $I$ [A] | $H = \dfrac{NI}{2r}$<br><br>巻数 $N$ | $H = N_0 I$<br><br>1mあたりの巻数 $N_0$ | $H = \dfrac{NI}{\ell}$<br><br>$= \dfrac{NI}{2\pi r}$ |

**ひとこと**

以降で詳しく説明しますが，一度理解したらこれらの結論を暗記して利用できるように訓練をしておきましょう。

**基本例題**

直線状の導体があり6Aの電流が流れているとき，この導体から距離3mの地点の磁界の大きさを$H_1$[A/m]とする。電流は変えずにこの導体を変形し半径1.5m，巻数2の円形コイルとしたときのコイルの中心の磁界の大きさを$H_2$[A/m]とする。$H_1$及び$H_2$の値を求めよ。

**解答**

公式に代入すると，

$$H_1 = \frac{I}{2\pi r} = \frac{6}{2\pi \times 3} = \frac{1}{\pi} \fallingdotseq 0.318 \text{ A/m}$$

$$H_2 = \frac{NI}{2r} = \frac{2 \times 6}{2 \times 1.5} = 4 \text{ A/m}$$

---

## II ビオ・サバールの法則

**ビオ・サバールの法則**とは，微小区間$\Delta \ell$[m]に流れる電流がつくる磁界$\Delta H$[A/m]を数式で表したもので，図のように電流が流れている場合，次の法則が成り立ちます。

**公式 ビオ・サバールの法則**

$$\Delta H = \frac{I \Delta \ell}{4\pi r^2}\sin\theta \quad [\text{A/m}]$$

電流が流れている導体上に，任意の点Oを取ります。ここで，点O付近の微小な長さ$\Delta\ell$[m]に流れる電流$I$[A]がつくる磁界の大きさを考えます。

$\Delta\ell$の接線と線分OPとのなす角度を$\theta$とすると，点Oから$r$[m]離れた点Pにおける$\Delta\ell$[m]に流れる電流$I$[A]がつくる磁界の大きさ$\Delta H$は，$\Delta H = \dfrac{I\,\Delta\ell}{4\pi r^2}\sin\theta$[A/m]となります。この法則で，電流が流れている導体の周りの磁界の大きさを調べることができます。

## Ⅲ 円形コイルの中心の磁界

巻数$N$，半径$r$[m]の円形コイルに電流$I$[A]が流れているとき，円形コイルの中心の磁界$H$は，$H = \dfrac{NI}{2r}$で表されます。これは，ビオ・サバールの法則を利用して求めることができます。

---

**公式** 円形コイルの中心の磁界

$$H = \frac{NI}{2r}\ \text{[A/m]}$$

磁界：$H$[A/m]
巻数：$N$
電流：$I$[A]
半径：$r$[m]

---

問題集 問題51 問題52

図のように，電流$I$[A]を円形コイルに流したとき，コイルの中心における磁界の大きさ$H$[A/m]はいくらか。

円形コイルを$n$等分し，微小部分$\Delta\ell_1$，$\Delta\ell_2\cdots\Delta\ell_n$に分ける。

この各微小部分がつくる中心部での磁界の大きさを$\Delta H_1$，$\Delta H_2\cdots\Delta H_n$とすると，

$$\Delta H_1 + \Delta H_2 + \cdots + \Delta H_n = H[\text{A/m}]$$

となるはずである。

円の接線は，接点を通る半径に垂直である性質を利用すると，この各微小部分と円の中心とのなす角度$\theta$はすべて90°と考えられるから，ビオ・サバールの法則より，

$$\begin{cases}\Delta H_1 = \dfrac{I\Delta\ell_1}{4\pi r^2}\sin90° = \dfrac{I\Delta\ell_1}{4\pi r^2} \\[2mm] \Delta H_2 = \dfrac{I\Delta\ell_2}{4\pi r^2}\sin90° = \dfrac{I\Delta\ell_2}{4\pi r^2} \\[2mm] \qquad\qquad\vdots \\[2mm] \Delta H_n = \dfrac{I\Delta\ell_n}{4\pi r^2}\sin90° = \dfrac{I\Delta\ell_n}{4\pi r^2}\end{cases}$$

これらを合計すると

$$H = \Delta H_1 + \Delta H_2 + \cdots + \Delta H_n$$
$$= \frac{I\Delta\ell_1}{4\pi r^2} + \frac{I\Delta\ell_2}{4\pi r^2} + \cdots + \frac{I\Delta\ell_n}{4\pi r^2}$$

$$= \frac{I(\Delta \ell_1 + \Delta \ell_2 + \cdots + \Delta \ell_n)}{4\pi r^2}$$

$$= \frac{I}{4\pi r^2} \times 2\pi r$$

$$= \frac{I}{2r} [\text{A/m}]$$

なお，コイルの巻数が$N$であるときの磁界の大きさは，磁界が$N$倍になり，

$$H = \frac{NI}{2r} [\text{A/m}] \quad \text{となる。}$$

## Ⅳ アンペアの周回路の法則

**公式** アンペアの周回路（アンペアの周回積分）の法則

$$\Delta H_1 \Delta \ell_1 + \Delta H_2 \Delta \ell_2 + \cdots + \Delta H_n \Delta \ell_n$$
$$= I_1 + I_2 + \cdots + I_m [\text{A}]$$

　上の図のように，導体に電流$I_1$，$I_2$，$\cdots$，$I_m$が流れているとします。

　ここで，これらの電流がつくる磁界のなかを一定方向に1周する閉曲線を考えます。この閉曲線を細かく切り刻み，微小な長さ$\Delta \ell_1$，$\Delta \ell_2$，$\cdots$，$\Delta \ell_n$に分けて，それぞれの部分における磁界の大きさを$\Delta H_1$，$\Delta H_2$，$\cdots$，$\Delta H_n$とすると，磁界と電流の間に，

$$\Delta H_1 \Delta \ell_1 + \Delta H_2 \Delta \ell_2 + \cdots + \Delta H_n \Delta \ell_n = I_1 + I_2 + \cdots + I_m$$

という関係が成り立ちます。これを，**アンペアの周回路の法則**（アンペアの周回積分の法則）といいます。

　無限に長い直線状導体に電流$I$[A]が流れているとき，導体から距離$r$[m]の点における磁界$H$[A/m]は，$H = \dfrac{I}{2\pi r}$[A/m]となります。これは，アンペアの周回路の法則を利用して求めることができます。

**公式** 直線状導体による磁界

磁界：$H$[A/m]
電流：$I$[A]
直線状導体からの距離：$r$[m]

問題集 問題53 問題54

（発展）長い直線状導体の磁界の導き方

　図のように，電流$I$[A]を無限に長い直線状導体に流したとき，導体から$r$[m]離れた点Pの磁界の大きさ$H$[A/m]はいくらか。

　同心円状に磁界はつくられる。導体を中心とする半径$r$[m]の円周上の磁界の大きさは$\Delta H_1 = \Delta H_2 = \cdots = \Delta H_n$でどこも等しい。これを$H$とする。アンペアの周回路の法則より，

$$\Delta H_1 \Delta \ell_1 + \Delta H_2 \Delta \ell_2 + \cdots + \Delta H_n \Delta \ell_n = I$$
$$H \times (\Delta \ell_1 + \Delta \ell_2 + \cdots + \Delta \ell_n) = I$$
$$H \times 2\pi r = I \qquad \text{全部足すと円周}$$

よって，$H = \dfrac{I}{2\pi r}\,[\text{A/m}]$ となる。

## Ⅵ 環状ソレノイド内部の磁界

**環状ソレノイド**とは，輪のような形の鉄心などにコイルを一様に隙間なく密に巻いたものをいいます。

巻数 $N$，平均磁路長 $\ell$ [m]，平均半径 $r$ [m] の環状ソレノイドに電流 $I$ [A] が流れているとき，環状ソレノイド内部の磁界 $H$ [A/m] は，$H = \dfrac{NI}{2\pi r}$ となります。これは，アンペアの周回路の法則を利用して求めることができます。

---

**公式 環状ソレノイド内部の磁界**

$$H = \frac{NI}{2\pi r}\ [\text{A/m}]$$

平均の磁路の長さ $\ell$ [m]

電流 $I$ [A]

$r$ [m]

O

H

巻数 $N$

磁界：$H$ [A/m]
巻数：$N$
電流：$I$ [A]
半径：$r$ [m]

---

### （発展）環状ソレノイドの磁界の導き方

　図のように，巻数 $N$ の環状ソレノイドに電流 $I$ [A] を流す。このとき，環状ソレノイド内部に生じる磁界の大きさ $H$ [A/m] を求めよ。ただし，平均の磁路の長さは $\ell$ [m] とする。

平均の磁路の長さ
ℓ [m]

電流 $I$ [A]

$r$ [m]

O

環状ソレノイド内部
の磁界 $H$ [A/m]

巻数 $N$

平均の磁路の長さは，円周だから $\ell = 2\pi r$ [m]。環状ソレノイドは，均一に巻かれたコイルである。よって，どこの磁界も等しいはずであり，$\Delta H_1 = \Delta H_2 = \cdots = \Delta H_n$，これを $H$ [A/m] とする。

$N$ 回巻いた環状ソレノイドでは，閉曲線内に $N$ 本の導体があるということだから，アンペアの周回路の法則より，

$$\Delta H_1 \Delta \ell_1 + \Delta H_2 \Delta \ell_2 + \cdots + \Delta H_n \Delta \ell_n = NI$$

$$H \times (\Delta \ell_1 + \Delta \ell_2 + \cdots + \Delta \ell_n) = NI$$

$$H \times 2\pi r = NI \quad \text{全部足すと円周}$$

よって，$H = \dfrac{NI}{2\pi r}$ [A/m] となる。

ソレノイド内部の磁界 $H$ [A/m]

電流 $I$ [A]

電流はすべて $I$ [A] で，$N$ 巻なので $N$ 本

$\Delta H_2$ $\Delta \ell_2$
$\Delta H_1$ $\Delta \ell_1$
$\Delta H_n$ $\Delta \ell_n$
$I_1$ $I_2$ $I_n$

環状ソレノイド内は平等磁界ですべて $H$ [A/m] 長さの合計は円周 $2\pi r$

## Ⅶ 細長いコイル（無限長ソレノイド）内部の磁界

1 m あたり巻数 $N_0$ の無限長ソレノイドに電流 $I$ [A] が流れているとき，無限長ソレノイド内部の磁界 $H$ [A/m] は，$H = N_0 I$ となります。**無限長ソレノイド**とは，無限に長い円筒状の鉄心などにコイルを一様に隙間なく密に巻き

付けたものをいいます。

**公式** 細長いコイル（無限長ソレノイド）内部の磁界

$$H = N_0 I$$

磁界：$H$[A/m]
電流：$I$[A]
1 m あたり巻数：$N_0$

---

（発展）無限に長い円筒状のコイルの磁界の導き方

図のように，1 m あたりの巻数$N_0$の細長い円筒状のコイルに電流$I$[A]を流す。このとき，コイル内側の鉄心中の磁界の大きさ$H$[A/m]を求めよ。

1mあたりの巻数 $N_0$

コイルが十分長いとすると，コイル外側の磁界は零であり，コイル内部の磁界の向きは鉄心の長さ方向と平行で，その大きさはコイル内側の任意の地点で等しくなっている。これを$H$とする。図のような閉曲線でアンペアの周回路の法則を用いると，

③

$H$

① ② ④

$l$ [m]

コイルの断面図

コイルの1 m あたりの巻数は$N_0$だから周回路を貫く電流は$lN_0 I$となる。一方，$\Delta H_1 \Delta l_1 + \Delta H_2 \Delta l_2 + \cdots + \Delta H_n \Delta l_n$は経路と同方向のみの量を足し合わせていくため，経路③のみとなる。よって，

$$\Delta H_1 \Delta l_1 + \Delta H_2 \Delta l_2 + \cdots + \Delta H_n \Delta l_n = lN_0 I$$
$$Hl = lN_0 I$$
$$H = N_0 I[\text{A/m}]$$

磁界があるところだけ足す

# SECTION
## 02 電磁力

このSECTIONで学習すること

### 1 電磁力

電流が磁界から受ける力である電磁力について学びます。

### 2 電流が磁界から受ける力とフレミングの左手の法則

フレミングの左手の法則と電磁力の大きさを計算する方法について学びます。

❸電磁力の向き
❷磁束密度の向き
❶電流の向き

### 3 コイルに働くトルク

磁界中のコイルに電流を流したときに働くトルクについて学びます。

$$T = F\ D \cos\theta$$

トルク　力　長さ
[N·m]　[N]　[m]

# 1 電磁力  重要度 ★★★

　<ruby>電磁力<rt>でんじりょく</rt></ruby>（量記号：$F$　単位：<ruby>N<rt>ニュートン</rt></ruby>）とは，電流が流れている導体が磁界から受ける力のことをいいます。電磁力は，力なので大きさと向きがあります。この電磁力（大きさ・向き）は，磁界（大きさ・向き）と電流（大きさ・向き）が関係しています。

## ひとこと

　　電磁力は，磁石と磁石の間で吸引力や反発力が働く磁力とは別物です。

# 2 電流が磁界から受ける力とフレミングの左手の法則 重要度 ★★★

### I フレミングの左手の法則（電磁力の向き）

　次の図のように，N極とS極の間に導体を空中にぶら下げます。電流が流れていない間は導体が動きませんが，電流を流すと導体が外側へ飛び出します。

　この理由を磁束の性質を利用して説明します。導体に電流を流すと，右ねじの法則によって，紙面手前から見て反時計回りに磁束が発生します。この電流による磁束が，磁石による磁束を乱します。

すると次の図のように，磁束密度は導体の左側のほうが，右側よりも大きくなります。そして，磁束の「ゴムひものようにつねに縮もうとする性質」から，導体が磁束密度の小さい右側へ動かされます。

　しかし，このようなプロセスで電磁力の向きを考えるのは大変なので，フレミングの左手の法則というものがあります。

　フレミングの左手の法則とは，次の図のように左手を開いて，中指を電流の向き，人差し指を磁界（磁束密度）の向きに合わせると，親指の向きが電磁力の向きになるという法則です。

板書 フレミングの左手の法則

❸電磁力の向き

❷磁束密度の向き

❶電流の向き

❶中指　　→電流 $I$

❷人差し指→磁束密度 $B$

❸親指　　→電磁力 $F$

## II 直線導体に働く力の大きさ（電磁力の大きさ）

### 1 磁界と導体が垂直の場合

次の図のように，①磁束密度 $B$[T]の平等磁界内で，②磁界と直角に長さ $\ell$ [m]の導体を置いて，③電流 $I$[A]を流すと，④直線導体が受ける電磁力 $F$ [N]は，$F = BI\ell$ [N]となります。

①磁束密度 $B$ [T]

④電磁力 $F=BI\ell$ [N]

②磁極間にある 導体の長さ $\ell$[m]

③導体を流れる電流 $I$ [A]

真上から見た図を書くと次のようになります。

電流 $I$

導体

⊙ 導体が受ける力の向き （導体が紙面手前に飛び出してくる向き）

**2　磁界と導体が角度θをなす場合**

　導体を斜めにおいて，磁界の向きと導体の向きが角度θをなしている場合，導体の長さ$\ell$ [m]のうち，磁束に垂直な成分である$\underset{\sim}{\ell \times \sin \theta}$ [m]のみが電磁力$F$[N]に寄与します。

　したがって，電磁力$F$は，$\boxed{F = BI\ell \sin \theta \,[\text{N}]}$となります。

( • )　導体が受ける力の向き
　　（導体が手前に飛び出してくる向き）

**3　磁界と導体が平行の場合**

　磁界の向きと導体の向きが同じ場合，導体に電磁力は働きません。この場合，磁界の向きと導体の向きがなす角度θが0となり，$\sin \overset{シータ}{\theta} = \sin 0 = 0$より$F = BI\ell \sin \theta = 0$となるからです。

導体にはなにも力が働かない

---

**公式　電磁力の大きさ**

① 磁束密度と電流の向きが垂直な場合

$$\underset{\substack{\text{電磁力} \\ [\text{N}]}}{F} = \underset{\substack{\text{磁束} \\ \text{密度} \\ [\text{T}]}}{B} \; \underset{\substack{\text{電流} \\ [\text{A}]}}{I} \; \underset{\substack{\text{導体の} \\ \text{長さ} \\ [\text{m}]}}{\ell}$$

② 磁束密度と電流の向きの角度がθの場合

$$\underset{\substack{\text{電磁力} \\ [\text{N}]}}{F} = \underset{\substack{\text{磁束} \\ \text{密度} \\ [\text{T}]}}{B} \; \underset{\substack{\text{電流} \\ [\text{A}]}}{I} \; \underset{\substack{\text{導体の} \\ \text{長さ} \\ [\text{m}]}}{\ell} \; \sin \theta$$

電流 $I$[A]

導体の
長さ$\ell$ [m]

垂直部分の
長さ$\ell \sin \theta$

磁束密度 $B$[T]

問題集　問題55

## Ⅲ 平行導体間に働く力

2本の長い導体に同じ向きの電流を流すと導体は引き合い，逆向きに電流を流すと導体は反発し合います。

長い導体a　　長い導体b　　　　　　　　　　　長い導体a　　長い導体b

 **ひとこと**

「同じ向きの電流が流れている導体は仲よしでくっつく」とイメージしましょう。

### 1 電流の向きが同じ場合（吸引力が働く理由）

このようになる理由は，2本の導体を上からみたときの磁力線を描くとわかります。同じ向きに電流が流れているときは，導体の間の内側では磁力線が逆向きになるので，打ち消し合います。

長い導体aがつくる磁界　　　　長い導体bがつくる磁界

内側では
打ち消し合う

そのため，導体の間の外側のほうが磁力線の密度が大きくなります。磁力線には互いに反発し合う性質があります。

　内側の疎になった磁力線どうしの反発よりも，外側の密になった磁力線どうしの反発のほうが強いので，2本の導体間には吸引力が働くことになります。

### 2　電流の向きが互いに逆の場合（反発力が働く理由）

　電流が互いに逆方向の場合，導体間の内側のほうが外側よりも磁力線密度が大きくなります。磁力線は互いに反発し合う性質があります。

　外側の疎になった磁力線どうしの反発よりも，内側の密になった磁力線どうしの反発のほうが強いので，2本の導体間には反発力が働くことになります。

　ここで，電流 $I_b$[A]が流れる導体bの1mあたりに働く力の大きさを次の式で表すことができます。

## 公式 平行導体間に働く電磁力の大きさ

$$f = \frac{\mu \; I_a I_b}{2 \pi r} = \frac{\mu_0 \mu_r I_a I_b}{2 \pi r}$$

電磁力 $f$ [N/m]

透磁率 $\mu$ [H/m] 電流 $I_a I_b$ [A] 長さ $r$ [m]

導体に流れる電流：$I_a$, $I_b$ [A]

透磁率：$\mu$ [H/m]

導体間の距離：$r$ [m]

真空の透磁率：$\mu_0$ [H/m]

比透磁率：$\mu_r$

（真空の場合）

$$f = \frac{2 I_a I_b}{r} \times 10^{-7} \; [\text{N/m}]$$

長い導体 a　　長い導体 b

### 平行導体間に働く電磁力の大きさの導き方

　長さ $\ell$ [m] の直線導体に働く $F = BI\ell$ [N] の公式を使うと，1 m あたりに働く電磁力 $f$ [N/m] は，これを $\ell$ [m] で割ればよいから，

$$f = \frac{F}{\ell}$$

$$= B \times I \times \frac{\ell}{\ell}$$

$$= 導体aがつくる磁界の磁束密度 B_a \times 導体bに流れる電流 I_b$$

$$\times 長さ1mあたり$$

$$= B_a \times I_b \times 1 \quad \cdots ①$$

ここで，導体aがつくる磁界の磁束密度 $B_a$ [T] を求める。

　導体aに流れる電流 $I_a$ [A] が $r$ [m] 離れたところにつくる磁界の大きさを $H_a$ [A/m] とすると，

$$B_a = \mu H_a$$

$H_\mathrm{a}$ は直線状導体から $r$[m]離れた点の磁界の大きさの公式より，$H_\mathrm{a} = \dfrac{I_\mathrm{a}}{2\pi r}$[A/m]だから，

$$B_\mathrm{a} = \mu \times \dfrac{I_\mathrm{a}}{2\pi r}$$

これを①式に代入して，

$$f = \dfrac{\mu I_\mathrm{a}}{2\pi r} \times I_\mathrm{b} \times 1$$

$$= \dfrac{\mu I_\mathrm{a} I_\mathrm{b}}{2\pi r} \ [\mathrm{N/m}]$$

真空中の透磁率 $\mu_0$ は，$\mu_0 = 4\pi \times 10^{-7}$[H/m]だから，これを $\mu$ に代入すると，

$$f = \dfrac{4\pi \times 10^{-7} \times I_\mathrm{a} I_\mathrm{b}}{2\pi r}$$

$$= \dfrac{2 I_\mathrm{a} I_\mathrm{b}}{r} \times 10^{-7} \ [\mathrm{N/m}]$$

問題集 問題56 問題57 問題58 問題59

# 3 コイルに働くトルク 機械　重要度★★★

## Ⅰ トルクとは

**トルク**（量記号：$T$，単位：<ruby>N・m<rt>ニュートン・メートル</rt></ruby>）とは，回転の中心に働く回転力をいいます。回転軸を中心に棒を回転させる場合，棒に垂直に力をかけると最も回転力が大きくなり，斜めに力をかけると回転力は小さくなります。

垂直に力を加えると
よく回転する

ナナメに力を加えると
あまり回転しない

したがって，力を加える角度によって変化する影響力を考慮すると，トルクについて次の式が成り立ちます。

**公式 トルク**

$$\underset{[\text{N·m}]}{\underset{\text{トルク}}{T}} = \underset{[\text{N}]}{\underset{\text{力}}{F}}\ \underset{[\text{m}]}{\underset{\substack{\text{腕の}\\\text{長さ}}}{D}}\cos\theta$$

腕の長さ $D$ [m]

作用する力 $F$ [N]

回転軸

$\theta$

また，回転軸を中心にもってきて，図のように互いに逆に力を作用させても，$T_1 = F \times \dfrac{D}{2} \times \cos\theta$，$T_2 = F \times \dfrac{D}{2} \times \cos\theta$ となるので，

　　合成トルク $T = T_1 + T_2 = FD\cos\theta$ [N·m]

となります。

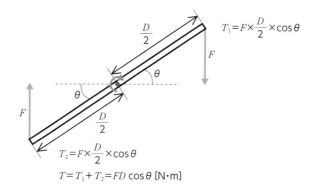

$\dfrac{D}{2}$

$T_1 = F \times \dfrac{D}{2} \times \cos\theta$

$F$

$\theta$

$\theta$

$F$

$\dfrac{D}{2}$

$T_2 = F \times \dfrac{D}{2} \times \cos\theta$

$T = T_1 + T_2 = FD\cos\theta$ [N·m]

図のように，長さ $\ell$ [m]，幅が $D$ [m]，巻数1の方形コイル（四角い巻き方をしたコイル）を用意します。

次の図のように，磁束密度 $B$ [T] の平等磁界中において，方形コイルに電流 $I$ [A] を流すと，コイルの2辺で電磁力 $F$ [N] が生じます。左右で電流の向きが逆になるため，フレミングの左手の法則から，左側の辺では上方向へ，右側の辺では下方向への電磁力 $F$ [N] が生じます。

これを横から見ると，回転軸を中心に右回りに回転させるようなトルクが発生していることがわかります。

回転軸からの距離が$\dfrac{D}{2}$[m]，力が上下に2つあることに注意して，トルク$T$[N·m]を求めると，

$$T = \left(F \times \frac{D}{2}\right) \times 2$$

$$= FD$$

$$= BI\ell D \, [\text{N·m}]$$

さらに，図のように，少し角度がついて水平でないときには，

$$T = FD \cos \theta$$

$$= BI\ell D \cos \theta \, [\text{N·m}]$$

となります。

---

**公式** **コイルに働くトルク**

| トルク | 力 | 腕の長さ | | 磁束密度 | 電流 | 導体の長さ | 距離 |
|--------|-----|---------|---|---------|------|-----------|------|
| $T$ | $= F$ | $D$ | $= B$ | $B$ | $I$ | $\ell$ | $D$ |
| [N·m] | [N] | [m] | | [T] | [A] | [m] | [m] |

$$T = FD\cos \theta = BI\ell D\cos \theta \ [\text{N·m}]$$

---

問題集　問題60

155

# SECTION

## 03 磁気回路と磁性体

このSECTIONで学習すること

### 1 磁気回路

磁束の通り道である磁気回路と，磁気回路で成り立つオームの法則について学びます。

### 2 磁気抵抗

磁気回路に存在する磁気抵抗とその計算方法について学びます。

$$R_{\mathrm{m}} \; [\mathrm{H^{-1}}] = \frac{\ell \; 磁路の長さ[\mathrm{m}]}{\mu \; A}$$

透磁率 断面積
[H/m] [m²]

### 3 磁性体と透磁率・比透磁率

ある物質の透磁率と真空中の透磁率の比を表す比透磁率について学びます。

### 4 エアギャップのある磁気回路

鉄心のすきま（エアギャップ）がある場合の磁気回路の考え方について学びます。

### 5 磁気飽和とB-H曲線

磁界の大きさを表す磁化力と，磁化力を使ったB-H曲線について学びます。

### 6 ヒステリシス曲線

磁化力の大きさと方向を繰り返し変化させたときの磁束密度の変化を表すヒステリシス曲線について学びます。

# 1 磁気回路

重要度 ★★★

## I 磁気回路とは

円形の環状鉄心に，被覆された電線を巻きつけます。この電線に電流を流すと，磁束が発生します。磁束のほとんどが磁気を通しやすい鉄心中に発生し，鉄心以外の空間にはあまり磁束は発生しません。このような磁束の通り道を**磁気回路**（または**磁路**）といいます。

板書 **磁気回路**

電流 $I$ [A]

磁束 $\phi$ [Wb]

起磁力
$F_\mathrm{m} = NI$ [A]

巻数 $N$

磁気抵抗
$R_\mathrm{m}$ [H$^{-1}$]

**起磁力**（量記号 $F_\mathrm{m}$，単位 A）は，磁束を発生させる元となる力です。磁束 $\phi$ [Wb] は，コイルの巻数 $N$ と電流 $I$ [A] の積に比例して発生するので，この $NI$ [A] を起磁力と考えます。

### ひとこと

$F_\mathrm{m}$ の添え字 m はマグネティックの m です。磁石のことをマグネットといいますね。

公式 **起磁力**

起磁力　巻数　電流
$$F_\mathrm{m} = N \quad I$$
[A] 　　　　 [A]

## Ⅱ 磁気回路のオームの法則

　**磁気抵抗**（量記号：$R_m$，単位：$\overset{\text{毎ヘンリー}}{\text{H}^{-1}}$）は，磁気回路における磁束の通りにくさです。磁気回路と電気回路はとても似ており，磁気回路にも**磁気回路のオームの法則**が成り立ちます。

---

**公式** **磁気回路のオームの法則**

$$\underset{[\text{H}^{-1}]}{\overset{\text{磁気抵抗}}{R_m}} = \dfrac{\overset{\text{起磁力 [A]}}{NI}}{\underset{\text{磁束 [Wb]}}{\phi}}$$

$$NI = R_m \phi$$

$$\phi = \dfrac{NI}{R_m}$$

---

**板書** **磁気回路と電気回路**

| 磁気回路 | 電気回路 |
|---|---|
| 磁気回路におけるオームの法則 $\phi = \dfrac{NI}{R_m}$ [Wb] | 電気回路におけるオームの法則 $I = \dfrac{E}{R}$ [A] |
| 起磁力　$NI$ [A] | 起電力　$E$ [V] |
| 磁　束　$\phi$ [Wb] | 電　流　$I$ [A] |
| 磁気抵抗　$R_m = \dfrac{\ell}{\mu A}$ [H$^{-1}$] | 電気抵抗　$R = \dfrac{\ell}{\sigma A}$ [Ω] |
| 透磁率　$\mu$ [H/m] | 導電率　$\sigma$ [S/m] |

# 2 磁気抵抗

重要度 ★★★

## I 磁気抵抗

磁束 $\phi$ [Wb]は，鉄心の断面積 $A$ [m²]が大きいほど通りやすく（$A$ に比例し），磁路の長さ $\ell$ [m]が長いほど通りにくくなり（$\ell$ に反比例し）ます。磁束の通りにくさを示す磁気抵抗は次の式で表すことができます。

透磁率 $\mu$[H/m]

断面積 $A$[m²]

長さ $\ell$ [m]

### 公式 磁気抵抗

$$
\underset{[\mathrm{H}^{-1}]}{\overset{\text{磁気抵抗}}{R_{\mathrm{m}}}} = \frac{\overset{\text{磁路の長さ[m]}}{\ell}}{\underset{\substack{\text{透磁率} \\ [\mathrm{H/m}]}}{\mu} \quad \underset{\substack{\text{断面積} \\ [\mathrm{m}^2]}}{A}}
$$

### ? 基本例題 ━━━━━━━━━━━━━━━━ 鉄心の磁束密度

磁路の長さ 0.2 m，断面積 $1 \times 10^{-4}$ m²，透磁率 $5 \times 10^{-3}$ H/m の環状鉄心に巻数 8000 の銅線を巻いたコイルがある。このコイルに 10 mA の直流電流を流したとき，鉄心中の磁束密度の大きさ[T]を求めよ。

（解答）

鉄心の磁気抵抗 $R_{\mathrm{m}}$ [H⁻¹]は，

$$
R_{\mathrm{m}} = \frac{l}{\mu A} [\mathrm{H}^{-1}]
$$

したがって，磁気回路のオームの法則から鉄心中の磁束 $\phi$ [Wb]は，

$$
\phi = \frac{NI}{R_{\mathrm{m}}} = \frac{NI\mu A}{l} [\mathrm{Wb}]
$$

よって，鉄心中の磁束密度 $B$[T] は，

$$B = \frac{\phi}{A} = \frac{NI\mu}{l} = \frac{8000 \times 0.01 \times 5 \times 10^{-3}}{0.2} = 2 \, \text{T}$$

## Ⅱ 合成磁気抵抗

　磁気回路の合成磁気抵抗は，直列・並列ともに電気抵抗と同じように計算できます。

| 板書 磁気抵抗の直列接続と並列接続 | | |
|---|---|---|
| | 磁気回路 | 合成磁気抵抗 $R_{m0}$ [H$^{-1}$] |
| 直列接続 | $\ell_1$[m], $A_1$[m²], $\mu_1$[H/m], $\mu_2$[H/m], $\ell_2$[m], $A_2$[m²], 電流 | $R_{m0} = R_{m1} + R_{m2}$ $= \dfrac{\ell_1}{\mu_1 A_1} + \dfrac{\ell_2}{\mu_2 A_2}$ |
| 並列接続 | $\ell_1$[m], $\ell_2$[m], 電流, $\mu_1$[H/m], $\mu_2$[H/m], $A_1$[m²], $A_2$[m²] | $R_{m0} = \dfrac{1}{\dfrac{1}{R_{m1}} + \dfrac{1}{R_{m2}}}$ $= \dfrac{1}{\dfrac{\mu_1 A_1}{\ell_1} + \dfrac{\mu_2 A_2}{\ell_2}}$ |

# 3 磁性体と透磁率・比透磁率

重要度 ★★★

比透磁率（量記号：$\mu_r$）とは，ある物質の透磁率 $\mu$ と真空の透磁率 $\mu_0$ との比をいいます。したがって，比透磁率 $\mu_r = \dfrac{\mu}{\mu_0}$ となります。

---

**公式** 比透磁率

$$\mu_r = \frac{\mu}{\mu_0}$$

比透磁率：$\mu_r$
透磁率：$\mu$[H/m]
真空の透磁率：$\mu_0$[H/m]

---

ひとこと

　$\mu \fallingdotseq \mu_0$ なので，空気の透磁率は真空の透磁率と同じと考えてかまいません。

比透磁率は，物質により異なります。$\mu_r \gg 1$ の物質（$\mu_r$ が1より非常に大きい鉄やニッケルなど）で，他の物質よりも磁界の向きに強く磁化されるものを強磁性体といいます。

ひとこと

　また，$\mu_r > 1$（わずかに1を超える程度）の物質（空気やアルミニウムなど）を常磁性体といい，$\mu_r < 1$ の物質（銀や銅や水など）で，磁界と逆向きにわずかに磁化する物質を反磁性体といいます。

# 4 エアギャップのある磁気回路

エアギャップとは，図のように鉄心に存在するすきまのことです。そのような状況を磁気回路図にすると次のようになります。

エアギャップ

[磁気回路図]

この磁気回路図では，鉄心の磁気抵抗 $R_{m1}$ とエアギャップの磁気抵抗 $R_{m2}$ との直列接続と考えます。

# 5 磁気飽和と$B$-$H$曲線

重要度 ★★★

環状鉄心に巻かれているコイルに流す電流$I$[A]を徐々に増加させ，磁界の大きさ$H$[A/m]を強くし，磁束密度$B$[T]が大きくなることを考えます。徐々に鉄心は，磁気を帯びて磁化されるため，この加えた磁界の大きさ$H$[A/m]のことを磁化力といいます。

縦軸に磁束密度$B$[T]をとり，横軸に磁化力$H$[A/m]をとって両者の関係を示したグラフを$B$-$H$曲線といいます。磁化力$H$の値を大きくしていくと，磁束密度$B$はほぼ比例して増加しますが，やがて増えなくなります。これを磁気飽和といいます。

## ひとこと

磁気飽和が起こる理由

鉄は，分子磁石という概念を使って小さな磁石がばらばらになって構成されていると考えることができます。全体としては打ち消し合うので磁気を帯びていません。しかし，外部から磁界を加えると，この分子磁石の方向がそろって磁化されます。すべて向きがそろうと磁気飽和が起こります。

磁気飽和

# 6 ヒステリシス曲線

鉄は分子磁石で構成されています。分子磁石の向きがバラバラであるため，磁気を帯びていません。

分子磁石

**N S** を ← と書く

バラバラだと全体として
打ち消し合うため，
磁気を帯びていない

これに磁化力 $H$ を加えて，磁気飽和が起こる $H_m$ まで徐々に強めて磁化します。

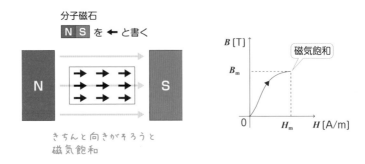

分子磁石

**N S** を ← と書く

きちんと向きがそろうと
磁気飽和

次に，磁化力を次第に弱めていき，ゼロにします。すると，磁化力をゼロにしても，$B$ はゼロにならず磁気が残ります。このときの $B_r$ [T] を**残留磁気**といいます。

分子磁石
**N** **S** を ← と書く

磁化力をゼロにしても
残留磁気が残る
（そこそこ向きがそろっている）

残留磁気$B_r$が残ってしまったので，磁束密度$B = 0$にする（分子磁石の向きをバラバラにする）ためには，逆向きの磁化力$H_c$を加える（逆向きの磁界に置く）必要があります。$H_c$を加えるまでは磁化された状態を保持できるので，$H_c$ [A/m]を<ruby>保磁力<rt>ほ じ りょく</rt></ruby>といいます。

分子磁石
**N** **S** を ← と書く

逆の磁化力を加えて
向きをバラバラにする

さらに磁化力を強めていくと，今度は逆向きに分子磁石がそろい，再び磁気飽和が起こります。

分子磁石
**N** **S** を ← と書く

さらに磁化力を強めると
逆向きに向きがそろう

165

改めて，磁化力 $H = 0$ になるまで弱め，さらに逆向きの磁化力を磁気飽和するまで加えるプロセスを繰り返すと，次のような形になります。

　このように，そのときに加えられている力だけでなく，過去に加わった力にも依存してグラフが変化します。この一周りする閉曲線を**ヒステリシス曲線**（または，ヒステリシスループ）と呼びます。**ヒステリシス損**とは，分子磁石が回転することで摩擦が発生し，熱となって電気エネルギーを消費することをいいます。

　　ヒステリシス曲線を一周する間に加えられた単位体積あたりのエネルギー $W_h[\text{J/m}^3]$ は，ヒステリシス曲線の面積に等しくなります。また，ヒステリシス損は $W_h$（ヒステリシス曲線の面積）に比例します。

問題集　問題61

SECTION

04

# 電磁誘導

このSECTIONで学習すること

## 1 ファラデーの法則とレンツの法則

電磁誘導と電磁誘導に関するファラデーの法則とレンツの法則について学びます。

$$\underset{[\text{V}]}{\underset{\text{起電力}}{\underset{\text{誘導}}{e}}} = - \frac{\overset{\text{磁束鎖交数の変化}}{\overset{[\text{Wb}]}{\Delta N \phi}}}{\underset{\text{時間の変化}}{\underset{[\text{s}]}{\Delta t}}} = - \overset{\text{巻数}}{N} \frac{\overset{\text{磁束の変化}}{\overset{[\text{Wb}]}{\Delta \phi}}}{\underset{\text{時間の変化}}{\underset{[\text{s}]}{\Delta t}}}$$

## 2 フレミングの右手の法則

フレミングの右手の法則を使って誘導起電力の向きを調べる方法について学びます。

❸導体の運動方向
❷磁束密度の向き
❶起電力の向き

## 3 誘導起電力の大きさ

誘導起電力の大きさの計算方法について学びます。

$$\underset{[\text{V}]}{\underset{\text{起電力}}{\underset{\text{誘導}}{e}}} = \underset{[\text{T}]}{\underset{\text{密度}}{\underset{\text{磁束}}{B}}} \ \underset{[\text{m}]}{\underset{\text{長さ}}{\underset{\text{導体の}}{\ell}}} \ \underset{[\text{m/s}]}{\underset{\text{速度成分}}{\underset{\text{磁束と垂直な}}{v \sin \theta}}}$$

## 4 渦電流

磁束の変化によって発生する渦状の電流(渦電流)について学びます。

渦電流

## 1 ファラデーの法則とレンツの法則

### I 電磁誘導とは

　図のように，コイルと磁石とを近づけたり遠ざけたりすると，コイルに起電力が発生し，閉回路が形成されていれば電流が流れます。

　磁石を早く動かすほど，コイルに生じる誘導起電力は大きくなります。

　この実験から，コイルを貫く磁束が時間的に変化すると，コイルに起電力が発生することがわかります。この現象を電磁誘導といい，発生した起電力を誘導起電力，流れた電流を誘導電流といいます。

**ひとこと**

　コイルは磁束の変化を嫌がります。そのため，一時的に誘導起電力を発生させて，コイル自身に電流を流し，この電流によって磁束変化を打ち消すような磁束を発生させて，磁束の変化を妨げようとします。

### II 電磁誘導に関するファラデーの法則

　電磁誘導に関するファラデーの法則とは，誘導起電力の大きさは，コイル内部を貫く磁束の単位時間 $\Delta t$ あたりの変化に比例することを表したものです。また，レンツの法則とは，誘導起電力の向きが，コイル内の磁束変化を

妨げる向きに生じることをいいます。

$N$回巻のコイルと磁束$\phi$が鎖交する数（$N\phi$）を**磁束鎖交数**といいます。これを単位時間$\Delta t$で，$\Delta N\phi$だけ変化させたとき，

鎖のように電流の通り道（コイル）と磁束が交わっているから
鎖交（さこう）

$$\text{誘導起電力}\ e = -\frac{\Delta N\phi}{\Delta t} = -N\frac{\Delta \phi}{\Delta t}$$

が発生します。$N$はコイルの巻数であり，変化することはないため，変化分を意味する$\Delta$の外側に出すことができます。

---

**公式** 誘導起電力の大きさと向き

$$\underset{\substack{\text{誘導}\\\text{起電力}\\[V]}}{e} = -\frac{\underset{\text{時間の変化}\ [s]}{\overset{\substack{\text{磁束鎖交数の変化}\\[Wb]}}{\Delta N\phi}}}{\Delta t} = -\overset{\text{巻数}}{N}\frac{\underset{\text{時間の変化}\ [s]}{\overset{\substack{\text{磁束の変化}\\[Wb]}}{\Delta \phi}}}{\Delta t}$$

---

誘導起電力の単位は，電池の電圧と同じボルトであることに注意しましょう。$N$回巻のコイルは，コイルを1回巻いて発生する起電力を，$N$個直列につなげたことと同じなので，誘導起電力は$N$倍になります。

---

**基本例題** ──────────────────── ファラデーの法則

0.1秒間に，巻数が500回のコイルを貫く磁束が0.03 Wbから0.05 Wbに変化した。このとき，コイルに生じる誘導起電力$e$[V]を求めよ。

**解答**

ファラデーの法則より

$$e = -N\frac{\Delta \phi}{\Delta t} = -500 \times \frac{0.05 - 0.03}{0.1} = -100\ \text{V}$$

誘導起電力の向きを調べるには，フレミングの右手の法則を利用します。図のように右手の3本の指を互いに直角にし，親指を導体の移動方向，人差し指を磁界（磁束密度）の向きにあわせると，中指は誘導起電力の向きを示します。

**板書 フレミングの右手の法則**

❸導体の運動方向
❷磁束密度の向き
速度
磁界
S　　N
起電力
❶起電力の向き

❶ 中指　　　→起電力 $e$
❷ 人差し指→磁束密度 $B$
❸ 親指　　　→導体の運動方向 $v$

# 3 誘導起電力の大きさ 機械 重要度★★★

　一様かつ時間的に変化しない磁界中に，面積が徐々に小さくなるコイルを
おいたとき，コイル内を貫く磁束$\phi$は，コイルの面積の減少とともに小さく
なっていきます。

　すると$e = -N\dfrac{\Delta \phi}{\Delta t}$の式より，コイルに誘導起電力が生じます。

コイルが小さく
なるとコイル
内部を貫く
磁束が変化する

誘導起電力を発生させ
電流を流して
磁束の変化を
妨げようとする

　次の図では，同じことが起こります。磁束密度$B$[T]の平等磁界に対して
垂直におかれた2本の平行な導体棒でできたレールを設置し，長さ$\ell$[m]の
導体棒をレールと磁束に垂直になるように速度$v$[m/s]で転がします。

　レール右端がつながれているならば，導体棒から右側は閉じた回路が形成
されているので，1回巻のコイルであると考えることができます。

$\ell$[m]

コロコロ…

1回巻のコイル
であると考える

$v$[m/s]

磁束密度：$B$[T]

$\Delta t$[秒]間に導体が$v\Delta t$[m]だけ移動すると，コイル内を貫く磁束が$\Delta\phi$＝磁束密度$B$×面積$\ell v\Delta t$だけ減少するので，誘導起電力$e$[V]が生じます。磁束が減少するので，$\Delta\phi$はマイナスの値になります。

誘導起電力$e$は，

$$e=-N\frac{\Delta\phi}{\Delta t}=-1\times\frac{-(B\times\ell v\Delta t)}{\Delta t}=B\ell v\,[\mathrm{V}]\,\text{と求められます。}$$

導体の移動方向と磁束のなす角が垂直ではなく$\theta$であるときは，磁束と垂直な速度成分$v\sin\theta$で面積を考えます。

この場合，誘導起電力$e$は，

$$e=-N\frac{\Delta\phi}{\Delta t}=-1\times\frac{-(B\times\ell v\sin\theta\Delta t)}{\Delta t}=B\ell v\sin\theta\,[\mathrm{V}]\,\text{と求められます。}$$

**板書** 導体が磁束φと角度θの向きに移動したときの考え方

導体を斜めに
移動させるとき　ℓ [m]

磁束密度：$B$ [T]

N　　S

$\theta$　　$v \sin\theta$ [m/s]

垂直に切る磁束は
この面積で考えるとよい

$v$　$v \sin\theta$
$\theta$

**公式** 誘導起電力

誘導　　磁束　導体の　磁束と垂直な
起電力　　密度　長さ　　速度成分

$$e = B \quad \ell \quad v \sin\theta$$

[V]　　[T]　[m]　　[m/s]

磁束と垂直な
速度成分 $v \sin\theta$

速度 $v$

磁束
密度 $B$

$\theta$

導体

問題集　問題62　問題63

一様かつ時間的に変化しない磁束密度$B$[T]の磁界中で，右端が接続されたレール上を，長さ$\ell$[m]の導体棒を滑らせて速度$v$[m/s]で移動させることを考える。以下の空欄(ア)～(オ)を埋めよ。

(1) 導体棒よりも右側の閉じた回路は $\boxed{(ア)}$ 回巻のコイルと考えることができる。

(2) $\Delta t$秒間に速度$v$[m/s]の導体棒が進む距離は $\boxed{(イ)}$ [m]であるから，面積$A$は $\boxed{(ウ)}$ [m²]となる。

(3) 磁束密度$B$[T]であるから，面積$A$を貫く磁束は $\boxed{(エ)}$ [Wb]であり，これがコイル面積が小さくなったことによるコイル中を貫く磁束変化$\Delta\phi$[Wb]と考えられる。電磁誘導に関するファラデーの法則を利用して導体棒による誘導起電力$e=-N\dfrac{\Delta\phi}{\Delta t}$を計算すると，巻数$N$は$\boxed{(ア)}$，$\Delta\phi$[Wb]は$\phi$が減少していることに注意すると $\boxed{(オ)}$ [Wb]だから，

$$e=-N\frac{\Delta\phi}{\Delta t}$$

$$=-\boxed{(ア)}\times\frac{\boxed{(オ)}}{\Delta t}$$

$$=B\ell v\,[\text{V}]$$

よって，磁界中を運動する導体棒の誘導起電力$e$は，$e=B\ell v$[V]となる。

**解答**

(ア)1　(イ)$v\Delta t$　(ウ)$\ell v\Delta t$　(エ)$B\ell v\Delta t$　(オ)$-B\ell v\Delta t$

## 4 渦電流 機械

重要度 ★★★

金属の板を貫く磁束が変化したとき，金属板は磁束の変化を妨げようとします。渦電流とは，磁束の変化によって，金属板に誘導起電力が生じて発生した渦状の電流です。渦電流損とは，金属板に渦電流が流れることによって，ジュール熱が発生することによるエネルギー損失をいいます。ヒステリシス損と渦電流損をあわせて鉄損と呼びます。

### ひとこと

表面を絶縁した薄い鋼板を積み重ねた鉄心（積層鉄心）を利用すると，渦電流が流れにくくなり，渦電流損が少なくなります。

SECTION
05

# インダクタンスの基礎

このSECTIONで学習すること

## 1 インダクタンス

インダクタンスの概念と，計算方法について学びます。

## 2 電磁エネルギー

コイルに蓄えられた電磁エネルギーと，その計算方法について学びます。

# 1 インダクタンス

## I 自己誘導と自己インダクタンス

　コイルに流れる電流が変化すると，電流によって生じていた磁界が変化します。その結果，コイルを貫く磁束が変化して，コイルは磁束の変化を妨げようと起電力を発生させます。これを**自己誘導**（じこゆうどう）といい，発生した起電力を**自己誘導起電力**（じこゆうどうきでんりょく）といいます。

$I=2\,\mathrm{A}$　　電流 $I$ を大きくする　　$I=4\,\mathrm{A}$　　　　　　$e=-N\dfrac{\Delta\phi}{\Delta t}[\mathrm{V}]$

磁束 $\phi$ は小さい　　　　磁束 $\phi$ は大きくなる　　　　磁束中の変化を打ち消そうとして起電力が生じる

### ひとこと

　ほかの磁石を利用して発生する誘導起電力と違い，コイル自体に流れる電流変化による磁束変化が原因となって，起電力を発生させているので自己誘導起電力といいます。逆起電力ともいいます。

　巻数 $N$ のコイルと磁束 $\phi$ の磁束鎖交数 $N\phi$ が，微小な時間 $\Delta t$ で変化したとき，コイルに生じる誘導起電力 $e$ は，以下の式で求めることができます。

$$e=-N\frac{\Delta\phi}{\Delta t}[\mathrm{V}]$$

　ここで，「❶電流変化 $\Delta I$ →❷電流変化に比例して磁束 $\phi$ が変化（磁束鎖交数も比例して変化 $N\cdot\Delta\phi$）→❸起電力 $e$ の発生」と現象が連鎖するので，電流変化という視点からは次のような式も成り立ちます。

$$-L\frac{\Delta I}{\Delta t}\ =\ -N\frac{\Delta\phi}{\Delta t}=e[\mathrm{V}]\ （ただし，L は比例定数）$$

電流変化に比例して → 磁束鎖交数が変化し → 起電力発生

このときの比例定数$L$を**自己インダクタンス**（量記号：$L$，単位：$\overset{\text{ヘンリー}}{\text{H}}$）とい
います。自己インダクタンスが1Hのコイルは，1秒間で1Aの電流変化が
あったとき，1Vの自己誘導起電力を発生させます。

**ひとこと**

インダクタンスの具体的なイメージを持つために，具体的な数字をいれて
考えると
<u>1Hのインダクタンスで，1秒間に1A変化したら1V発生</u>
2Hのインダクタンスで，1秒間に1A変化したら2V発生，3Hの…

---

**公式** **自己誘導起電力と自己インダクタンス**

$$e = -L\frac{\Delta I}{\Delta t} = -N\frac{\Delta \phi}{\Delta t}$$

誘導起電力：$e$[V]
自己インダクタンス：$L$[H] → $\left[\dfrac{\text{Wb}}{\text{A}}\right]$ のこと
電流変化：$\Delta I$[A]
時間変化：$\Delta t$[s]
巻数：$N$
磁束変化：$\Delta \phi$[Wb]

$$L = \frac{N\phi}{I} \text{ [H]}$$

問題集 問題65

## Ⅱ 環状ソレノイドの自己インダクタンス

$N$回巻の環状ソレノイドの自己インダクタンスは、コイルの巻数$N$の2乗に比例します。

### 基本例題 ━━━━━━━━━━━━━━━ 巻数$N$と自己インダクタンス$L$の関係

図のように、鉄心の断面積$A$[m²]、磁路の平均長さ$\ell$ [m]、透磁率$\mu = \mu_r \mu_0$としたとき、巻数$N$の環状ソレノイドの自己インダクタンス$L$[H]はいくらになるか。

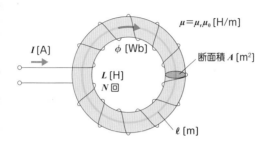

$\mu = \mu_r \mu_0$ [H/m]

$I$[A]

$\phi$ [Wb]

断面積 $A$ [m²]

$L$ [H]
$N$回

$\ell$ [m]

### 解答

自己インダクタンスを求める公式は、

$$L = \frac{N\phi}{I} \quad \cdots ①$$

ここで、鉄心内の磁束密度を$B$[T]とすると、

$$\phi = \underset{\text{磁束密度}}{B} \times \underset{\text{断面積}}{A}$$

$$= \underset{\text{透磁率}}{\mu} \times \underset{\text{磁界の大きさ}}{H} \times A$$

環状ソレノイド内の磁界の大きさは$H = \dfrac{NI}{\ell}$だから、

$$\phi = \mu \times \frac{NI}{\ell} \times A$$

$$= \frac{\mu_0 \mu_r NIA}{\ell}$$

これを①に代入すると、

$$L = \frac{N\phi}{I} = \frac{N}{I} \times \frac{\mu_0 \mu_r NIA}{\ell} = \frac{\mu_0 \mu_r A N^2}{\ell} [\text{H}]$$

となる。

## Ⅲ 相互誘導と相互インダクタンス

　次の図において，コイル1に流れる電流$I_1$が変化すると，コイル1の磁束$\phi_1$が変化します。この変化した磁束のうちコイル2も貫いている$\phi_{12}$があるとすると，コイル2に起電力が発生します。この現象を相互誘導といい，発生した起電力を相互誘導起電力といいます。

①$I_1$が変化すると・・・

コイル1を貫く磁束$\phi_1$

$I_1$

②$\phi_1$も変化

巻数$N_1$ コイル1

③$\phi_1$のうちコイル2を貫く$\phi_{12}$も変化

巻数$N_2$ コイル2

④起電力発生！　コイル2を貫く磁束$\phi_{12}$

　コイル1の電流を$\Delta I_1$[A]だけ変化させたときに，コイル2にどのくらいの起電力$e_2$[V]が発生するかの関係を考えます。コイル1における磁束鎖交数は$N_1\phi_1$，コイル2における磁束鎖交数は$N_2\phi_{12}$です。

$\phi_1$のうち，コイル1しか通らない磁束を，漏れ磁束といいます。

　ここでも，「電流が$\Delta I_1$だけ変化すると→磁束も比例して$\Delta \phi_1$だけ変化し，コイル2を貫く磁束も$\Delta \phi_{12}$だけ変化して→コイル2に起電力$e_2$が発生する」と考えます。

　このように考えると，コイル2に発生する起電力$e_2$は，比例定数$M$を使って，次の公式で表すことができます。この比例定数$M$を**相互インダクタンス**（量記号：$M$，単位：H）といいます。

---

**公式** 相互誘導起電力と相互インダクタンス

$$e_2 = -N_2 \frac{\Delta \phi_{12}}{\Delta t} = -M \frac{\Delta I_1}{\Delta t} \text{[V]}$$

$$M = \frac{N_2 \phi_{12}}{I_1}$$

コイル2の誘導起電力：$e_2$[V]
コイル2の巻数：$N_2$
コイル2の磁束変化：$\Delta \phi_{12}$[Wb]
時間変化：$\Delta t$[s]
相互インダクタンス：$M$[H]
コイル1の電流変化：$\Delta I_1$[A]
コイル1の電流：$I_1$[A]

---

　2つの導線がつながっていなくても，一方に電流を流して大きさを変化させ続けると，（磁束変化を通じて）他方にも電流が流れだして，まるで一つの回路のようなしくみをつくることができます。磁気と電気がつながってきました。 機械 の変圧器で必要な知識になります。

説明を簡単にするため，以下では，漏れ磁束がないものとして考えます。

$N_1$回巻のコイル1に電流$I_1$を流したとき，磁束$\phi_1$が発生したとすると，その磁束$\phi_1$は$N_2$回巻のコイル2も貫くから，

$$
\begin{cases}
L_1 = \dfrac{N_1 \phi_1}{I_1} \\
M = \dfrac{N_2 \phi_1}{I_1}
\end{cases}
$$

よって，$M = \dfrac{N_2}{N_1} L_1 [\mathrm{H}]$　…①

また，$N_2$回巻のコイル2に電流$I_2$を流したとき，磁束$\phi_2$が発生したとすると，その磁束$\phi_2$は$N_1$回巻のコイル1も貫くから，

$$
\begin{cases}
L_2 = \dfrac{N_2 \phi_2}{I_2} \\
M = \dfrac{N_1 \phi_2}{I_2}
\end{cases}
$$

よって，$M = \dfrac{N_1}{N_2} L_2 [\mathrm{H}]$　…②

これらの関係式から，相互インダクタンスは，それぞれの自己インダクタンスで表すことができます。①×②を両辺で行うと，

$$
M^2 = \frac{N_2}{N_1} L_1 \times \frac{N_1}{N_2} L_2
$$

$$
M^2 = L_1 L_2
$$

$$
M = \sqrt{L_1 L_2} [\mathrm{H}]
$$

しかし，実際には漏れ磁束が存在するので，相互誘導回路における「電気→磁気→電気」の結合の度合いを表す結合係数$k$を使って，$M = k\sqrt{L_1 L_2}$と表現します。

**公式** **相互インダクタンス**

$$M = k \sqrt{L_1 \quad L_2}$$

相互インダクタンス　結合係数　コイル1の自己インダクタンス　コイル2の自己インダクタンス
[H]　　　　　　　　　　　　　　　　[H]　　　　　　　　[H]

$$k = \frac{M}{\sqrt{L_1 L_2}}$$

相互インダクタンス：$M$[H] $\rightarrow \left[\dfrac{\text{Wb}}{\text{A}}\right]$ のこと

コイル1の自己インダクタンス：$L_1$[H]

コイル2の自己インダクタンス：$L_2$[H]

結合係数：$k$

## Ⅴ　和動接続と差動接続

**和動接続**とは，図のように，コイル1とコイル2のつくる磁束$\phi_1$と磁束$\phi_2$が同じ向きになる接続方法をいいます。

巻数$N_1$　コイル1　　巻数$N_2$　コイル2

$M$

磁束 $\phi_1$

磁束 $\phi_2$

鉄心

$I$　$L_1$　　$L_2$　$I$

つないでしまう

$\phi_1$と$\phi_2$をあわせた磁束が，コイル1（巻数$N_1$）とコイル2（巻数$N_2$）を貫くので，**合成自己インダクタンス**（コイル1とコイル2をつなげた長いコイルの自己インダクタンス）は以下のようになります。

$$合成自己インダクタンス\ L = \frac{N_1(\phi_1 + \phi_2)}{I} + \frac{N_2(\phi_2 + \phi_1)}{I}$$

$$= \underbrace{\frac{N_1 \phi_1}{I}}_{L_1} + \underbrace{\frac{N_1 \phi_2}{I}}_{M} + \underbrace{\frac{N_2 \phi_2}{I}}_{L_2} + \underbrace{\frac{N_2 \phi_1}{I}}_{M}$$

よって，$L = L_1 + L_2 + 2M$となります。

**公式** 和動接続の合成自己インダクタンス

$$L = L_1 + L_2 + 2M \ [\text{H}]$$

差動接続とは，図のように，コイル1とコイル2のつくる磁束 $\phi_1$ と磁束 $\phi_2$ が，逆向きになる接続方法をいいます。

$\phi_1$ と $\phi_2$ は打ち消し合い，それがコイル1（巻数 $N_1$）とコイル2（巻数 $N_2$）を貫くので，合成自己インダクタンスは以下のようになります。

$$\text{合成自己インダクタンス} \, L = \underbrace{\frac{N_1(\phi_1 - \phi_2)}{I}}_{\text{コイル1}} + \underbrace{\frac{N_2(\phi_2 - \phi_1)}{I}}_{\text{コイル2}}$$

$$= \underbrace{\frac{N_1\phi_1}{I}}_{L_1} - \underbrace{\frac{N_1\phi_2}{I}}_{M} + \underbrace{\frac{N_2\phi_2}{I}}_{L_2} - \underbrace{\frac{N_2\phi_1}{I}}_{M}$$

よって，$L = L_1 + L_2 - 2M$ となります。

**公式** 差動接続の合成自己インダクタンス

$$L = L_1 + L_2 - 2M \ [\text{H}]$$

**基本例題** ──────────────── 合成自己インダクタンス

　自己インダクタンスがそれぞれ1.0 H，0.8 Hのコイルが和動接続および差動接続されているときの合成自己インダクタンスの値[H]を求めよ。ただし，2つのコイルの相互インダクタンスは0.3 Hである。

**解答**

　和動接続の合成自己インダクタンスは，
$$L = L_1 + L_2 + 2M = 1.0 + 0.8 + 2 \times 0.3 = 2.4 \text{ H}$$
　差動接続の合成自己インダクタンスは，
$$L = L_1 + L_2 - 2M = 1.0 + 0.8 - 2 \times 0.3 = 1.2 \text{ H}$$

## 2　電磁エネルギー　重要度★★★

### I　コイルに蓄えられるエネルギー

　電流が流れているコイルにはエネルギーが蓄えられています。なぜなら，電源を切った瞬間，電流変化→磁束変化が生じてコイルに起電力が発生するからです。言い換えると，磁束が生じているコイル内部の空間（磁界）にはエネルギーが蓄えられていると考えられます。

　コイルに流れる電流を増加させるには，コイルに生じている誘導起電力に逆らって仕事をしなければなりません。ここからコイルに蓄えられているエネルギーは次のように考えられます。

**コイルに蓄えられるエネルギー**

　時間 $\Delta t$[s]の間に電流を $\Delta i$[A]だけ増加させると，コイルに生じる誘導起電力 $V$[V]の大きさは，
$$V = -L \frac{\Delta i}{\Delta t}$$
　これに電源が逆らってする仕事は，電力量 $W$[J] ＝電力 $I \cdot (-V) \times$ 時間より，

$$\Delta W = i \times L \frac{\Delta i}{\Delta t} \times \Delta t$$
$$= L i \Delta i \, [\text{J}]$$

したがって，電流が0Aから$I[\text{A}]$までに$\Delta i$ずつ徐々に増加する間に必要な仕事の総量$W$は，図の三角形OABの面積に等しいので，

$$W = \frac{1}{2} L I^2 \, [\text{J}]$$

となる。

---

**公式** コイルに蓄えられる電磁エネルギー

電磁エネルギー $W$ [J] = $\dfrac{1}{2}$ $L$ 自己インダクタンス [H] $I^2$ 電流 [A]

---

? **基本例題** ━━━━━━━━━━━━━━ コイルに蓄えられる電磁エネルギー

インダクタンスが5 mHのコイルに4 Aの電流が流れているとき，コイルに蓄えられている電磁エネルギーの大きさを求めよ。

**解答**

公式よりコイルに蓄えられるエネルギー$W[\text{J}]$は，
$$W = \frac{1}{2} L I^2 = \frac{1}{2} \times 5 \times 10^{-3} \times 4^2 = 0.04 \; \text{J}$$

186

## Ⅱ 単位体積あたりのエネルギー密度

電流が流れ続けているコイルに蓄えられたエネルギーは，流れ続ける電流によってつくられ，磁界に蓄えられたエネルギーでもあります。そこで，磁界に蓄えられる単位体積あたりのエネルギー密度$w[\text{J/m}^3]$は次のようになります。

---

**単位体積あたりのエネルギー密度**

図において，環状ソレノイドの自己インダクタンス$L = \dfrac{\mu A N^2}{\ell}$であることを利用すると

$$
\begin{aligned}
W &= \frac{1}{2}LI^2 \\
&= \frac{1}{2} \times \frac{\mu A N^2}{\ell} \times I^2 \\
&= \frac{1}{2} \times \frac{\mu A N^2}{\ell} \times I^2 \times \frac{\ell}{\ell} \\
&= \frac{\mu}{2} \times \left(\frac{NI}{\ell}\right)^2 \times A\ell \quad \text{← 式変形のためにかける}
\end{aligned}
$$

<u>鉄心の体積</u>

ここで，磁界の大きさ$H = \dfrac{NI}{\ell}$，磁束密度$B = \mu H$であることを利用すると

$$
\begin{aligned}
W &= \frac{\mu}{2} \times \left(\frac{NI}{\ell}\right)^2 \times A\ell \\
&= \frac{\mu}{2} \times H^2 \times A\ell \\
&= \frac{\mu H \times H}{2} \times A\ell \\
&= \frac{BH}{2} \times A\ell
\end{aligned}
$$

単位体積あたりのエネルギー密度$w\ [\text{J/m}^3]$は

$$
\begin{aligned}
w &= \left(\frac{BH}{2} \times A\ell\right) \div A\ell \\
&= \frac{BH}{2}
\end{aligned}
$$

エネルギー　体積

$$= \frac{\mu H^2}{2}$$

$$= \frac{B^2}{2\mu} [\text{J/m}^3]$$

となる。

---

**公式** 磁界に蓄えられる電磁エネルギー密度

$$\underset{\substack{\text{エネルギー密度}\\ [\text{J/m}^3]}}{w} = \frac{\overset{\substack{\text{磁束密度 磁界の強さ}\\ [\text{T}] \quad [\text{A/m}]}}{B \quad H}}{2} = \frac{1}{2} \underset{\substack{\text{透磁率 磁界の強さ}\\ [\text{H/m}] \quad [\text{A/m}]}}{\mu \quad H^2} = \frac{\overset{\substack{\text{磁束密度}\\ [\text{T}]}}{B^2}}{\underset{\substack{\text{透磁率}\\ [\text{H/m}]}}{2 \quad \mu}}$$

CHAPTER **04**

# 交流回路

# CHAPTER 04

## 交流回路

交流回路は，理論だけでなく他の科目でも必要になる重要な内容です。計算量が多いため，公式の意味をしっかりと理解し，問題を多く解くことで，計算方法になれることを意識しましょう。

# このCHAPTERで学習すること

## SECTION 01 正弦波交流

交流のしくみや交流回路のさまざまな数値の違いや導き方を学びます。

## SECTION 02 $R$-$L$-$C$ 直列回路の計算

交流の直列回路における抵抗($R$)，インダクタンス($L$)，静電容量($C$)の関係について学びます。

# SECTION 03　*R-L-C* 並列回路の計算

| 並列回路 | ベクトル図 | 電流の大きさ |
|---|---|---|
| | | $I=\sqrt{I_R^2+I_L^2}$ |
| | | $I=\sqrt{I_R^2+I_C^2}$ |
| | $X_L>X_C$ のとき（容量性）　$X_L=X_C$ のとき共振　$X_L<X_C$ のとき（誘導性） | $I=\sqrt{I_R^2+(I_L-I_C)^2}$　同じ式で求めることができます　$I=\sqrt{I_R^2+(I_L-I_C)^2}$ |

交流の並列回路における抵抗（$R$），インダクタンス（$L$），静電容量（$C$）の関係について学びます。

## SECTION 04 交流回路の電力

有効電力　抵抗　電流　　電圧　電流

$$P = R\,I^2 = V\,I\,\cos\phi$$

[W]　　　[Ω]　[A]　　　[V]　[A]

$V$と同相成分の電流のみ
有効電力に寄与する

皮相電力　$S = VI$

有効電力　$P = VI\cos\phi$

無効電力　$Q = VI\sin\phi$

交流回路における電力と力率について学びます。

## SECTION 05 記号法による解析

| $R$, $L$, $C$素子単独回路 | ベクトル図 | (複素記号法) 電流 | (複素記号法) インピーダンス |
|---|---|---|---|
| （抵抗 $R$） | 電圧と電流は同相 | $\dot{I} = \dfrac{\dot{V}}{R}$ | $\dot{Z} = R$ |
| （$jX_L = j\omega L$） | 電流は$\dfrac{\pi}{2}$遅れる | $\dot{I} = \dfrac{\dot{V}}{jX_L} = \dfrac{\dot{V}}{j\omega L}$ | $\dot{Z} = j\omega L$ |
| （$-jX_C = -j\dfrac{1}{\omega C}$） | 電流は$\dfrac{\pi}{2}$進む | $\dot{I} = \dfrac{\dot{V}}{-jX_C} = j\omega C\dot{V}$ | $\dot{Z} = -j\dfrac{1}{\omega C}$ |

大きさだけでなく，jによって位相差も計算できる

交流回路を複素数で表現する考え方について学びます。

# 傾向と対策

**2問程度** ／ **22問中**

・計算問題中心

| | H27 | H28 | H29 | H30 | R1 | R2 | R3 | R4上 | R4下 | R5上 |
|---|---|---|---|---|---|---|---|---|---|---|
| 交流回路 | 2 | 1 | 2 | 2 | 1 | 2 | 2 | 2 | 1 | 2 |

## ポイント

交流回路の計算問題は，基礎的な問題から応用問題まで，幅広く出題されます。どの問題も計算量が多く，時間内に解くためには，直流回路で学んだ回路計算の基礎や，電流，電圧のベクトル図をしっかりと理解している必要があります。複素数や極座標の考え方を学び，短時間で問題が解けるようにしましょう。CH05で学ぶ三相交流回路につながるため，しっかりと学習して理解を深めましょう。

SECTION

01

# 正弦波交流

## このSECTIONで学習すること

### 1 交流のしくみ

直流と交流の違いについて学びます。

### 2 周波数と角周波数

正弦波交流の波形を通して，周期と
周波数について学びます。

### 3 瞬時値,最大値,ピークピーク値

正弦波交流における起電力の瞬時値，
最大値，ピークピーク値について学
びます。

### 4 平均値と実効値

正弦波交流の平均値と実効値，最大
値の関係性について学びます。

### 5 位相と位相差

グラフにおける位相と位相差の概念
について学びます。

### 6 ベクトル

ベクトル量とスカラ量の考え方につ
いて学びます。

# 1 交流のしくみ

重要度 ★★★

## Ⅰ 直流と交流

**直流**とは，時間が経過しても向きが変わらない電気の流れをいいます。

**交流**とは，時間とともに大きさや向きが周期的に変わる電気の流れをいいます。電圧や電流の＋と－が時間とともに入れ替わります。

板書 **直流と交流**

**直流** ずっと同じ方向

**交流** 往復するような電気の流れ

電流の大きさ ／ 時間

電流の大きさ ／ 時間

**ひとこと**

50 Hz（東日本）の交流の場合，0.02秒で行ったりきたりするイメージです。

右と左に0.02秒で1往復

ふむ ふむ

平等磁界のなかでコイルを回転させると交流の起電力が発生します。次の図では，時間によって導体が磁界を垂直に切る速度成分が変化しているのがわかります。

　　半回転をすぎると起電力の向きが逆になります。コイルが半回転するたびに，コイルの裏表が交互に反転するため，起電力の向きも交互に反転し，交流の起電力が発生します。

　仮に，磁束密度$B$[T]や導体の長さ$\ell$[m]やコイルの回転速度$v$[m/s]は変化しなかったとしても，コイルは時間とともに回転するので$\theta$（$\theta$は磁束と移動方向が作る角度）はつねに変化し，起電力も変化します。

## 板書 誘導起電力（復習）

| 誘導<br>起電力 | | 磁束密度 | | 磁束中の<br>導体の長さ | | 磁束と垂直な<br>速度成分 |
|---|---|---|---|---|---|---|
| $e$ | $=$ | $B$ | | $\ell$ | | $v\sin\theta$ |
| [V] | | [T] | | [m] | | [m/s] |

速度 $v$

磁束と垂直な
速度成分 $v\sin\theta$

磁束
密度 $B$

$\theta$ 導体

コイルでは 1 対（2本）あるので $e = 2B\ell v\sin\theta$

## 2 周波数と角周波数 重要度 ★★★

### I 周波数

　**周期**（量記号：$T$，単位：s）とは，ある状態から元の状態に戻ってくるまでの時間をいいます。回転するコイルの例でいえば，スタート位置から元の位置に戻ってくるまでの時間（1回転にかかる時間）です。これにあわせて交流の波形がつくられます。

　**周波数**（量記号：$f$，単位：Hz）とは，1秒間に繰り返される周期の回数をいいます。コイルの例でいえば，1秒間に何回転するかであり，これにあわせて交流の波形も変化します。

### 公式 周期と周波数の関係

$$f=\frac{1}{T}$$

周波数：$f$[Hz]
周期：$T$[s]

197

? 基本例題

周波数が50 Hzのとき，周期の値[s]を求めよ。

**解答**

$f=\dfrac{1}{T}$ より，

$$T=\dfrac{1}{f}=\dfrac{1}{50}=0.02 \text{ s}$$

　たとえば，一般的な交流の波形は，三角関数のサイン（正弦）を使った式で表すことができるので，正弦波交流と呼びます。

板書 正弦波交流の波形

周期 $T$[s]

起電力 [V]

0秒　　0.01秒　　0.02秒　　0.03秒　　0.04秒　　0.05秒

経過時間 [s] →

## II 弧度法

　角度を表すのに，これまでは30°，45°，60°など，円周を360分割して開き具合を表す「度[°]」を使ってきました（度数法）。

　これに対して，弧度法では，半径1の円を用いて，円周の長さ（弧の長さ）をそのまま開き具合と考え，単位「rad」で角度を表します（量記号は $\theta$）。

**板書** ラジアンの考え方

$\frac{2}{3}\pi$ rad

$\frac{\pi}{3}$ rad

$\frac{\pi}{6}$ rad

120°

60°

30°

1

（半径1の円の）弧の長さを角度と考える

弧に対応する角

180°

=

$\pi$

1

$180° = \pi$ rad

πラジアンは，半円の弧の長さに対応する角の大きさ180°のことを表します。このことから，以下の公式が成り立ちます。

**公式** 度とラジアンの関係

$$\theta = \frac{\pi}{180} \times x$$

弧度法：$\theta$ [rad]
度数法：$x$ [°]

| 度 | 0 | 30 | 45 | 60 | 90 | 120 | 180 | 240 | 360 |
|---|---|---|---|---|---|---|---|---|---|
| ラジアン | 0 | $\frac{\pi}{6}$ | $\frac{\pi}{4}$ | $\frac{\pi}{3}$ | $\frac{\pi}{2}$ | $\frac{2\pi}{3}$ | $\pi$ | $\frac{4\pi}{3}$ | $2\pi$ |

## Ⅲ 角周波数

回転する速度の表し方は，**1秒あたりの回転数**（量記号：$N$，単位：$\mathrm{s}^{-1}$）で表すことができます。また，1秒間にどのくらいの角度を進むかという，1秒あたりの**角周波数**（**角速度**）（量記号：$\omega$，単位：$\mathrm{rad/s}$）で表すこともできます。

ここで，1秒あたりの回転数 $N$ は，周波数 $f$ そのものです。また，1回転すると $2\pi$ 進んだことになるので，角速度は次のようになります。

---

**公式 角周波数**

$$\underset{\substack{\text{角周波数}\\ \text{[rad/s]}}}{\omega} = \underset{\substack{\text{1周}\\ \text{[rad]}}}{2\pi} \quad \underset{\substack{\text{周波数}\\ \text{[Hz]}}}{f}$$

1周は $2\pi$（360°）

× 1秒間に何回転（$f$回転）するか

---

**? 基本例題** ──────────────────────────── 角周波数

周波数が 60 Hz のとき，角周波数の値[rad/s]を求めよ。

**解答**

$\omega = 2\pi f = 2\pi \times 60 = 120\pi \fallingdotseq 377 \ \mathrm{rad/s}$

# 3 瞬時値，最大値，ピークピーク値 重要度 ★★★

交流起電力は，ある瞬間ある瞬間で変化しており，正弦波交流における起電力は次のように表現できます。

公式 交流起電力の瞬時値

$$e = \underset{\substack{\text{最大値}\\ \text{[V]}}}{E_\mathrm{m}} \sin\theta = E_\mathrm{m} \sin(\underset{\substack{\text{角}\\\text{周波数}\\ \text{[rad/s]}}}{\omega}\ \underset{\substack{\text{経過}\\\text{時間}\\ \text{[s]}}}{t}) = E_\mathrm{m} \sin(2\pi \underset{\substack{\text{周波数}\\ \text{[Hz]}}}{f} t)\ [\mathrm{V}]$$

起電力（瞬時値）[V]

瞬時値とは，それぞれの瞬間（時刻）における値をいい，最大値 $E_\mathrm{m}$ とは，瞬時値のうち最大の値のことをいいます。ピークピーク値 $E_\mathrm{pp}$ とは，波形の山が最大のときと波形の谷が最大のときの絶対値の合計値をいいます。

ひとこと

1回巻きのコイルの例であれば，以下のように考えられます。

$$e = \underset{E_\mathrm{m}}{\boxed{2B\ell v}}\sin\theta$$

問題集 問題71

　交流は値がつねに変化しているため，「交流電圧は○○Vです。」とはいえません。そこで，指標として❶平均値や❷実効値が用いられます。

## Ⅰ 平均値

　**平均値**とは，交流の半周期についての平均値をいい，電圧は$E_{av}$または$V_{av}$，電流は$I_{av}$で表します。正弦波交流の最大値と平均値には次の関係があります。

**公式 最大値と平均値**

$$平均値\ V_{av} = \frac{2}{\pi} \times 最大値\ V_m$$

斜線部は同じ面積

**ひとこと**

　上記の公式を導くには，積分計算が必要になりますが，$\sin\theta$と$\theta$軸で囲まれた面積が以下のようになることを覚えておけば，試験上は十分対応できます。 機械 のパワーエレクトロニクスの範囲で応用できます。
　以下の場合では，平均値はひと山の面積2を横幅の$\pi$で割ると求められます。

## Ⅱ 実効値

**実効値**とは、直流と同じ働きをする値をいいます。電圧は $E$ または $V$、電流は $I$ で表します。

次の交流回路（図1）の抵抗 $R[\Omega]$ に交流電圧 $v = V_\mathrm{m}\sin\theta\,[\mathrm{V}]$ を加えたとき、1周期に発生する熱エネルギーと、直流回路（図2）の抵抗 $R[\Omega]$ に直流電圧 $V[\mathrm{V}]$ を加えたときに発生する熱エネルギーが等しいとき、$V[\mathrm{V}]$ が交流電圧 $v[\mathrm{V}]$ の実効値となります。

交流回路【図1】　　　　　　直流回路【図2】

 たとえば、ある抵抗に直流電源100Vをつないだときと、実効値100Vの交流電源をつないだときに、同じ熱エネルギーが発生するとわかるので便利です。

 「交流電圧の実効値は、直流電圧でいえば何Vなのか」という、直流電圧への換算した値と考えることができます。

実効値は、瞬時値を二乗して、その平均をとり、さらにその平方根をとって求められます。正弦波交流の実効値は、最大値を $\sqrt{2}$ で割った値となります。

**公式** 最大値と実効値

$$実効値\ V = \frac{1}{\sqrt{2}} \times 最大値\ V_\mathrm{m}$$

**ひとこと**

　上記の公式を導くには積分計算が必要になりますが，$\sin^2\theta$ と $\theta$ 軸で囲まれた面積が，以下のようになることを覚えておけば，試験上は十分応用がききます。実は，$1 \times \frac{\pi}{2}$ の長方形の半分の面積になっています。

　この場合ひと山の面積（$\frac{\pi}{4} + \frac{\pi}{4}$）を横幅の $\pi$ で割り，求まった数値の平方根をとると求めることができます。

## Ⅲ 最大値と平均値と実効値の関係

正弦波交流において，最大値・平均値・実効値の関係をまとめると，次のようになります。

---

**公式** **最大値・平均値・実効値の関係**

$$\begin{cases} V_{av} = \dfrac{2V_m}{\pi} \ [\text{V}], \quad V = \dfrac{V_m}{\sqrt{2}} \ [\text{V}] \\ I_{av} = \dfrac{2I_m}{\pi} \ [\text{A}], \quad I = \dfrac{I_m}{\sqrt{2}} \ [\text{A}] \end{cases}$$

最大値：$V_m$, $I_m$
実効値：$V$, $I$
平均値：$V_{av}$, $I_{av}$

---

**基本例題** ━━━━━━━━━━━━━━━━━ 最大値・平均値・実効値

正弦波交流電圧の最大値 $V_m$ が141 Vであるとき，この電圧の平均値 $V_{av}$[V]と実効値 $V$[V]を求めよ。

**解答**

$$V_{av} = \frac{2V_m}{\pi}$$

$$= \frac{2 \times 141}{\pi} \fallingdotseq 89.8 \text{ V}$$

$$V = \frac{V_m}{\sqrt{2}}$$

$$= \frac{141}{\sqrt{2}} \fallingdotseq 99.7 \text{ V}$$

205

図のようにスタート位置をa点として、磁界中でコイルを反時計回りに角速度$\omega$[rad/s]で回転させた場合、ある時刻$t$における起電力$e_a = E_m \sin \omega t$[V]が発生し、赤色のグラフが書けます。

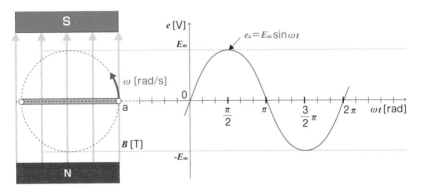

今度は、反時計回りに$\phi_b$[rad]だけ角度を進め、スタート位置をb点とします。b点からコイルを反時計回りに角速度$\omega$[rad/s]で回転させた場合、起電力$e_b = E_m \sin(\omega t + \phi_b)$[V]が発生し、緑色のグラフが書けます。

このように、グラフが左にずれた状態を「位相が進んでいる」といいます。

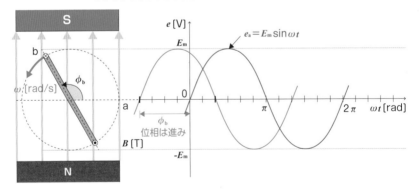

今度は，時計回りに$\phi_c$[rad]だけ角度を遅らせ，スタート位置をc点とします。c点からコイルを反時計回りに角速度$\omega$[rad/s]で回転させた場合，起電力$e_c = E_m\sin(\omega t - \phi_c)$[V]が発生し，青色のグラフが書けます。

このように，グラフが右にずれた状態を「位相が遅れている」といいます。

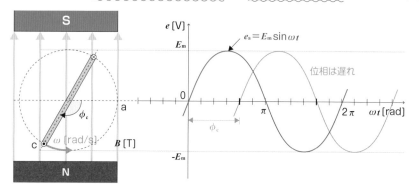

ここで，$e_a = E_m\sin\omega t$[V]，$e_b = E_m\sin(\omega t + \phi_b)$[V]，$e_c = E_m\sin(\omega t - \phi_c)$[V]の**位相**（位相角）とは，それぞれ$\omega t$，$\omega t + \phi_b$，$\omega t - \phi_c$のことをいい，**初位相**（初期位相）とは，初期時点（$t = 0$）における位相をいいます。

$\phi_b$や$\phi_c$のような$\phi_a$との位相のズレを**位相差**といいます。2つの交流波形に位相差がない場合は，**同相**（同位相）であるといいます。

---

**公式 交流電圧の瞬時値**

交流電圧

$$e = \sqrt{2}E\sin(\omega t + \phi)$$
[V]　　最大値[V]　　初位相[rad]

実効値：$E$[V]
（→**最大値**：$\sqrt{2}E$[V]　最大値は実効値の$\sqrt{2}$倍）
位相（位相角）：$\omega t + \phi$[rad]
初位相：$\phi$[rad]

---

**公式 交流電流の瞬時値**

交流電流

$$i = \sqrt{2}I\sin(\omega t + \phi)$$
[A]　　最大値[A]　　初位相[rad]

実効値：$I$[A]
（→**最大値**：$\sqrt{2}I$[A]　最大値は実効値の$\sqrt{2}$倍）
位相（位相角）：$\omega t + \phi$[rad]
初位相：$\phi$[rad]

## I スカラとベクトル

　直流回路では，電流や電圧の大きさのみを考えればよかったのですが，交流回路では向きと大きさが変化するため，ベクトルで考えることになります。通常，交流の大きさは実効値で表されます。

　スカラとは，温度や容積のように，大きさのみを持つ量のことをいいます。ベクトルとは，速度や力のように，大きさと向きを持つ量のことをいいます。

　数学ではベクトルは$\vec{A}$のように矢印を文字の上に書きますが，電気の分野においては，$\dot{A}$のように・を文字の上に付けます（$A$ドット，ベクトル$A$などと読みます）。ベクトルを平面で表す場合は，矢印の向きと長さで表現します。

**板書** ベクトル図

大きさ＝長さ
終点
始点
$\dot{A}$

$-\dot{A}$
マイナスがつくと逆方向

ドットをつけるとベクトル
$\dot{A}$

大きさは
$A$ または $|\dot{A}|$ で表す。

## ひとこと

ふむ ふむ

　絶対値とは，数直線上のある点と原点との距離を示したものです。|5|のように| |で数字を囲んで示します。距離であるため，マイナスになることはありません。たとえば，|5|＝5ですが，|－5|＝5になります。

**板書** ベクトルの性質

2つの等しいベクトル

$\dot{A} = \dot{B}$

$\dot{A}$

大きさと向きが同じ

$\dot{B}$

平行四辺形

逆ベクトル

$\dot{A}$

大きさが同じで
向きが逆

$-\dot{A}$

平行四辺形

　ベクトルの足し算や引き算は，重い石を二人で引っ張る状況を考えるとイメージしやすくなります。

**板書** ベクトルの合成（足し算と引き算）

足し算

$\vec{F_1} + \vec{F_2}$

$\vec{F_2}$

石

$\vec{F_1}$

ベクトルの足し算は平行四辺形をつくるとよい

引き算

$\vec{F_2}$

石

$\vec{F_1}$

$-\vec{F_2}$

$\vec{F_1} - \vec{F_2}$

引き算は，逆向きのベクトルと合成する

## Ⅲ 直交座標表示と極座標表示

ベクトルを表現する方法は，**直交座標表示**と**極座標表示**があります。直交座標表示では $\dot{E} = (x, y)$ と表し，極座標表示では $\dot{E} = E \angle \phi$ と表します。

たとえば，次の例では，直交座標表示では $\dot{E} = (1, \sqrt{3})$ と書き，極座標表示では，$\dot{E} = 2 \angle \dfrac{\pi}{3}$ と書きます。

**板書** 直交座標表示と極座標表示

直交座標表示

$$\dot{E} = (1, \sqrt{3})$$

$\sqrt{3}$

1

横に1進んで…
縦に $\sqrt{3}$ 進む

極座標表示

$$\dot{E} = 2 \angle \dfrac{\pi}{3}$$

2

$\dfrac{\pi}{3}$

$\dfrac{\pi}{3}$ 回転して…
前に2進む

直交座標表示から極座標表示への変換は次のようにできます。

**公式** 直交座標表示➡極座標表示

$$\dot{E} = (x, y) \quad \Rightarrow \quad \dot{E} = \sqrt{x^2 + y^2} \angle \tan^{-1} \frac{y}{x}$$

※ $\tan^{-1}$ をアークタンジェントといい，$\tan^{-1}\dfrac{y}{x}$ は，傾きが $\dfrac{y}{x}$ となるような角度を表します

極座標表示から直交座標表示への変換は次のようにできます。

**公式** 極座標表示 ➡ 直交座標表示

$$\dot{E} = E \angle \phi \;\Rightarrow\; \dot{E} = (E \cos \phi,\; E \sin \phi)$$

**ひとこと**

試験では，ほとんどの場合，60度や45度の三角定規にあてはまるような角度が出題されます。

**基本例題** ——————————————— 直交座標表示→極座標表示への変換

$\dot{E} = (1, \sqrt{3})$ を，極座標表示 $\dot{E} = E \angle \phi$ の形に直しなさい。

**解答**

ピタゴラスの定理より $E = \sqrt{1^2 + \sqrt{3}^2} = 2$

傾きが $\dfrac{\sqrt{3}}{1} = \sqrt{3}$ と $\phi$ を考えて $\phi = \tan^{-1}\dfrac{\sqrt{3}}{1} = \dfrac{\pi}{3}$ rad

したがって，極座標表示では，$\dot{E} = 2 \angle \dfrac{\pi}{3}$ となる。

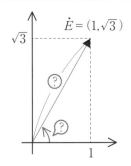

**ひとこと**

ピタゴラスの定理（三平方の定理）とは，下の図のような直角三角形で斜辺の2乗が他の2辺の2乗の和に等しくなることをいいます。

$c^2 = a^2 + b^2$

**基本例題**

$\dot{E} = 2 \angle \dfrac{\pi}{3}$ を，直交座標表示 $\dot{E} = (x,\ y)$ の形に直しなさい。

**解答**

$\dot{E}$ の $x$ 軸方向の成分を $E_x$，$y$ 軸方向の成分を $E_y$ とすると，

$$E_x = 2\cos\frac{\pi}{3} = 2 \times \frac{1}{2} = 1$$

$$E_y = 2\sin\frac{\pi}{3} = 2 \times \frac{\sqrt{3}}{2} = \sqrt{3}$$

したがって，直交座標表示では，$\dot{E} = (1, \sqrt{3})$ となる。

## IV 瞬時式とベクトル

瞬時式 $e = \sqrt{2}\,\underset{\sim}{E}\,\sin(\omega t + \phi)$ の交流は，同じ周波数の交流との関係を示す場合，ベクトル表記で $\dot{E} = \underset{\sim}{E} \angle \phi$ と表すと便利です。

**基本例題**

瞬時式 $e = 100\sqrt{2}\sin\left(\omega t + \dfrac{\pi}{6}\right)$ の交流電圧を，極座標表示によるベクトル $\dot{E}$ で表し，ベクトル図を作成しなさい。

**解答**

$e = 100\sqrt{2}\sin\left(\omega t + \dfrac{\pi}{6}\right)$ だから

$$\dot{E} = 100 \angle \frac{\pi}{6}$$

問題集 問題73

# SECTION
## 02

# *R-L-C*直列回路の計算

## このSECTIONで学習すること

---

### 1 *R*, *L*, *C*の働き

交流回路における*R*（抵抗），*L*（インダクタンス），*C*（静電容量）の影響について学びます。

### 2 抵抗*R*のみの回路

抵抗*R*しかない回路に交流電圧を加えた場合の，電流の値について学びます。

### 3 インダクタンス*L*のみの回路

インダクタンス*L*しかない回路に交流電圧を加えた場合の電流の値について学びます。

### 4 静電容量*C*のみの回路

静電容量*C*しかない回路に交流電圧を加えた場合の電流の値について学びます。

### 5 *R-L*直列回路，*R-C*直列回路，*R-L-C*直列回路

*R-L*直列回路，*R-C*直列回路，*R-L-C*直列回路のインピーダンスについて学びます。

# 1 $R$, $L$, $C$の働き 重要度 ★★★

　交流回路では，抵抗$R$だけでなく，インダクタンス$L$や静電容量$C$も電流の流れを妨げます。$R$, $L$, $C$に交流の電圧を加えた場合，電流の<u>大きさ</u>だけでなく，電圧と電流の<u>位相差</u>がどうなるのかを考える必要があります。

板書 交流回路で使用する電気用図記号

|  | 交流電源 | 交流の電源を表します。 |
|---|---|---|
|  | 抵抗 | 抵抗を表します。 |
|  | コイル | コイルを表します。 |
|  | コンデンサ | コンデンサを表します。 |

| $R$, $L$, $C$素子単独回路 | ベクトル図 | $\left(I = \dfrac{V}{Z}\right)$<br>電流の大きさ |
|---|---|---|
| $\dot{V}\!\sim\;\;\;\;\;\;i\;\;\;\;\;\;R$ | $\dot{i} \longrightarrow$<br>$\dot{V} \longrightarrow$<br>電圧と電流は 同相 | $I = \dfrac{V}{R}$ |
| $\dot{V}\!\sim\;\;\;\;\;\;i\;\;\;\;\;\;X_{\mathrm L}=\omega L$ | $\dfrac{\pi}{2}$　$\dot{V}$<br>$\dot{i}$<br>電流は $\dfrac{\pi}{2}$ 遅れる | $I = \dfrac{V}{X_{\mathrm L}}$<br>$\;\;= \dfrac{V}{\omega L}$ |
| $\dot{V}\!\sim\;\;\;\;\;\;i\;\;\;\;\;\;X_{\mathrm C}=\dfrac{1}{\omega C}$ | $\dot{i}$<br>$\dfrac{\pi}{2}$　$\dot{V}$<br>電流は $\dfrac{\pi}{2}$ 進む | $I = \dfrac{V}{X_{\mathrm C}}$<br>$\;\;= \omega C V$ |

# 2 抵抗$R$のみの回路　重要度★★★

　交流電圧$\dot{V}$[V]の電圧を抵抗$R$[Ω]のみの回路に加えると，電圧と電流は同相となり，電流の大きさ$I$[A]（実効値）は$\dfrac{V}{R}$[A]となります。

**？　基本例題**　　　　　　　　　　　　　　　　　　　　抵抗$R$のみの回路

　正弦波交流$v=200\sqrt{2}\sin100\,\pi\,t$[V]の電圧を，抵抗$R=100\,\Omega$のみの回路に加えた。電流の瞬時値$i$[A]を求めよ。

**解答**

　オームの法則より，

$$i = \frac{v}{R}$$

$$\;= \frac{200\sqrt{2}\,\sin 100\,\pi t}{100}$$

$$\;= 2\sqrt{2}\,\sin 100\,\pi t\,[\mathrm{A}]$$

となる。

## 3 インダクタンス$L$（コイル）のみの回路 重要度 ★★★

交流電圧$\dot{V}$[V]をインダクタンス$L$[H]のみの回路に加えると，回路に流れる電流$\dot{I}$は電圧$\dot{V}$より$\dfrac{\pi}{2}$ radの遅れになります。

交流では電流がつねに変化しているため，誘導起電力の式$e = -L\dfrac{\Delta i}{\Delta t}$から，逆起電力が発生して電流の流れを妨げます。角周波数$\omega$が大きいほど，電流の流れを妨げます。

また，電圧の実効値$V$（電圧の大きさ）と電流の実効値$I$（電流の大きさ）の関係は，$V = \omega LI$となり，$V = RI$と似ています。この$\omega L$を誘導起電力による電流の流れにくさと解釈して，**誘導性リアクタンス**（量記号：$X_L$，単位：$\Omega$）といいます。

$\omega = 2\pi f$なので，$V = X_L I = \omega LI = 2\pi fLI$が成り立ちます。

**公式 誘導性リアクタンス**

$$X_L = \omega L = 2\pi f L \ \ [\Omega]$$

誘導性リアクタンス：$X_L$[Ω]
角周波数：$\omega$ [rad/s]
インダクタンス：$L$[H]
周波数：$f$ [Hz]

誘導性リアクタンスは，周波数に比例する

**ひとこと**

コイルに生じる誘導起電力$e_L$[V]は，次のようになります。

$$e_L = -L\frac{\Delta i}{\Delta t}[V]$$

ここで，電源電圧を$v$とします。

キルヒホッフの第二法則（電圧則）から，閉回路の電圧の和は，任意の時刻でゼロになるので，

$$v + e_L = 0$$
$$v - L\frac{\Delta i}{\Delta t} = 0$$
$$\therefore v = L\frac{\Delta i}{\Delta t}$$

微分を利用した複雑な計算になりますが，$i = \sqrt{2}\,I\sin\omega t$　を代入すると，

$$v = L\frac{\Delta(\sqrt{2}\,I\sin\omega t)}{\Delta t}$$
$$= L \times \sqrt{2}\,I \times \omega\cos\omega t$$
$$= \sqrt{2}\,\omega L I \sin\left(\omega t + \frac{\pi}{2}\right)$$

となります。したがって，コイルに加わる電圧$v$は電流$i$よりも$\frac{\pi}{2}$進み，電圧の実効値$V = \omega L I$となります。

$$i = \sqrt{2}\,I\sin\omega t$$

大きさ↓　位相↘

$$v = \sqrt{2}\,\omega L I \sin\left(\omega t + \frac{\pi}{2}\right)$$

218

自己インダクタンス$L = 100\,\text{mH}$のコイルに,実効値$V = 100\,\text{V}$,周波数$f = 50\,\text{Hz}$の正弦波交流電圧を加えたとき,以下を求めよ。
①コイルの誘導性リアクタンス$X_\text{L}[\Omega]$
②電流の実効値$I[\text{A}]$
③電圧と電流の位相差$\phi[\text{rad}]$

**解答**

① $X_\text{L} = 2\pi f L = 2\pi \times 50 \times (100 \times 10^{-3}) = 10\pi \fallingdotseq 31.4\,\Omega$

② $I = \dfrac{V}{X_\text{L}} = \dfrac{100}{10\pi} = \dfrac{10}{\pi} \fallingdotseq 3.18\,\text{A}$

③コイルの働きにより,電流が遅れ,電圧と電流の位相差$\phi$は$\dfrac{\pi}{2}\,\text{rad}$となる。

# 4 静電容量$C$のみの回路　　重要度★★★

　交流電圧$\dot{V}[\text{V}]$を静電容量$C$のみの回路に加えると,回路に流れる電流$\dot{I}$は電圧$\dot{V}$より$\dfrac{\pi}{2}\,\text{rad}$の進みになります。これは,コンデンサの持つ充放電作用によるものです。

また，**容量性リアクタンス**（量記号：$X_C$，単位：$\Omega$）は$\dfrac{1}{\omega C}$であり，静電容量$C[\mathrm{F}]$が，交流回路で電流の流れを妨げる大きさを表します。

| 公式 | 容量性リアクタンス |

$$X_C = \frac{1}{\omega C} = \frac{1}{2\pi f C} \ [\Omega]$$

容量性リアクタンスは，周波数に反比例する

**基本例題** ────────────────────── 静電容量$C$のみの回路

静電容量$C = 100\ \mu\mathrm{F}$のコンデンサに，実効値$V = 100\ \mathrm{V}$，周波数$f = 50\ \mathrm{Hz}$の正弦波交流電圧を加えたとき，以下の数値を求めよ。
①コンデンサの容量性リアクタンス$X_C[\Omega]$
②電流の実効値$I[\mathrm{A}]$
③電圧と電流の位相差$\phi\,[\mathrm{rad}]$

**解答**

① $X_C = \dfrac{1}{2\pi f C}$

$= \dfrac{1}{2\pi \times 50 \times (100 \times 10^{-6})} = \dfrac{100}{\pi} \fallingdotseq 31.8\ \Omega$

② $I = \dfrac{V}{X_C}$

$= \dfrac{100}{\dfrac{100}{\pi}} = \pi \fallingdotseq 3.14\ \mathrm{A}$

③コンデンサの働きにより，電流が進み，電圧と電流の位相差$\phi$は$\dfrac{\pi}{2}\ \mathrm{rad}$となる。

## ひとこと

コンデンサに蓄えられる電荷$q$は、
$$q = C \cdot v$$ です。

また、電流の大きさは単位時間あたりにある断面を通過する正電荷だから、
$$i = \frac{\Delta q}{\Delta t}$$

これに、$\Delta q = C \cdot \Delta v$ を代入すると、
$$i = C\frac{\Delta v}{\Delta t}$$

$e[\text{V}] \sim \quad C[\text{F}] \quad v[\text{V}]$

さらに、$v = \sqrt{2}V\sin\omega t$を代入して、$i = C\dfrac{\Delta(\sqrt{2}\,V\sin\omega t)}{\Delta t}$

微分を適用して、電流の瞬時値の式を得ると、$i = \sqrt{2}\,\omega CV\sin\left(\omega t + \dfrac{\pi}{2}\right)$

したがって、電流の実効値$I = \omega CV$

両辺に$\dfrac{1}{\omega C}$を掛けて、整理すると $V = \dfrac{1}{\omega C}\times I$

これは、$V = RI$と非常に似ているから、$\dfrac{1}{\omega C}$の部分を電流の流れにくさと解釈して、容量性リアクタンス$X_C$とします。

問題集 問題74

## 5 R-L 直列回路, R-C 直列回路, R-L-C 直列回路 重要度 ★★★

複数の素子を組み合わせた直列回路について，まとめると以下のようになります。

| 直列回路 | ベクトル図 | インピーダンスと電流の大きさ |
|---|---|---|
| R, $X_L$ 直列回路 | $\dot{V}$, $\dot{V_L}$, $\dot{V_R}$, $\dot{I}$ | $Z=\sqrt{R^2+X_L^2}$  $I=\dfrac{V}{Z}$ |
| R, $X_C$ 直列回路 | $\dot{I}$, $\dot{V_R}$, $\dot{V}$, $\dot{V_C}$ | $Z=\sqrt{R^2+X_C^2}$  $I=\dfrac{V}{Z}$ |
| R, $X_L$, $X_C$ 直列回路 | $X_L>X_C$ のとき（誘導性）$\dot{V_L}$ $\dot{V_C}$, $\dot{V}$, $\dot{V_R}$, $\dot{V_L}+\dot{V_C}$, $\dot{I}$ | $Z=\sqrt{R^2+(X_L-X_C)^2}$  $I=\dfrac{V}{Z}$  同じ式で求めることができます |
|  | $X_L<X_C$ のとき（容量性）$\dot{I}$, $\dot{V_R}$, $\dot{V}$, $\dot{V_L}+\dot{V_C}$, $\dot{V_C}$ $\dot{V_L}$ | $Z=\sqrt{R^2+(X_L-X_C)^2}$  $I=\dfrac{V}{Z}$ |

### ひとこと

　　直列回路では各素子に流れる電流が同じなので，電流を基準ベクトルとします。

222

## Ⅰ $R$-$L$直列回路のインピーダンス$Z$

### $R$-$L$直列回路の詳しい計算

　以下の交流回路では，キルヒホッフの第二法則（電圧則）より
$\dot{V} = \dot{V}_{\mathrm{R}} + \dot{V}_{\mathrm{L}}$が成り立ちます（ベクトルの足し算であることに注意）。

　電流$\dot{I}$を基準とすると，ベクトル図は次のようになります。

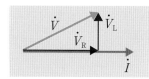

　ここで，ピタゴラスの定理より，
　　電圧$\dot{V}$の大きさ $V = \sqrt{V_{\mathrm{R}}^2 + V_{\mathrm{L}}^2}$
　電圧は，抵抗×電流またはリアクタンス×電流だから，
$$\begin{aligned}
V &= \sqrt{(RI)^2 + (X_{\mathrm{L}}I)^2} \\
&= \sqrt{R^2 I^2 + I^2 X_{\mathrm{L}}^2} \\
&= \sqrt{I^2(R^2 + X_{\mathrm{L}}^2)} \\
&= I\sqrt{R^2 + X_{\mathrm{L}}^2}[\mathrm{V}]
\end{aligned}$$

となります。

　直流回路における$V = RI$と$V = I\sqrt{R^2 + X_{\mathrm{L}}^2}$は式の形が似ており，$\sqrt{R^2 + X_{\mathrm{L}}^2}$は電流の流れを妨げる働きをするものと解釈できます。これを**インピーダンス**（量記号：$Z$，単位：$\Omega$）といいます。

問題集 問題75

インピーダンス (*R-L*直列回路)

$$Z = \frac{V}{I} = \sqrt{R^2 + X_\mathrm{L}^2} \ [\Omega]$$

また，以下のように電圧の三角形の各辺を電流の大きさ$I$で割ってできた三角形を**インピーダンス三角形**といい，$\phi$を**インピーダンス角**といいます。

板書 インピーダンス三角形

大きさに注目　　電圧＝インピーダンス$Z$×電流$I$の形にする　　電流$I$で割る

インピーダンス三角形

$$\phi = \tan^{-1}\frac{V_\mathrm{L}}{V_\mathrm{R}} = \tan^{-1}\frac{X_\mathrm{L}}{R} \ [\mathrm{rad}]$$

基本例題 ─────────────────────────── *R-L*直列回路

次の*R-L*直列回路において，$E = 200\,\mathrm{V}$，$R = 12\,\Omega$，$X_\mathrm{L} = 16\,\Omega$であるとき，①～④を求め，⑤のベクトル図を作図せよ。

①インピーダンスの大きさ$Z[\Omega]$
②電流の大きさ$I[\mathrm{A}]$
③電圧の大きさ$V_\mathrm{R}[\mathrm{V}]$
④電圧の大きさ$V_\mathrm{L}[\mathrm{V}]$
⑤$\dot{V_\mathrm{R}}$，$\dot{V_\mathrm{L}}$，$\dot{V}$のベクトル図
（電流$\dot{I}$を基準ベクトルとする）

**解答**

① $Z = \sqrt{R^2 + X_L^2} = \sqrt{12^2 + 16^2} = 20 \ \Omega$

② $I = \dfrac{V}{Z} = \dfrac{200}{20} = 10 \ \mathrm{A}$

③ $V_R = RI = 12 \times 10 = 120 \ \mathrm{V}$

④ $V_L = X_L I = 16 \times 10 = 160 \ \mathrm{V}$

⑤ベクトル図は右図のようになる。

**ひとこと**

$\dot{V} = \dot{V}_R + \dot{V}_L$ は，普通の足し算ではなく，ベクトルの足し算であることに注意しましょう。

問題集 問題76 問題77 問題78

## Ⅱ R-C 直列回路のインピーダンス Z

### R-C 直列回路の詳しい計算

以下の交流回路では，キルヒホッフの第二法則（電圧則）より，
$\dot{V} = \dot{V}_R + \dot{V}_C$ が成り立ちます。

電流 $\dot{I}$ を基準とすると，ベクトル図は次のようになります。

225

ここで，ピタゴラスの定理より，

電圧 $\dot{V}$ の大きさ $V = \sqrt{V_{\mathrm{R}}^2 + V_{\mathrm{C}}^2}$

電圧は，抵抗×電流またはリアクタンス×電流だから，

$$V = \sqrt{(RI)^2 + (X_{\mathrm{C}}I)^2}$$
$$= I\sqrt{R^2 + X_{\mathrm{C}}^2}$$

となります。

ここでも，$V = I\sqrt{R^2 + X_{\mathrm{C}}^2}$ は，直流回路における $V = RI$ と式の形が似ており，$\sqrt{R^2 + X_{\mathrm{C}}^2}$ は電流の流れを妨げる働きをする<u>インピーダンス</u> $Z$ と解釈できます。

**公式 インピーダンス**（R-C直列回路）

$$Z = \frac{V}{I} = \sqrt{R^2 + X_{\mathrm{C}}^2}\,[\Omega]$$

**? 基本例題** ━━━━━━━━━━━━━━━━━━━━ R-C直列回路

次の R-C 直列回路において，$E = 100\,\mathrm{V}$，$R = 8\,\Omega$，$X_{\mathrm{C}} = 6\,\Omega$ であるとき，①〜④を求め，⑤のベクトル図を作図せよ。

①インピーダンスの大きさ $Z$
　$[\Omega]$
②電流の大きさ $I[\mathrm{A}]$
③電圧の大きさ $V_{\mathrm{R}}[\mathrm{V}]$
④電圧の大きさ $V_{\mathrm{C}}[\mathrm{V}]$
⑤ $\dot{V}_{\mathrm{R}}$，$\dot{V}_{\mathrm{C}}$，$\dot{V}$ のベクトル図
　（電流 $\dot{I}$ を基準ベクトルとする）

**解答**

① $Z = \sqrt{R^2 + X_C^2} = \sqrt{8^2 + 6^2} = 10\ \Omega$

② $I = \dfrac{V}{Z} = \dfrac{100}{10} = 10\ \text{A}$

③ $V_R = RI = 8 \times 10 = 80\ \text{V}$

④ $V_C = X_C I = 6 \times 10 = 60\ \text{V}$

⑤ベクトル図は右図のようになる。

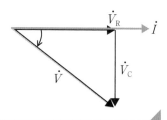

問題集 問題79

## III $R$-$L$-$C$直列回路のインピーダンス$Z$

### $R$-$L$-$C$直列回路の詳しい計算

　以下の交流回路では，キルヒホッフの第二法則（電圧則）より，

$\dot{V} = \dot{V}_R + \dot{V}_L + \dot{V}_C$が成り立ちます。

これをベクトル図で示すと，以下のようになります。

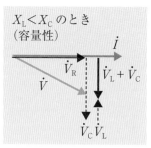

227

$\dot{V}_\mathrm{L}$と$\dot{V}_\mathrm{C}$は互いに逆向きなので，$\dot{V}_\mathrm{L}+\dot{V}_\mathrm{C}$の大きさ（長さ）は$|V_\mathrm{L}-V_\mathrm{C}|$となり，

電圧$\dot{V}$の大きさ
$$\begin{aligned}
V &= \sqrt{V_\mathrm{R}^2 + (V_\mathrm{L}-V_\mathrm{C})^2}\\
&= \sqrt{(RI)^2 + (X_\mathrm{L}I - X_\mathrm{C}I)^2}\\
&= I\sqrt{R^2 + (X_\mathrm{L}-X_\mathrm{C})^2}
\end{aligned}$$

となります。

やはり，$V=I\sqrt{R^2+(X_\mathrm{L}-X_\mathrm{C})^2}$は，直流回路における$V=RI$と式の形が似ており，$\sqrt{R^2+(X_\mathrm{L}-X_\mathrm{C})^2}$は電流の流れを妨げる働きをする<u>インピーダンス$Z$</u>と解釈できます。

また，$X_\mathrm{L}$と$X_\mathrm{C}$の差を**リアクタンス**（量記号：$X$，単位：$\Omega$）といいます。

---

**公式** リアクタンス

$$X = |\,X_\mathrm{L}-X_\mathrm{C}\,|\ [\Omega]$$

$X_\mathrm{L}>X_\mathrm{C}$のとき，リアクタンスは誘導性であるといいます。
$X_\mathrm{L}<X_\mathrm{C}$のとき，リアクタンスは容量性であるといいます。

---

**公式** **インピーダンス**（R-L-C直列回路）

$$Z = \sqrt{R^2 + (X_\mathrm{L}-X_\mathrm{C})^2} = \sqrt{R^2+X^2}\ [\Omega]$$

---

 **ひとこと**

 なお，電圧$\dot{V}$と電流$\dot{I}$の位相差$\phi$は，$\phi = \tan^{-1}\dfrac{V_\mathrm{L}-V_\mathrm{C}}{V_\mathrm{R}} = \tan^{-1}\dfrac{X_\mathrm{L}-X_\mathrm{C}}{R}$

となります。

## ❓ 基本例題 ──────────────────── $R$-$L$-$C$直列回路

次の$R$-$L$-$C$直列回路において，$E = 100$ V，$R = 50$ Ω，$X_L = 60$ Ω，$X_C = 10$ Ωであるとき，①〜④を求め，⑤のベクトル図を作図せよ。

① インピーダンスの大きさ$Z$ [Ω]

② 電流の大きさ$I$[A]

③ 電圧の大きさ$V_R$[V]，$V_L$[V]，$V_C$[V]

④ $\dot{V}$と$\dot{I}$の位相差$\phi$

⑤ $\dot{V}_R$，$\dot{V}_L$，$\dot{V}_C$，$\dot{V}$のベクトル図（電流$\dot{I}$を基準ベクトルとする）

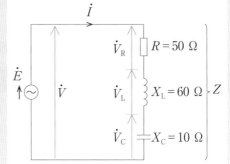

### 解答

① $Z = \sqrt{R^2 + (X_L - X_C)^2} = \sqrt{50^2 + (60 - 10)^2} = 50\sqrt{2}$ Ω

② $I = \dfrac{V}{Z} = \dfrac{100}{50\sqrt{2}} = \dfrac{2}{\sqrt{2}} = \dfrac{2 \times \sqrt{2}}{\sqrt{2} \times \sqrt{2}} = \dfrac{2\sqrt{2}}{2} = \sqrt{2}$ A

③ 電圧の大きさ$V_R$[V]，$V_L$[V]，$V_C$[V]は，

$\qquad V_R = RI = 50 \times \sqrt{2} = 50\sqrt{2}$ V

$\qquad V_L = X_L I = 60 \times \sqrt{2} = 60\sqrt{2}$ V

$\qquad V_C = X_C I = 10 \times \sqrt{2} = 10\sqrt{2}$ V

④ ベクトル図から，

$\qquad \dot{V}_L + \dot{V}_C$の大きさ$= 60\sqrt{2} - 10\sqrt{2} = 50\sqrt{2}$ V

$\qquad V_R$の大きさ$= 50\sqrt{2}$ V

よって，直角二等辺三角形になっていることがわかるから，位相差$\phi = \dfrac{\pi}{4}$

（電流$\dot{I}$より電圧$\dot{V}$が$\phi = \dfrac{\pi}{4}$だけ進んでいる。）

⑤ ベクトル図は右図のようになる。

問題集 問題80 問題81 問題82

# SECTION 03 R-L-C 並列回路の計算

このSECTIONで学習すること

## 1 R-L-C並列回路

R-L並列回路, R-C並列回路, R-L-C 並列回路それぞれの特徴について学びます。

## 2 共振状態

R-L-C回路における共振の現象について学びます。

# 1 $R$-$L$-$C$ 並列回路

重要度 ★★★

並列回路について，全体像をまとめると以下のようになります。

| 並列回路 | ベクトル図 | 電流の大きさ |
|---|---|---|
|  | | $I=\sqrt{I_R^2+I_L^2}$ |
| | | $I=\sqrt{I_R^2+I_C^2}$ |
| | $X_L>X_C$ のとき<br>（容量性）<br><br>$X_L=X_C$ のとき共振<br><br>$X_L<X_C$ のとき<br>（誘導性） | $I=\sqrt{I_R^2+(I_L-I_C)^2}$<br><br>同じ式で求める<br>ことができます<br><br>$I=\sqrt{I_R^2+(I_L-I_C)^2}$ |

ひとこと

並列回路では加わる電圧が等しいので，電圧を基準ベクトルとします。

### *R-L* 並列回路の詳しい計算

以下の交流回路では，キルヒホッフの第一法則 （電流則） より，
$\dot{I} = \dot{I}_\mathrm{R} + \dot{I}_\mathrm{L}$ が成り立ちます。

電圧 $\dot{V}$ を基準とすると，ベクトル図は次のようになります。

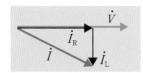

ここで，ピタゴラスの定理より，

電流 $\dot{I}$ の大きさ $I = \sqrt{I_\mathrm{R}^2 + I_\mathrm{L}^2}$ …①

また，電流の大きさは，電圧 ÷ 抵抗 （またはリアクタンス） だから，電流 $\dot{I}_\mathrm{R}$，$\dot{I}_\mathrm{L}$ の大きさ $I_\mathrm{R}$，$I_\mathrm{L}$ はそれぞれ，

$$I_\mathrm{R} = \frac{V}{R}, \quad I_\mathrm{L} = \frac{V}{X_\mathrm{L}}$$

となります。これを①に代入して，電流 $\dot{I}$ の大きさ $I$ は，

$$
\begin{aligned}
I &= \sqrt{\left(\frac{V}{R}\right)^2 + \left(\frac{V}{X_\mathrm{L}}\right)^2} \\
&= \sqrt{V^2 \cdot \left(\frac{1}{R}\right)^2 + V^2 \cdot \left(\frac{1}{X_\mathrm{L}}\right)^2} \\
&= \sqrt{V^2 \left\{\left(\frac{1}{R}\right)^2 + \left(\frac{1}{X_\mathrm{L}}\right)^2\right\}} \\
&= V\sqrt{\left(\frac{1}{R}\right)^2 + \left(\frac{1}{X_\mathrm{L}}\right)^2}
\end{aligned}
$$

と求められます。

## ひとこと

インピーダンスの逆数 $\left(\dfrac{1}{Z}\right)$ をアドミタンス（量記号：$Y$，単位：$\overset{\text{ジーメンス}}{\mathrm{S}}$）といいます。ここで，$I=\dfrac{V}{Z}=V\times\dfrac{1}{Z}=YV$ と表現できるので，$I=V\sqrt{\left(\dfrac{1}{R}\right)^2+\left(\dfrac{1}{X_\mathrm{L}}\right)^2}$

と比較すると，$\sqrt{\left(\dfrac{1}{R}\right)^2+\left(\dfrac{1}{X_\mathrm{L}}\right)^2}$ がアドミタンスになっていることがわかります。アドミタンスを並列回路の計算に用いると計算が楽になります。

> **公式** $R\text{-}L$ 並列アドミタンス
>
> $$Y=\sqrt{\left(\dfrac{1}{R}\right)^2+\left(\dfrac{1}{X_\mathrm{L}}\right)^2}\,[\mathrm{S}]$$

問題集 問題83

## Ⅱ $R\text{-}C$ 並列回路

### $R\text{-}C$ 並列回路の詳しい計算

以下の交流回路では，$\dot{I}=\dot{I}_\mathrm{R}+\dot{I}_\mathrm{C}$ が成り立ちます。

ベクトル図は次のようになります。

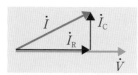

ここで，ピタゴラスの定理より，

電流 $\dot{I}$ の大きさ $I=\sqrt{I_\mathrm{R}^2+I_\mathrm{C}^2}$ $\cdots$①

また，電流の大きさは，電圧÷抵抗（またはリアクタンス）だから，電流 $\dot{I_R}$，$\dot{I_C}$ の大きさ $I_R$，$I_C$ はそれぞれ，

$$I_R = \frac{V}{R}, \ \ I_C = \frac{V}{X_C}$$

となります。これを①に代入して，電流 $\dot{I}$ の大きさ $I$ は，

$$I = \sqrt{\left(\frac{V}{R}\right)^2 + \left(\frac{V}{X_C}\right)^2}$$

$$= \sqrt{V^2 \cdot \left(\frac{1}{R}\right)^2 + V^2 \cdot \left(\frac{1}{X_C}\right)^2}$$

$$= \sqrt{V^2 \left\{\left(\frac{1}{R}\right)^2 + \left(\frac{1}{X_C}\right)^2\right\}}$$

$$= V\sqrt{\left(\frac{1}{R}\right)^2 + \left(\frac{1}{X_C}\right)^2}$$

と求められます。

## ひとこと

$\sqrt{\left(\frac{1}{R}\right)^2 + \left(\frac{1}{X_C}\right)^2}$ がアドミタンスになっていることがわかります。

公式 $R$-$C$ 並列アドミタンス

$$Y = \sqrt{\left(\frac{1}{R}\right)^2 + \left(\frac{1}{X_C}\right)^2}\ [\text{S}]$$

## Ⅲ R-L-C並列回路

### R-L-C並列回路の詳しい計算

以下の交流回路では，$\dot{I} = \dot{I}_R + \dot{I}_L + \dot{I}_C$ が成り立ちます。

ベクトル図は次のようになります。

ここで，ピタゴラスの定理より，

$$電流 \dot{I} の大きさ I = \sqrt{I_R^2 + (I_L - I_C)^2} \quad \cdots ①$$

また，電流の大きさは，電圧 ÷ 抵抗（またはリアクタンス）だから，電流 $\dot{I}_R$，$\dot{I}_L$，$\dot{I}_C$ の大きさ $I_R$，$I_L$，$I_C$ はそれぞれ，

$$I_R = \frac{V}{R}, \quad I_L = \frac{V}{X_L}, \quad I_C = \frac{V}{X_C}$$

となります。これを①に代入して，電流 $\dot{I}$ の大きさ $I$ は，

$$
\begin{aligned}
I &= \sqrt{\left(\frac{V}{R}\right)^2 + \left(\frac{V}{X_L} - \frac{V}{X_C}\right)^2} \\
&= \sqrt{\left(V \times \frac{1}{R}\right)^2 + \left\{V\left(\frac{1}{X_L} - \frac{1}{X_C}\right)\right\}^2} \\
&= \sqrt{V^2\left(\frac{1}{R}\right)^2 + V^2\left(\frac{1}{X_L} - \frac{1}{X_C}\right)^2}
\end{aligned}
$$

$$= \sqrt{V^2\left\{\left(\frac{1}{R}\right)^2 + \left(\frac{1}{X_L} - \frac{1}{X_C}\right)^2\right\}}$$

$$= V\sqrt{\left(\frac{1}{R}\right)^2 + \left(\frac{1}{X_L} - \frac{1}{X_C}\right)^2}$$

と求められます。

$\sqrt{\left(\frac{1}{R}\right)^2 + \left(\frac{1}{X_L} - \frac{1}{X_C}\right)^2}$ がアドミタンスになっていることがわかります。

**公式** $R\text{-}L\text{-}C$ 並列アドミタンス

$$Y = \sqrt{\left(\frac{1}{R}\right)^2 + \left(\frac{1}{X_L} - \frac{1}{X_C}\right)^2}\,[\mathrm{S}]$$

問題集 問題84 問題85 問題86 問題87

## 2 共振状態　重要度 ★★★

　$R\text{-}L\text{-}C$ 直列回路や $R\text{-}L\text{-}C$ 並列回路で，電源の周波数 $f$ を変化させると，$X_L$ $[\Omega]$ と $X_C[\Omega]$ が変化します。ある周波数 $f_0$（共振周波数）になったとき，$X_L$ $= X_C$ となります。このとき電圧 $V$ と電流 $I$ は同相となります。

　この現象を共振といい，直列回路の場合は直列共振，並列回路の場合は並列共振といいます。

**板書** 共振状態

**直列共振** $X_L = X_C$

$\dot{I}$[A]　$R$[Ω]　$X_L$[Ω]　$X_C$[Ω]

$\dot{V}$[V]

周波数 $f = f_0$

**並列共振** $X_L = X_C$

$\dot{I}$[A]

$\dot{I}_R$[A]　$\dot{I}_L$[A]　$\dot{I}_C$[A]

周波数 $f = f_0$　$R$[Ω]　$X_L$[Ω]　$X_C$[Ω] $\dot{V}$[V]

問題集 問題88

共振周波数の計算

共振条件は $X_L = X_C$ なので，共振周波数 $f_0$ は，

$$X_L = X_C$$

$$\omega_0 L = \frac{1}{\omega_0 C}$$

$$2\pi f_0 L = \frac{1}{2\pi f_0 C}$$

**共振角周波数**：$\omega_0$[rad/s]
**インダクタンス**：$L$[H]
**静電容量**：$C$[F]

よって，$f_0 = \dfrac{1}{2\pi\sqrt{LC}}$[Hz]

となります。

　直列共振において，回路のインピーダンス$Z$は最小となり，流れる電流は最大となります。

板書 **直列共振回路の性質** 🖊

ベクトル図（$\dot{i}$を基準ベクトルとする）

ベクトル図より，$\dot{V}_L$と$\dot{V}_C$は大きさが等しく逆向きだから，

電圧$\dot{V}$[V]の実効値 $V=\sqrt{V_R^2+\underbrace{(V_L-V_C)^2}_{\text{打ち消しあう}}}$

$$=\sqrt{V_R^2}=V_R$$

**共振条件** $(X_L=X_C)$ **より，**

電流$\dot{i}$[A]の実効値 $I=\dfrac{V}{\sqrt{R^2+\underbrace{(X_L-X_C)^2}_{\text{ゼロ}}}}$

$$=\frac{V}{R}$$

ひとこと

　　直列共振では，リアクタンス $(X_L-X_C)$ がゼロになっており，インピーダンス$Z$は$R[\Omega]$になります。

問題集 問題89 問題90

## II 並列共振回路の性質

並列共振では，回路のインピーダンス$Z$は最大となり，流れる電流は最小（抵抗に流れる電流だけ）となります。

**板書** 並列共振回路の性質 🖉

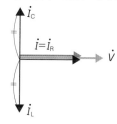

ベクトル図（$\dot{V}$を基準ベクトルとする）

オームの法則より，
$$I_L=\frac{V}{X_L},\ I_C=\frac{V}{X_C}$$

共振条件（$X_L=X_C$）より，
$$I_L=I_C$$

さらに，ベクトル図より$\dot{I}_L$と$\dot{I}_C$は大きさが等しく逆向きだから，

電流$\dot{I}$ [A] の実効値$I=\sqrt{I_R^2+\underbrace{(I_L-I_C)^2}_{\text{打ち消しあう}}}$
$$=I_R$$
$$=\frac{V}{R}$$

問題集   問題91 問題92 問題93

SECTION

04

# 交流回路の電力

このSECTIONで学習すること

## 1 交流電力

抵抗$R$, インダクタンス$L$, 静電容量$C$それぞれに交流電源を接続したときの電力について学びます。

有効電力　　抵抗 電流　　電圧 電流
$$\underset{\text{[W]}}{P} = \underset{\text{[Ω]}}{R}\,\underset{\text{[A]}}{I^2} = \underset{\text{[V]}}{V}\,\underset{\text{[A]}}{I}\,\cos\phi$$

## 2 電力と力率

交流回路の3種類の電力（皮相電力，有効電力，無効電力）と力率について学びます。

皮相電力　$S = VI$
有効電力　$P = VI\cos\phi$
無効電力　$Q = VI\sin\phi$

# 1 交流電力 重要度 ★★★

**瞬時電力**（しゅんじでんりょく）（量記号：$p$，単位：$\overset{\text{ワット}}{W}$）は，交流回路における瞬間の電力をいいます。交流の電力は，その時々で変動するので扱いに工夫が必要です。

### ひとこと

交流回路では，瞬時電力がマイナスになることもあります。これは，コイルやコンデンサが，電気エネルギーを蓄えたり，送り返したりしているからです。

そこで，**交流電力**（消費電力・**有効電力**）を，瞬時電力の1周期を平均した電力と考えて扱います。交流の負荷には，抵抗，コイル，コンデンサがありますが，電力を消費するのは抵抗だけです（**Ⅰ**〜**Ⅲ**参照）。

### 公式 有効電力

$$\underset{\text{[W]}}{\overset{\text{有効電力}}{P}} = \underset{\text{[Ω]}}{\overset{\text{抵抗}}{R}}\,\underset{\text{[A]}}{\overset{\text{電流}}{I^2}} = \underset{\text{[V]}}{\overset{\text{電圧}}{V}}\,\underset{\text{[A]}}{\overset{\text{電流}}{I}}\,\cos\phi$$

$V$と同相成分の電流のみ
有効電力に寄与する

### ひとこと

有効電力とは，電気エネルギーが熱エネルギーなどに変換されて，有効に消費された電力をいいます。

## 抵抗$R$のみの電力

抵抗$R$[Ω]だけの交流回路に，電圧$v = \sqrt{2}V \sin \omega t$を加えたとき，電流$i = \sqrt{2}I \sin \omega t$が流れたとします。

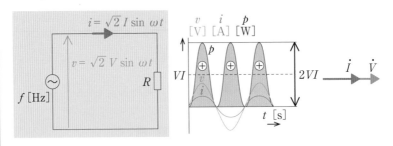

瞬時電力$p$[W]は，$p = vi$なので，

$$p = \sqrt{2}V \sin \omega t \times \sqrt{2}I \sin \omega t$$
$$= 2VI \sin^2 \omega t$$

ここで，2倍角の公式

$$\cos 2a = 1 - 2\sin^2 a$$
$$\Rightarrow 2\sin^2 a = 1 - \cos 2a$$

を利用して，

$$p = 2VI \sin^2 \omega t$$
$$= VI \times 2\sin^2 \omega t$$
$$= VI (1 - \cos 2\omega t)$$
$$= VI - VI \cos 2\omega t$$

この$p$の1周期の平均値である，交流の電力$P$を考える場合，

$$P = 瞬時電力pの平均$$
$$= \underbrace{VIの平均}_{一定だから平均はVI} - \underbrace{VI \cos 2\omega tの平均}_{平均は0}$$
$$= VI$$

となります。

**ひとこと**

そういえば…

2倍角の公式

$\sin 2a = 2\sin a \cos a$

$\cos 2a = \cos^2 a - \sin^2 a = 1 - 2\sin^2 a = 2\cos^2 a - 1$

## Ⅱ インダクタンス $L$ のみの電力

### インダクタンス $L$ のみの電力

インダクタンス $L$ [H]だけの交流回路に，電圧 $v = \sqrt{2}V \sin \omega t$ を加え

たとき，遅れ電流 $i = \sqrt{2}I \sin\left(\omega t - \dfrac{\pi}{2}\right)$ が流れたとします。

瞬時電力 $p$ [W]は，$p = vi$ なので，

$$p = \sqrt{2}V \sin \omega t \times \sqrt{2}I \sin\left(\omega t - \frac{\pi}{2}\right)$$

$$= \sqrt{2}V \sin \omega t \times \sqrt{2}I \times (-\cos \omega t)$$

$$= -2VI \cdot \sin \omega t \cdot \cos \omega t$$

ここで，2倍角の公式

$$\sin 2a = 2\sin a \cos a$$

$$\Rightarrow \sin a \cos a = \frac{1}{2}\sin 2a$$

を利用して，

$$p = -2VI \cdot \sin \omega t \cdot \cos \omega t$$

$$= -2VI \times \frac{1}{2}\sin 2\omega t$$

$$= -VI\sin 2\omega t$$

この $p$ の1周期の平均値である, 交流の電力 $P$ を考える場合,

$P = $ 瞬時電力 $p$ の平均

$\quad = -VI\sin 2\omega t$ の平均

$\quad = 0$

となります。

平均はゼロ

つまり, インダクタンス $L$ のコイルは, 電気エネルギー（電磁エネルギー）を蓄えたり, 放出したりするだけで, 電力消費はしません。

---

## Ⅲ 静電容量 $C$ のみの電力

### 静電容量 $C$ のみの電力

静電容量 $C[\mathrm{F}]$ だけの交流回路に, 電圧 $v = \sqrt{2}V\sin\omega t$ を加えたとき, 進み電流 $i = \sqrt{2}I\sin\left(\omega t + \dfrac{\pi}{2}\right)$ が流れたとします。

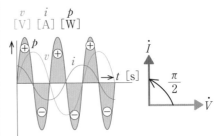

瞬時電力 $p[\mathrm{W}]$ は, $p = vi$ なので,

$$p = \sqrt{2}V\sin\omega t \times \sqrt{2}I\sin\left(\omega t + \frac{\pi}{2}\right)$$

$$= \sqrt{2}V \sin \omega t \times \sqrt{2}I \cos \omega t$$

$$= 2VI \cdot \sin \omega t \cdot \cos \omega t$$

ここで，2倍角の公式

$$\sin 2a = 2\sin a \cos a$$

$$\Rightarrow \sin a \cos a = \frac{1}{2} \sin 2a$$

を利用して，

$$p = 2VI \cdot \sin \omega t \cdot \cos \omega t$$

$$= 2VI \times \frac{1}{2} \sin 2\omega t$$

$$= VI \sin 2 \omega t$$

この $p$ の1周期の平均値である，交流の電力 $P$ を考える場合，

$$P = 瞬時電力 p の平均$$

$$= VI \sin 2\omega t の平均$$

$$= 0$$

平均はゼロ

となります。

つまり，静電容量 $C$ のコンデンサは，電気エネルギー（静電エネルギー）を蓄えたり，放出したりするだけで，電力消費はしません。

ある交流回路に，以下の交流電圧を加えると，以下の交流電流が流れた。瞬時電力の平均値（有効電力）[W]はどのような式で表せられるか。

$$\begin{cases} v = \sqrt{2}\,V \sin \omega t \\ i = \sqrt{2}\,I \sin(\omega t - \phi) \end{cases}$$

**解答**

瞬時電力 $p = vi$ [W]より，

$$p = vi$$
$$= \sqrt{2}\,V \sin \omega t \times \sqrt{2}\,I \sin(\omega t - \phi)\,[\text{W}]$$

ここで，三角関数の和と積の公式

$$\sin a \sin \beta = \frac{1}{2}\{\cos(a - \beta) - \cos(a + \beta)\}$$

を利用して，

$$p = \sqrt{2}\,V \sin \omega t \times \sqrt{2}\,I \sin(\omega t - \phi)$$
$$= \sqrt{2}\,V \times \sqrt{2}\,I \times \sin \omega t \sin(\omega t - \phi)$$
$$= \sqrt{2}\,V \times \sqrt{2}\,I \times \frac{1}{2}[\cos\{\omega t - (\omega t - \phi)\} - \cos\{\omega t + (\omega t - \phi)\}]$$
$$= VI\{\cos \phi - \cos(2\omega t - \phi)\}$$
$$= VI\cos \phi - VI\cos(2\omega t - \phi)\,[\text{W}]$$

$p$ の1周期における平均値を考える。$t$ が変化したとき，

$VI\cos \phi$ は $t$ が含まれないので一定であるから，平均は $VI\cos \phi$ となる。

$VI\cos(2\omega t - \phi)$ は1周期で平均するとゼロになる。

したがって，有効電力 $P = VI\cos \phi$ [W]となる。

# 2 電力と力率

重要度 ★★★

## I 有効電力と力率

電力は電圧 $V \times$ 電流 $I$ で求めることができますが，交流では絶えず変化しているので，単純に掛けただけでは実際の電力はわかりません。**皮相電力**（量記号：$S$，単位：V・A）とは，電圧 $V \times$ 電流 $I$ で求められるみかけ上の電力をいいます。**有効電力**は，$P = VI \cos \phi$ で求められます。$\cos \phi$ は皮相電力のうち，有効電力として働いた割合をさします。これを**力率**といいます。

$$\cos\phi = \frac{\text{有効電力}\, P}{\text{皮相電力}\, S} = \frac{\text{抵抗}\, R}{\text{インピーダンス}\, Z}$$

有効電力：$VI\cos\phi$ [W]
皮相電力：$VI$ [V·A]

問題集 問題94 問題95 問題96

## II 無効電力

無効電力（量記号：$Q$，単位：var）とは，皮相電力に無効率を掛けたもので，電源から送り出したのに，負荷で消費されなかった電力です。無効電力は，$Q = VI\sin\phi$ で求められ，$\sin\phi$ を無効率といいます。無効率は有効に消費されなかった割合です。

**ひとこと**

送った電力（皮相電力）のうち，送り返された分（無効電力）は，利用することができず電力の消費効率が悪くなります。

## III 電力の三角形

皮相電力，有効電力，無効電力はベクトル図で書くと以下のような関係にあります。

有効電力 $P$ [W]
$\phi$
無効電力 $Q$ [var]
皮相電力 $S$ [V·A]

皮相電力 $S = VI$ [V·A]
有効電力 $P = VI\cos\phi$ [W]
無効電力 $Q = VI\sin\phi$ [var]

問題集 問題97 問題98 問題99 問題100 問題101 問題102 問題103

SECTION
05

# 記号法による解析

## このSECTIONで学習すること

### 1 複素数

複素数の基本について学びます。

例

$3 + j2$
虚数単位
実部　虚部

### 2 複素数とベクトルと極座標表示

複素数の表示方法の1つである極座標表示について学びます。

複素平面

虚軸

$jb$

$\dot{A} = a + jb$

O　　　　　$a$　　実軸

### 3 極座標表示と複素数の乗除

極座標を利用した複素数の乗除の方法を学びます。

### 4 記号法による交流回路の取扱い

正弦波交流の電圧，電流，インピーダンスを複素数で表して回路計算する記号法について学びます。

# 1 複素数

重要度 ★★★

## I 複素数とは

　虚数単位 j とは，2乗して −1 になる数をいいます。複素数は，$a + jb$（ただし，$a$, $b$ は任意の実数）のように，実数と虚数を組み合わせた数をいい，$a$ を実部，$b$ を虚部といいます。共役複素数とは，$a + jb$ に対して，$a − jb$ のように虚部の符号が反転した複素数をいいます。

板書 複素数

例　
虚数単位
実部　　虚部

共役複素数　
虚部の符号が反転

　数学では虚数単位は i ですが，電気の分野では電流の記号と混乱するので，j で表します。ちなみに，自然対数の底 e も，電圧と混同するので，ε を使います。

## II 複素数の四則計算

複素数の四則計算は，以下のようにします。複素数の計算では，実部と虚部を分けるように式を整理していきます。

### 公式 複素数の四則計算

| 加算 | $(a+\mathrm{j}b)+(c+\mathrm{j}d)=(a+c)+\mathrm{j}(b+d)$ |
|---|---|
| 減算 | $(a+\mathrm{j}b)-(c+\mathrm{j}d)=(a-c)+\mathrm{j}(b-d)$ |
| 乗算 | $(a+\mathrm{j}b)\times(c+\mathrm{j}d)=ac+\mathrm{j}ad+\mathrm{j}bc+\mathrm{j}^2bd$ $\qquad\qquad\qquad\quad =ac+\mathrm{j}ad+\mathrm{j}bc-bd$ $\qquad\qquad\qquad\quad =ac-bd+\mathrm{j}(ad+bc)$ |
| 除算 | $\dfrac{(a+\mathrm{j}b)}{(c+\mathrm{j}d)}=\dfrac{(a+\mathrm{j}b)}{(c+\mathrm{j}d)}\dfrac{(c-\mathrm{j}d)}{(c-\mathrm{j}d)}$ ◀── 分母・分子に同じ数を掛けた $\qquad\quad =\dfrac{ac-\mathrm{j}ad+\mathrm{j}bc-\mathrm{j}^2bd}{c^2+d^2}$ $\qquad\quad =\dfrac{ac+bd}{c^2+d^2}+\mathrm{j}\dfrac{bc-ad}{c^2+d^2}$ |

### 基本例題 ══════════════════ 複素数の四則演算

以下の計算をせよ。

(1) $(3+\mathrm{j}4)-(6-\mathrm{j}8)$　　　(2) $(2+\mathrm{j}3)(5-\mathrm{j}6)$

(3) $\dfrac{1+\mathrm{j}\sqrt{2}}{\sqrt{2}+\mathrm{j}}$

#### 解答

(1) $(3+\mathrm{j}4)-(6-\mathrm{j}8)=-3+\mathrm{j}12$

(2) $(2+\mathrm{j}3)(5-\mathrm{j}6)=10-\mathrm{j}12+\mathrm{j}15+18=28+\mathrm{j}3$

(3) $\dfrac{1+\mathrm{j}\sqrt{2}}{\sqrt{2}+\mathrm{j}}=\dfrac{(1+\mathrm{j}\sqrt{2})(\sqrt{2}-\mathrm{j})}{(\sqrt{2}+\mathrm{j})(\sqrt{2}-\mathrm{j})}=\dfrac{\sqrt{2}-\mathrm{j}+\mathrm{j}2+\sqrt{2}}{(\sqrt{2})^2+1^2}=\dfrac{2\sqrt{2}}{3}+\mathrm{j}\dfrac{1}{3}$

## 2 複素数とベクトルと極座標表示 重要度 ★★★

### Ⅰ 複素数とベクトル

複素平面は，横軸を実数部（実軸），縦軸を虚数部（虚軸）とする直交座標です。たとえば，複素数$1 + j\sqrt{3}$は，この複素平面上の点$(1, \sqrt{3})$で表すことができます。また，原点Oを始点，点$(1, \sqrt{3})$を終点とするベクトル$\dot{A} = (1, \sqrt{3})$と表すこともできます。

板書 ベクトル図と複素平面

## Ⅱ 極座標表示

複素数 $\dot{A} = 1 + \mathrm{j}\sqrt{3}$ は，極座標形式で $\dot{A} = 2\angle\dfrac{\pi}{3}$ と表現することもできます。どちらも同じ複素数を表しています。$A = 2$ を **複素数 $\dot{A}$ の絶対値** といい，$\theta = \dfrac{\pi}{3}$ を **偏角** といいます。

**板書** 複素数表示と極座標表示

| 複素数表示 | 極座標表示 |
|:---:|:---:|
| $\dot{A} = a + \mathrm{j}b$ | $\dot{A} = A\angle\theta$ |
| (例) $\dot{A} = 1 + \mathrm{j}\sqrt{3}$ | (例) $\dot{A} = 2\angle\dfrac{\pi}{3}$ |
| 横に1進んで，縦に$\sqrt{3}$進む | $\dfrac{\pi}{3}$回転して，2進む |

## Ⅲ 極座標表示から複素数表示への変換

たとえば，複素数 $\dot{A} = 3\sqrt{2} \angle \dfrac{\pi}{4}$ を $\dot{A} = a + \mathrm{j}b$ の形に直すには，

$$\dot{A} = A(\cos\theta + \mathrm{j}\sin\theta)$$
$$= 3\sqrt{2}\left(\cos\dfrac{\pi}{4} + \mathrm{j}\sin\dfrac{\pi}{4}\right)$$
$$= 3 + \mathrm{j}3$$

と計算します。

**板書 複素数表示への変換**

$\dfrac{\pi}{4}$ 回転して $3\sqrt{2}$ 進んだ ということがわかっている

まったく同じ複素数 を表すために

横に？進んで…縦に？進んだ と言いたい…

横に $3\sqrt{2}\cos\dfrac{\pi}{4}$ 進んで
縦に $3\sqrt{2}\sin\dfrac{\pi}{4}$ 進んだ

## Ⅰ 極座標表示と複素数の乗除

　複素数$\dot{A}_1$，$\dot{A}_2$の乗除を極座標表示で行うと，非常に簡単になります。絶対値は掛け算や割り算をして，偏角は足し算や引き算をするだけで求めることができます。

> **公式** 極座標表示による複素数の掛け算と割り算
>
> $\dot{A}_1 = A_1 \angle \theta_1$，$\dot{A}_2 = A_2 \angle \theta_2$とすると，
>
> $$\dot{A}_1\dot{A}_2 = A_1A_2 \angle (\theta_1 + \theta_2)$$
>
> $$\frac{\dot{A}_1}{\dot{A}_2} = \frac{A_1}{A_2} \angle (\theta_1 - \theta_2)$$
>
> 絶対値は掛け算や割り算，
> 偏角は足し算や引き算になる。

## Ⅱ 複素数の回転

　実軸と虚軸をとった複素平面を考えると，複素数$\dot{A}$にjを掛けるということは，反時計回りに$\dfrac{\pi}{2}$ rad回転させることを意味します（割り算は逆回転）。$-$jを掛けると時計回りに$\dfrac{\pi}{2}$ rad回転します。

**ひとこと**

jを掛け算するごとに90°ずつ反時計回りに回転します。
jで割り算するごとに90°ずつ時計回りに回転します。

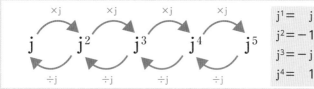

$$j^1 = \ \ j$$
$$j^2 = -1$$
$$j^3 = -j$$
$$j^4 = \ \ 1$$

# 4 記号法による交流回路の取扱い　重要度 ★★★

　記号法（複素記号法）とは，正弦波交流の電圧，電流，インピーダンスを複素数で表現して回路計算を行う方法をいいます。複素数を導入することで，大きさだけでなく位相差の情報も考慮できるようになり，交流回路も直流回路のように計算できるようになります。

| $R$, $L$, $C$素子単独回路 | ベクトル図 | （複素記号法） 電流 | インピーダンス |
|---|---|---|---|
| | 電圧と電流は同相 | $\dot{I} = \dfrac{\dot{V}}{R}$ | $\dot{Z} = R$ |
| | 電流は$\dfrac{\pi}{2}$遅れる | $\dot{I} = \dfrac{\dot{V}}{jX_L}$ $= \dfrac{\dot{V}}{j\omega L}$ | $\dot{Z} = j\omega L$ |
| | 電流は$\dfrac{\pi}{2}$進む | $\dot{I} = \dfrac{\dot{V}}{-jX_C}$ $= j\omega C\dot{V}$ | $\dot{Z} = -j\dfrac{1}{\omega C}$ |

大きさだけでなく，jによって位相差も計算できます

問題集 問題104 問題105 問題106 問題107

## Ⅰ オームの法則

交流回路でも，複素数を導入すると**オームの法則**が成り立ちます。

**公式 交流回路のオームの法則**

$$\begin{cases} \dot{I} = \dfrac{\dot{V}}{\dot{Z}}\,[\text{A}] \\[2mm] \dot{V} = \dot{Z}\dot{I}\,[\text{V}] \\[2mm] \dot{Z} = \dfrac{\dot{V}}{\dot{I}}\,[\Omega] \end{cases}$$ 複素数であることに注意

電流 $\dot{I}$ [A]

インピーダンス $\dot{Z}$ [Ω]　電圧降下 $\dot{V}$ [V]

**ひとこと**

　キルヒホッフの法則，重ね合わせの理，テブナンの定理なども成立します。

## Ⅱ 直列回路の合成インピーダンス

$R\text{-}L$ 直列回路，$R\text{-}C$ 直列回路，$R\text{-}L\text{-}C$ 直列回路の合成インピーダンス $\dot{Z}$ を表にすると次のようになります。

**板書 直列回路の合成インピーダンス**

| 直列回路 | 合成インピーダンス $\dot{Z}$ [Ω] | インピーダンスの大きさ インピーダンス角 | ベクトル図（参考） |
|---|---|---|---|
| (ω 電源, R, $jX_\text{L}$, $\dot{I}$, $\dot{Z}$) | $\dot{Z}=R+jX_\text{L}$ $\quad=R+j\omega L$ | $Z=\sqrt{R^2+X_\text{L}^2}$ $\phi=\tan^{-1}\dfrac{V_\text{L}}{V_\text{R}}$ $\quad=\tan^{-1}\dfrac{X_\text{L}}{R}$ $(\dot{Z}=Z\angle\phi)$ | ($\dot{Z}$, $jX_\text{L}$, $\phi$, $R$, $\dot{I}$) |

---

**基本例題** ——————————————————— 直列回路の合成インピーダンス

図1の回路において，スイッチSを開いて交流電圧200Vを加えると，定常状態ではコンデンサに電流$\dot{I}_C = 4 + j8$Aが流れた。次に，図2の回路において，スイッチSを閉じて交流電圧200Vを加えると，定常状態では電源から電流$\dot{I} = 12 - j4$Aが流れた。抵抗$R'$の値[Ω]と容量性リアクタンス$X_C$の値[Ω]を求めよ。

図1　　　　　　　　　　　　図2

**解答**

図1のインピーダンス$\dot{Z}_1$[Ω]は，$\dot{Z}_1 = R - jX_C$[Ω]と表せる。このとき，交流電源を$\dot{V} = 200$Vとすると，オームの法則より，

$$\dot{Z}_1 = \frac{\dot{V}}{\dot{I}_C} = \frac{200}{4+j8} = \frac{50}{1+j2} = \frac{50(1-j2)}{(1+j2)(1-j2)} = \frac{50(1-j2)}{1+4} = 10 - j20 \ \Omega$$

上式と$\dot{Z}_1 = R - jX_C$の係数を比較して，$R = 10 \ \Omega$，$X_C = 20 \ \Omega$と求められる。

図2において，$X_L$を流れる電流を$\dot{I}_L$[A]とすると，キルヒホッフの第一法則（電流則）より，

$$\dot{I} = \dot{I}_C + \dot{I}_L$$

$$\therefore \dot{I}_L = \dot{I} - \dot{I}_C = (12 - j4) - (4 + j8) = 8 - j12$$

また，$X_L$を含む直列回路の部分のインピーダンスを$\dot{Z}_2$[Ω]とすると，$\dot{Z}_2 = R' + jX_L$[Ω]と表せる。ここで，オームの法則より，

$$\dot{Z}_2 = \frac{\dot{V}}{\dot{I}_L} = \frac{200}{8-j12} = \frac{50}{2-j3} = \frac{50(2+j3)}{(2-j3)(2+j3)} = \frac{50(2+j3)}{4+9}$$

$$\doteqdot 7.6923 + j11.538 \ \rightarrow \ 7.7 + j12 \ \Omega$$

上式と$\dot{Z}_2 = R' + jX_L$の係数を比較して，$R' = 7.7 \ \Omega$，$X_L = 12 \ \Omega$と求められる。

---

### III ブリッジ回路

**交流ブリッジ**とは，図のようにインピーダンス$\dot{Z}_1$, $\dot{Z}_2$, $\dot{Z}_3$, $\dot{Z}_4$と，交流検出器D（AC detector）を接続した回路をいいます。bd間で電流が流れないための**平衡条件**は，$\dot{Z}_1\dot{Z}_3 = \dot{Z}_2\dot{Z}_4$となります。

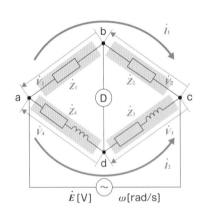

> **交流ブリッジの平衡条件**
>
> $$\dot{Z}_1\dot{Z}_3 = \dot{Z}_2\dot{Z}_4$$
>
> 実数部と虚数部の両方が左辺と右辺で等しい必要があります。

CHAPTER **05**

# 三相交流回路

# 三相交流回路

三相交流回路の概念や結線方法は，他の科目でも必要となる知識のため，しっかりと理解しましょう。複雑な結線図やベクトル図が多いので，実際に作図して慣れることを意識しましょう。

## このCHAPTERで学習すること

### SECTION 01 三相交流回路

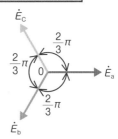

位相が異なる３つの起電力をひとまとまりとして電力を供給する交流回路を学びます。

# 傾向と対策

## 出題数

**2問程度**／**22問中**

・計算問題中心

|  | H27 | H28 | H29 | H30 | R1 | R2 | R3 | R4上 | R4下 | R5上 |
|---|---|---|---|---|---|---|---|---|---|---|
| 三相交流回路 | 4 | 2 | 2 | 2 | 2 | 2 | 2 | 2 | 2 | 2 |

## ポイント

三相交流回路は回路図が複雑に思えますが，実際は3つの単相交流回路がつながったもので，一相分の等価回路を考えることができるかがカギとなります。試験では，電源と負荷の結線方法が異なる問題が多く出題されるため，結線方法の変換をスムーズに行えるようにしましょう。交流回路と同じく計算量が多いので，短時間で問題を解けるように繰り返し演習を行って理解を深めましょう。

# 三相交流回路

このSECTIONで学習すること

## 1 三相交流回路とは

位相が異なる起電力をひとまとまりとして電力を供給する三相交流回路について学びます。

## 2 Y結線とΔ結線

Y結線とΔ結線について学びます。

## 3 Y-Y結線

電源と負荷をY結線した三相交流回路について学びます。

## 4 Δ-Δ結線

電源と負荷をΔ結線した三相交流回路について学びます。

## 5 Y結線とΔ結線の等価変換

Y結線とΔ結線の等価変換について学びます。

## 6 V結線

Δ結線から一相分の電源を取り除いたV結線について学びます。

## 7 三相交流回路の電力

三相交流回路の電力の計算方法について学びます。

# 1 三相交流回路とは

重要度 ★★★

三相交流回路とは，位相が異なる3つの起電力をひとまとまりとして電力を供給する交流回路をいいます。

## ひとこと

　大きさと互いの位相差が等しい場合，特に対称三相交流と呼ぶことがあります。本書では，原則として，対称三相交流のことを三相交流と呼ぶことにします。

図のように互いに$\frac{2}{3}\pi$ rad ずつずらした3つのコイルA，B，Cを磁界中で回転させます。すると，各コイルに大きさが等しく，互いに$\frac{2}{3}\pi$ rad ずつの位相差を持った3つの起電力$e_a$，$e_b$，$e_c$が発生します。

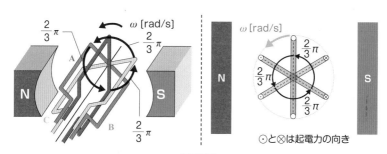

⊙と⊗は起電力の向き

　この各起電力$e_a$，$e_b$，$e_c$のことを相電圧といいます。三相交流の波形とベクトル図は板書のようになります。a相を基準としたとき，a相，b相，c相の順に$\frac{2}{3}\pi$ rad ずつ位相が遅れていますが，この順番を相順（または相回転）といいます。

## 板書 三相交流の波形 🎗

### 三相交流の波形

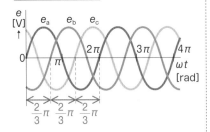

$$\begin{cases} e_a = \sqrt{2}E\sin\omega t \\ e_b = \sqrt{2}E\sin\left(\omega t - \dfrac{2}{3}\pi\right) \\ e_c = \sqrt{2}E\sin\left(\omega t - \dfrac{4}{3}\pi\right) \end{cases}$$

ただし，$E$を実効値とする

### 三相交流のベクトル図

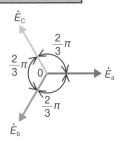

$$\begin{cases} \dot{E}_a = E\angle 0 \\ \quad\;\; = E(\cos 0 + \mathrm{j}\sin 0) \\ \quad\;\; = E \\ \dot{E}_b = E\angle -\dfrac{2}{3}\pi \\ \quad\;\; = E\left\{\cos\left(-\dfrac{2}{3}\pi\right) + \mathrm{j}\sin\left(-\dfrac{2}{3}\pi\right)\right\} \\ \quad\;\; = E\left(-\dfrac{1}{2} - \mathrm{j}\dfrac{\sqrt{3}}{2}\right) \\ \dot{E}_c = E\angle -\dfrac{4}{3}\pi \\ \quad\;\; = E\left\{\cos\left(-\dfrac{4}{3}\pi\right) + \mathrm{j}\sin\left(-\dfrac{4}{3}\pi\right)\right\} \\ \quad\;\; = E\left(-\dfrac{1}{2} + \mathrm{j}\dfrac{\sqrt{3}}{2}\right) \end{cases}$$

## 2 Y結線とΔ結線  重要度 ★★★

　コイルA，B，Cによる交流起電力$\dot{E}_a = E\angle 0$，$\dot{E}_b = E\angle -\dfrac{2}{3}\pi$，$\dot{E}_c = E \angle -\dfrac{4}{3}\pi$は，図記号を利用して簡単に書くことができます。

【図1】

　これら3つの電源の接続方法に，**Ｙ結線**（星形結線）と**Δ結線**（三角結線）があります。Ｙ結線やΔ結線とは，電源や負荷を次のように接続する方法をいい，Ｙ結線の節点Ｏを**中性点**といいます。

板書 Ｙ結線とΔ結線

Ｙ結線…図1における端子a′b′c′を接続する。端子a，b，cは負荷につながる。

Δ結線…図1における端子a′とb，端子b′とc，端子c′とaを接続する。

以下は対称三相電源をY結線したときにおける端子電圧 $\dot{V}_{ab}$, $\dot{V}_{bc}$, $\dot{V}_{ca}$ のベクトル図の描き方を説明した文章である。各起電力は，$\dot{E}_a = E\angle 0$，$\dot{E}_b = E\angle -\dfrac{2}{3}\pi$，$\dot{E}_c = E\angle -\dfrac{4}{3}\pi$ として，空欄を埋めよ。

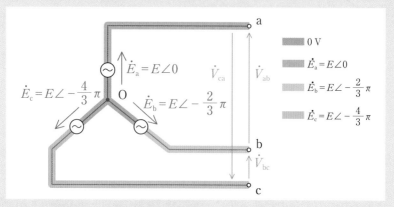

(1) 中性点の電位を基準0Vとすると，$\dot{V}_{ab}$, $\dot{V}_{bc}$, $\dot{V}_{ca}$ は次のように表すことができる。

$$\dot{V}_{ab} = \dot{E}_a - \dot{E}_b \quad \cdots ①$$
$$\dot{V}_{bc} = \dot{E}_b - \boxed{\quad(ア)\quad} \quad \cdots ②$$
$$\dot{V}_{ca} = \dot{E}_c - \dot{E}_a \quad \cdots ③$$

(2) ベクトル量の引き算を計算するために，ベクトル図を描く。まず，$\dot{E}_a$ を基準にして，$\dot{E}_a = E\angle 0$，$\dot{E}_b = E\angle -\dfrac{2}{3}\pi$，$\dot{E}_c = E\angle -\dfrac{4}{3}\pi$ をベクトル図に表すと次のようになる。

| |
|---|
| (イ) |

(3) ①式より，$\dot{V}_{ab} = \dot{E}_a - \dot{E}_b$ だから，これをベクトル図に表すには，$-\dot{E}_b$ をベクトル図に表し，$\dot{E}_a$ と $-\dot{E}_b$ をベクトル合成した $\dot{V}_{ab}$ を描けばよい。ベクトル図は次のようになる。

(4) 同様に②式より，$\dot{V}_{bc} = \dot{E}_b - \boxed{\text{(ア)}}$ だから，これをベクトル図に表すと次のようになる。

(ウ)

(5) さらに③式より，$\dot{V}_{ca} = \dot{E}_c - \dot{E}_a$ をベクトル図に表すと，次のようになる。

(エ)

(6) 以上より，端子電圧 $\dot{V}_{ab}$，$\dot{V}_{bc}$，$\dot{V}_{ca}$ のベクトル図は次のようになる。

**解答**

(ア)　$\dot{E}_\mathrm{c}$

(イ)

(ウ)

(エ)

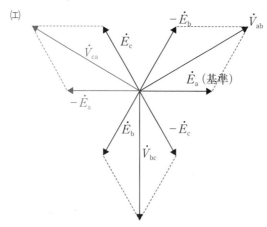

# 3 Y - Y結線

重要度 ★★★

Y-Y結線とは，電源がY結線で，負荷もY結線である回路をいいます。

各相の起電力 $\dot{E}_\mathrm{a}$, $\dot{E}_\mathrm{b}$, $\dot{E}_\mathrm{c}$ を相電圧といい，端子間の電圧 $\dot{V}_\mathrm{ab}$, $\dot{V}_\mathrm{bc}$, $\dot{V}_\mathrm{ca}$ を線間電圧といいます。

また，結線内の各相を流れる電流を相電流といい，三相起電力の端子から結線外へ流れ出る電流を線電流といいます。

上記のように，各相の負荷が等しい場合，平衡負荷といいます。

　Y結線において，相電流は分岐することなく，そのまま線電流として出ていきます。したがって，相電流＝線電流という関係があります。

　相電圧と線間電圧の関係について，キルヒホッフの第二法則（電圧則）を利用して考えます。

### 相電圧と線間電圧の関係 （Y-Y結線）

以下のように閉ループをつくると，$\dot{E}_a + (-\dot{E}_b) = \dot{V}_{ab}$ となります。
なお，対称三相交流では，$\dot{E}_a = E\angle0$，$\dot{E}_b = E\angle-\dfrac{2}{3}\pi$ です。

これについてベクトル図を描くと，次のようになります。

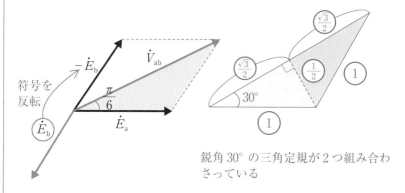

符号を
反転

鋭角 $30°$ の三角定規が 2 つ組み合わ
さっている

したがって，線間電圧 $\dot{V}_{ab}$ は，相電圧 $\dot{E}_a$ に対して，大きさが $\sqrt{3}$ 倍，
位相が $\dfrac{\pi}{6}$ rad 進むといえます。

---

### ひとこと

結果を覚えるだけでなく，導けるようにしましょう。

### Ⅲ 相電圧と線電流の関係（Y-Y結線）

#### 1 中性線がある場合

相電圧と線電流の関係を計算しやすいように電源側の中性点Oと負荷側の中性点O′をつなぎます。この線を中性線といいます。

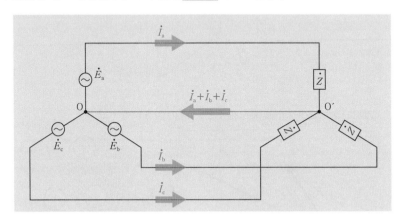

キルヒホッフの第一法則（電流則）より，節点O′から節点Oへと流出する電流は$\dot{I}_a + \dot{I}_b + \dot{I}_c$となります。これが中性線を流れる電流です。

中性線を設けた三相交流回路は，3つの単相交流回路に分解することができます。

272

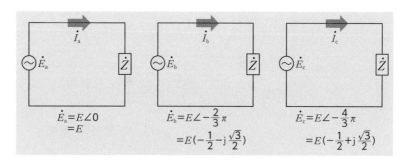

分解された単相交流回路から，各電流 $\dot{I}_a, \dot{I}_b, \dot{I}_c$ を求めると，次のようになります。

$$\dot{I}_a = \frac{\dot{E}_a}{\dot{Z}}, \quad \dot{I}_b = \frac{\dot{E}_b}{\dot{Z}}, \quad \dot{I}_c = \frac{\dot{E}_c}{\dot{Z}} \quad \cdots ①$$

これで，中性線がある場合の電流 $\dot{I}_a$，$\dot{I}_b$，$\dot{I}_c$ を求めることができました。

**ひとこと**

しかし，中性線がない場合のY-Y結線の電流を知りたいので，中性線を取り外すとどうなるかを検討します。

次に，式①より，中性線を流れる電流を求めます。

$$\dot{I}_a + \dot{I}_b + \dot{I}_c = \frac{\dot{E}_a}{\dot{Z}} + \frac{\dot{E}_b}{\dot{Z}} + \frac{\dot{E}_c}{\dot{Z}}$$

$$= \frac{1}{\dot{Z}}(\dot{E}_a + \dot{E}_b + \dot{E}_c) \quad \cdots ②$$

ここで，$\dot{E}_a + \dot{E}_b + \dot{E}_c$ を求めるためにベクトル図を描くと次のようになり，ベクトル合成すると打ち消し合います。

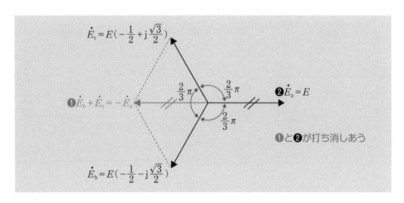

したがって，$\dot{E}_a + \dot{E}_b + \dot{E}_c = 0$ となり，これを式②に代入すると，

$$\dot{I}_a + \dot{I}_b + \dot{I}_c = \frac{1}{\dot{Z}}\underbrace{(\dot{E}_a + \dot{E}_b + \dot{E}_c)}_{0}$$

$$= 0$$

となります。すなわち，電源が対称三相であり，負荷が平衡である場合は，中性線につねに電流が流れないことがわかります。

**ひとこと**

| 用語 | 意味 |
|---|---|
| 電源が対称三相 | 各起電力の位相差が $\frac{2}{3}\pi$ ずつ互いにずれていて，大きさが等しい |
| 負荷が平衡 | 各負荷が等しい |

### 2 中性線がない場合

平衡三相回路では中性点につねに電流が流れないので，中性線を取り外しても，電流 $\dot{I}_a, \dot{I}_b, \dot{I}_c$ に影響がありません。

これにより中性線を取り外したときも，中性線を設けているときの計算結果がそのまま使えるので，Y－Y結線における線電流と相電流と相電圧の関係は次のようになります。

**公式** **線電流・相電流・相電圧の関係**（Y-Y結線）

$$線電流\,\dot{I}_\ell = 相電流\,\dot{I}_\mathrm{p} = \frac{相電圧\,\dot{E}_\mathrm{p}}{\dot{Z}}$$

ライン　　フェーズ
線はline，相はphaseなので添え字はℓとpです。

問題集 問題108

# 4 Δ-Δ結線

Δ-Δ結線とは，電源が Δ 結線で，負荷も Δ 結線である回路をいいます。

各相の起電力 $\dot{E}_a, \dot{E}_b, \dot{E}_c$ を **相電圧** といい，端子間の電圧 $\dot{V}_{ab}, \dot{V}_{bc}, \dot{V}_{ca}$ を **線間電圧** といいます。

また，結線内の各相を流れる電流を **相電流** といい，三相起電力の端子から結線外へ流れ出る電流を **線電流** といいます。

## Ⅰ 相電圧と線間電圧の関係（Δ−Δ結線）

相電圧と線間電圧は，どちらも ab 間の電位差（電圧）です。したがって，相電圧＝線間電圧という関係があります。また，a′b′ 間の負荷側の相電圧と線間電圧も等しいです。

> **公式** 相電圧と線間電圧の関係（Δ-Δ結線）
>
> 相電圧 $E$ ＝線間電圧 $V$

## Ⅱ 相電流と線電流の関係（Δ−Δ結線）

線電流は相電流に対して，大きさが$\sqrt{3}$倍，位相が$\dfrac{\pi}{6}$ rad遅れます。

この理由を以下に説明します。キルヒホッフの第一法則（電流則）を節点a,b,cに適用すると，以下の式が成り立ちます。

$$\dot{I}_{ab} = \dot{I}_{ca} + \dot{I}_a, \quad \dot{I}_{bc} = \dot{I}_{ab} + \dot{I}_b, \quad \dot{I}_{ca} = \dot{I}_{bc} + \dot{I}_c \quad \cdots ①$$

①式を整理すると，$\dot{I}_a, \dot{I}_b, \dot{I}_c$は次のようになります。

$$\dot{I}_a = \dot{I}_{ab} - \dot{I}_{ca}, \quad \dot{I}_b = \dot{I}_{bc} - \dot{I}_{ab}, \quad \dot{I}_c = \dot{I}_{ca} - \dot{I}_{bc} \quad \cdots ②$$

ここで，Δ−Δ結線を，図のように独立した3つの単相交流回路に分けます。

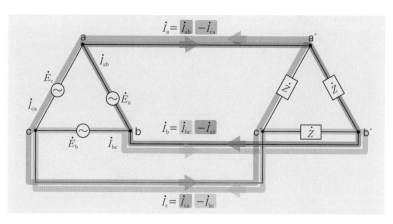

オームの法則より，負荷のインピーダンス角を $\theta$ [rad]とすると，$\dot{I}_{ab}$，$\dot{I}_{bc}$，$\dot{I}_{ca}$ は次のように表すことができ，互いに $\frac{2}{3}\pi$ ずつ位相がずれていることがわかります。

$$
\begin{cases}
\dot{I}_{ab} = \dfrac{\dot{E}_a}{\dot{Z}} = \dfrac{E \angle 0}{Z \angle \theta} = \dfrac{E}{Z} \angle -\theta \\[3mm]
\dot{I}_{bc} = \dfrac{\dot{E}_b}{\dot{Z}} = \dfrac{E \angle -\dfrac{2}{3}\pi}{Z \angle \theta} = \dfrac{E}{Z} \angle \left( -\theta - \dfrac{2}{3}\pi \right) \\[3mm]
\dot{I}_{ca} = \dfrac{\dot{E}_c}{\dot{Z}} = \dfrac{E \angle -\dfrac{4}{3}\pi}{Z \angle \theta} = \dfrac{E}{Z} \angle \left( -\theta - \dfrac{4}{3}\pi \right)
\end{cases}
$$

$\dot{I}_{ab}$ を基準に，$\dot{I}_{ab}$，$\dot{I}_{bc}$，$\dot{I}_{ca}$ のベクトル図を描くと，次のようになります。

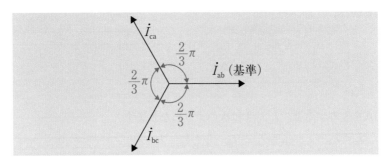

式②より $\dot{I}_a = \dot{I}_{ab} - \dot{I}_{ca}$ だから，❶まず $-\dot{I}_{ca}$ を加え，❷次に $\dot{I}_{ab}$ と $-\dot{I}_{ca}$ をベクトル合成した $\dot{I}_a$ を加えると，次のようになります。

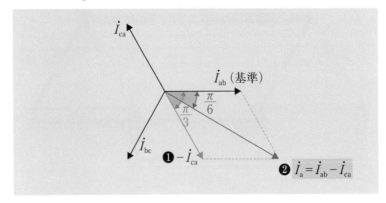

式②より $\dot{I}_{\mathrm{b}} = \dot{I}_{\mathrm{bc}} - \dot{I}_{\mathrm{ab}}$ だから，❸まず $-\dot{I}_{\mathrm{ab}}$ を加え，❹次に $\dot{I}_{\mathrm{bc}}$ と $-\dot{I}_{\mathrm{ab}}$ をベクトル合成した $\dot{I}_{\mathrm{b}}$ を加えると，次のようになります。

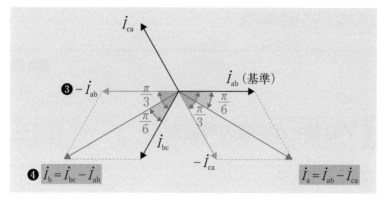

②式より $\dot{I}_{\mathrm{c}} = \dot{I}_{\mathrm{ca}} - \dot{I}_{\mathrm{bc}}$ だから，❺まず $-\dot{I}_{\mathrm{bc}}$ を加え，❻次に $\dot{I}_{\mathrm{ca}}$ と $-\dot{I}_{\mathrm{bc}}$ をベクトル合成した $\dot{I}_{\mathrm{c}}$ を加えると，次のようになります。

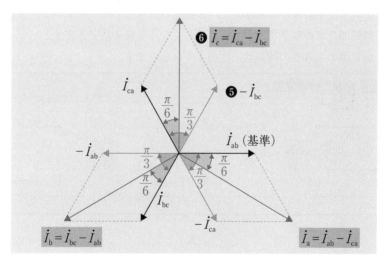

したがって，線電流 $\dot{I}_{\mathrm{a}}, \dot{I}_{\mathrm{b}}, \dot{I}_{\mathrm{c}}$ は，大きさが相電流 $\dot{I}_{\mathrm{ab}}, \dot{I}_{\mathrm{bc}}, \dot{I}_{\mathrm{ca}}$ の $\sqrt{3}$ 倍になり，位相が相電流 $\dot{I}_{\mathrm{ab}}, \dot{I}_{\mathrm{bc}}, \dot{I}_{\mathrm{ca}}$ より $\dfrac{\pi}{6}$ 遅れます。

線電流$I_\ell = \sqrt{3} \times$相電流$I_p$

問題集 問題109

# 5 Y結線とΔ結線の等価変換 重要度★★★

## Ⅰ 電源の等価変換

　Y結線された電源と，Δ結線された電源は等価変換できます。

　Δ結線では，各相の相電圧$\dot{E}_a, \dot{E}_b, \dot{E}_c$がそのまま線間電圧として出てきます。そこで，Y結線の線間電圧と，Δ結線の相電圧を等しくすると，Δ結線とY結線の全ての端子電圧が互いに等しくなり等価変換できます。

　等価電源の大きさの関係は，次のようになります。

**公式** 電源の等価変換

## Ⅱ 負荷の等価変換

Y結線負荷とΔ結線負荷を等価変換することを考えます。

どの端子からみてもインピーダンスが等しくなくてはならないので,

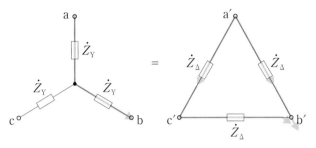

合成インピーダンス$\dot{Z}_{ab}=$合成インピーダンス$\dot{Z}_{a'b'}$

$$\dot{Z}_Y + \dot{Z}_Y = \frac{2\dot{Z}_\Delta \times \dot{Z}_\Delta}{2\dot{Z}_\Delta + \dot{Z}_\Delta}$$

$$2\dot{Z}_Y = \frac{2}{3}\dot{Z}_\Delta$$

$$\dot{Z}_Y = \frac{1}{3}\dot{Z}_\Delta$$

となります。

したがって,等価変換するには,各インピーダンスを以下のように置き換えます。

**公式** Y-Δ変換とΔ-Y変換 (負荷)

Y結線されたコンデンサとΔ結線されたコンデンサは，以下のように等価交換できます。

これは，Y結線とΔ結線を等価交換するときのインピーダンスに注目すれば，各結線の静電容量は以下のように計算できるからです。

「静電容量」の等価交換は，「インピーダンス」とは逆の関係になるので注意しましょう。理由は，交流回路で学習した式である$\dot{Z}=-\mathrm{j}\dfrac{1}{\omega C}$を確認すると，$C$が分母にあるからです。

問題集 問題110 問題111

# 6 V結線

重要度 ★★★

**V結線**とは，Δ結線から1相分の電源を取り除いた結線方法をいいます。V結線の線間電圧 $\dot{V}_{ab}, \dot{V}_{bc}, \dot{V}_{ca}$ は，Δ結線と同じ対称三相交流になります。

## 基本例題 ━━━━━━━━━━━━━ V結線のベクトル図

以下は，起電力 $\dot{E}_a = E\angle 0, \dot{E}_b = E\angle -\dfrac{2}{3}\pi$ をV結線したときの線間電圧 $\dot{V}_{ab}, \dot{V}_{bc}, \dot{V}_{ca}$ に関する文章である。空欄を埋めよ。

(1) 線間電圧 $\dot{V}_{ab}$ は，電源 $\dot{E}_a$ の両端子間に表れる電圧であるから，相電圧 （ア） と等しい。

(2) 線間電圧 $\dot{V}_{bc}$ は，電源 $\dot{E}_b$ の両端子間に表れる電圧であるから，相電圧 $\dot{E}_b$ と等しい。

(3) 線間電圧 $\dot{V}_{ca}$ は，起電力 $\dot{E}_a, \dot{E}_b$ によって発生するものである。電圧の矢印の向きに注意すると，$\dot{V}_{ca} = $ （イ）

(4) $\dot{E}_a$ を基準にして，$\dot{E}_a = E\angle 0, \dot{E}_b = E\angle -\dfrac{2}{3}\pi$ のベクトル図を書くと次のようになる。線間電圧 $\dot{V}_{ab}, \dot{V}_{bc}$ はこれに等しい。

|  |
| --- |
| （ウ） |

(5) さらに，線間電圧 $\dot{V}_{ca}$ をベクトル図に書くと次のようになる。

|  |
| --- |
| （エ） |

(6) 完成したベクトル図をみると，Ｖ結線の線間電圧は，Δ結線における線間電圧と同じく対称三相交流になっていることがわかる。

**解答**

(ア) $\dot{E}_{\mathrm{a}}$

(イ) $-(\dot{E}_{\mathrm{a}}+\dot{E}_{\mathrm{b}})$

(ウ)

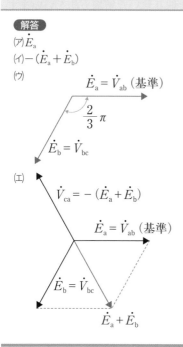

(エ)

# 7 三相交流回路の電力 重要度 ★★★

三相交流電力は，３つの相の有効電力の和になります。

**公式** 三相交流電力①

$$\underset{\substack{\text{有効電力}\\ [\mathrm{W}]}}{P} = 3\underset{\substack{\text{相電圧}\\ [\mathrm{V}]}}{V_{\mathrm{p}}} \underset{\substack{\text{相電流}\\ [\mathrm{A}]}}{I_{\mathrm{p}}} \underset{\text{力率}}{\cos\phi}$$

284

また，線間電圧と線電流で三相電力を計算するには，次の式を利用します。

**公式** 三相交流電力②

$$P = \sqrt{3} V_\ell \ I_\ell \ \cos\phi$$

有効電力 [W] ／ 線間電圧 [V] ／ 線電流 [A] ／ 力率

※ $\phi$ は線間電圧と線電流の位相差ではなく，相電圧と相電流の位相差であることに注意。

? **基本例題** ━━━━━━━━━━━━━ 三相交流電力の公式の証明

　平衡三相交流回路において，負荷がY結線の場合と△結線の場合に，消費される三相電力が $\sqrt{3} V_\ell I_\ell \cos\phi$ で表せることを導きなさい（$V_\ell$ は線間電圧，$I_\ell$ は線電流，$\phi$ は相電流と相電圧の位相差とする）。

(解答)

平衡三相交流回路は3つの単相交流回路に分けることができる。

〔Y-Y結線〕

〔△-△結線〕

三相交流回路　⟺　単相交流回路×3

単相交流回路の各負荷で消費される単相交流電力 $P_1$ は次のようになる。

単相交流電力　$P_1 = V_\mathrm{p} I_\mathrm{p} \cos \phi \,[\mathrm{W}]$

三相交流電力　$P_3 = P_1 \times 3 = 3 V_\mathrm{p} I_\mathrm{p} \cos \phi \,[\mathrm{W}]$

### Y結線の三相電力

負荷がY結線の場合に消費される三相電力 $P_{3\mathrm{Y}}\,[\mathrm{W}]$ は,

$P_{3\mathrm{Y}} = 3 V_\mathrm{p} I_\mathrm{p} \cos \phi \,[\mathrm{W}]$

ここで,

$V_\mathrm{p} = \dfrac{V_\ell}{\sqrt{3}}$

$I_\mathrm{p} = I_\ell$

よって

$P_{3\mathrm{Y}} = 3 \times \dfrac{V_\ell}{\sqrt{3}} \times I_\ell \cos \phi$

$\qquad = \sqrt{3}\, V_\ell I_\ell \cos \phi \,[\mathrm{W}]$

### Δ結線の三相電力

負荷がΔ結線の場合に消費される三相電力 $P_{3\Delta}\,[\mathrm{W}]$ は

$P_{3\Delta} = 3 V_\mathrm{p} I_\mathrm{p} \cos \phi \,[\mathrm{W}]$

ここで,

$V_\mathrm{p} = V_\ell$

$I_\mathrm{p} = \dfrac{I_\ell}{\sqrt{3}}$

よって,

$P_{3\Delta} = 3 \times V_\ell \times \dfrac{I_\ell}{\sqrt{3}} \cos \phi$

$\qquad = \sqrt{3}\, V_\ell I_\ell \cos \phi \,[\mathrm{W}]$

したがって，Y結線でも，Δ結線でも同じ公式で求めることができる。

問題集　問題112　問題113　問題114　問題115　問題116　問題117　問題118　問題119　問題120

CHAPTER **06**

## 過渡現象と
## その他の波形

# CHAPTER 06

## 過渡現象と
## その他の波形

いくつかの波形が合成された非正弦波交流と，スイッチを入切したときの電圧や電流の時間的な変化である過渡現象について学びます。電圧や電流の値の変化のグラフを正確に理解できるようにしましょう。

## このCHAPTERで学習すること

### SECTION 01 非正弦波交流

正弦波交流以外の交流である非正弦波交流について学びます。

### SECTION 02 過渡現象

コンデンサの充電の場合（過渡現象の例①）

過渡現象

スイッチを閉じる

しばらく待つ

充電完了

定常状態　　電流が徐々に流れなくなる　　電流は流れない（定常状態）

各回路の過渡現象における値の変化について学びます。

微分回路，積分回路の概念について学びます。

# 傾向と対策

## 出題数

**1問程度** / 22問中

・計算問題中心

|  | H27 | H28 | H29 | H30 | R1 | R2 | R3 | R4上 | R4下 | R5上 |
|---|---|---|---|---|---|---|---|---|---|---|
| 過渡現象と<br>その他の波形 | 1 | 1 | 0 | 1 | 3 | 1 | 1 | 1 | 2 | 0 |

## ポイント

試験では，抵抗やコイル，コンデンサを用いた回路の過渡現象がよく出題されます。複雑なグラフが出題される場合もありますが，各回路の基本的な電流，電圧の値の変化のグラフや，各素子の働きをしっかりと理解することにより，十分に対応することができます。試験での出題数は少なめですが，計算量が少なく，短時間で解答できる問題も多いため，しっかりと学習しましょう。

SECTION
01 非正弦波交流

このSECTIONで学習すること

## 1 非正弦波交流の性質

正弦波交流以外の規則正しく繰り返す波形について学びます。

## 2 非正弦波交流の瞬時値・実効値・ひずみ率

非正弦波交流における瞬時値・実効値・ひずみ率などについて学びます。

直流成分＋基本波成分＋高調波成分

$V_0$ 直流成分

## 3 非正弦波交流の電流と電力

非正弦波交流の電力の計算方法について学びます。

## 1 非正弦波交流の性質 重要度 ★★★

**非正弦波交流**（ひずみ波交流）とは，正弦波交流以外の規則正しく繰り返す波形を持った交流をいいます。以下は，非正弦波交流の例です。

鉄心入りコイルの電流波形　　　三角波　　　　　　微分波形　　　　　　方形波
（変圧器の励磁電流）　　　　　　　　　　　　（トリガパルス波）

### ひとこと

　非正弦波交流は，正弦波と比較してひずみが小さいとき，正弦波として取り扱うことがあります。

　周期的に繰り返す波形を持つ非正弦波交流は，1つの直流と，周波数，位相，最大値の異なるいくつかの正弦波交流に分解することができます。

　この合成されるそれぞれの正弦波交流を**調波**といいます。

**板書** 非正弦波交流の合成

非正弦波交流＝直流成分＋基本波＋第2調波＋・・・＋第n調波
                           └基本波┘ └─────高調波─────┘

基本波 …正弦波

第2調波 …基本波の2倍の周波数の正弦波 ┐
                                    ├ 高調波
第3調波 …基本波の3倍の周波数の正弦波 ┘

　ある正弦波を**基本波**としたとき，基本波の2倍の周波数を持っている正弦波を**第2調波**，基本波の3倍の周波数を持っている正弦波を**第3調波**と呼びます。第2調波以降を**高調波**と呼びます。

**ひとこと**

　上記は単純な例ですが，たくさん合成すると，周期的に繰り返す波形であればどんな波形でもつくることができ，方形波などもつくれます。

## 2 非正弦波交流の瞬時値・実効値・ひずみ率 重要度 ★★★

### Ⅰ 瞬時値

非正弦波交流の電圧瞬時値 $v$[V]や電流瞬時値 $i$[A]は，次のように表すことができます。

$v =$ 直流成分＋基本波成分＋高調波成分
$$= V_0 + \sqrt{2}V_1\sin(\omega t + \phi_1) + \sqrt{2}V_2\sin(2\omega t + \phi_2) + \cdots + \sqrt{2}V_n\sin(n\omega t + \phi_n)$$

$i =$ 直流成分＋基本波成分＋高調波成分
$$= I_0 + \sqrt{2}I_1\sin(\omega t + \phi_1) + \sqrt{2}I_2\sin(2\omega t + \phi_2) + \cdots + \sqrt{2}I_n\sin(n\omega t + \phi_n)$$

**ひとこと**

直流成分は，非正弦波交流の平均値になります。直流成分の上に，基本波と高調波でつくられる波形が乗っているようなイメージです。

### Ⅱ 実効値

非正弦波交流の実効値 $V$ は，直流成分の実効値 $V_0$ の2乗，基本波の実効値 $V_1$ の2乗，高調波の実効値 $V_2$ の2乗，$V_3$ の2乗，…，$V_n$ の2乗の合計値の平方根となります。

---

**公式** 非正弦波交流の実効値

$$V = \sqrt{V_0^2 + V_1^2 + V_2^2 + \cdots + V_n^2}$$

$V_0$：直流成分の実効値[V]
$V_1$：基本波の実効値[V]
$V_2$：第2調波の実効値[V]
$\vdots$
$V_n$：第$n$調波の実効値[V]

---

**Ⅲ** 非正弦波のひずみ率

　**ひずみ率**（量記号：$k$，単位：%）は，波形のひずみ度合いを示す値です。

　ここで，あまりきれいではない「非正弦波」と，非正弦波を構成する「直流成分と基本波成分」を合成したきれいな波形を考えます。非正弦波がきれいではない原因は，高調波成分を合成しているからです。

**板書** ひずみ率の考え方

**ひずみ率** …波形のひずみ度合いを示す値

比べる

非正弦波 ＝ 直流成分 ＋ 基本波成分 ＋ 高調波成分

きれいな波形　　ひずみの原因

　波形がどれだけひずんでいるかを考える場合，直流成分は波の形をひずませるものではないため考慮する必要はありません。ひずみを考えるためには，きれいな正弦波である基本波と，ひずみの原因となっている高調波を比べればよいという発想から，ひずみ率は次のように表されます。

**公式** 非正弦波のひずみ率

$$k = \frac{\sqrt{V_2^2 + V_3^2 + \cdots + V_n^2}}{V_1} \times 100 \, [\%]$$

$$\left( = \frac{\text{高調波の実効値}}{\text{基本波の実効値}} \times 100 \right)$$

$V_1$：基本波の実効値 [V]
$V_2$：第2調波の実効値 [V]
$\vdots$
$V_n$：第$n$調波の実効値 [V]

## Ⅳ 波高率と波形率

波高率とは，最大値を実効値で割ったものです。反対に実効値に波高率を掛けると，最大値が求められます。波形率とは，実効値を平均値で割ったものです。波高率と波形率は，波形の特徴を示しています。

**公式** 波高率と波形率

$$波高率 = \frac{最大値}{実効値}$$

$$波形率 = \frac{実効値}{平均値}$$

（覚え方）

$$波高率 = \frac{最大値}{実効値}$$
$$波形率 = \frac{実効値}{平均値}$$

（注）交流の平均値は，$\frac{1}{2}$周期について平均した値をさすことが多い

（1周期を考えるとプラスとマイナスで相殺されて，平均がゼロになってしまうため）

# 3 非正弦波交流の電流と電力 重要度★★★

ひ せいげん は こうりゅうでんあつ
　非正弦波交流電圧を電気回路に加えた場合，非正弦波交流の電流や電力を
いきなり求めることは難しいので，非正弦波交流電圧の成分である直流成分，
基本波成分，高調波成分の電源が別々にあると考えます。

板書 非正弦波交流の電流・電力

非正弦波交流の
電流や電力はいきなり
求められない

別々の回路にして
あとですべてを足せばよい
（電流・電力）

　すると簡単な直流回路と交流回路がいくつかできあがるので，それぞれの
回路に流れる電流と消費電力を求めます。
　最後に，重ね合わせの理から，それぞれの回路における電流や消費電力を
足し合わせると，もとの回路についての各値を求めることができます。

公式 非正弦波交流の電力

$$P = P_0 + P_1 + \cdots + P_n$$
$$= V_0 I_0 + V_1 I_1 \cos\phi_1 + V_2 I_2 \cos\phi_2 + \cdots + V_n I_n \cos\phi_n$$

直流成分の電力：$P_0$[W]　　　直流成分の電流：$I_0$[A]
第$n$調波の電力：$P_n$[W]　　　第$n$調波の電流：$I_n$[A]
直流成分の電圧：$V_0$[V]　　　第$n$調波の力率：$\cos\phi_n$
第$n$調波の電圧：$V_n$[V]

SECTION

02

# 過渡現象

## このSECTIONで学習すること

### 1 過渡現象とは

直流回路の過渡現象について学びます。

### 2 時定数とは

ある変化が終わるまでの時間の尺度として使われる時定数について学びます。

### 3 抵抗とコンデンサを直列接続した回路

*R-C* 直列回路の過渡現象について学びます。

### 4 抵抗とコイルを直列接続した回路

*R-L* 直列回路の過渡現象について学びます。

# 1 過渡現象とは

重要度 ★★★

これまでの学習では，直流回路では電圧と電流が一定のまま変化しないこと，交流回路では電圧と電流が一定の変化を繰り返すことを前提としてきました。このような状態を定常状態といいます。

### ひとこと

過渡現象については，試験では直流回路しか出題されないので，直流回路における過渡現象を説明していきます。

また，ある定常状態（たとえば，スイッチを開いて電流が流れていない状態）から，次の定常状態（たとえば，スイッチを閉じて安定した電流が流れている状態）へ徐々に（数ミリ秒くらい）変化していく場合があります。この状態を過渡状態といいます。

定常状態から定常状態へ変化するまでに起こる現象を過渡現象といいます。

**板書 過渡現象**

コンデンサの充電の場合（過渡現象の例①）

過渡現象

スイッチを閉じる → しばらく待つ →

R
C

定常状態

R
C

電流が徐々に流れなくなる

R
C 充電完了

電流は流れない（定常状態）

コンデンサの放電の場合（過渡現象の例②）

過渡現象

スイッチを
閉じる
充電完了
定常状態

しばらく
待つ
放電
コンデンサから放電されて
電流が逆に流れる

電流は流れない
（定常状態）

　直流回路（$R$-$C$回路・$R$-$L$回路）の過渡現象における初期値と定常値を考えるときは，次のようにします。

板書 過渡現象における初期値と定常値

　$R$-$C$回路と$R$-$L$回路に電源を印加（スイッチを入れた）したとき，初期値と定常値の電流を計算するには次のように考えます。

|  | 初期値 | 定常値 |
|---|---|---|
| $R$-$C$回路 | $C$を短絡して考える<br>（コンデンサがある部分を，普通の導線として考える） | $C$を開放して考える<br>（コンデンサがある部分の導線は切れていると考える） |
| $R$-$L$回路 | $L$を開放して考える<br>（コイルがある部分の導線は切れていると考える） | $L$を短絡して考える<br>（コイルがある部分を，普通の導線として考える） |

## 2 時定数とは 重要度 ★★★

時定数（量記号：$\tau$（タウ），単位：s（秒））は，ある変化が終わるまでの時間の尺度として使われます。グラフの①と②は経過時間とともに，定常値である1.0に向かって変化しています。

それぞれのグラフに原点からの接線を引き，定常状態の値を通る横線に交わった点のそれぞれの時間$t_1$，$t_2$を比べると，変化が終わるまでの時間が早いか遅いかの参考になります。この$t_1$，$t_2$が時定数です。

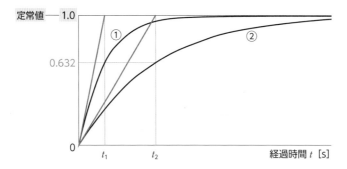

## 3 抵抗とコンデンサを直列接続した回路 重要度 ★★★

### I コンデンサの充電

コンデンサは，金属板の間に，電気を通さない絶縁体をはさんでいます。そのため，回路に直列につなげると，電流は流れないように思えます。しかし，コンデンサの充電が完了するまでは，コンデンサの電極板へと電荷が移動できるので電流が流れます。

コンデンサの充電のたとえによく使われるのは，駐車場です。

電荷の駐車場

駐車場

いっぱいになるまでは
電源から駐車場までの
電荷の流れができる

コンデンサの金属板を電荷の駐車場と考えると，駐車場がすいているときはスイスイと電源から駐車場まで，電荷が移動できます。しかし，駐車場が混んでくると，電荷の流れは鈍くなっていきます。最終的には，駐車場はいっぱいになり電源から駐車場への移動は止まります。

　次の回路図のように，スイッチを左に倒して，電源に抵抗とコンデンサを直列接続した場合，コンデンサ$C$の両端の電圧変化と抵抗に流れる電流のグラフは，次のようになります。

　コンデンサの両端に，プラスとマイナスの電荷が蓄えられるにしたがって，コンデンサの両端の電位差（電圧）は大きくなっていきます。

時定数 $\tau$ は，$R$-$C$ 直列回路では $RC[\mathrm{s}]$ であり，上のグラフでいえばコンデンサの両端の電位差が $0.632E[\mathrm{V}]$ になるまでに必要な時間です。

抵抗 $R$ が大きいほど電荷の移動が邪魔されて，コンデンサの充電に時間がかかります。また，静電容量 $C$ は電荷をためる箱の大きさの目安なので，大きいほど電荷が満タンになるのに時間がかかります。

したがって，変化が落ち着くまでの時間（コンデンサの充電が完了するまでの時間）が長いか短いかの目安として，$RC$ の値を比べればよいと考えられます。

---

**公式** $R$-$C$ 直列回路の時定数

時定数　抵抗　静電容量
$$\tau \;=\; R \quad C$$
$[\mathrm{s}]$　　$[\Omega]$　$[\mathrm{F}]$

---

問題集 問題121

---

**ひとこと**

数学的に求めることは難しいので，暗記しておきましょう。

---

## Ⅱ コンデンサの放電

今度は，次の回路図のようにスイッチを右側に倒して，充電されたコンデンサから，蓄えた電荷を放電することを考えましょう。

スイッチを右側に倒して，充電されたコンデンサから，蓄えた電荷を放電します。コンデンサから放電される電流は，充電時とは逆向きで，すべて放電するまでに徐々に放電電流は弱まります。

コンデンサの放電の例えとしては，満員電車があります。

満員電車から，押し出される人
（コンデンサの放電）

コンデンサにたまった電荷が放電されるときは，満員電車から出てくる人たちのように，押し合いへし合いで，一気に出ていきます。最後になればなるほど，ゆっくりと人が出ていきます。最後は空っぽになりますから，人の流れはなくなります。

問題集 問題122 問題123 問題124 問題125 問題126

# 4 抵抗とコイルを直列接続した回路 重要度★★★

　次の回路図のように，抵抗 $R$ とインダクタンス $L$（コイル）を直列接続します。①はじめに左側（電源側）にスイッチを閉じ，②しばらく待ち，③次に右側にスイッチを閉じ，④またしばらく待った場合，電圧 $v_R$ の変化は，次のようなグラフになります。

　**時定数**は，$R$-$L$ 直列回路では，$\dfrac{L}{R}$[s] となります。

　インダクタンス $L$ は，コイルが電流変化を嫌がる度合いと考えられるので，$L$ が大きいと，電流は変化するのに時間がかかります。

　$R$ は抵抗であり電流の流れを妨げるものなので，$R$ が大きいほど電流変化の幅は小さくなります。

　したがって，変化が落ち着くまでの時間が長いか短いかの目安としては，$\dfrac{L}{R}$ の値を比べればよいと考えることができます。

---

**公式** $R$-$L$ 直列回路の時定数

$$\underset{[s]}{\overset{時定数}{\tau}} = \dfrac{\overset{インダクタンス[H]}{L}}{\underset{抵抗[\Omega]}{R}}$$

---

問題集 問題127 問題128 問題129

# 微分回路と積分回路

このSECTIONで学習すること

## 1 パルス波

周期的に発生する短い信号であるパルス波について学びます。

## 2 微分回路

微分回路の特徴について学びます。

## 3 積分回路

積分回路の特徴について学びます。

パルス波とは，周期的に発生する短い信号のことをいいます。パルス波は，**公式**の図のように方形波（矩形波）の形をしています。$\tau$[s]をパルス幅，$T$[s]を周期といい，周波数 $f = \dfrac{1}{T}$[Hz]となります。

**公式** パルス波

$$周波数 \ f = \frac{1}{T} \ [Hz]$$

**ひとこと**

　三角波，のこぎり波，トリガパルス波などのことも含めて，パルス波ということがあります。

三角波　　　のこぎり波　　　トリガパルス波

## 2 微分回路

重要度

　スイッチを入れたり，切ったりして，入力側の電圧 $v_i$（添え字の i はインプットの頭文字）を変化させたとき，その瞬間だけ，出力側に電圧 $v_o$（添え字の o はアウトプットの頭文字）がぱっと現れて，それ以外は出力側に電圧が現れなくなるような回路を，微分回路といいます。

**板書** 微分回路

入力電圧
$v_i$
（添え字のiは
インプット）

出力電圧
$v_o$
（添え字のoは
アウトプット）

（注）コンデンサと抵抗は直列です

　次の回路図のような抵抗とコンデンサの直列回路（R-C直列回路）を考えます。端子abと端子cdに注目すると，**板書**の回路図と同じです。

　電源側①にスイッチを$t_1$秒間だけ閉じて，電源と反対側②にスイッチを$t_2$秒間だけ閉じることを交互に繰り返すと，入力側の電圧$v_i$と出力側の電圧$v_o$は，次のようなグラフになります。

入力側の電圧

微分回路

出力側の電圧

スイッチを切り替えるタイミングに比べて，過渡状態の期間が短い場合（時定数$RC \ll t_1, t_2$の場合），次のような波形になります。これは，スイッチを切り替えて入力電圧が変化した瞬間に，ぱっと出力電圧が現れる微分回路になっています。

微分回路
$(RC \ll t_1, t_2)$

**ひとこと**

「時定数$RC \ll t_1, t_2$」の意味は，「$RC$は，$t_1$や$t_2$より，すごく小さい」という意味です。

**ひとこと**

時定数$RC$が小さいほど，抵抗$R$に加わる電圧変化が，ぱっと現れて消えるようなグラフになります。

## 3 積分回路 　　　重要度 ★☆☆

　スイッチを入れて，入力側に電圧を加え続けると，入力した電圧と時間の積に比例して，出力側の電圧が大きくなっていくような回路を積分回路（せきぶんかいろ）といいます。

**板書 積分回路**

入力電圧
$v_i$
（添え字の i は
インプット）

出力電圧
$v_o$
（添え字の o は
アウトプット）

→充電開始初期に
限定すれば，電圧が
時間に比例して
大きくなると
みなせる。

（注）抵抗とコンデンサは直列です

　ここで，次の回路図のように，抵抗とコンデンサの直列回路（R-C直列回路）を考えます。端子abと端子cdに注目すると，板書の回路図と同じです。

　電源側①にスイッチを $t_1$ 秒間だけ閉じ，電源と反対側②に $t_2$ 秒間だけスイッチを閉じることを交互に繰り返すと，入力側の電圧 $v_i$ と出力側の電圧 $v_o$ は，次のようなグラフになります。

入力側の電圧

出力側の電圧

ここで，スイッチを切り替えるタイミングに比べて，過渡状態の期間が長い場合（時定数$RC \gg t_1,\ t_2$の場合），次のような波形になり，出力電圧が時間に比例しているかのような形になります。これは，出力電圧$v_o$が入力電圧$v_i$と時間$t$の積に比例するような積分回路になっているといえます。

ひとこと

　時定数$RC$が大きいほど，コンデンサに加わる電圧変化がなだらかになって，比例しているかのようなグラフになります。

問題集　問題130

310

CHAPTER **07**

# 電子理論

# CHAPTER 07

## 電子理論

半導体の種類と構造，使用した回路の特徴や，電界や磁界中の電子の運動について学びます。試験では，知識を問われる頻度が高いため，各半導体の特徴をしっかりと理解しましょう。

## このCHAPTERで学習すること

### SECTION 01 半導体

半導体の種類や構造について学びます。

### SECTION 02 ダイオード

ダイオードの種類や構造について学びます。

### SECTION 03 トランジスタとFET

トランジスタとFETの種類や構造について学びます。

$$
\begin{array}{cccc}
\text{ローレンツ力} & \text{電荷} & \text{速度} & \text{磁束密度} \\
F & = e & v & B \\
\text{[N]} & \text{[C]} & \text{[m/s]} & \text{[T]}
\end{array}
$$

電界，磁界中の電子の運動について学びます。

## SECTION 05 整流回路

整流回路について学びます。

# 傾向と対策

## 出題数

# 3〜5問程度/22問中

・論説問題（空欄補充，正誤選択）中心

|  | H27 | H28 | H29 | H30 | R1 | R2 | R3 | R4上 | R4下 | R5上 |
|---|---|---|---|---|---|---|---|---|---|---|
| 電子理論 | 5 | 3 | 4 | 5 | 5 | 4 | 5 | 5 | 5 | 2 |

## ポイント

試験での出題数は多く，半導体素子について問われる問題では，似たような形状，特性を持つ素子もあるため，違いを理解しましょう。また，電子運動の複雑な計算問題も出題されますので，さまざまなパターンの問題を多く解いて，公式の使い方に慣れると良いでしょう。電子理論は，機械のパワーエレクトロニクスの分野でも大切になるので，しっかりと学習しましょう。

SECTION
01 半導体

このSECTIONで学習すること

### 1 導体と半導体と絶縁体

導体，半導体，絶縁体それぞれの特徴について学びます。

### 2 原子の構造

原子の構造や電子の動きについて学びます。

ケイ素 Si（シリコン）
の電子軌道のイメージ

### 3 半導体の種類

n形，p形など，半導体の種類について学びます。

### 4 キャリヤ

電荷を運ぶ役割をする自由電子や正孔などのキャリヤについて学びます。

# 1 導体と半導体と絶縁体 　重要度 ★★★

　物質は，電流が流れやすい順に，導体，半導体，絶縁体に分類できます。
また，導体，半導体，絶縁体の順に抵抗率が高くなっていきます。

板書 導体，半導体，絶縁体

| 電流流れる ↕ 流れない | | 物質 | 抵抗率低い ↕ 高い |
| --- | --- | --- | --- |
| | 導体 | 銀，銅，金，鉄 | |
| | 半導体 | ゲルマニウム，シリコン | |
| | 絶縁体 | 空気，ガラス，ゴム，雲母（マイカ），ポリエチレン | |

## Ⅰ 導体

導体は，自由に動き回ることができる電子である自由電子を持っています。電流の正体は電子の移動なので，この自由電子が移動すると電流が流れるということになります。

板書 導体

・自由電子を持っている
・温度が上がると電気抵抗は大きくなる

導体

わーい！

導体は温度が上がると，原子の振動が激しくなります（熱の正体は，熱振動といわれるもので，原子が運動するエネルギーです）。激しく振動する原子は，電子の移動を邪魔するので，電気が通りにくくなります。つまり，導体の温度が上昇すると，電気抵抗率が大きくなります。

ひとこと

抵抗の温度変化の公式 $R_2 = R_1\{1 + a_1(t_2 - t_1)\}$ はこれと関連します。

## Ⅱ 半導体

**半導体**では，電子が原子核に束縛されています。しかし，温度が上がると一部の電子が束縛を逃れて移動できるようになります。半導体は，温度が上昇すると，自由に移動できる電子が増え，電気が流れやすくなります（原子の熱振動による影響を上回り，電気抵抗率が小さくなります）。

**板書 半導体**

半導体

・電子が原子核に束縛
　されている
・温度が上がると電気
　が流れやすくなる

温度が上がったら、
自由になった！

　半導体は，温度が上昇するほど電気抵抗が小さくなるので，熱暴走に注意する必要があります。

## Ⅲ 絶縁体

　絶縁体(ぜつえんたい)では，電子は原子核に強く束縛されていて，移動することはできません。したがって，電気は流れません。

## 2 原子の構造 重要度 ★★★

### I 原子とは

原子は，すべての物質をつくっている粒のことです。原子は，図のように原子核の周りに電子がある構造をしています。原子核には，陽子と呼ばれるプラスの電荷を持ったものが電子と同じ数だけあります。

電子の軌道にはそれぞれ名前があり，内側から順にK殻，L殻，M殻，N殻といいます。一番外側の軌道を最外殻といい，最外殻の軌道にあり，結合に関係する電子を価電子といいます。

**板書** ケイ素の場合

M殻
L殻
K殻

+14

価電子

原子核

なかには電子と同じ数の陽子（正の電荷を持つ）が入っている

ケイ素 Si（シリコン）
の電子軌道のイメージ

**ひとこと**

軌道の名前がK殻からはじまる理由は，発見当時にはまだ内側に軌道があると考えられていて，余裕をもたせたアルファベットをつけたからです。

また，それぞれの軌道に入ることができる電子の数が決まっています。K殻（2個），L殻（8個），M殻（18個），N殻（32個）です。

電子の配置の大まかなルールとして，電子は内側から，入りやすい順に軌

道のなかに入っていきます。最外殻に電子が8個あるとき，電子の配置は非常に安定します。

板書 原子と価電子

| 価電子の数 | | |
|---|---|---|
| 3個 | 4個 | 5個 |
| ホウ素 | 炭素 | 窒素 |
| $_5B$ | $_6C$ | $_7N$ |
| アルミニウム | ケイ素（シリコン） | リン |
| $_{13}Al$ | $_{14}Si$ | $_{15}P$ |
| ガリウム | ゲルマニウム | ヒ素 |
| $_{31}Ga$ | $_{32}Ge$ | $_{33}As$ |

電子配置のだいたいのルール

① 内側から順に埋まっていく

② 最外殻の電子の数が8個になったら，軌道に余裕があっても，いったん外側の軌道にさらに2個入る

③ ②の次は，余裕のある内側の軌道に戻って限界になるまで入っていく

## Ⅱ 自由電子

原子核と，内側の軌道（内殻）にある電子は，強く結びついています。

しかし，一番外側の軌道（最外殻）にある価電子は，外からのエネルギー（光や熱や電界など）によって簡単に離れていき，自由に動ける自由電子となります。

## Ⅲ 共有結合

ケイ素Si（シリコン）は，最外殻にある4個の電子を，それぞれ隣り合う原子と共有する状態になって，安定した結晶をつくります。このような，隣り合う原子の価電子を共有することで結合している状態を**共有結合**といいます。

Siの価電子は4個しかない

↓ しかし

隣の原子と電子を共有すると

↓

価電子が8個あるかのようになり

↓

安定する

## Ⅳ 自由電子と正孔

自由電子が抜けた孔のことを**正孔（ホール）**といいます。原子核に拘束されていた価電子は，何らかのエネルギー（光や熱や電界）によって，拘束を離れて自由電子になり，どこかに行くことがあります。

外部のエネルギー

飛び出して自由になった！

原子核　価電子

価電子が飛び出すと，電子が抜けた孔ができます。その孔には，別の価電子が引き寄せられます。引き寄せられた電子がいた場所には，また孔ができます。

①孔に電子が入る

②電子が移動したので孔ができる

③別の電子が入ってまた孔ができる

(以下繰り返し)

　これを繰り返すと，まるで正の電荷を持つ孔である正孔が動いているかのように考えることができます。自由電子や正孔は，電荷を運ぶ役割をすることから**キャリヤ**（配達員という意味）と呼ばれます。

## ひとこと

　キャリヤを発生させるには，半導体に何らかのエネルギーを与えます。発生したキャリヤが移動すると，半導体に電気が流れます。

## 3 半導体の種類　　　　重要度 ★★★

　半導体は，真性半導体と不純物半導体に大別されます。
　<ruby>真性半導体<rt>しんせいはんどうたい</rt></ruby>とは，不純物を含まない，純度が高い半導体です。<ruby>不純物半導<rt>ふじゅんぶつはんどう</rt></ruby>体とは，微量に不純物を混ぜてつくった半導体です。不純物半導体には，n形半導体とp形半導体があります。

板書 半導体の種類

　　　　　　　　　　真性半導体 …不純物を含まない半導体
　　　　　　　　　　　　　　　　 シリコン Si
　　　　　　　　　　　　　　　　 99.999 999 9999 ％の純度
　　　　　　　　　　　　　　　　 （トウェルブナインの純度）

　半導体

　　　　　　　　　　　　　　　　 n形半導体

　　　　　　　　　　　　　　　　 …5価の原子（ドナー）を
　　　　　　　　　　　　　　　　　 微量に加えた半導体
　　　　　　　　　　　　　　　　　 ヒ素 As, リン P, アンチモン Sb など

　　　　　　　　　　不純物半導体

　　　　　　　　　　　　　　　　 p形半導体

　　　　　　　　　　　　　　　　 …3価の原子（アクセプタ）を
　　　　　　　　　　　　　　　　　 微量に加えた半導体
　　　　　　　　　　　　　　　　　 インジウム In, ホウ素 B, ガリウム Ga など

　**ｎ形半導体**は，シリコンの真性半導体に，価電子が5個（ヒ素As, リンP, アンチモンSbなど）の原子を不純物として，微量に混ぜてつくった半導体です。

**ひとこと**

　ｎ形半導体の"ｎ"はネガティブ（負）という意味です。マイナスの電荷を持つ電子が余るので，ネガティブです。

ｎ形半導体

余った電子

リン　　　シリコン

　シリコンの真性半導体に，価電子が5個の原子を混ぜると，ほかのシリコン原子と結合していない電子が1つ余ることになります。余った電子は，拘束される力が弱く，容易に自由電子となります。自由電子になると，結晶中を動き回ります。

　この自由電子をつくるために混入（ドープ）する不純物を**ドナー**といいます。

**ひとこと**

　ドナー（提供者という意味）は，自由電子を提供してくれることから，このような名前がついています。

## Ⅱ p形半導体

p形半導体は，シリコンの真性半導体に，価電子が3個（インジウムIn，ホウ素B，ガリウムGaなど）の原子を不純物として，微量に混ぜてつくった半導体です。

### ひとこと

p形半導体の"p"はポジティブ（正）という意味です。プラスの電荷のように振る舞う正孔が電子よりも多いので，ポジティブです。

p形半導体

正孔

ホウ素

シリコン

シリコンの真性半導体に，価電子が3個の原子を混ぜると，電子が1つ足りなくなります。電子が不足する孔は，正孔となり，正の電荷をもった粒子のように結晶中を動き回ります。

正孔をつくるために混入（ドープ）する不純物をアクセプタといいます。

### ひとこと

アクセプタ（引受人という意味）は，電子を受け入れるのでこのような名前がついています。

# 4 キャリヤ

重要度 ★★★

## Ⅰ 多数キャリヤと少数キャリヤ

自由電子や正孔は，電荷を運ぶ役割をすることから**キャリヤ**（配達員という意味）と呼ばれます。

n形半導体では，正孔よりも自由電子が多いので，自由電子が**多数キャリヤ**となります。正孔は，数が少ないので**少数キャリヤ**となります。

p形半導体では，正孔が多数キャリヤ，自由電子が少数キャリヤとなります。

### ひとこと

少数キャリヤは非常に数が少ないですが，重要な役割を果たします。

## Ⅱ ドリフト電流と拡散電流

半導体に流れる電流は，ドリフト電流と拡散電流の2種類があります。

### 1 ドリフト電流

**ドリフト電流**は，キャリヤ（電子や正孔）が電界による力を受けて流れる電流です。キャリヤの動きとドリフト電流の関係は次のようになります。

電界の向き

ドリフト電流の向き
（電子の流れと，電流の向きは
逆方向となることに注意）

## ② 拡散電流

<ruby>拡散<rt>かくさん</rt></ruby>とは，広がって濃度が均一になっていく過程をいいます。たとえば，水にインクをたらすと，拡散によって全体に広がっていきます。

均一に拡散する

拡散は，半導体のキャリヤ（電子や正孔）でも起こります。なぜなら，電子同士は反発し合い，電子が混み合っている場所からすいている場所に移動して，電子の濃度を均一にしようとするからです。

キャリヤの拡散によって流れる電流を，<ruby>拡散電流<rt>かくさんでんりゅう</rt></ruby>といいます。

拡散電流の向き

電子の
濃度が高い

移動

電子の
濃度が低い

すいているところに
行こうっと！

## Ⅲ キャリヤの再結合

<ruby>キャリヤの再結合<rt>さいけつごう</rt></ruby>とは，正孔に自由電子が入って再び結合し，電子と正孔が消滅する現象のことをいいます。

問題集 問題131 問題132

# ダイオード

このSECTIONで学習すること

### 1 ダイオードの構造

ダイオードの構造
について学びます。

### 2 pn接合

p形とn形の半導体が接したときの
キャリヤの動きについて学びます。

### 3 ダイオードの働きと整流作用

ダイオードの整流作用について学び
ます。

### 4 ダイオードの特性

ダイオードの電圧・電流特性につい
て学びます。

### 5 ダイオードの種類

ダイオードの種類とその性質につい
て学びます。

# 1 ダイオードの構造　重要度★★★

**ダイオード**は，電流を一定方向にしか流さない性質を持つ電子素子です。

ダイオードは図のような構造になっています。p形側を**アノード（A）**，n形側を**カソード（K）**といいます。図記号は，アノードからカソードに向かうような矢印になっており，矢印の向き（順方向）には電流が流れます。これを順電流といい，これと逆向きの電流を逆電流といいます。

**板書** ダイオードの構造

構造図　　　理念図　　　図記号

アノード

絶縁保護膜　　電極

p形
n形

電極

カソード

p形
n形

矢印と同方向なら電流が流れる

アノード

カソード

## ひとこと

pをとがらせて書くと，　A ──▷|── K　矢印のようになります。これで，p形がアノード側と覚えることができます。

# 2 pn接合

重要度 ★★★

図のように，p形半導体とn形半導体が接している1つの半導体を考えます。拡散によって，接合面ではp形半導体中の正孔はn形側に移動します。一方，n形半導体からは自由電子がp形側に移動します。

すいているところに
行こうっと！

孔にはまって
消えちゃった
（空乏層）

p形　接合面　n形

p形　接合面　n形

空乏層は電流が流れにくい

すると，接合面の近くでキャリヤの再結合が起こり，キャリヤが存在しない空間である**空乏層**ができます。電荷を運ぶキャリヤが空乏している空乏層には，電流が流れにくいという性質があります。

## ひとこと

空乏とは，キャリヤが「とぼしくて足りない状態」という意味です。

# ひとこと

もう少し詳しく説明すると，しくみは以下のとおりです。

❶拡散によって，電子や正孔が移動する。

❷p形領域では，原子が電子を捕まえる。n形領域では原子が正孔を捕まえる。

❸原子は，電子や正孔を捕まえたことでマイナスやプラスに帯電する。原子は電子に比べて重いので動かない。

❹プラスに帯電した原子とマイナスに帯電した原子の間で，電界が発生する。

❺帯電した原子が，拡散で向かってくる電子や正孔を追い返し，拡散が止まる。

❻空乏層で発生している電界を打ち消すような電圧を加えないと，電流は流れない。

ダイオードは，順方向には電流を流しますが，逆方向にはほとんど電流を流しません。これを整流作用といいます。

板書 ダイオードの整流作用

整流作用 …順方向には電流を流すが，逆方向にはほとんど流さない作用

こっち向きは電流が流れる　　ほとんど電流が流れない

A ──▷|── K　　　　　A ──▷|── K

順方向　　　　　　　　逆方向

## I 順方向

ダイオードに，一定の大きさ以上（シリコンの場合は0.6 V以上）の順電圧を加えると，急激に電流が流れます。一定以上の大きさの電圧を加える必要があるのは，拡散によってできた空乏層にある電界と反対方向の電界を加えて，空乏層を消滅させる必要があるからです。

(順電流)

$I$　　→ 流れる

p形　　n形

空乏層が消滅

$E$

## Ⅱ 逆方向

ダイオードに逆電圧を加えても，空乏層が広がるだけで，ほとんど電流は流れません。しかし，さらに大きな逆電圧を加えていくと，急に大きな電流が流れます。これを降伏現象（ツェナー効果，なだれ降伏）といいます。また，このときの逆電圧を降伏電圧といいます。

（逆電流）

ほとんど流れない

p形　　n形

空乏層が広がる

$E$

問題集 問題133

## 4 ダイオードの特性　　重要度 ★★☆

オームの法則は，$V = RI$でした。オームの法則によれば，電圧を上げると，電流は直線的（線形）に増えると考えられます。しかし，ダイオードは電圧によって抵抗値が変化するので，直線的には増えません（このことから，ダイオードは非線形素子と呼ばれます）。

そのため，どのような電圧を加えたときに，どのような電流が対応して流れるかは半導体の性質によって異なります。

これを，電圧・電流特性といいます。電圧・電流特性をグラフにすると，ダイオードは板書のような形になります。

$V_F$，$I_F$の添え字のFはフォワード（順），$V_R$，$I_R$の添え字のRはリバース（逆）という意味です。

**板書** ダイオードの特性

| 領域 | 性質 | 電圧 | 領域に対応するダイオード |
|---|---|---|---|
| ① | 電流にかかわらず電圧が一定 | 逆電圧 | 定電圧ダイオード |
| ② | コンデンサのような性質<br>（電圧を加えると電荷を蓄えるような性質） | 逆電圧 | 可変容量ダイオード |
| ③ | 電圧と電流はほぼ比例<br>（再結合が起こり続ける） | 順電圧 | 発光ダイオード |

## 5 ダイオードの種類 重要度★★★

### I 定電圧ダイオード

**定電圧ダイオード**（ツェナーダイオード）は，一定の電圧を得る目的で使われるダイオードです。これは，逆電圧を大きくすると，降伏電圧付近では，どんな電流が流れても，電圧はほぼ一定となる性質を利用しています。

**板書 定電圧ダイオード**

順電流 $I_F$

この性質を利用
降伏電圧

逆電圧 $V_R$　順電圧 $V_F$

逆電流 $I_R$

**図記号**

逆に電流を流す

電圧降下は
降伏電圧で一定

### II 可変容量ダイオード

空乏層は，コンデンサのような役割を果たします。逆電圧を加えて，空乏層の幅を変化させることで，空乏層の接合容量（静電容量）を変化させることができます。この性質を利用したのが，**可変容量ダイオード**です。

ラジオやテレビで，特定の周波数と共振する回路（同調回路）などに用いられます。

板書 可変容量ダイオード

使用用途 ・特定の周波数に共振するようにする回路（同調回路）

p形　空乏層　n形

図記号

$d$

$E$

静電容量は，
空乏層の幅 $d$ に反比例する

## III 発光ダイオード

　発光ダイオード（LED）は，順電流を流すと光るダイオードです。接合面の近くで，自由電子と正孔が再結合したとき，光が発生します。最近は，高輝度発光ダイオードが照明に使われています。

問題集 問題135

板書 発光ダイオード

使用用途 ・照明

光

図記号

p形　n形

$E$

電子と正孔が再結合するときに
光エネルギーを放出

## Ⅳ レーザーダイオード

　**レーザーダイオード**は，レーザー光を発するダイオードで，p形層，活性層，n形層の3層構造をしています。

　順電流を流すと，活性層で電子と正孔が再結合し，そのときに光が発生します。その光が作用して，ほかの電子も再結合し，同じ波長と同じ位相の光が次々に発生します（誘導放出）。

**板書 レーザーダイオード**

p形層
活性層
n形層

レーザ光

**特徴**

・光が発生

・同じ波長と同じ位相の光が次々に発生（誘導放出）

**ひとこと**

　活性層の表面は，鏡のような性質を持っており，はじめは光を閉じ込めますが，増幅してある一定以上の光の強さになると，活性層から光が出ていきます。また，図記号はLEDと同じです。

## Ⅴ ホトダイオード

ホトダイオードは，光を当てると光の量に比例して電流が流れるダイオードです。逆電圧を加えた状態でも，光エネルギーでキャリヤが発生して，電流が流れます。これを光起電力効果といいます。

問題集 問題136 問題137

CHAPTER 07
電子理論
CH 07
電子理論
SEC 03
トランジスタとFET

SECTION
03

# トランジスタとFET

このSECTIONで学習すること

## 1 トランジスタ（バイポーラトランジスタ）

バイポーラトランジスタの構造や働き，動作原理，特性などについて学びます。

## 2 電界効果トランジスタ（FET）

電界効果トランジスタの構造や動作原理を学びます。

**Ⅰ** トランジスタの構造と働き

　トランジスタとは半導体の性質を利用して電気の流れをコントロールする素子のことです。信号を増幅したり，スイッチングに使われたりします。

　トランジスタは，ダイオードのようにp形半導体とn形半導体でできています。トランジスタでは3つをサンドイッチのように，同種の半導体で異種の半導体をはさみ込んでいます。

　n形半導体とp形半導体の組み合わせ方は以下の2通りがあります。

pnp形トランジスタ

p形半導体でn形半導体をはさむ

モデル図　図記号

矢印は電流をイメージ

　3種類の層からそれぞれ端子が出て，それぞれに名前があります。真ん中にはさまっている半導体からでている端子が**ベース（B）**で，両側から出ているのが**コレクタ（C）**と**エミッタ（E）**です。

### ひとこと

ベース・コレクタ・エミッタには，日本語で次のような意味があります。

| 端子 | 日本語でどんな意味？ |
| --- | --- |
| ベース（B） | （キャリヤの）基準・基地や本拠地 |
| コレクタ（C） | （キャリヤの）収集家・コレクター・集める人 |
| エミッタ（E） | （キャリヤを）排出する人 |

## II　トランジスタの動作原理

### 1　1つの電源のみを接続したとき（動作しない）

　次の右図のように電源を接続しただけでは電流は流れません。なぜなら，コレクタ（C）－ベース（B）間が逆電圧になって，空乏層が広がるだけで，キャリヤは移動しないからです。

| 電圧を加えていないとき | 両端に電圧を加えたとき |
|---|---|

何もしていなくても
拡散で空乏層が
できるのを
忘れない！

空乏層が
広がって，
電流は
流れない

## ■2 2つの電源を接続したとき

❶図のように接続したときを考えます。どちらの電源ともエミッタ端子がつながっていることから，**エミッタ共通接続（エミッタ接地）** といいます。

ベース(B)－エミッタ(E)間に加わる電圧 $V_{BE}$ は順方向です。したがって，ベース(B)－エミッタ(E)間の空乏層は狭くなって，エミッタからは電子が流れ込んできます。つまり，キャリヤが移動し，電流が流れます。

接地方法はほかにもあり，全部で3通りあります。

　・エミッタ共通接続（エミッタ接地）←これが重要！
　・コレクタ共通接続（コレクタ接地）
　・ベース共通接続（ベース接地）

❷ベース領域は非常に薄いので，エミッタから電子が流れ込んでくると，正孔は数が少なく，すぐに電子で埋まっていきます。

❸電源 $V_{BB}$ が電子をいくつか引き寄せて（それが電流 $I_B$），ベース領域に正孔をつくっていきますが，足りません。

342

❸ 正孔を作る

コレクタ領域

ベース領域

エミッタ領域

❷ 流れ込んで正孔を埋める

❹ そこで，正孔と再結合できなかった大部分の電子が，コレクタ領域まで通り抜けていきます。コレクタ領域にまで行った電子は，電源$V_{CC}$のほうへ引き寄せられて移動していきます。

❹ 通り抜ける

コレクタ領域

ベース領域

エミッタ領域

### ひとこと

トランジスタの動作原理はこの程度の理解でよいでしょう。なお，電子と電流の流れる向きは逆であることに注意しましょう。

### ❸ ベース電流の働き

ベース電流$I_B$を流すと，その大きさに応じてコレクタ電流$I_C$が流れると理解できます。反対に，ベース電流$I_B$を流さないとコレクタ電流$I_C$は流れないので，ベース電流$I_B$がスイッチのような働きをしているともいえます。

## Ⅲ 電流増幅作用

エミッタ電流$I_E$は，ベース電流$I_B$（非常に小さい）とコレクタ電流$I_C$の和で求められます。コレクタ電流$I_C$とベース電流$I_B$の比を電流増幅率といいます。

添え字のFはフォワード（順方向）
Eはエミッタ接地という意味

　増幅とは，電流や電圧などの変化する小さな量（入力信号）を，変化する
大きな量（出力信号）にして取り出すことをいいます。

## Ⅳ トランジスタの特性

　各端子に，どのような電圧を加えると，どのような電流が流れるかは，や
や複雑です。端子が3つもあるので，何か1つの条件を固定して，残りの2
つの関係を調べていくことになります。

　これらの関係は，そのトランジスタの特有の性質を示すのでトランジスタ
の特性といいます。

## 板書 トランジスタの静特性

大きさは×$h_{FE}$倍

$I_C$

$I_B$

C

B

E

$V_{CE}$

影響なし

$V_{BE}$

影響なし

$V_{BB}$

一定以上になると急激に流れる

$V_{CC}$

$h_{FE}$　　　　　$I_C$　　　　$h_{OE}$

❶$I_B-I_C$特性　　❸$V_{CE}-I_C$特性

$V_{CE}$一定のもと $I_B$ と $I_C$ の関係をみる

$I_B$一定のもと $V_{CE}$ と $I_C$ の関係をみる

$I_B$　　　　0　　　　$V_{CE}$

$V_{CE}$一定のもと $V_{BE}$ と $I_B$ の関係をみる

$I_B$一定のもと $V_{CE}$ と $V_{BE}$ の関係をみる

❷$V_{BE}-I_B$特性　　❹$V_{CE}-V_{BE}$特性

$h_{IE}$　　　　$V_{BE}$　　　　$h_{RE}$

| 変化させるもの<br>ーどうなるか | 固定条件 | ポイント |
|---|---|---|
| ❶ $I_B-I_C$ 特性<br>（電流伝達特性） | $V_{CE}$ | $I_B$ と $I_C$ は比例する<br>（比例定数は直流電流増幅率 $h_{FE}$） |
| ❷ $V_{BE}-I_B$ 特性<br>（入力特性） | $V_{CE}$ | $V_{BE}$ が一定値以上になると急激に $I_B$ が流れ出す |
| ❸ $V_{CE}-I_C$ 特性<br>（出力特性） | $I_B > 0$<br>（能動領域） | $\boxed{V_{CE} > 0}$ $I_C$ が流れる（飽和領域）<br>$V_{CE}$ の大きさは $I_C$ の大きさにほとんど影響なし<br>（$I_C$ の大きさは，$I_B$ によって決まる）<br>$\boxed{V_{CE} \leqq 0}$ $I_C$ が流れない |
| | $I_B \leqq 0$<br>（遮断領域） | $I_C$ が流れない |
| ❹ $V_{CE}-V_{BE}$ 特性<br>（帰還電圧特性） | $I_B$ | $V_{BE}$ の大きさはほぼ一定 |

問題集 問題138

345

## 2 電界効果トランジスタ（FET）

### Ⅰ 電界効果トランジスタ

電界効果トランジスタ（FET：Field Effect Transistor）は，トランジスタ（バイポーラトランジスタ）とは異なる原理で動作しますが，似た働きをします。端子は基本的に3つですが，4つのこともあります。

電界効果トランジスタは，内部の構造によって，❶接合形，❷絶縁ゲート形（MOS形）に分けられます。またpチャネル形（正孔がキャリヤになるタイプ），nチャネル形（電子がキャリヤになるタイプ）に分かれます。

| | pチャネル形 | nチャネル形 |
|---|---|---|
| 接合形 | D G S（n/p）  G→D S | D G S（p/n）  G→D S |
| 絶縁ゲート形（MOS形） | 金属 G SiO₂ D（p p/n）S B  G→D B S | 金属 G SiO₂ D（n n/p）S B  G→D B S |

それぞれの端子の名前は，❶ゲート（G）（水門という意味），❷ソース（S）（流れの水源という意味），❸ドレーン（D）（排水管という意味），❹バックゲート（B）（裏門という意味）です。

346

## ひとこと

　トランジスタと電界効果トランジスタは，働きが似ていますが，しくみが異なります。違いを整理すると次のようになります。

| | トランジスタ | 電界効果トランジスタ |
|---|---|---|
| ◆端子の名前 | ベース（B）→基準<br>コレクタ（C）→収集家<br>エミッタ（E）→排出家 | ゲート（G）→水門<br>ソース（S）→流れの水源<br>ドレーン（D）→排水管 |
| ◆相違点① | 2種類のキャリヤで働く<br>（バイポーラトランジスタ） | 1種類のキャリヤだけで働く<br>（ユニポーラトランジスタ） |
| ◆相違点② | ベース電流で，コレクタ電流を制御（電流制御形） | ゲート電圧で，ドレーン電流を制御（電圧制御形） |

## Ⅱ 接合形FETの動作原理

　ゲート電圧は，流れる水の量を調節する水門のような役割をします。原理としては，逆方向電圧のゲート電圧 $V_{GS}$ を加えて，空乏層を広げ，キャリヤが通れる道幅を調整します。このキャリヤの通路を**チャネル**（通路という意味）といいます。

問題集 問題140

**板書 接合形FETの原理**

| よく流れる | 流れにくい | 流れない |

逆電圧 $v_{GS}$ を加えると空乏層が広がる

逆電圧 $v_{GS}$ をさらに強くすると通路がなくなる

青い部分が通路（チャネル）になる　　白い部分が空乏層

　絶縁ゲート形FET（MOS FET）は，ゲートに薄い酸化絶縁膜を貼りつけた構造になっています。絶縁ゲート形FETには，**❶エンハンスメント形**，**❷デプレッション形**があります。

板書 **絶縁ゲート形FET**

| | エンハンスメント形<br>（エンハンスメントは増加という意味） | | デプレッション形<br>（デプレッションは減少という意味） | |
|---|---|---|---|---|
| 図記号 | pチャネル<br>空白は絶縁されている様子 | nチャネル | pチャネル | nチャネル |

　**エンハンスメント形**は，ゲート電圧を加えてキャリヤの通り道であるチャネルを広げます。**デプレッション形**は，あらかじめチャネルをつくっておき，ゲート電圧によってチャネルをせまくします。

**ひとこと**

接合形FETにはデプレッション形の構造のものしかありません。

**板書 エンハンスメント形のしくみ**

❶ ゲート電圧 $v_{GS}$ を加えると，絶縁体
の両側がコンデンサのようになり，
p形領域のゲート側に電子が集まる

❷ p形領域のゲート近くが，擬似的
に n 形化する

❸ n形－n形－n形の通路ができ，
電流 $I_D$ が流れる

❹ ゲート電圧 $v_{GS}$ を大きくすると，通路
はさらに広がる

電圧 $v_{GS}$ に電子が引
き寄せられて，p形
なのに，ここは電子
が多くなった！
（擬似的に n 形に
なった）

**ひとこと**

絶縁ゲート形FETがMOSFETと呼ばれる理由は，ゲートに注目すると，
端子部分は金属（Metal），酸化物（Oxide）の絶縁体，半導体（Semiconductor）
という積層構造になっている電界効果トランジスタ（FET）だからです。

問題集 問題141 問題142 問題143

SECTION
04

# 電子の運動

このSECTIONで学習すること

## 1 電子放出の種類

電子放出の現象と，その種類について学びます。

## 2 電界中の電子の運動

電界中の電子の動きと，その法則について学びます。

## 3 磁界中の電子の運動

磁界中の電子に働く力や，電子の運動について学びます。

| ローレンツ力 | 電荷 | 速度 | 磁束密度 |
|---|---|---|---|
| $F$ | $= e$ | $v$ | $B$ |
| [N] | [C] | [m/s] | [T] |

# 1 電子放出の種類 重要度 ★☆☆

電子放出とは，熱や電界などの影響を受けて，物体（金属など）の表面から物体の外へ電子が放出される現象のことをいいます。

## 板書 電子放出の種類

| 種類 | 現象の概要 |
|---|---|
| 熱電子放出 | タンタル（Ta）などの金属を熱すると，熱エネルギーによって電子が放出される |
| 二次電子放出 | 金属やその酸化物・ハロゲン化物などに電子を衝突させると，そのエネルギーによって，表面から新たな電子が放出される |
| 電界放出 | タングステン（W）などの金属表面に強い電界をかけると，常温でも電子が放出される |
| 光電子放出 | 物質に光をあてると，光エネルギーによって物質内の電子が表面から外に放出される |

問題集 問題144

351

### I 電子が電界から受ける力

平等電界 $E = \dfrac{V}{d}$ での電子の運動を考えます。電子の電荷を $-e[\mathrm{C}]$，質量を $m[\mathrm{kg}]$ とします。

また，電界中に電子を置いたとき，電子が電界の向きと反対に働く力 $F$ $[\mathrm{N}]$ は，

$$F = eE[\mathrm{N}]$$

です。この電界から受ける力 $F$ によって電子は加速します。

このときの加速度を $a[\mathrm{m/s^2}]$ とすると，ニュートンの運動方程式より，

$$F = ma[\mathrm{N}]$$

とも表すことができます。したがって $F = ma = eE$ となります。

**ひとこと**

静電気の復習です。

## II エネルギー保存の法則と電子の速度

### 1 エネルギー保存の法則

位置エネルギーと運動エネルギーについて考えます。

❶位置エネルギー $U = eV$ [J] (図1)　　　❷運動エネルギー $K = \dfrac{1}{2}mv^2$ [J] (図2)

エネルギー保存の法則より ❶=❷

### ❶電子が下の電極にいるとき (図1)

電荷 $-e$ [C] の電子が,電位差 $V$ [V] に位置することによる,電気的な位置エネルギー $U$ [J] は

$$U = eV \text{[J]} \cdots ①$$

です。電子の速度はゼロですが,電界から力を受けて,どんどん加速されていきます。

### ❷電子が上の電極に到達したとき (図2)

加速した質量 $m$ [kg] の電子が,速度 $v$ [m/s] で運動しているとすると,運動エネルギー $K$ [J] は,

$$K = \dfrac{1}{2}mv^2 \text{[J]} \cdots ②$$

です。

> **ひとこと**
>
> ❶は，静電気のCH02の復習です。❷は，高校の物理で習います。

| 公式 | 電界中のエネルギー保存の法則 |

$$\underbrace{eV}_{\text{位置エネルギー}} = \underbrace{\frac{1}{2}mv^2}_{\text{運動エネルギー}}$$

電子の電荷：$-e$[C]
電子の質量：$m$[kg]
電圧：$V$[V]
加速した電子の速度：$v$[m/s]

### ❷ 加速された電子の速度

先ほどの図2の加速された電子の速度について考えます。

エネルギー保存の法則から，②＝①なので，

$$\frac{1}{2}mv^2 = eV$$

$$v^2 = \frac{2eV}{m}$$

$$v = \sqrt{\frac{2eV}{m}}\,[\text{m/s}]$$

と速度は表されます。

問題集 問題145 問題146 問題147 問題148 問題149

## 3 磁界中の電子の運動（サイクロトロン運動） 重要度★★★

### Ⅰ ローレンツ力

電荷$q$[C]の粒子が，速度$v$[m/s]で磁束密度$B$[T]の磁界中を運動するとき，その粒子に対して，磁束密度と速度の両方に対して垂直な向きに，大きさ$F = qvB$[N]の力が働きます。これを**ローレンツ力**といいます。

電子は電荷が負の値なので，イラストのような向きに力を受けます。

公式 ローレンツ力

ローレンツ力　電荷　速度　磁束密度
$$F \quad = e \quad v \quad B$$
[N]　　　[C]　[m/s]　[T]

ローレンツ力：$F$[N]
電子の電荷：$-e$ [C]
速度：$v$[m/s]
磁束密度：$B$[T]

ローレンツ力 $F$[N]

速度 $v$[m/s]

磁束密度 $B$[T]

電荷 $-e$[C]

### ひとこと

　　ローレンツ力は，不思議な方向に力が働きます。三次元でイメージがわく
ようにしましょう。電子の移動は，電流の向きと逆であることに注意して，
フレミング左手の法則で考えることもできます。

## II サイクロトロン運動

### 1 サイクロトロン運動

　一様な磁界中に電子が垂直に入射すると，速度の方向と垂直に一定のロー
レンツ力が働きます。つねに垂直に力（ローレンツ力）を受けて軌道を曲げら
れ続けるので，結果的に円を描くように動きます。

ローレンツ力で，
軌道が曲げられ続けて，
円に沿うように電子が進む

ローレンツ力

速度方向

　ローレンツ力は，つねに中心に向かう向心力となって，電子は<u>等速円運動</u>
をします。これを**サイクロトロン運動**といいます。

**板書** サイクロトロン運動

一様な磁界（磁束密度 $B$ [T]）

等速円運動をする　半径 $r$ [m]

ローレンツ力 $F$ [N]
速度 $v$ [m/s]

**ひとこと**

　磁界に斜めに電子を入射すると，磁界の向きでは等速運動し，磁界と垂直な方向では等速円運動をするので，総合して見るとらせん運動をします。

磁界の向き

電子の運動方向

## 2 向心力（ローレンツ力）と遠心力

　円運動をするということは，❶中心に向かおうとする向心力 $F_1$ と❷中心から遠ざかろうとする遠心力 $F_2$ が釣り合っているということです。

❶　向心力の大きさ $F_1$ [N] は，　ローレンツ力 $F_1 = evB \cdots ①$　となります。

❷　遠心力の大きさ $F_2$ [N] は，高校の物理で習います。質量 $m$ [kg] の物体が，円運動の半径 $r$ [m]，円運動の速度 $v$ [m/s] で円運動しているとき，

$$F_2 = m \times \frac{v^2}{r} \cdots ②$$　となります。

公式 **サイクロトロン運動**（遠心力と向心力）

$\begin{cases} \text{❶向心力の大きさ } F_1 = evB \,[\text{N}] \\ \text{❷遠心力の大きさ } F_2 = m\dfrac{v^2}{r} \,[\text{N}] \end{cases}$

向心力 $F_1$ と遠心力 $F_2$ はつり合っている

電子の電荷：$-e\,[\text{C}]$
電子の質量：$m\,[\text{kg}]$
速度：$v\,[\text{m/s}]$
磁束密度：$B\,[\text{T}]$
等速円運動の半径：$r\,[\text{m}]$

### 3 円運動の半径

向心力と遠心力がつり合っているので，①式＝②式より

$$evB = m \times \frac{v^2}{r}$$

$$r \times evB = mv^2$$

$$r = \frac{mv^2}{evB}$$

$$r = \frac{mv}{eB}\,[\text{m}]$$

となります。

 ひとこと

　磁界が強くなるほど，向心力が大きくなるので，円の半径は小さくなります。また，速度が速いほど，遠心力が大きくなるので，円の半径は大きくなります。導けるようにしておきましょう。

問題集 問題150 問題151 問題152 問題153 問題154

SECTION
05

# 整流回路

## このSECTIONで学習すること

### 1 整流回路とは

ダイオードの性質を利用した整流回路について学びます。

### 2 トランジスタの増幅度と利得

トランジスタの電圧，電流，電力の増幅度と利得，その計算方法について学びます。

### 3 演算増幅器（OPアンプ）

演算増幅器のしくみや働きについて学びます。

# 1 整流回路とは　　　　　　　　重要度 ★★★

## Ⅰ 整流回路

整流回路とは，正と負に交互に入れ替わる交流電圧から，正の電圧のみを取り出す回路をいいます。整流回路には，半波整流回路と全波整流回路があり，ダイオードが逆方向には電流をほとんど流さないことを利用します。

### 1 半波整流回路

半波整流回路は，交流電圧の正の部分（半周期）のみから，正の電圧を取り出します。半波整流回路は，1個のダイオードを使い，次のような回路となります。

### 2 全波整流回路

全波整流回路は，交流電圧の正と負の両方（1周期）から，正の電圧を取り出すことができます。次のように，ブリッジ回路を用いたものをブリッジ全

<u>波整流回路</u>といいます。

---

**板書** ブリッジ全波整流回路

❶$v_{in} > 0$の時

❷$v_{in} < 0$の時

$v_{in}$

$v_{out}$

→ は電流の流れ

---

**ひとこと**

回路を指でなぞって，確認しましょう。

## 2 トランジスタの増幅度と利得（ゲイン） 重要度★★★

### I 増幅度

増幅とは，振幅を大きくすることをいいます。

増幅度とは，入力信号に対する出力信号の大きさの比をいい，何倍になるかを表します。増幅回路（入力信号の振幅を大きくして出力信号にする回路）は，中身は複雑でも，入口と出口だけに注目すると，四端子（入力端子2つと出力端子2つ）の回路として表せます。

電圧増幅度とは，入力電圧 $V_i$[V]と出力電圧 $V_o$[V]の比をさします。
電流増幅度とは，入力電流 $I_i$[A]と出力電流 $I_o$[A]の比をさします。
電力増幅度とは，入力電力 $P_i$[W]と出力電力 $P_o$[W]の比をさします。

公式 電圧・電流・電力の増幅度

❶ 電圧増幅度 $A_v = \dfrac{\text{出力電圧 } V_o}{\text{入力電圧 } V_i}$

Aは増幅（Amplification）のA
添え字は入力（input）のi

❷ 電流増幅度 $A_i = \dfrac{\text{出力電流 } I_o}{\text{入力電流 } I_i}$

添え字は出力（output）のo

❸ 電力増幅度 $A_p = \dfrac{\text{出力電力 } P_o}{\text{入力電力 } P_i} = \dfrac{V_o I_o}{V_i I_i} = A_v A_i$

　**利得**（単位：dB）とは，増幅度を対数で表したものです。対数表示にすると，何段階にも増幅した場合に，全体の利得が単純な足し算で求まるので便利です。

全体の増幅度＝増幅度1×増幅度2×増幅度3

全体の利得＝利得1＋利得2＋利得3

　　　「倍」という単位は，「基準となるＡの何倍だ」というように使います。「デシベル」も同じで，「基準となる量の何デシベルだ」というように使います。なお，1Ｂ＝10dBで，リットルとデシリットルのような関係です。

　増幅回路の電圧，電流，電力の利得は，次のように定義します。特に，電圧・電流におけるデシベル（10倍→20dB，100倍→40dB）と，電力におけるデシベル（10倍→10dB，100倍→20dB）は異なるので注意が必要です。

**公式** 電圧・電流・電力の利得の定義

❶ 電圧利得 $G_v = 20 \log_{10}\left(\dfrac{\text{出力電圧 } V_o}{\text{入力電圧 } V_i}\right)$ [dB]

❷ 電流利得 $G_i = 20 \log_{10}\left(\dfrac{\text{出力電流 } I_o}{\text{入力電流 } I_i}\right)$ [dB]

電圧，電流はこっち！

❸ 電力利得 $G_p = 10 \log_{10}\left(\dfrac{\text{出力電力 } P_o}{\text{入力電力 } P_i}\right)$ [dB]

電力はこっち！

【イメージをつかむための対応表】

| 倍 $\dfrac{\text{出力}}{\text{入力}}$ [倍] | ベル $\log_{10}\left(\dfrac{\text{出力}}{\text{入力}}\right)$ [B] | デシベル❸ $10\log_{10}\left(\dfrac{\text{出力}}{\text{入力}}\right)$ [dB] | デシベル❶❷ $20\log_{10}\left(\dfrac{\text{出力}}{\text{入力}}\right)$ [dB] |
|---|---|---|---|
| 1 倍 | 0 | 0 | 0 |
| 2 倍 | 0.301 | 3.010 | 6.021 |
| 3 倍 | 0.477 | 4.771 | 9.542 |
| ⋮ | ⋮ | ⋮ | ⋮ |
| 9 倍 | 0.954 | 9.542 | 19.085 |
| 10 倍 | 1 | 10 | 20 |
| 100 倍 | 2 | 20 | 40 |
| 1000 倍 | 3 | 30 | 60 |

ベルは2〜9倍で小数点以下になるので，不便で使われない

★デシベルのデシは，$\dfrac{1}{10}$ という意味。リットルとデシリットルの関係みたいなもの

 問題集 問題155

## 3 演算増幅器（OPアンプ） 重要度 ★★★

### I 演算増幅器（OPアンプ）

#### 1 演算増幅器

　**演算増幅器**（**OPアンプ**）とは，❶反転入力と❷非反転入力の2つの入力から，1つの出力を行う増幅器のことです。図記号は次のような形です。

　演算増幅器の中身は複雑なので，まず入口と出口だけに注目します。演算増幅器は，入力端子間の電圧 $V_i[\text{V}]$ を増幅し，電圧 $V_o[\text{V}]$（$V_o$ は出力端子の電位と電位0Vとの差）を出力する特徴を持ちます。

この地面みたいな記号は，
電位 0 V を示す

## Ⅱ 演算増幅器の等価回路

　理想的な演算増幅器は，❶どんな周波数の電圧（直流でも交流）でも増幅でき，❷入力電圧が電圧降下せずそのまま入力され，❸出力電圧も電圧降下せずそのまま出力され，❹小さな入力信号を無限大まで増幅させて出力できる性質を持っています。

**ひとこと**

❶を「周波数特性（ノ特性）が良い」といいます。

　ここで現実的な中身を別にして，入力と出力のつじつまが合うような，理想的な演算増幅器の等価回路を頭の中で考えます。回路が分離されていますが，頭の中で考えていることなのでかまいません。

小さい
$V_i$[V]
入力電圧

出力インピー
ダンス $Z_o$=0 Ω

入力インピー
ダンス $Z_i$=∞[Ω]

増幅した電圧

増幅度$A_v$=∞とすると…

$V_o$=$A_v V_i$[V]
出力電圧

この地面みたいな記号は，
電位 0 V

演算増幅器は$A_v=∞$という特徴から，小さな入力信号を増幅させることができるものの，その大きすぎる増幅度ゆえに，そのままでは出力を安定させることができず，やや不便です。そこで，実際に使用する際には，下図のように反転入力端子と出力端子を接続し，出力の一部を入力に返すような構成とします。このような構成にすることを「**負帰還**をかける」といいます。

反転入力端子と出力端子を接続→負帰還

　上図において，各入力端子の電位をそれぞれ$V_+$，$V_-$とすれば，出力電圧$V_{out}$は，

$$V_{out}=A_v V_{in}=A_v(V_+ - V_-)$$

ここで理想的な演算増幅器の場合，$A_v=∞$であるため，

$$V_+ - V_- = \frac{V_{out}}{A_v}=0$$
$$\therefore V_+ = V_-$$

となり，入力端子の電位 $V_+$，$V_-$ が等しい，すなわち短絡されているのと同じ状態になります。これを 仮想短絡（イマジナリショート）といいます。

### ひとこと

もし仮に入力電圧 $V_{in}$ が変動し，$V_+ \neq V_-$ となったとしても，有限値である $V_{out} = A_v V_{in}$ が変動することで，負帰還により $V_-$ も変動し，結局 $V_+ = V_-$ となる状態に落ち着きます。つまり，演算増幅器は負帰還をかけることで仮想短絡の状態を維持でき，出力が安定することがわかります。

## Ⅲ 反転増幅回路

反転増幅回路（逆相増幅回路）とは，入力電圧と出力電圧の符号が逆になる増幅回路をいいます。

### 基本例題
演算増幅器（H22B18改①）

図のような直流増幅回路がある。出力電圧 $V_{o2}$[V] の値を求めよ。ただし，演算増幅器は理想的なものとし，$V_{i2} = 0.45$ V である。

　節点bの部分は，緑色の導線の電圧（基準0Vとする）と同じ電圧である。なぜなら，入力端子どうしは，仮想的に短絡していると考えられるからである。

したがって，電圧 $V_{ab} = 0.45 - 0 = 0.45\,V$

分圧の法則から，抵抗30kΩで0.45Vの抵抗降下なのだから，

電圧 $V_{bc} = 0.45 \times \dfrac{200\,k\Omega}{30\,k\Omega} = 3\,V$

よって，電圧 $V_{o2}$ は節点bの電圧よりも3V低いから，電圧 $V_{o2} = -3\,V$

---

**ひとこと**

　増幅回路では，とにかく問題を解けるようになることが重要です。問題の解き方のパターンも決まっていて，赤くした節点の電圧を考えるところからスタートします。それを知っていれば，後述する公式も覚えなくてかまいません。

問題集　問題156

---

## Ⅳ 非反転増幅回路

　**非反転増幅回路**（**正相増幅回路**）とは，入力電圧と出力電圧の符号が同じになる増幅回路をいいます。

## 基本例題

演算増幅器（H22B18改②）

　図のような直流増幅回路がある。出力電圧 $V_{o1}$[V] の値を求めよ。ただし，演算増幅器は理想的なものとし，$V_{i1} = 0.6\,\mathrm{V}$ である。

### 解答

　節点bは，オレンジ色の導線の電圧0.6 Vと同じ電圧である。なぜなら，入力端子同士は，仮想的に短絡していると考えられるからである。

したがって，電圧 $V_{ab} = 0 - 0.6 = -0.6\,\mathrm{V}$

抵抗10 kΩに　0.6 Vの電圧が加わるのだから，抵抗100 kΩとの分圧を考える

と，電圧 $V_{bc} = -0.6 \times \dfrac{100\,\mathrm{k\Omega}}{10\,\mathrm{k\Omega}} = -6\,\mathrm{V}$

よって，電圧 $V_{o1} = 0.6 - (-6) = 6.6\,\mathrm{V}$

**公式** 演算増幅器

◆反転増幅回路

$$出力電圧 V_o = -\frac{R_f}{R} \times V_i$$

◆非反転増幅回路

$$出力電圧 V_o = \left(1 + \frac{R_f}{R}\right) \times V_i$$

CHAPTER 08

電気測定

# 電気測定

電気に関する値を測定するときに用いられる電気計器の種類や特徴について学びます。試験では、知識を問われる頻度が高いため、各計器の特徴をしっかりと理解しましょう。

## このCHAPTERで学習すること

### SECTION 01 電気測定

電気計器の種類や特徴、測定方法について学びます。

## 傾向と対策

### 出題数

$1〜4$問／22問中

・論説問題（空欄補充、正誤選択）中心

|  | H27 | H28 | H29 | H30 | R1 | R2 | R3 | R4上 | R4下 | R5上 |
|---|---|---|---|---|---|---|---|---|---|---|
| 電気測定 | 1 | 3 | 2 | 2 | 1 | 1 | 4 | 1 | 2 | 4 |

### ポイント

計器の種類が多く、覚える用語や記号も多いため、各計器のイラストや動作原理をしっかりと理解することが大切です。計算問題も出題されますが、短時間で解答できる問題が多いため、直流、交流回路の計算をスムーズに行えるように、繰り返し解くことも必要です。

SECTION

01

# 電気測定

このSECTIONで学習すること

### 1 電気計器

電気計器を使用する上での基礎知識と，それぞれの電気計器のしくみについて学びます。

### 2 分流器と倍率器

分流器と倍率器の用途と計算方法について学びます。

### 3 抵抗の測定

二通りの抵抗の測定方法について学びます。

### 4 電力と電力量の測定

直流・交流の電力と交流の電力量を測定する方法について学びます。

### 5 オシロスコープとリサジュー図形

電圧の波形を表示するオシロスコープのしくみについて学びます。

# 1 電気計器

## I 測定値の誤差

　真の値（量記号：$T$）は，本当に正しい値のことですが，通常は人が測定しても得ることができない値です。測定値（量記号：$M$）は，測定によって得た値でしかなく，真の値と測定値に誤差が生じます。

　誤差率 $\varepsilon$ は，$\dfrac{M-T}{T}$ で表され，補正率 $\alpha$ は，$\dfrac{T-M}{M}$ で表すことができます。

---

**公式** 誤差率と補正率

$$\text{誤差率 } \varepsilon = \frac{M-T}{T} \times 100 \ [\%]$$

$$\text{補正率 } \alpha = \frac{T-M}{M} \times 100 \ [\%]$$

誤差率：$\varepsilon$ [%]
補正率：$\alpha$ [%]
測定値：$M$
真の値：$T$

---

## II 有効数字

　たとえば，次の目盛を読む場合，「2.4」や「2.5」など小数点以下については人によって判断が異なりますが，「2」の部分に関しては明らかです。

判断が分かれるものの，「2」と表現するよりも，「2.4」や「2.5」と詳しく表現すると，より正確になります。このように測定値として意味がある数字を有効数字といいます。

有効数字の桁数は，ゼロがはじめに並ぶ場合，ゼロでない数字よりも前にあるゼロは数えません。以下の例ならば，有効数字は3桁となります。

有効数字
の桁数
0.000351　有効数字の桁数は3桁
有効数字の
桁数ではない

---

## Ⅲ 測定法の基礎と直動式指示電気計器

### 1 測定法の基礎

測定には，直接測定する方法（直接測定）と，関連する数値を測定して計算によって間接的に測定する方法（間接測定）があります。

### 2 電気計器の三大要素

電気計器は，①駆動装置，②制御装置，③制動装置で構成されます。

| 駆動装置 | 測定量を駆動トルクに変換して，指針などの可動部分を動かす |
|---|---|
| 制御装置 | 指針を測定量に応じた位置に止める |
| 制動装置 | 指針がふらふら揺れて読みにくくなるのを防ぐ |

### 3 直動式指示電気計器の種類

**直動式指示電気計器**とは，測定量の大きさに対応して，動力が発生するようなしくみになっており，その動きを読み取って測定量を測る装置です。測定量とは，電圧，電流，電力などの値のことです。

指示計器には，測定量を読み取るため，目盛板がついています。

以下は目盛板の読み方の例です。

① 測定量の種類はV（ボルト）です

⑤ 鉛直（えんちょく）において利用して下さい

② 動作原理は可動鉄片形（かどうてっぺんがた）です

③ 交流用です

④ 許容差は ±2.5 ％です

【参考】

① 測定量の種類と記号

| 測定量 | 記号 |
|---|---|
| 電圧 | V，mV など |
| 電流 | A，mA など |
| 電力 | W，kW など |
| 力率 | cos φ または cos θ |

③ 直流用か交流用か

| 種 類 | 記 号 |
|---|---|
| 直流 | --- |
| 交流 | ∼ |
| 直流・交流 | ≂ |

⑤ 計器の姿勢 (おき方)

| 種 類 | 記 号 |
|---|---|
| 鉛直 | ⊥ |
| 水平 | ⊓ |
| 傾斜<br>(60°の例) | ∠60° |

なるほど！

---

## Ⅳ 永久磁石可動コイル形計器 (U磁石にコイルがはさまっているマーク)

### 1 永久磁石可動コイル形計器のしくみ

　磁界中でコイルに電流を流すと，電磁力が発生して回転します。電磁力 $F = BIl$ より，磁束密度 $B$ と磁束中の導体の長さ $l$ を一定にすれば，電磁力 $F$ の大きさは電流 $I$ の大きさのみに比例します。このとき，トルク（回転力）も

電流$I$に比例することになります。

**ひとこと**

ふむ ふむ

　機械 の科目でも重要な発想になりますが，機器を一度つくってしまったら，変化させることができない値があります。たとえば，使う磁石を決めてしまえば$B$は一定です。また，コイルを決めてしまえば導体の長さ$\ell$が一定です。

　しかし，電流だけは，計器をつくったあとも，簡単に変化させることができます。

**ひとこと**

そういえば…

　トルクの公式は，
トルク$T=$電磁力$F×$腕の長さ$D$　でした。
腕の長さはコイルを一度つくってしまえば変わりません。

　このトルクを利用して，コイルに指針と目盛板を設ければ電流計ができます。しかし，これだけでは，どんな大きさの電流を流しても指針が振り切れて，適切な位置に止まりません。

**ひとこと**

ふむ ふむ

　指針を止めるしくみ（制御装置）がないと，ゆっくり回って限界の位置で止まるか，早く回って限界の位置で止まるかの違いだけで結局針が振り切れます。

　そこで，トルクの大きさ，つまり電流の大きさに応じた位置で止めるしくみが必要になります。このため，渦巻状のぜんまいばねなどを使います。

ばね　　　　　指針

ばねが戻ろう
とする力

N　　　　S

力

可動コイル　　永久磁石

## 2　永久磁石可動コイル形計器の特徴

　永久磁石可動コイル形計器は，直流用であり，指示値は平均値を示します。高感度で正確であり，目盛間隔が均一なので読み取りも楽にできます。

**ひとこと**

　直流用とされる理由は，交流を流すと力の向きが交互に入れ替わるので，針が右と左に振れて測れないからです。

## 3　整流形計器（ →┤ |\_| 「整流器」と「永久磁石可動コイル形計器」を組み合わせたマーク）

　整流形計器とは，交流の電流や電圧を測定するために，整流器と可動コイル形計器を組み合わせた計器をいいます。可動コイル形計器は直流用でしたが，整流器で交流を直流に変換することで測定できます。

　このように計器には同一方向の電流が流れるため，交流を直流として扱うことができるようになります。

### 4 熱電対形計器（非絶縁）

（<u>＼</u>⋏∩「熱線と2種類の金属」と「永久磁石可動コイル形計器」を組み合わせたマーク）

**熱電対**とは，異なる2種類の金属を接合したものをいいます。熱電対の一方を加熱し，加熱された側の接合点と，他方の接合点との間で温度差が生じると，起電力が発生し電流が流れます。この現象を**ゼーベック効果**（熱電効果）といいます。

**板書** ゼーベック効果

金属A

接合点（高温）　　電流が流れる　　接合点（低温）

金属B

熱電対の加熱された側ともう一方の
接合点の温度差により電流が流れる

起電力の大きさは，金属の組み合わせや，温度差によって異なります。

なお，熱電対の2つの接合点の片方を離して，その間を別の中間金属Cでつないでも起電力は同様に発生します（中間金属の法則）。

**板書 中間金属の法則**

金属A

接合点
(高温)

金属C
(中間金属)

金属B

起電力は
同様に発生する

熱電対の片方の接合を離して別の中間
金属でつないでも起電力は同様に発生する

　そこで，図のように熱線（ねっせん）に交流電流や直流電流を流せば，熱電対の片方を加熱でき，他方と温度差が生じて電流が流れます。これにコイル形計器を組み合わせると，直流と交流どちらでも使える計器ができあがります。熱電対形計器の指示値は実効値となります。

金属C

Ⓐ

金属A

金属B

冷たい

ゼーベック効果により
起電力が発生して
電流が流れる

測定したい電流

熱線
(高温)

熱い

問題集 問題157

## Ⅴ 可動鉄片形計器（🗝コイルに鉄片が入っているマーク）

### 1 可動鉄片形計器（かどうてっぺんがたけいき）のしくみ

　あるコイルに2つの鉄片を入れた場合を考えます。

　次の図において，コイルに交流電流を流します。電流の向きが変わるたびに，右ねじの法則から磁束の向きが変わり，磁化された鉄片の上下のN極とS極の向きが変化します。

どちらの状態であっても，2つの鉄片には反発力が働きます。

この2つの鉄片のおき方を工夫してみます。片方は，指針の軸に取りつけて動けるようにします（可動鉄片）。可動鉄片が反発力によって軸を中心に回転すれば，それにあわせて指針も動きます。もう片方の鉄片は固定します（固定鉄片）。

この2つの鉄片どうしの反発力による回転力（駆動トルク）は電流の2乗に比例します。

### 2 可動鉄片形計器の特徴

可動鉄片形計器は，おもに交流用であり，指示値は実効値を示します。目盛間隔は，2乗目盛であり不均一になります。

## Ⅵ 電流力計形計器（⊕可動コイル1つと，固定コイル2つのマーク）

### 1 電流力計形計器のしくみ

3つのコイルに電流を流すと，それぞれのコイルに磁界が発生します。コイル①とコイル②の両端にS極とN極ができると考えられます。また，それに反発するような形で，コイル③の両端にN極とS極ができると考えられます。

これは直流であっても，電流の向きが交互に変化する交流であっても，コイル③はほかのコイルと反発するように磁極が表れます。

上の図では，わかりやすくするためにコイルを直列接続にしましたが，電流を流したときにコイル③がほかのコイルと反発するように電流が流れれば，並列接続でも構いません。

ここで，それぞれのコイルの置き方を工夫してみます。コイル①とコイル②は固定して，コイル③は回転軸を中心に回転できるように配置すれば，電流の大きさを測ることができます。

　これが，電流力計形計器のしくみです。

 **ひとこと**

　電流力計形計器は，永久磁石可動コイル形計器の応用といえます。永久磁石による磁界の代わりに，コイルに電流を流して発生する磁界を利用して交流に対応したしくみになっています。

### ２　電流力計形計器の特徴

　電流力計形計器は，交流にも直流にも利用できます。指示値は実効値を示します。

## ❶ 静電形計器のしくみ

　図のように，測定したい電圧を加えると，電極板に電荷が蓄えられます。この電極板間に生じる静電力を利用することで，電圧を測定することができます。これが，静電形計器のしくみです。

測定したい電圧（交流も可）

## ❷ 静電形計器の特徴

　静電形計器は，交流にも直流にも利用できます。指示値は実効値を示します。

## 2 分流器と倍率器 重要度 ★★★

### I 分流器

**分流器**とは，電流計に並列に接続した抵抗器をいい，電流計の測定範囲を
こえた電流$I$を測定したい場合（測定範囲を拡大したい場合）に利用します。

電流$I$を分流させて
Ⓐで電流$I_a$を測定し，
逆算して電流$I$を求めます

**分流器の倍率**（量記号：$m$）とは，分流器を利用することで電流計の測定上
限の何倍の電流$I$を測定できるかを意味し，電流$I$[A]と電流計に流れる電流
$I_a$[A]の比である$\dfrac{I}{I_a}$で定義されます。以下で分流器の倍率を$m$にしたいとき
に，$R_s$はいくらにすればよいかを考えます。

**ひとこと**

　　分流器を並列に接続すると，分流計算によって，電流$I$[A]が枝分かれし
て，電流計に入っていく電流が減ります。電流計に流れた電流から逆算する
と，電流$I$[A]を求めることができます。これを，測定範囲の拡大に利用し
ます。

分流の式から

$$I_a = \frac{R_s}{r_a + R_s}I$$

したがって，分流器の倍率$m$は，

$$m = \frac{I}{I_a} = \frac{\cancel{I}}{\dfrac{R_s}{r_a + R_s}\cancel{I}} = \frac{r_a + R_s}{R_s} = \frac{r_a}{R_s} + \frac{R_s}{R_s} = \frac{r_a}{R_s} + 1$$

よって，抵抗$R_s$を，分流器の倍率$m$を利用して表すと，

$$m = \frac{r_a}{R_s} + 1$$

$$m - 1 = \frac{r_a}{R_s}$$

$$R_s(m - 1) = r_a$$

$$R_s = \frac{r_a}{m - 1}\,[\Omega]$$

となります。

公式 **分流器の抵抗値**

分流器の抵抗値　　　　電流計の内部抵抗[Ω]

$$R_s \;=\; \frac{r_a}{m - 1}$$

[Ω]　　　　　　分流器の倍率

問題集 問題162

## Ⅱ 倍率器

倍率器（ばいりつき）とは，電圧計に直列に接続した抵抗をいい，電圧計の測定範囲をこえた電圧$V$を測定したい場合（測定範囲を拡大したい場合）に利用します。

　倍率器の倍率（量記号：$m$）は，倍率器を利用することで電圧計の測定上限の何倍の電圧$V$を測定できるかを意味し，電源の端子電圧$V[V]$と，電圧計に加わる端子電圧$V_v[V]$の比である$\dfrac{V}{V_v}$で定義されます。ここで，倍率器の

倍率を $m$ にしたいときに，$R_\mathrm{m}$ はいくらにすればよいかを考えます。

分圧の式から，$V_\mathrm{v}[\mathrm{V}]$ は，

$$V_\mathrm{v} = \frac{r_\mathrm{v}}{R_\mathrm{m} + r_\mathrm{v}} V$$

したがって，倍率器の倍率 $m$ は，

$$m = \frac{V}{V_\mathrm{v}} = \frac{\cancel{V}}{\dfrac{r_\mathrm{v}}{R_\mathrm{m} + r_\mathrm{v}} \cancel{V}} = \frac{R_\mathrm{m} + r_\mathrm{v}}{r_\mathrm{v}} = \frac{R_\mathrm{m}}{r_\mathrm{v}} + \frac{r_\mathrm{v}}{r_\mathrm{v}} = \frac{R_\mathrm{m}}{r_\mathrm{v}} + 1$$

よって，抵抗 $R_\mathrm{m}$ を，倍率器の倍率 $m$ を利用して表すと，

$$m = \frac{R_\mathrm{m}}{r_\mathrm{v}} + 1$$

$$m - 1 = \frac{R_\mathrm{m}}{r_\mathrm{v}}$$

$$R_\mathrm{m} = r_\mathrm{v}(m - 1) \ [\Omega]$$

となります。

---

**公式** 倍率器の抵抗値

| 倍率器の 抵抗値 $R_\mathrm{m}$ [Ω] | = | 電圧計の 内部抵抗 $r_\mathrm{v}$ [Ω] | 倍率器の 倍率 $(m - 1)$ |
|---|---|---|---|

 問題集 問題163 問題164 問題165

---

## 3 抵抗の測定　重要度 ★★★

　抵抗の基本的な測定方法として，電圧降下法やホイートストンブリッジによる測定法があります。

抵抗の測定 ── I 電圧降下法

└── II ホイートストンブリッジ による測定

## Ⅰ 電圧降下法

電圧計と電流計を利用して，抵抗による電圧降下 $V[\text{V}]$ と，抵抗に流れる電流 $I[\text{A}]$ を測定すれば，オームの法則 $R = \dfrac{V}{I}$ から，間接的に近似的な抵抗 $R[\Omega]$ を求めることができます。このような抵抗の測定方法を**電圧降下法**といいます。しかし，精度の高い値は求められません。

---

**板書** **電圧降下法による抵抗 $R$ の測定**

$R = \dfrac{V}{I}$　…電圧降下（電圧計で測定）
　　　…電流（電流計で測定）

※測定機器の内部抵抗による誤差を含んでしまう

---

問題集 問題166 問題167

### ひとこと

電圧計や電流計には，二通りの接続方法があり，①電圧計の内部抵抗 $r_v \gg R$ のときは左下図の接続方法を，②電流計の内部抵抗 $r_a \ll R$ のときは右下図の接続方法を行うと，誤差が少なくて済みます。

電流計に流れる電流 $I_a$ と負荷に流れる電流 $I_r$ は，少し異なってしまう…

電圧計で測定した電圧 $V_r$ は，$r_a$ と $R$ で分圧されて負荷に加わる電圧とは，少し異なる。

$$R = \frac{V_r}{I_a - \dfrac{V_r}{r_v}}$$

$$R = \frac{V_r}{I_a} - r_a$$

$r_v \gg R$ の場合　　　　　　$r_a \ll R$ の場合

・Ⓥ の抵抗値 $r_v$ が大きくないと $I_a$ が分流してしまう。

・Ⓐ の抵抗値 $r_a$ が小さくないと $V_r$ を分圧してしまう。

## Ⅱ ホイートストンブリッジによる測定

抵抗を精密に測定したい場合，**ホイートストンブリッジ**を使います。図のように，抵抗値を測りたい$R_\mathrm{x}$と，抵抗$R_1$，$R_2$と抵抗値を調整できる<ruby>可変抵抗<rt>かへんていこう</rt></ruby>$R_3$を接続します。

可変抵抗$R_3$を調整して検流計Gがゼロを指したとき，ブリッジが平衡したということであり，$R_\mathrm{x}R_1 = R_2R_3$が成り立ちます。これを式変形すると，測りたい抵抗値$R_\mathrm{x} = \dfrac{R_2}{R_1}R_3$と求めることができます。また，$\dfrac{R_2}{R_1}$を**比例辺の<ruby>倍率<rt>ばいりつ</rt></ruby>**といいます。

---

**公式** ホイートストンブリッジによる測定

$$R_\mathrm{x} = \frac{R_2}{R_1}R_3$$

未知の抵抗$R_\mathrm{x}$を求めたいとき

可変抵抗$R_3$に$\dfrac{R_2}{R_1}$倍する

（比例辺というひとまとまりで考える）

---

## 4 電力と電力量の測定　重要度 ★★☆

### Ⅰ 電力の測定

直流と交流の電力を測定する方法には，①直接測定法（電流力計形電力計で直接測定する方法）と②間接測定法（電流計や電圧計を利用して間接的に測定する方法）があります。

## Ⅱ 直流回路の電力測定

　負荷で消費される電力は，電圧計の指示値を $V[\mathrm{V}]$，電流計の指示値を $I$ [A]とすると，電力 $P = VI$ として近似的に求めることができます。

$r_\mathrm{v} \gg R$ の場合　　　　　　　　　$r_\mathrm{a} \ll R$ の場合

### ひとこと

　抵抗に流れる電流と抵抗に加わる電圧を測定して電力を求めますが，電圧計と電流計の誤差が含まれるので，精度の高い測定結果は得られません。

## Ⅲ 交流回路の電力測定

　電力を測るための適切な電力計がない場合，■1三電圧計法や■2三電流計法を用いて電力を測定することができます。

### ■1 三電圧計法
　**三電圧計法**とは，図のように，電圧計3つと抵抗1つを配置して，負荷の消費電力を測定する方法です。抵抗$R$の値と，電圧計$V_1$，$V_2$，$V_3$の指示値

だけで，消費電力Pを求めることができます。

負荷に流れる電流$\dot{I}$[A]と電圧$\dot{V}_3$[V]の位相差（力率角）を$\theta$[rad]とすると，負荷が消費する電力$P$[W]は，

$$P = V_3 I \cos \theta \ [\text{W}] \cdots ①$$

**Iについて**

電圧計$V_1$，$V_2$，$V_3$の内部抵抗が非常に大きく，電流の分流が起こらないと仮定すると，

$$I = \frac{V_2}{R} \cdots ②$$

**cos θについて**

キルヒホッフの第二法則（電圧則）より，

$$\dot{V}_1 = \dot{V}_2 + \dot{V}_3$$

これをもとに電圧のベクトルを書きます。

ピタゴラスの定理より

$$
\begin{aligned}
V_1^2 &= (V_2 \sin \theta)^2 + (V_3 + V_2 \cos \theta)^2 \\
&= V_2^2 \sin^2 \theta + V_3^2 + 2 V_2 V_3 \cos \theta + V_2^2 \cos^2 \theta \\
&= V_2^2 (\sin^2 \theta + \cos^2 \theta) + V_3^2 + 2 V_2 V_3 \cos \theta \\
&= V_2^2 + V_3^2 + 2 V_2 V_3 \cos \theta
\end{aligned}
$$

よって，$\cos\theta = \dfrac{V_1^2 - V_2^2 - V_3^2}{2V_2V_3}\cdots$③

①に，②，③を代入すると，

$$P = V_3 I \cos\theta$$

$$= \cancel{V_3} \times \frac{\cancel{V_2}}{R} \times \frac{V_1^2 - V_2^2 - V_3^2}{2\cancel{V_2}\cancel{V_3}}$$

$$= \frac{V_1^2 - V_2^2 - V_3^2}{2R} [\text{W}] \qquad となります。$$

---

**公式 三電圧計法**

$$P = \frac{1}{2R}(V_1^2 - V_2^2 - V_3^2) [\text{W}]$$

負荷が消費する電力：$P[\text{W}]$
電圧の大きさ：$V_1, V_2, V_3[\text{V}]$
抵抗の大きさ：$R[\Omega]$
力率角：$\theta[\text{rad}]$

電圧計で電力を測れる

---

## 2 三電流計法

<ruby>三電流計法<rt>さんでんりゅうけいほう</rt></ruby>とは，図のように，電流計3つと抵抗1つを配置して，負荷の消費電力を測定する方法です。抵抗$R$の値と電流計の指示値$I_1$, $I_2$, $I_3$だけで消費電力$P$を求めることができます。

負荷に流れる電流 $\dot{I}_3$[A] と電圧 $\dot{V}$[V] の位相差（力率角）を $\theta$[rad] とします。負荷が消費する電力 $P$[W] は，

$$P = VI_3\cos\theta\,[\text{W}]\cdots①$$

**$V$について**

電流計 $I_1$，$I_2$，$I_3$ の内部抵抗が非常に小さく無視できるとすると，負荷に加わる電圧 $V$ と抵抗 $R$ に加わる電圧は等しいと考えられるから，

$$V = I_2R\,[\text{V}]\cdots②$$

**$\cos\theta$について**

節点 a でキルヒホッフの第一法則（電流則）を適用すると，

$$\dot{I}_1 = \dot{I}_2 + \dot{I}_3$$

これをベクトル図に描くと，

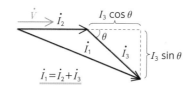

ピタゴラスの定理より，

$$
\begin{aligned}
I_1^2 &= (I_3\sin\theta)^2 + (I_2 + I_3\cos\theta)^2 \\
&= I_3^2\sin^2\theta + (I_2^2 + 2I_2I_3\cos\theta + I_3^2\cos^2\theta) \\
&= I_2^2 + 2I_2I_3\cos\theta + I_3^2(\sin^2\theta + \cos^2\theta) \\
&= I_2^2 + 2I_2I_3\cos\theta + I_3^2
\end{aligned}
$$

よって，$\cos\theta = \dfrac{I_1^2 - I_2^2 - I_3^2}{2I_2I_3}\cdots③$

①に，②，③を代入すると，

$$
\begin{aligned}
P &= VI_3\cos\theta \\
&= I_2R \times I_3 \times \frac{I_1^2 - I_2^2 - I_3^2}{2I_2I_3} \\
&= \frac{R}{2}(I_1^2 - I_2^2 - I_3^2)\,[\text{W}]
\end{aligned}
$$

となります。

$$P = \frac{R}{2}(I_1^2 - I_2^2 - I_3^2)\ [\mathrm{W}]$$

負荷が消費する電力：$P$[W]
電流の大きさ：$I_1,\ I_2,\ I_3$[A]
抵抗の大きさ：$R$[Ω]
力率角：$\theta$ [rad]

電流計で電力を測れる。

力率 $\cos\theta$

$\dot{I}_1 = \dot{I}_2 + \dot{I}_3$

# IV 三相交流回路の電力測定

## 1 一電力計法

　三相電力とは，三相交流回路における電力です。三相電力は，一相分の電力を測定して3倍することで求めることができます。この測定方法を一電力計法といいます。

　一電力計法は，負荷が三相で等しいとき（負荷が平衡）しか使えません。また，中性点がないΔ結線では使えません。

力率 $\cos\theta$

ここは
電圧コイルなので
電流は流れないと考える

## 公式 一電力計法 (三相電力の測定)

三相電力 [W] ・・・ 一相分の電力 [W]

$$P = 3 P_1 \ \text{[W]}$$

← 一相分の電力を3倍するだけで三相電力を測れる。

### ひとこと

無効電力の測定

無効電力は，1台の電力計を図のように接続し，指示値 $P_1$ を $\sqrt{3}$ 倍することで求めることができます。

$$Q = \sqrt{3} P_1 \ \text{[var]}$$

電力計 W

ここは電圧コイルなので電流は流れないと考える

## 2 二電力計法

図のように2つの単相電力計を接続すると，2つの電力計の指示値の和が，三相電力になります。この三相電力の測定方法を**二電力計法**といいます。二電力計法は，次のように，中性点がないΔ結線でも利用することができます。また，負荷が不平衡でも利用できます。

色のついている部分は電圧コイルなので電流は流れない

2つの電力計の指示する電力$P_1$，$P_2$は，以下の通りです。

$$P_1 = V_{ab}I_a\cos(30° + \theta)$$
$$P_2 = V_{cb}I_c\cos(30° - \theta)$$

$V_{ab}$，$V_{cb}$はともに線間電圧で，大きさが等しいので$V$[V]とします。
$I_a$，$I_c$はともに線電流で，大きさが等しいので$I$[A]とします。

$$P_1 + P_2 = V_{ab}I_a\cos(30° + \theta) + V_{cb}I_c\cos(30° - \theta)$$
$$= VI\cos(30° + \theta) + VI\cos(30° - \theta)$$
$$= VI\{\cos(30° + \theta) + \cos(30° - \theta)\} \cdots ①$$

加法定理より

$$\cos(\alpha + \beta) = \cos\alpha\cos\beta - \sin\alpha\sin\beta \cdots ②$$
$$\cos(\alpha - \beta) = \cos\alpha\cos\beta + \sin\alpha\sin\beta \cdots ③$$

したがって

$$① = VI\{\cos(30° + \theta) + \cos(30° - \theta)\}$$
$$= VI\{(\cos30°\cos\theta - \cancel{\sin30°\sin\theta}) + (\cos30°\cos\theta + \cancel{\sin30°\sin\theta})\}$$
$$= VI\left(\frac{\sqrt{3}}{2}\cos\theta + \frac{\sqrt{3}}{2}\cos\theta\right)$$

$$= \sqrt{3}\, VI\cos\theta$$

となります。三相電力の公式は，$P = \sqrt{3}\, VI\cos\theta$ なので，$P_1 + P_2 = \sqrt{3}\, VI\cos\theta$ と等しく，2つの電力計の指示値の和が三相電力になっていることが確かめられました。

---

公式 **二電力計法**（三相電力の測定）

三相電力　　電力計の指示値
$$P = P_1 + P_2$$
[W]　　　　　[W]

← 2つの電力計の指示値の和で三相電力を測れる。

---

**ひとこと**

無効電力の測定
　無効電力は，

$$Q = \sqrt{3}\,(P_2 - P_1) \quad [\text{var}]$$

で求めることができます。

問題集 問題168 問題169

---

## Ⅴ 交流回路の電力量の測定

### 1 渦電流

金属板を貫く磁束が変化すると，その磁束の変化を打ち消すような起電力が発生し，渦状の電流が流れます。これを**渦電流**といいます。

磁束が増加すると

増加を打ち消すような渦電流が流れる

金属板

**ひとこと**

右ねじの法則から，どのような方向に渦電流が流れれば，磁束の変化を打ち消すことができるか考えることができます。

## 2 アラゴの円板

### (1) アラゴの円板

図のように自由に回転できるアルミニウム円板を用意します。アルミニウムは磁石にくっつきません。しかし，アルミニウム円板に沿って磁石を回転させると，遅れてアルミニウム円板も回転します。この現象を，アラゴの円板といいます。

### (2) アラゴの円板のしくみ

アルミニウム円板（金属板）を貫く磁束が変化すると，アルミニウム円板は磁束の変化を嫌がります。そこで，アルミニウム円板は渦電流を発生させて，もとの磁束を保とうとします。

磁石が移動すると，①磁石が過ぎ去ったほうは磁束が弱まり，②磁石が上にきたほうは磁束が強まり，それぞれに対応した渦電流が流れます。

渦電流と渦電流の間では電流を強め合い，円板の中心に向かう方向に電流が流れると考えることができます。また，磁束はN極からS極へと向かいます。

したがって，フレミングの左手の法則から，電流と磁束の向きに垂直な方向に力が発生します。これが円板を回す力となります。

簡単にいえば，磁石が移動したら磁束も移動するので，アルミニウム円板も同じ方向に移動して，磁束の変化を軽減します。

### ひとこと

機械 の「誘導機」で重要な発想になりますが，磁石とアルミニウム円板がまったく同じ速度で動くと，両者の関係では止まっているのと同じなので，そもそも磁束が変化しません。

磁束が変化して動き出すには，磁石よりも，アルミニウム円板の回転速度が少しでも遅れている必要があります。

円板が止まっているときは，磁石の速度との差が大きいので，磁束が大きく変化し，円板が磁石の速度に近くなるほど，磁束の変化は小さくなります。

**3** **誘導形電力量計**（<sub>ゆうどうがたでんりょくりょうけい</sub>）（◎アラゴの円板を示したようなマーク）

　誘導形電力量計は，交流の電力量を測定するためによく使われます。アラゴの円板の原理を利用したものです。

　電圧コイルと電流コイルによる磁束で，アルミニウム円板に渦電流を発生させて，電力に比例する速度でアルミニウム円板を回転させます。誘導形電力量計の円板の回転数は，電力と時間の積に比例します。

　このときの比例定数 $K$ を 計器定数 といい，1kW・hで円板を何回転させられるかを意味します。

---

**公式** **誘導形電力量計**

$$N = KPT \ [\text{rev}]$$

$$K = \frac{3600N}{P \times t}$$

revはrevolutionで回転数（単位：$s^{-1}$）の意味

円板の回転数：$N[\text{rev}]$
計器定数：$K\left[\dfrac{\text{rev}}{\text{kW・h}}\right]$
電力：$P[\text{kW}]$
時間：$t[\text{s}]$，$T[\text{h}]$

---

**ひとこと**

　動作原理は，たまにしか出題されないので，結論だけ押さえるとよいでしょう。

## 5 オシロスコープとリサジュー図形 重要度★★★

### I オシロスコープ

**オシロスコープ**とは，電気信号（電圧）の波形を表示する装置です。オシロスコープには，代表的なものとして，ブラウン管オシロスコープやディジタルオシロスコープがあります。

### ひとこと

本書では，ブラウン管オシロスコープについて説明します。

### II ブラウン管オシロスコープのしくみ

真空のブラウン管のなかで，電子銃が電子を連続的に発射します。この連続的に発射される電子の流れを電子ビームといいます。

電子ビームは、①垂直偏向板（観測したい電圧が加わり電界が生じる）と②水平偏向板（ノコギリ波の電圧が加わり電界が生じる）の間を通り、静電力によって、電圧の時間変化に対応して軌道を曲げられます。

①垂直偏向板（交流電圧）→上下に軌道を曲げる

②水平偏向板（ノコギリ波）→左右に軌道を曲げる

　最終的に、電子はブラウン管の内側に塗られた蛍光塗料にぶつかり、蛍光面（スクリーン）に軌跡が表示されます。

問題集 問題170 問題171 問題172

## Ⅲ リサジュー図形

Ⅱでは垂直軸と水平軸について，交流波とノコギリ波で考えましたが，交流波と交流波を組み合わせてできる図形を，**リサジュー図形**といいます。

代表的なリサジュー図形は次のようなものがあります。リサジュー図形によって，2つの交流波電圧の周波数比や位相差を知ることができます。

### 代表的なリサジュー図形

| 周波数比<br>（垂直：水平） | 1：1<br>（周波数が同じ） | 1：1<br>（周波数が同じ） | 1：2 |
|---|---|---|---|
| 位相差 | 0°（位相差なし） | 90° | 0°（位相差なし） |
| 図形 | 同相で同じ大きさだと，斜めの直線になる | 位相差90°だと円になる | 周波数が1：2だと8の形になる（周波数が2：1のときは∞の形） |

# 索　引

404

# ★セパレートBOOKの作りかた★

白い厚紙から，各分冊の冊子を取り外します。

※厚紙と冊子が，のりで接着されています。乱暴に扱いますと，破損する危険性がありますので，丁寧に抜きとるようにしてください。

表紙をしっかり持って，ぐいっと引っぱります。

白い厚紙

※抜きとるさいの損傷についてのお取替えはご遠慮願います。

第**3**版

みんなが欲しかった！

# 電験三種 理論の

## 教科書&問題集

### 第**2**分冊

# 問題集編

第 **2** 分冊

# 問題集編

---

※問題の難易度は下記の通りです
   A　平易なもの
   B　少し難しいもの　　難易度がAとBの問題は必ず解けるようにしましょう
   C　相当な計算・思考が求められるもの

※過去問のB問題のなかで選択問題については，出題の表記をCとしています
   （例H16-C17）

第**2**分冊 　問題集編

# CHAPTER 01

# 直流回路

**問題01** 図のように，抵抗$R[\Omega]$と抵抗$R_X[\Omega]$を並列に接続した回路がある。この回路に直流電圧$V[V]$を加えたところ，電流$I[A]$が流れた。$R_X[\Omega]$の値を表す式として，正しいものを次の(1)～(5)のうちから一つ選べ。

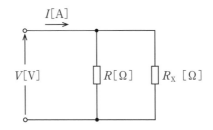

(1) $\dfrac{V}{I} + R$　　(2) $\dfrac{V}{I} - R$　　(3) $\dfrac{R}{\dfrac{IR}{V} - V}$

(4) $\dfrac{V}{\dfrac{I}{V - R}}$　　(5) $\dfrac{VR}{IR - V}$

H25-A5

| | ① | ② | ③ | ④ | ⑤ |
|---|---|---|---|---|---|
| 学 習 日 | | | | | |
| 理 解 度 (○/△/×) | | | | | |

**解説**

回路全体の合成抵抗は$\dfrac{R \cdot R_X}{R + R_X}$[Ω]であるから，オームの法則$V = RI$より，

$$V = I\frac{R \cdot R_X}{R + R_X}$$

$$V(R + R_X) = IRR_X$$

$$VR + VR_X = IRR_X$$

$$VR = IRR_X - VR_X$$

$$VR = (IR - V)R_X$$

$$\therefore R_X = \frac{VR}{IR - V}[\Omega]$$

よって，(5)が正解。

解答… (5)

**問題02** 抵抗値が異なる抵抗$R_1$[Ω]と$R_2$[Ω]を図1のように直列に接続し，30 Vの直流電圧を加えたところ，回路に流れる電流は6 Aであった。次に，この抵抗$R_1$[Ω]と$R_2$[Ω]を図2のように並列に接続し，30 Vの直流電圧を加えたところ，回路に流れる電流は25 Aであった。このとき，抵抗$R_1$[Ω]，$R_2$[Ω]のうち小さい方の抵抗[Ω]の値として，正しいのは次のうちどれか。

図1　　　　図2

(1)　1　　　(2)　1.2　　　(3)　1.5　　　(4)　2　　　(5)　3

H21-A6

| | ① | ② | ③ | ④ | ⑤ |
|---|---|---|---|---|---|
| 学 習 日 | | | | | |
| 理 解 度 (○/△/×) | | | | | |

**解説**

図1の回路の合成抵抗$R_1 + R_2 [\Omega]$は，オームの法則$R = \dfrac{V}{I}$より，

$$R_1 + R_2 = \frac{30}{6} = 5 \ \Omega$$

同様に，図2の回路の合成抵抗$\dfrac{R_1 R_2}{R_1 + R_2} [\Omega]$は，オームの法則$R = \dfrac{V}{I}$より，

$$\frac{R_1 R_2}{R_1 + R_2} = \frac{30}{25} = 1.2 \ \Omega$$

$R_1 + R_2 = 5 \ \Omega$であるから，

$$\frac{R_1 R_2}{5} = 1.2$$

$$\therefore R_1 R_2 = 6 \ \Omega$$

$R_1 + R_2 = 5 \ \Omega$，$R_1 R_2 = 6 \ \Omega$を満たす2つの抵抗の組み合わせは2Ωと3Ωである。
したがって，抵抗$R_1 [\Omega]$と$R_2 [\Omega]$のうち小さい方の抵抗の値は2Ωである。

よって，⑷が正解。

**解答… ⑷**

**ポイント**

直列に接続された$n$個の抵抗の合成抵抗$[\Omega]$は，
$$R_1 + R_2 + \cdots + R_n [\Omega]$$
並列に接続された$n$個の抵抗の合成抵抗$[\Omega]$は，
$$\frac{1}{\dfrac{1}{R_1} + \dfrac{1}{R_2} + \cdots + \dfrac{1}{R_n}} [\Omega]$$
特に，並列に接続された抵抗が2個のとき，
$$\frac{R_1 R_2}{R_1 + R_2} [\Omega]$$
で求めることができます。

**問題03** 図のように，抵抗を直並列に接続した回路がある。この回路において，$I_1 = 100\,\mathrm{mA}$ のとき，$I_4[\mathrm{mA}]$ の値として，最も近いものを次の(1)〜(5)のうちから一つ選べ。

(1) 266　　(2) 400　　(3) 433　　(4) 467　　(5) 533

H24-A6

|  | ① | ② | ③ | ④ | ⑤ |
|---|---|---|---|---|---|
| 学 習 日 | | | | | |
| 理 解 度<br>(○/△/×) | | | | | |

**解説**

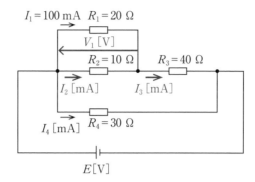

$I_1 = 100\,\mathrm{mA} = 0.1\,\mathrm{A}$ だから，抵抗$R_1$に加わる電圧$V_1[\mathrm{V}]$は，

$\qquad V_1 = R_1 I_1 = 20 \times 0.1 = 2\,\mathrm{V}$

抵抗$R_2$に流れる電流$I_2[\mathrm{A}]$は，

$$I_2 = \frac{V_1}{R_2} = \frac{2}{10} = 0.2\,\mathrm{A}$$

抵抗$R_3$に流れる電流$I_3[\mathrm{A}]$は，

$\qquad I_3 = I_1 + I_2$

$\qquad\quad = 0.1 + 0.2 = 0.3\,\mathrm{A}$

以上より，起電力$E[\mathrm{V}]$は，

$\qquad E = V_1 + R_3 I_3$

$\qquad\quad = 2 + 40 \times 0.3 = 2 + 12 = 14\,\mathrm{V}$

したがって，電流$I_4[\mathrm{mA}]$の値は，

$$I_4 = \frac{E}{R_4} = \frac{14}{30}$$

$\qquad\quad \fallingdotseq 0.467\,\mathrm{A} = 467\,\mathrm{mA}$

よって，(4)が正解。

**解答… (4)**

問題04 図のように，抵抗，切換スイッチS及び電流計を接続した回路がある。この回路に直流電圧100Vを加えた状態で，図のようにスイッチSを開いたとき電流計の指示値は2.0Aであった。また，スイッチSを①側に閉じたとき電流計の指示値は2.5A，スイッチSを②側に閉じたとき電流計の指示値は5.0Aであった。このとき，抵抗$r[\Omega]$の値として，正しいのは次のうちどれか。

ただし，電流計の内部抵抗は無視できるものとし，測定誤差はないものとする。

(1) 20　　(2) 30　　(3) 40　　(4) 50　　(5) 60

H20-A6

|  | ① | ② | ③ | ④ | ⑤ |
|---|---|---|---|---|---|
| 学 習 日 |  |  |  |  |  |
| 理 解 度<br>(○/△/×) |  |  |  |  |  |

**解説**

スイッチSを①側に閉じたとき，オームの法則より$I = \dfrac{V}{R}$なので，

$$2.5 = \dfrac{100}{R_1 + \dfrac{R_2 r}{R_2 + r}} [\text{A}] \cdots \text{ⓐ}$$

指示値　2.5 A

スイッチSを①側に閉じたとき

スイッチSを②側に閉じたとき，$R_2$と$r$に電流は流れないため，

$$5 = \dfrac{100}{R_1} [\text{A}]$$

$$\therefore R_1 = 20\ \Omega$$

指示値　5.0 A

スイッチSを②側に閉じたとき

スイッチSを開いたとき，

$$2 = \dfrac{100}{R_1 + R_2} [\text{A}] \cdots \text{ⓑ}$$

ⓑ式に$R_1 = 20\ \Omega$を代入すると

$$2 = \dfrac{100}{20 + R_2}$$

$$\therefore R_2 = 30\ \Omega$$

指示値　2.0 A

スイッチSを開いたとき

11

$R_1 = 20\ \Omega$, $R_2 = 30\ \Omega$ を ⓐ式に代入すると，抵抗 $r\,[\Omega]$ の値は，

$$2.5 = \frac{100}{20 + \dfrac{30r}{30 + r}}\,[\mathrm{A}]$$

$$20 + \frac{30r}{30 + r} = \frac{100}{2.5}$$

$$\frac{30r}{30 + r} = 20$$

$$30r = 600 + 20r$$

$$\therefore r = \frac{600}{10} = 60\ \Omega$$

よって，(5)が正解。

解答… (5)

　　並列回路において各抵抗に流れる電流は，各抵抗の逆数の比に等しいため，図のような短絡部分のある回路では抵抗に電流は流れません。

**問題05** 図のように，抵抗を直並列に接続した直流回路がある。この回路を流れる電流$I$の値は，$I = 10\,\text{mA}$であった。このとき，抵抗$R_2[\text{k}\Omega]$として，最も近い$R_2$の値を次の(1)～(5)のうちから一つ選べ。

ただし，抵抗$R_1[\text{k}\Omega]$に流れる電流$I_1[\text{mA}]$と抵抗$R_2[\text{k}\Omega]$に流れる電流$I_2[\text{mA}]$の電流比$\dfrac{I_1}{I_2}$の値は$\dfrac{1}{2}$とする。

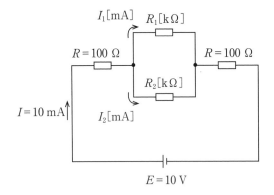

(1)　0.3　　(2)　0.6　　(3)　1.2　　(4)　2.4　　(5)　4.8

H26-A6

| | ① | ② | ③ | ④ | ⑤ |
|---|---|---|---|---|---|
| 学 習 日 | | | | | |
| 理 解 度 (○/△/×) | | | | | |

**解説**

回路全体に対してオームの法則より,

$$10[\text{V}] = \left(0.1 + \frac{R_1 R_2}{R_1 + R_2} + 0.1\right)[\text{k}\Omega] \times 10[\text{mA}]$$

$$1 = \frac{R_1 R_2}{R_1 + R_2} + 0.2$$

$$\therefore \frac{R_1 R_2}{R_1 + R_2} = 0.8 \cdots ①$$

$R_1$, $R_2$ に加わる電圧は等しいから,

$$R_1 I_1 = R_2 I_2$$

$$\frac{R_2}{R_1} = \frac{I_1}{I_2} = \frac{1}{2}$$

$$\therefore R_1 = 2R_2$$

$R_1 = 2R_2$ を①式に代入すると, 抵抗 $R_2[\text{k}\Omega]$ の値は,

$$\frac{2R_2 \cdot R_2}{2R_2 + R_2} = \frac{2R_2}{3} = 0.8$$

$$\therefore R_2 = 1.2\,\text{k}\Omega$$

よって, (3)が正解。

解答… (3)

**ポイント**

1 kΩ, 1 mA は, それぞれ $10^3\,\Omega$, $10^{-3}\,\text{A}$ です。
オームの法則 $V = RI$ より
1 kΩ × 1 mA = $10^3\,\Omega \times 10^{-3}\,\text{A} = 1\,\text{V}$ となります。

**問題06** 図のように，可変抵抗$R_1$[Ω]，$R_2$[Ω]，抵抗$R_X$[Ω]，電源$E$[V]からなる直流回路がある。次に示す条件1のときの$R_X$[Ω]に流れる電流$I$[A]の値と条件2のときの電流$I$[A]の値は等しくなった。このとき，$R_X$[Ω]の値として，正しいものを次の(1)～(5)のうちから一つ選べ。

　条件1：$R_1 = 90$ Ω，$R_2 = 6$ Ω

　条件2：$R_1 = 70$ Ω，$R_2 = 4$ Ω

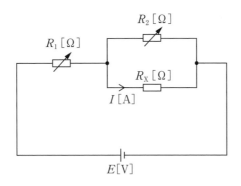

(1) 1　　(2) 2　　(3) 4　　(4) 8　　(5) 12

H23-A7

| | ① | ② | ③ | ④ | ⑤ |
|---|---|---|---|---|---|
| 学 習 日 | | | | | |
| 理 解 度<br>(○/△/×) | | | | | |

**解説**

回路全体の合成抵抗 $R$ は $R = R_1 + \dfrac{R_2 R_X}{R_2 + R_X}[\Omega]$ である。抵抗 $R_1$ に流れる電流 $I_1[A]$ は次のように表される。

$$I_1 = \frac{E}{R} = \frac{E}{R_1 + \dfrac{R_2 R_X}{R_2 + R_X}}\ [A]$$

並列接続の場合，流れる電流は抵抗の逆比に分配される。よって電流 $I[A]$ は，

$$I = \frac{R_2}{R_2 + R_X}I_1 = \frac{R_2}{R_2 + R_X} \times \frac{E}{R_1 + \dfrac{R_2 R_X}{R_2 + R_X}}$$

$$= \frac{E}{\left(R_1 + \dfrac{R_2 R_X}{R_2 + R_X}\right) \times \dfrac{R_2 + R_X}{R_2}} = \frac{E}{\dfrac{R_1 R_2 + R_1 R_X}{R_2} + R_X}$$

$$= \frac{R_2 E}{R_1 R_2 + R_1 R_X + R_2 R_X}$$

条件1の場合，

$$I = \frac{6E}{90 \times 6 + 90R_X + 6R_X} = \frac{6E}{540 + 96R_X}[A]$$

条件2の場合，

$$I = \frac{4E}{70 \times 4 + 70R_X + 4R_X} = \frac{4E}{280 + 74R_X}[A]$$

これらが等しいから，抵抗 $R_X[\Omega]$ の値は，

$$\frac{6E}{540 + 96R_X} = \frac{4E}{280 + 74R_X}$$

$$1680 + 444R_X = 2160 + 384R_X$$

$$60R_X = 480$$

$$R_X = 8\ \Omega$$

よって，(4)が正解。

解答… (4)

**ポイント**

並列接続された抵抗に流れる電流は，抵抗に逆比例して分流されます。

$$分路電流 = 分流前の電流 \times \frac{反対側の抵抗}{抵抗の和}$$

**問題07** 図は，抵抗$R_{ab}$[kΩ]のすべり抵抗器，抵抗$R_d$[kΩ]，抵抗$R_e$[kΩ]と直流電圧$E_s = 12\,V$の電源を用いて，端子H，G間に接続した未知の直流電圧[V]を測るための回路である。次の(a)及び(b)に答えよ。

ただし，端子Gを電位の基準（0V）とする。

(a) 抵抗$R_d = 5\,k\Omega$，抵抗$R_e = 5\,k\Omega$として，直流電圧3Vの電源の正極を端子Hに，負極を端子Gに接続した。すべり抵抗器の接触子Cの位置を調整して検流計の電流を零にしたところ，すべり抵抗器の端子Bと接触子C間の抵抗$R_{bc} = 18\,k\Omega$となった。すべり抵抗器の抵抗$R_{ab}$[kΩ]の値として，最も近いものを次の(1)〜(5)のうちから一つ選べ。

(1) 18  (2) 24  (3) 36  (4) 42  (5) 50

(b) 次に，直流電圧3Vの電源を取り外し，未知の直流電圧$E_x$[V]の電源を端子H，G間に接続した。ただし，端子Gから見た端子Hの電圧を$E_x$[V]とする。

抵抗$R_d = 2\,k\Omega$，抵抗$R_e = 22\,k\Omega$としてすべり抵抗器の接触子Cの位置を調整し，すべり抵抗器の端子Bと接触子C間の抵抗$R_{bc} = 12\,k\Omega$としたときに，検流計の電流が零となった。このときの$E_x$[V]の値として，最も近いものを次の(1)〜(5)のうちから一つ選べ。

(1) −5  (2) −3  (3) 0  (4) 3  (5) 5

R4上-B16

| | ① | ② | ③ | ④ | ⑤ |
|---|---|---|---|---|---|
| 学習日 | | | | | |
| 理解度<br>(○/△/×) | | | | | |

**解説**

(a)

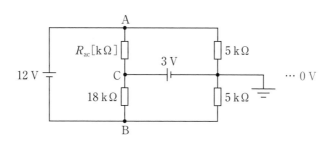

抵抗 $R_d$，$R_e$ の値が $5\,\mathrm{k\Omega}$ で等しく，$R_d$ と $R_e$ によって生じる電圧降下も等しいから，A点とB点の電位は $V_A = 6\,\mathrm{V}$，$V_B = -6\,\mathrm{V}$ である。また，C点の電位 $V_C$ は，検流計の電流が $0$ であるため，直流電圧と等しく $3\,\mathrm{V}$ である。ここで，AC間の電位差 $V_{AC}[\mathrm{V}]$ とCB間の電位差 $V_{CB}[\mathrm{V}]$ を求めると，

$$V_{AC} = V_A - V_C = 6 - 3 = 3\,\mathrm{V}$$
$$V_{CB} = V_C - V_B = 3 - (-6) = 9\,\mathrm{V}$$

AB間は直列接続であり，抵抗比と電圧比は等しくなる。抵抗 $R_{ac}[\mathrm{k\Omega}]$ の値は，$R_{ac} : R_{bc} = V_{AC} : V_{CB}$ より，

$$R_{ac} = R_{bc} \cdot \frac{V_{AC}}{V_{CB}} = 18 \times \frac{3}{9} = 6\,\mathrm{k\Omega}$$

したがって，抵抗 $R_{ab}[\mathrm{k\Omega}]$ の値は，

$$R_{ab} = R_{ac} + R_{bc} = 6 + 18 = 24\,\mathrm{k\Omega}$$

よって，(2)が正解。

(b)

$R_d = 2\,\mathrm{k\Omega}$, $R_e = 22\,\mathrm{k\Omega}$ より，電位 $V_A[\mathrm{V}]$，$V_B[\mathrm{V}]$ の値は，端子 G を電位の基準とすると，

$$V_A = 0 + \frac{2}{2 + 22} \times 12 = 1\,\mathrm{V}$$

$$V_B = 0 - \frac{22}{2 + 22} \times 12 = -11\,\mathrm{V}$$

(a)より $R_{ab} = 24\,\mathrm{k\Omega}$ であるから，

$$R_{ac} = R_{ab} - R_{bc} = 24 - 12 = 12\,\mathrm{k\Omega}$$

このとき，検流計の電流は0であるから，電圧 $V_{AC} = V_{CB} = 6\,\mathrm{V}$

したがって，電位 $V_C[\mathrm{V}]$ の値は，

$$V_C = V_A - V_{AC} = 1 - 6 = -5\,\mathrm{V}$$

以上より，直流電圧 $E_x[\mathrm{V}]$ の値は，

$$E_x = V_C - V_G = -5\,\mathrm{V}$$

よって，(1)が正解。

解答… **(a)(2)** **(b)(1)**

**問題08**　20℃における抵抗値が$R_1[\Omega]$，抵抗温度係数が$\alpha_1[℃^{-1}]$の抵抗器Aと20℃における抵抗値が$R_2[\Omega]$，抵抗温度係数が$\alpha_2 = 0\ ℃^{-1}$の抵抗器Bが並列に接続されている。その20℃と21℃における並列抵抗値をそれぞれ$r_{20}[\Omega]$，$r_{21}[\Omega]$とし，$\dfrac{r_{21} - r_{20}}{r_{20}}$を変化率とする。この変化率として，正しいものを次の(1)～(5)のうちから一つ選べ。

(1) $\dfrac{\alpha_1 R_1 R_2}{R_1 + R_2 + \alpha_1^2 R_1}$　　(2) $\dfrac{\alpha_1 R_2}{R_1 + R_2 + \alpha_1 R_1}$　　(3) $\dfrac{\alpha_1 R_1}{R_1 + R_2 + \alpha_1 R_1}$

(4) $\dfrac{\alpha_1 R_2}{R_1 + R_2 + \alpha_1 R_2}$　　(5) $\dfrac{\alpha_1 R_1}{R_1 + R_2 + \alpha_1 R_2}$

R4下-A7

| | ① | ② | ③ | ④ | ⑤ |
|---|---|---|---|---|---|
| 学 習 日 | | | | | |
| 理 解 度 (○/△/×) | | | | | |

**解説**

20 ℃における並列抵抗値 $r_{20}[\Omega]$ は,

$$r_{20} = \frac{R_1 R_2}{R_1 + R_2}[\Omega]$$

21 ℃における抵抗器Aの抵抗値 $R'_1[\Omega]$ および抵抗器Bの抵抗値 $R'_2[\Omega]$ は,抵抗温度係数の公式より,

$$R'_1 = R_1 \{1 + \alpha_1(21 - 20)\} = R_1(1 + \alpha_1)[\Omega]$$
$$R'_2 = R_2 \{1 + \alpha_2(21 - 20)\} = R_2(1 + \alpha_2)[\Omega]$$

抵抗器Bの抵抗温度係数 $\alpha_2 = 0$ より,

$$R'_2 = R_2(1 + \alpha_2)$$
$$= R_2(1 + 0)$$
$$= R_2$$

21 ℃における並列抵抗値 $r_{21}[\Omega]$ は,

$$r_{21} = \frac{R'_1 R'_2}{R'_1 + R'_2} = \frac{R_1 R_2(1 + \alpha_1)}{R_1(1 + \alpha_1) + R_2}[\Omega]$$

したがって,抵抗変化率は,

$$\frac{r_{21} - r_{20}}{r_{20}} = \frac{\dfrac{R_1 R_2(1 + \alpha_1)}{R_1(1 + \alpha_1) + R_2} - \dfrac{R_1 R_2}{R_1 + R_2}}{\dfrac{R_1 R_2}{R_1 + R_2}}$$

$$= \left\{ \frac{R_1 R_2(1 + \alpha_1)}{R_1(1 + \alpha_1) + R_2} - \frac{R_1 R_2}{R_1 + R_2} \right\} \times \frac{R_1 + R_2}{R_1 R_2} = \frac{(R_1 + R_2)(1 + \alpha_1)}{R_1(1 + \alpha_1) + R_2} - 1$$

$$= \frac{R_1 + \alpha_1 R_1 + R_2 + \alpha_1 R_2}{R_1 + R_2 + \alpha_1 R_1} - \frac{R_1 + R_2 + \alpha_1 R_1}{R_1 + R_2 + \alpha_1 R_1}$$

$$= \frac{\alpha_1 R_2}{R_1 + R_2 + \alpha_1 R_1}$$

よって,(2)が正解。

**解答… (2)**

**ポイント**

抵抗の温度変化の公式は
$$R_2 = R_1 \{1 + \alpha_1(t_2 - t_1)\}[\Omega]$$

$R_1$：温度変化前の抵抗値
$R_2$：温度変化後の抵抗値

で表されます。

**問題09** 図のように，抵抗 $R_{ab} = 140\ \Omega$ のすべり抵抗器に抵抗 $R_1 = 10\ \Omega$，抵抗 $R_2 = 5\ \Omega$ を接続した回路がある。この回路を流れる電流が $I = 9\ A$ のとき，抵抗 $R_1$ を流れる電流は $I_1 = 3\ A$ であった。このときのすべり抵抗器の抵抗比（抵抗 $R_{ac}$ : 抵抗 $R_{bc}$）の値として，正しいのは次のうちどれか。

(1) $1:13$ (2) $1:3$ (3) $5:9$ (4) $9:5$ (5) $13:1$

H17-A5

| | ① | ② | ③ | ④ | ⑤ |
|---|---|---|---|---|---|
| 学 習 日 | | | | | |
| 理 解 度 (○/△/×) | | | | | |

**解説**

$R_{ac}$ と $R_1 + R_{bc}$ に加わる電圧は等しいため，抵抗 $R_{ac}[\Omega]$ に流れる電流を $I_2[A]$ とすると，

$$R_{ac}I_2 = (R_1 + R_{bc})I_1$$

キルヒホッフの第一法則より，$I_2 = I - I_1 = 9 - 3 = 6\,A$ となるので，

$$6R_{ac} = 3 \times (10 + R_{bc})$$

$R_{ac} + R_{bc} = 140\,\Omega$ より $R_{bc} = 140 - R_{ac}$ であるから，これを代入すると，

$$6R_{ac} = 3 \times (10 + 140 - R_{ac}) \qquad \therefore R_{ac} = 50\,\Omega$$

$R_{bc}[\Omega]$ の値は，$R_{bc} = 140 - 50 = 90\,\Omega$ となる。

したがって，すべり抵抗器の抵抗比は，

$$R_{ac} : R_{bc} = 50 : 90 = 5 : 9$$

よって，(3)が正解。

解答… (3)

回路図をわかりやすく整理すると，問題を解きやすくなります。

**問題10** 図のような抵抗の直並列回路に直流電圧 $E = 5\,\mathrm{V}$ を加えたとき，電流比 $\dfrac{I_2}{I_1}$ の値として，最も近いものを次の(1)〜(5)のうちから一つ選べ。

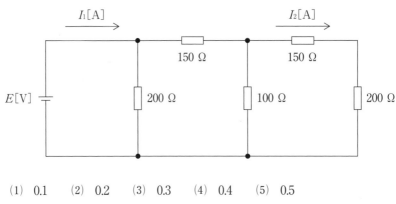

(1) 0.1　　(2) 0.2　　(3) 0.3　　(4) 0.4　　(5) 0.5

H28-A6

| | ① | ② | ③ | ④ | ⑤ |
|---|---|---|---|---|---|
| 学 習 日 | | | | | |
| 理 解 度 (○/△/×) | | | | | |

**解説**

各電流，電圧を，図1のようにおく。

図1

オームの法則より，

$$V_3 = (150 + 200)I_2 = 350I_2$$

並列接続されている抵抗に加わる電圧は等しいので，

$$100I_3 = 350I_2$$

$$\therefore I_3 = \frac{350}{100}I_2 = 3.5I_2$$

キルヒホッフの電流則より，

$$I_4 = I_2 + I_3 = I_2 + 3.5I_2 = 4.5I_2$$

キルヒホッフの電圧則より，

$$E = V_3 + 150I_4 = 350I_2 + 150 \times 4.5I_2 = 1025I_2$$

オームの法則より，

$$I_5 = \frac{E}{200} = \frac{1025}{200}I_2 = 5.125I_2$$

キルヒホッフの電流則より，

$$I_1 = I_4 + I_5 = 4.5I_2 + 5.125I_2 = 9.625I_2$$

以上から，電流比$\frac{I_2}{I_1}$を求めることができる。

$$\frac{I_2}{I_1} = \frac{1}{9.625} \fallingdotseq 0.104 \rightarrow 0.1$$

よって，(1)が正解。

**解答… (1)**

**ポイント**

本問では，電流比$\frac{I_2}{I_1}$を問われているので，個々の正確な値を求める必要はありません。

**問題11** 図のような直流回路において，$2R[\Omega]$の抵抗に流れる電流$I[A]$の値として，正しいのは次のうちどれか。

(1) $\dfrac{2E}{7R}$　(2) $\dfrac{5E}{6R}$　(3) $\dfrac{E}{6R}$　(4) $\dfrac{3E}{4R}$　(5) $\dfrac{E}{2R}$

H13-A10

| | ① | ② | ③ | ④ | ⑤ |
|---|---|---|---|---|---|
| 学 習 日 | | | | | |
| 理 解 度 (○/△/×) | | | | | |

**解説**

流れる電流の向きを図のように定める。2つの閉回路についてキルヒホッフの第一法則より式を立てると、$I_2 = I_1 + I$ より、

$$3E = 2RI + 3RI_2 = 2RI + 3R(I_1 + I) = 3RI_1 + 5RI \cdots ①$$

$$4E = 3RI_1 + 3RI_2 = 3RI_1 + 3R(I_1 + I) = 6RI_1 + 3RI \cdots ②$$

①式×2−②式でこの連立方程式を解くと、

$$2E = 7RI$$

$$\therefore I = \frac{2E}{7R}[\text{A}]$$

よって、(1)が正解。

**解答…** (1)

**ポイント**

この問題はテブナンの定理を使っても解くことができます。

**問題12** 図1の直流回路において，端子a－c間に直流電圧100Vを加えたところ，端子b－c間の電圧は20Vであった。また，図2のように端子b－c間に150Ωの抵抗を並列に追加したとき，端子b－c間の端子電圧は15Vであった。いま，図3のように端子b－c間を短絡したとき，電流I[A]の値として，正しいのは次のうちどれか。

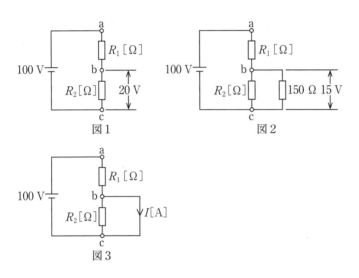

図1　図2　図3

(1)　0　　(2)　0.10　　(3)　0.32　　(4)　0.40　　(5)　0.67

H22-A6

|  | ① | ② | ③ | ④ | ⑤ |
|---|---|---|---|---|---|
| 学習日 |  |  |  |  |  |
| 理解度<br>(○/△/×) |  |  |  |  |  |

**解説**

図1において，$R_1[\Omega]$に加わる電圧は80 Vである。直列接続のとき，$R_2[\Omega]$に流れる電流は$R_1$に流れる電流と等しいから，オームの法則より$I = \dfrac{V}{R}$となり，

$$\frac{80}{R_1} = \frac{20}{R_2}$$

$$R_1 = 4R_2$$

次に，図2より$R_1$に加わる電圧は85 Vであるから，

$$R_1 : \frac{150R_2}{150 + R_2} = 4R_2 : \frac{150R_2}{150 + R_2} = 85 : 15$$

$$60R_2 = \frac{12750R_2}{150 + R_2}$$

$$150 + R_2 = \frac{12750}{60}$$

$$\therefore R_2 = \frac{1275}{6} - 150$$

$$= 62.5\ \Omega$$

抵抗$R_1$の値は，

$$R_1 = 4R_2 = 4 \times 62.5 = 250\ \Omega$$

したがって，図3の電流$I[\mathrm{A}]$の値は，

$$I = \frac{100}{250} = 0.40\ \mathrm{A}$$

よって，(4)が正解。

**解答…** (4)

**問題13** 図1のように電圧が$E$[V]の直流電圧源で構成される回路を，図2のように電流が$I$[A]の直流電流源（内部抵抗が無限大で，負荷変動があっても定電流を流出する電源）で構成される等価回路に置き替えることを考える。この場合，電流$I$[A]の大きさは図1の端子a－bを短絡したとき，そこを流れる電流の大きさに等しい。また，図2のコンダクタンス$G$[S]の大きさは図1の直流電圧源を短絡し，端子a－bからみたコンダクタンスの大きさに等しい。$I$[A]と$G$[S]の値を表す式の組合せとして，正しいものを次の⑴～⑸のうちから一つ選べ。

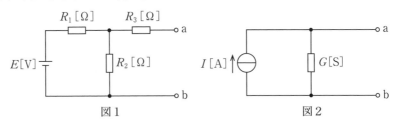

図1　　　　　　図2

|  | $I$[A] | $G$[S] |
|---|---|---|
| ⑴ | $\dfrac{R_1}{R_1R_2+R_2R_3+R_3R_1}E$ | $\dfrac{R_2+R_3}{R_1R_2+R_2R_3+R_3R_1}$ |
| ⑵ | $\dfrac{R_2}{R_1R_2+R_2R_3+R_3R_1}E$ | $\dfrac{R_1+R_2}{R_1R_2+R_2R_3+R_3R_1}$ |
| ⑶ | $\dfrac{R_2}{R_1R_2+R_2R_3+R_3R_1}E$ | $\dfrac{R_2+R_3}{R_1R_2+R_2R_3+R_3R_1}$ |
| ⑷ | $\dfrac{R_1}{R_1R_2+R_2R_3+R_3R_1}E$ | $\dfrac{R_1+R_2}{R_1R_2+R_2R_3+R_3R_1}$ |
| ⑸ | $\dfrac{R_3}{R_1R_2+R_2R_3+R_3R_1}E$ | $\dfrac{R_1+R_2}{R_1R_2+R_2R_3+R_3R_1}$ |

H24-A5

| | ① | ② | ③ | ④ | ⑤ |
|---|---|---|---|---|---|
| 学習日 | | | | | |
| 理解度 (○/△/×) | | | | | |

**解説**

端子a‐bを短絡した回路は次のようになる。

回路の合成抵抗が$R_1 + \dfrac{R_2 R_3}{R_2 + R_3}$[Ω]であることと，並列接続された抵抗に流れる電流は抵抗の逆比に分配されることより，電流$I_{ab}$[A]は，

$$I_{ab} = \cfrac{E}{R_1 + \cfrac{R_2 R_3}{R_2 + R_3}} \times \frac{R_2}{R_2 + R_3} = \frac{R_2}{R_1 R_2 + R_2 R_3 + R_3 R_1} E\,[\mathrm{A}]$$

電流$I$[A]の大きさは電流$I_{ab}$に等しいから，

$$I = \frac{R_2}{R_1 R_2 + R_2 R_3 + R_3 R_1} E\,[\mathrm{A}]$$

本問の条件より，コンダクタンス$G$の大きさは下図の端子a‐bから見た合成抵抗の逆数に等しいから，

$$G = \cfrac{1}{\cfrac{R_1 R_2}{R_1 + R_2} + R_3} = \cfrac{1}{\cfrac{R_1 R_2 + (R_2 R_3 + R_3 R_1)}{R_1 + R_2}} = \frac{R_1 + R_2}{R_1 R_2 + R_2 R_3 + R_3 R_1}\,[\mathrm{S}]$$

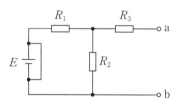

以上より，⑵が正解。

解答… ⑵

**ポイント**

コンダクタンスは電流の流れやすさを表します。直流回路では電気抵抗の逆数となります。

問題14 図に示すような抵抗の直並列回路がある。この回路に直流電圧5V を加えたとき，電源から流れ出る電流$I$[A]の値として，最も近いものを次の(1)〜(5)のうちから一つ選べ。

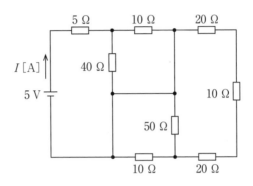

(1) 0.2　　(2) 0.4　　(3) 0.6　　(4) 0.8　　(5) 1.0

H25-A8

|  | ① | ② | ③ | ④ | ⑤ |
|---|---|---|---|---|---|
| 学 習 日 |  |  |  |  |  |
| 理 解 度 (○/△/×) |  |  |  |  |  |

**解説**

　図の赤線で示した部分でこの回路は短絡している。よって，回路の短絡部分より右の抵抗5つは電流の計算から除外する。残った抵抗5 Ω，10 Ω，40 Ωの3つをみると，10 Ωと40 Ωは並列である。これより，3つの抵抗の合成抵抗[Ω]を求めると，

$$5 + \frac{40 \times 10}{40 + 10} = 5 + \frac{400}{50} = 5 + 8 = 13 \ \Omega$$

この合成抵抗の値を用いて，オームの法則より，電流 $I$[A]は，

$$I = \frac{5}{13} \fallingdotseq 0.385 \ \rightarrow \ 0.4 \ \mathrm{A}$$

よって，(2)が正解。

解答… (2)

**問題15** 図の直流回路において，抵抗 $R = 10\ \Omega$ で消費される電力の値[W]として，最も近いものを次の(1)〜(5)のうちから一つ選べ。

(1) 0.28　　(2) 1.89　　(3) 3.79　　(4) 5.36　　(5) 7.62

R5-A5

| | ① | ② | ③ | ④ | ⑤ |
|---|---|---|---|---|---|
| 学 習 日 | | | | | |
| 理 解 度 (○/△/×) | | | | | |

**解説**

重ね合わせの理を用いて解く。

問題文の図の80 V直流電源を短絡した回路を示すと，図1のとおり。

図 1

図1の右側の3つの抵抗10 Ω，60 Ω，60 Ωを合成すると次の値となるため，この結果を反映した回路を示すと図2のとおり。

$$10 + \frac{60 \times 60}{60 + 60} = 10 + 30 = 40 \ \Omega$$

図 2

次に，図2の並列に接続された2つの40 Ωの抵抗を合成すると次の値となるため，この結果を反映した回路を示すと図3のとおり。

$$\frac{40 \times 40}{40 + 40} = 20 \Omega$$

図 3

これより，回路の全抵抗は 40 + 20 = 60 Ω となり，回路に流れる電流は，オームの法則より 60 V ÷ 60 Ω = 1 A とわかる。

図 1 と図 2 より，抵抗 $R = 10$ Ω に流れる電流 $I_1[\mathrm{A}]$ は，

$$I_1 = 1 \times \frac{40}{40 + 40} = 0.5 \ \mathrm{A}$$

問の図の 60 V 直流電源を短絡した回路を示すと図 4 のとおり。

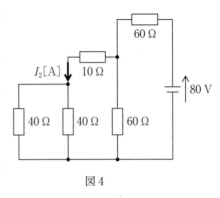

図 4

図 4 の左側の 3 つの抵抗 10 Ω，40 Ω，40 Ω を合成すると次の値となるため，この結果を反映した回路を示すと図 5 のとおり。

$$10 + \frac{40 \times 40}{40 + 40} = 10 + 20 = 30 \ \Omega$$

図 5

図 5 の並列に接続された 2 つの抵抗 30 Ω，60 Ω を合成すると次の値となるため，この結果を反映した回路を示すと図 6 のとおり。

$$\frac{30 \times 60}{30 + 60} = 20 \ \Omega$$

図 6

これより，回路の全抵抗は 60 + 20 = 80 Ω となり，回路に流れる電流は，オームの法則より 80 V ÷ 80 Ω = 1 A とわかる。

図4と図5より，抵抗 $R = 10\ \Omega$ に流れる電流 $I_2[\mathrm{A}]$ は，

$$I_2 = 1 \times \frac{60}{30 + 60} \fallingdotseq 0.667\ \mathrm{A}$$

電流 $I_1 = 0.5\ \mathrm{A}$，および電流 $I_2 = 0.667\ \mathrm{A}$ を，問の図において向かって左向きを正として合成すれば，合成した電流 $I_0[\mathrm{A}]$ は，

$$I_0 = I_2 - I_1 = 0.667 - 0.5 = 0.167\ \mathrm{A}$$

これより，抵抗 $R = 10\ \Omega$ で消費される電力 $P[\mathrm{W}]$ は，

$$P = RI_0^2 = 10 \times 0.167^2 \fallingdotseq 0.28\ \mathrm{W}$$

よって，(1)が正解。

解答… (1)

**問題16** 図のように，内部抵抗$r$[Ω]，起電力$E$[V]の電池に抵抗$R$[Ω]の可変抵抗器を接続した回路がある。$R = 2.25$ Ωにしたとき，回路を流れる電流は$I = 3$ Aであった。次に，$R = 3.45$ Ωにしたとき，回路を流れる電流は$I = 2$ Aとなった。この電池の起電力$E$[V]の値として，正しいのは次のうちどれか。

(1)  6.75　　(2)  6.90　　(3)  7.05　　(4)  7.20　　(5)  9.30

H18-A5

|   | ① | ② | ③ | ④ | ⑤ |
|---|---|---|---|---|---|
| 学 習 日 |   |   |   |   |   |
| 理 解 度<br>(○/△/×) |   |   |   |   |   |

**解説**

　電池の起電力$E[\mathrm{V}]$は$E = (R + r)I$で表されるから，抵抗$R$が$R = 2.25\ \Omega$および$R = 3.45\ \Omega$のそれぞれの場合において，

$$E = (2.25 + r) \times 3$$

$$\therefore r = \frac{E}{3} - 2.25 \cdots ①$$

$$E = (3.45 + r) \times 2$$

$$\therefore r = \frac{E}{2} - 3.45 \cdots ②$$

内部抵抗$r$は上の2式で等しいから，①式＝②式より求める起電力$E$は，

$$\frac{E}{3} - 2.25 = \frac{E}{2} - 3.45$$

$$\frac{E}{6} = 1.20$$

$$\therefore E = 7.20\ \mathrm{V}$$

よって，⑷が正解。

解答… 　⑷

## B 定電流源を含む直流回路

難易度 B

教科書 SECTION 05

**問題17** 図のように，直流電圧 $E=10\,\mathrm{V}$ の定電圧源，直流電流 $I=2\,\mathrm{A}$ の定電流源，スイッチS，$r=1\,\Omega$ と $R[\Omega]$ の抵抗からなる直流回路がある。この回路において，スイッチSを閉じたとき，$R[\Omega]$ の抵抗に流れる電流 $I_R$ の値 [A]がSを閉じる前に比べて2倍に増加した。$R$ の値[Ω]として，最も近いものを次の(1)～(5)のうちから一つ選べ。

(1) 2   (2) 3   (3) 8   (4) 10   (5) 11

H30-A7

|  | ① | ② | ③ | ④ | ⑤ |
|---|---|---|---|---|---|
| 学 習 日 |  |  |  |  |  |
| 理 解 度 (○/△/×) |  |  |  |  |  |

**解説**

スイッチSを閉じる前の回路は，図のように定電流源と抵抗$R[\Omega]$で構成される閉回路となる。

無視できる

このとき，抵抗$R[\Omega]$に流れる電流は，$I_R = I = 2\,\mathrm{A}$となる。

次に，スイッチSを閉じた状態において，定電流源を開放し，定電圧源のみ接続された回路において，抵抗$R[\Omega]$に流れる電流$I'_{R1}[\mathrm{A}]$は，

$$I'_{R1} = \frac{E}{r + R} = \frac{10}{1 + R}[\mathrm{A}]$$

一方，定電圧源を短絡し，定電流源のみ接続された回路において，抵抗$R[\Omega]$に流れる電流$I'_{R2}[\mathrm{A}]$は，

$$I'_{R2} = \frac{r}{r + R}I = \frac{1}{1 + R} \times 2 = \frac{2}{1 + R}[\mathrm{A}]$$

重ね合わせの理より，スイッチSを閉じた状態の回路に流れる電流$I_R'$[A]は，各電源が単独で存在した場合の電流の和に等しいため，

$$I_R' = I_{R1}' + I_{R2}' = \frac{10}{1+R} + \frac{2}{1+R} = \frac{12}{1+R}\text{[A]}$$

　問題文に「スイッチSを閉じたとき，抵抗に流れる電流は，スイッチSを閉じる前の2倍になった」とあり，スイッチS開閉前後の電流の関係式は$I_R' = 2I_R$なので，抵抗$R$[Ω]の値は，

$$\frac{12}{1+R} = 2 \times 2$$

$$1 + R = 3$$

$$\therefore R = 2\ \Omega$$

よって，(1)が正解。

解答… (1)

**問題18** 図のような，抵抗 $P = 1\,k\Omega$，抵抗 $Q = 10\,\Omega$ のホイートストンブリッジ回路がある。このブリッジ回路において，抵抗 $R$ は $100\,\Omega \sim 2\,k\Omega$ の範囲内にある。この $R$ のすべての範囲でブリッジの平衡条件を満たす可変抵抗 $S$ の値の範囲として，正しいのは次のうちどれか。

(1)　　0.5 Ω　〜　10 Ω

(2)　　10 Ω　〜200 Ω

(3)　500 Ω　〜　5 kΩ

(4)　　10 kΩ〜200 kΩ

(5)　500 kΩ〜　1 MΩ

H14-A5

| | ① | ② | ③ | ④ | ⑤ |
|---|---|---|---|---|---|
| 学習日 | | | | | |
| 理解度 (○/△/×) | | | | | |

**解説**

ブリッジの平衡条件は，向かい合う抵抗の積が等しくなることなので，この問題では $PR = QS$ となる。したがって $S = \dfrac{PR}{Q}$ となる。

$R$ の範囲が $100\ \Omega \sim 2\ \mathrm{k}\Omega$ なので，まず $R$ が $100\ \Omega$ のときの $S$ を求める。

$$S = \frac{PR}{Q} = \frac{1 \times 10^3 \times 100}{10} = 10 \times 10^3\ \Omega = 10\ \mathrm{k}\Omega$$

次に，$R$ が $2\ \mathrm{k}\Omega$ のときの $S$ を求める。

$$S = \frac{PR}{Q} = \frac{1 \times 10^3 \times 2 \times 10^3}{10} = 200 \times 10^3\ \Omega = 200\ \mathrm{k}\Omega$$

よって，(4)が正解。

解答… (4)

**問題19** 図のような直流回路において，抵抗3 Ωの端子間の電圧が1.8 Vであった。このとき，電源電圧 $E$[V]の値として，最も近いものを次の(1)～(5)のうちから一つ選べ。

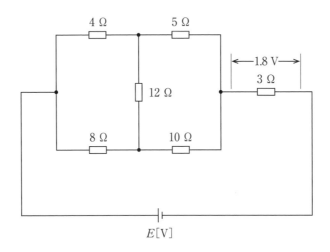

(1) 1.8　　(2) 3.6　　(3) 5.4　　(4) 7.2　　(5) 10.4

R4下-A5

|  | ① | ② | ③ | ④ | ⑤ |
|---|---|---|---|---|---|
| 学 習 日 |  |  |  |  |  |
| 理 解 度<br>(○/△/×) |  |  |  |  |  |

**解説** ━━━━━━━━━━━━━

3 Ωの抵抗の左側の5つの抵抗において，4 Ω×10 Ω＝5 Ω×8 Ωとブリッジが平衡しているため，中央の12 Ωの抵抗には電流が流れないので，取り除くことができる。

4 Ωと5 Ωの抵抗は直列のため，合成抵抗[Ω]は，

$$4 + 5 = 9 \ \Omega$$

同様に8 Ωと10 Ωの抵抗は直列のため，合成抵抗[Ω]は，

$$8 + 10 = 18 \ \Omega$$

求められた合成抵抗9 Ωと18 Ωは並列のため，合成抵抗[Ω]は，

$$\frac{9 \times 18}{9 + 18} = 6 \ \Omega$$

したがって，この回路は6 Ωと3 Ωの直列回路である。3 Ωの抵抗に流れている電流[A]は，オームの法則より，

$$I = \frac{V}{R} = \frac{1.8}{3} = 0.6 \ \text{A}$$

抵抗に流れる電流は等しいため，6 Ωの抵抗の端子間電圧[V]はオームの法則より，

$$V = RI = 6 \times 0.6 = 3.6 \ \text{V}$$

以上より，電源電圧 $E$[V]は，

$$E = 1.8 + 3.6 = 5.4 \ \text{V}$$

よって，(3)が正解。

**解答…** (3)

**問題20** 図のブリッジ回路を用いて，未知抵抗 $R_x$ を測定したい。抵抗 $R_1 =$ 3 kΩ，$R_2 = 2$ kΩ，$R_4 = 3$ kΩとし，$R_3 = 6$ kΩの滑り抵抗器の接触子の接点Cをちょうど中央に調整したとき（$R_{ac} = R_{bc} = 3$ kΩ）ブリッジが平衡したという。次の(a)及び(b)に答えよ。

ただし，直流電圧源は6Vとし，電流計の内部抵抗は無視できるものとする。

滑り抵抗器の詳細図

(a) 未知抵抗 $R_x$[kΩ]の値として，正しいのは次のうちどれか。

 (1)　0.1　　(2)　0.5　　(3)　1.0　　(4)　1.5　　(5)　2.0

(b) 平衡時の電流計の指示値[mA]の値として，最も近いのは次のうちどれか。

 (1)　0　　(2)　0.4　　(3)　1.5　　(4)　1.7　　(5)　2.0

H18-B16

| | ① | ② | ③ | ④ | ⑤ |
|---|---|---|---|---|---|
| 学 習 日 | | | | | |
| 理 解 度 (○/△/×) | | | | | |

**解説**

(a) 滑り抵抗器の接触子を中央に調整したとき，ブリッジが平衡している。すなわち，$R_{ac}$ が $R_4$ と直列，$R_{bc}$ が $R_x$ と直列であるときにブリッジが平衡した。ブリッジの平衡条件は，向かい合う抵抗の積が等しくなることであるので，この問題では $R_1(R_x + R_{bc}) = R_2(R_4 + R_{ac})$ となる。等式より，$R_x$[kΩ] を求めると，

$$R_1(R_x + R_{bc}) = R_2(R_4 + R_{ac})$$
$$3(R_x + 3) = 2(3 + 3)$$
$$R_x + 3 = 4$$
$$R_x = 1\ \mathrm{k\Omega}$$

よって，(3)が正解。

(b) 次に，平衡時の電流計の指示値を求める。ブリッジが平衡しているとき，中央の検流計に電流は流れないため，この回路は下図のように簡略化される。

オームの法則より，上の抵抗に流れる電流[mA]は，

$$\frac{6\,\mathrm{V}}{9\,\mathrm{k\Omega}} = \frac{2}{3}\,\mathrm{mA}$$

同様にオームの法則より，下の抵抗に流れる電流[mA]は，

$$\frac{6\,\mathrm{V}}{6\,\mathrm{k\Omega}} = 1\,\mathrm{mA}$$

したがって，電流計に流れる電流[mA]は，キルヒホッフの第一法則より，

$$\frac{2}{3} + 1 = \frac{5}{3} \fallingdotseq 1.7\,\mathrm{mA}$$

よって，(4)が正解。

解答… (a)(3) (b)(4)

**問題21** 図のような直流回路において，スイッチSを閉じても，開いても電流計の指示値は，$\dfrac{E}{4}$[A]一定である。このとき，抵抗$R_3$[Ω]，$R_4$[Ω]のうち小さい方の抵抗[Ω]の値として，正しいのは次のうちどれか。

ただし，直流電圧源は$E$[V]とし，電流計の内部抵抗は無視できるものとする。

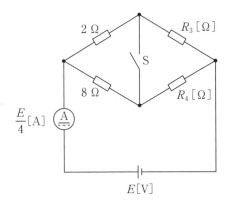

(1) 1　　(2) 2　　(3) 3　　(4) 4　　(5) 8

H19-A6

| | ① | ② | ③ | ④ | ⑤ |
|---|---|---|---|---|---|
| 学 習 日 | | | | | |
| 理 解 度 (○/△/×) | | | | | |

**解説**

スイッチSを閉じても開いても電流計の指示値が変わらないということは，スイッチの開閉前後で合成抵抗が等しいということであり，ブリッジの平衡条件が成立している。ブリッジの平衡条件より$2R_4 = 8R_3$であり，両辺を2で割ると$R_4 = 4R_3$となる。よって，$R_4 > R_3$ということがわかり，小さい方の抵抗$R_3[\Omega]$の値を求める。

オームの法則でこの回路全体の抵抗$[\Omega]$を求めると，

$$\frac{E}{\dfrac{E}{4}} = 4\ \Omega$$

また，スイッチを閉じたときの①2Ωと8Ωの合成抵抗（並列），②$R_3$と$R_4$の合成抵抗（並列）を求め，①と②の合成抵抗（直列）を求めると，全抵抗の値となるので，オームの法則で求めた回路全体の抵抗の値とつり合う。

$$\frac{2 \times 8}{2 + 8} + \frac{R_3 R_4}{R_3 + R_4} = 4\ \Omega$$

$R_4 = 4R_3$を代入すると，

$$\frac{16}{10} + \frac{4R_3^2}{5R_3} = 4$$

$$\frac{4}{5}R_3 = \frac{24}{10}$$

$$\therefore R_3 = \frac{24}{10} \times \frac{5}{4} = \frac{6}{2} = 3\ \Omega$$

よって，(3)が正解。

解答… (3)

## 難易度 A 抵抗のΔ-Y変換

教科書 SECTION 05

**問題22** 図の直流回路において，次の(a)及び(b)に答えよ。

ただし，電源電圧 $E[\text{V}]$ の値は一定で変化しないものとする。

図1

図2

(a) 図1のように抵抗 $R[\Omega]$ を端子a，d間に接続したとき，$I_1 = 4.5$ A，$I_2 = 0.5$ A の電流が流れた。抵抗 $R[\Omega]$ の値として，正しいのは次のうちどれか。

(1) 20　　(2) 40　　(3) 80　　(4) 160　　(5) 180

(b) 図1の抵抗 $R[\Omega]$ を図2のように端子b，c間に接続し直したとき，回路に流れる電流 $I_3[\text{A}]$ の値として，最も近いのは次のうちどれか。

(1) 4.0　　(2) 4.2　　(3) 4.5　　(4) 4.8　　(5) 5.5

H17-B15

| | ① | ② | ③ | ④ | ⑤ |
|---|---|---|---|---|---|
| 学 習 日 | | | | | |
| 理 解 度 (○/△/×) | | | | | |

**解説**

(a) abd間の合成抵抗$R_\text{abd}$とacd間の合成抵抗$R_\text{acd}$はともに20 Ωであるから，キルヒホッフの第一法則より，abd間を流れる電流とacd間を流れる電流は（4.5 − 0.5）÷ 2 = 2 Aである。したがって，電源電圧$E$[V]は，

$$E = RI = 20 \times 2 = 40 \text{ V}$$

したがって，抵抗$R$[Ω]の値は，

$$R = \frac{V}{I} = \frac{40}{0.5} = 80 \text{ Ω}$$

よって，(3)が正解。

(b)

図2の回路を上図のようにΔ − Y変換をすると，

$$R_\text{b} = \frac{r_\text{bc}r_\text{db}}{r_\text{bc} + r_\text{cd} + r_\text{db}} = \frac{80 \times 4}{80 + 16 + 4} = 3.2 \text{ Ω}$$

$$R_\text{c} = \frac{r_\text{bc}r_\text{cd}}{r_\text{bc} + r_\text{cd} + r_\text{db}} = \frac{80 \times 16}{80 + 16 + 4} = 12.8 \text{ Ω}$$

$$R_\text{d} = \frac{r_\text{cd}r_\text{db}}{r_\text{bc} + r_\text{cd} + r_\text{db}} = \frac{16 \times 4}{80 + 16 + 4} = 0.64 \text{ Ω}$$

上記をもとに図2を描き替えると下図のようになる。

この図において電流 $I_3$[A]の値は，オームの法則より，

$$I_3 = \frac{40}{\dfrac{(16 + 3.2)(4 + 12.8)}{(16 + 3.2) + (4 + 12.8)} + 0.64} \fallingdotseq 4.2 \text{ A}$$

よって，(2)が正解。

解答… (a)(3) (b)(2)

**ポイント**

Δ－Y変換の公式は次の通りです。

Δ－Y変換

$$R_a = \frac{r_{ca}r_{ab}}{r_{ab} + r_{bc} + r_{ca}}, \quad R_b = \frac{r_{ab}r_{bc}}{r_{ab} + r_{bc} + r_{ca}}, \quad R_c = \frac{r_{bc}r_{ca}}{r_{ab} + r_{bc} + r_{ca}}$$

**問題23** 図に示す直流回路は，100 Vの直流電圧源に直流電流計を介して10 Ωの抵抗が接続され，50 Ωの抵抗と抵抗 $R$[Ω]が接続されている。電流計は5 Aを示している。抵抗 $R$[Ω]で消費される電力の値[W]として，最も近いものを次の(1)〜(5)のうちから一つ選べ。なお，電流計の内部抵抗は無視できるものとする。

(1) 2  (2) 10  (3) 20  (4) 100  (5) 200

R1-A6

|  | ① | ② | ③ | ④ | ⑤ |
|---|---|---|---|---|---|
| 学 習 日 |  |  |  |  |  |
| 理 解 度 (○/△/×) |  |  |  |  |  |

**解説**

　問題文より，電流計および抵抗10Ωを流れる電流は5Aである。なお，「電流計の内部抵抗は無視できるものとする」とあるので，回路から除外する。

　抵抗$R[\Omega]$を流れる電流を$I_R[A]$，抵抗50Ωを流れる電流を$I_{50}[A]$とすると，キルヒホッフの第一法則（電流則）より，

$$5 = I_{50} + I_R \quad \cdots ①$$

　次に，キルヒホッフの第二法則（電圧則）より，図のように閉回路ⓐⓑ（1周しているループ）を考えて，電圧の関係式を立てる。

閉回路ⓐについて，

$$100 = 50 + I_R R \quad \cdots ②$$

閉回路ⓑについて，起電力は零であるので，

$$0 = 50I_{50} - I_R R \quad \cdots ③$$

②＋③式とすれば，電流 $I_{50}[\text{A}]$ は，

$$100 = 50 + 50I_{50}$$

$$\therefore I_{50} = \frac{100 - 50}{50} = 1\ \text{A}$$

上記の結果を①式に代入すれば，$I_{\text{R}}[\text{A}]$ は，

$$I_{\text{R}} = 5 - 1 = 4\ \text{A}$$

また，上記を③式に代入すれば，抵抗 $R[\Omega]$ は，

$$R = \frac{50}{4} = 12.5\ \Omega$$

以上より，抵抗 $R$ で消費される電力 $P[\text{W}]$ は，

$$P = I_{\text{R}}^{2}R = 4^2 \times 12.5 = 200\ \text{W}$$

よって，(5)が正解。

解答… (5)

**問題24** 図のように，三つの抵抗 $R_1 = 3\,\Omega$，$R_2 = 6\,\Omega$，$R_3 = 2\,\Omega$ と電圧 $V$ [V]の直流電源からなる回路がある。抵抗 $R_1$，$R_2$，$R_3$ の消費電力をそれぞれ $P_1$[W]，$P_2$[W]，$P_3$[W] とするとき，その大きさの大きい順として，正しいものを次の(1)～(5)のうちから一つ選べ。

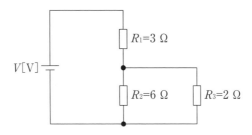

(1)　$P_1 > P_2 > P_3$　　(2)　$P_1 > P_3 > P_2$　　(3)　$P_2 > P_1 > P_3$

(4)　$P_2 > P_3 > P_1$　　(5)　$P_3 > P_1 > P_2$

R2-A6

| | ① | ② | ③ | ④ | ⑤ |
|---|---|---|---|---|---|
| 学 習 日 | | | | . | |
| 理 解 度 (○/△/×) | | | | | |

解説

抵抗 $R_2[\Omega]$ と $R_3[\Omega]$ の合成抵抗 $R_{23}[\Omega]$ は,

$$R_{23} = \frac{R_2 \times R_3}{R_2 + R_3} = \frac{6 \times 2}{6 + 2} = \frac{12}{8} = \frac{3}{2}\,\Omega$$

これより, 抵抗 $R_1$ に印加される電圧 $V_1[\mathrm{V}]$ は, 分圧の式より,

$$V_1 = \frac{R_1}{R_1 + R_{23}}V = \frac{3}{3 + \dfrac{3}{2}}V = \frac{3}{\dfrac{6+3}{2}}V = \frac{6}{9}V = \frac{2}{3}V[\mathrm{V}]$$

また, 抵抗 $R_{23}$ に印加される電圧 $V_{23}[\mathrm{V}]$ は, キルヒホッフの第二法則（電圧則）より,

$$V_{23} = V - V_1 = V - \frac{2}{3}V = \frac{1}{3}V[\mathrm{V}]$$

各抵抗の消費電力 $P_1[\mathrm{W}]$, $P_2[\mathrm{W}]$, $P_3[\mathrm{W}]$ は, 電力を求める公式より,

$$P_1 = \frac{V_1^2}{R_1} = \frac{\left(\dfrac{2}{3}V\right)^2}{3} = \frac{\dfrac{4}{9}V^2}{3} = \frac{4}{27}V^2 \fallingdotseq 0.148V^2[\mathrm{W}]$$

$$P_2 = \frac{V_{23}^2}{R_2} = \frac{\left(\dfrac{1}{3}V\right)^2}{6} = \frac{\dfrac{1}{9}V^2}{6} = \frac{1}{54}V^2 \fallingdotseq 0.019V^2[\mathrm{W}]$$

$$P_3 = \frac{V_{23}^2}{R_3} = \frac{\left(\dfrac{1}{3}V\right)^2}{2} = \frac{\dfrac{1}{9}V^2}{2} = \frac{1}{18}V^2 \fallingdotseq 0.056V^2[\mathrm{W}]$$

これより, 各消費電力を大きい順に並べると,

$$P_1 > P_3 > P_2$$

よって, (2)が正解。

解答… (2)

# CHAPTER 02

# 静電気

**問題25** 大きさが等しい二つの導体球A，Bがある。両導体球に電荷が蓄えられている場合，両導体球の間に働く力は，導体球に蓄えられている電荷の積に比例し，導体球間の距離の2乗に反比例する。次の(a)及び(b)に答えよ。

ただし，両導体球の大きさは0.3 mに比べて極めて小さいものとする。

(a) この場合の比例定数を求める目的で，導体球Aに$+2 \times 10^{-8}$ C，導体球Bに$+3 \times 10^{-8}$ Cの電荷を与えて，導体球の中心間距離で0.3 m隔てて両導体球を置いたところ，両導体球間に$6 \times 10^{-5}$ Nの反発力が働いた。この結果から求められる比例定数$[\text{N·m}^2/\text{C}^2]$として，最も近いものを次の(1)〜(5)のうちから一つ選べ。

ただし，導体球A，Bの初期電荷は零とする。

(1) $3 \times 10^9$ (2) $6 \times 10^9$ (3) $8 \times 10^9$ (4) $9 \times 10^9$ (5) $15 \times 10^9$

(b) 小問(a)の導体球A，Bを，電荷を保持したままで0.3 mの距離を隔てて固定した。ここで，導体球A，Bと大きさが等しく電荷を持たない導体球Cを用意し，導体球Cをまず導体球Aに接触させ，次に導体球Bに接触させた。この導体球Cを図のように導体球Aと導体球Bの間の直線上に置くとき，導体球Cが受ける力が釣り合う位置を導体球Aとの中心間距離[m]で表したとき，その距離に最も近いものを次の(1)〜(5)のうちから一つ選べ。

(1) 0.095 (2) 0.105 (3) 0.115 (4) 0.124 (5) 0.135

R4下-C17

| | ① | ② | ③ | ④ | ⑤ |
|---|---|---|---|---|---|
| 学習日 | | | | | |
| 理解度 (○/△/×) | | | | | |

**解説**

(a) 比例定数を$k$とすると，クーロンの法則より，

$$6 \times 10^{-5} = k \times \frac{2 \times 10^{-8} \times 3 \times 10^{-8}}{0.3^2}$$

$$\therefore k = 9 \times 10^9 \,\mathrm{N \cdot m^2/C^2}$$

よって，(4)が正解。

(b) 大きさの等しい2つの導体球を接触させると，両方の導体球に蓄えられている電荷が等しくなる。まず，導体球Aと導体球Cを接触させたときの，両導体球に蓄えられている電荷[C]は，

$$\frac{2 \times 10^{-8} + 0}{2} = 1 \times 10^{-8} \,\mathrm{C}$$

次に，導体球Bと導体球Cを接触させると，両導体に蓄えられる電荷[C]は，

$$\frac{3 \times 10^{-8} + 1 \times 10^{-8}}{2} = 2 \times 10^{-8} \,\mathrm{C}$$

よって，導体球Aの電荷は$1 \times 10^{-8}\,\mathrm{C}$，導体球B，Cの電荷は$2 \times 10^{-8}\,\mathrm{C}$となる。

図のように導体球Cを置くとき，導体球Aからの力$F_{AC}$と導体球Bからの力$F_{BC}$がつり合う距離$x[\mathrm{m}]$は，$x > 0$であることより，

$$9.0 \times 10^9 \times \frac{1 \times 10^{-8} \times 2 \times 10^{-8}}{x^2} = 9.0 \times 10^9 \times \frac{2 \times 10^{-8} \times 2 \times 10^{-8}}{(0.3 - x)^2}$$

$$\frac{1}{x^2} = \frac{2}{(0.3 - x)^2}$$

$$(0.3 - x)^2 = 2x^2$$

$$0.3 - x = \sqrt{2}x$$

$$0.3 = x(1 + \sqrt{2})$$

$$\therefore x = \frac{0.3}{1 + \sqrt{2}} \fallingdotseq 0.124 \,\mathrm{m}$$

よって，(4)が正解。

解答… **(a)**(4) **(b)**(4)

# 静電気に関するクーロンの法則(2)

教科書 SECTION 01

**問題26** 図のように，真空中の直線上に間隔 $r[\mathrm{m}]$ を隔てて，点 A，B，C が
あり，各点に電気量 $Q_\mathrm{A} = 4 \times 10^{-6}\,\mathrm{C}$，$Q_\mathrm{B}[\mathrm{C}]$，$Q_\mathrm{C}[\mathrm{C}]$ の点電荷を置いた。こ
れら三つの点電荷に働く力がそれぞれ零になった。このとき，$Q_\mathrm{B}[\mathrm{C}]$ 及び
$Q_\mathrm{C}[\mathrm{C}]$ の値の組合せとして，正しいものを次の(1)〜(5)のうちから一つ選べ。

　ただし，真空の誘電率を $\varepsilon_0[\mathrm{F/m}]$ とする。

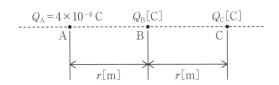

|  | $Q_\mathrm{B}$ | $Q_\mathrm{C}$ |
|---|---|---|
| (1) | $1 \times 10^{-6}$ | $-4 \times 10^{-6}$ |
| (2) | $-2 \times 10^{-6}$ | $8 \times 10^{-6}$ |
| (3) | $-1 \times 10^{-6}$ | $4 \times 10^{-6}$ |
| (4) | $0$ | $-1 \times 10^{-6}$ |
| (5) | $-4 \times 10^{-6}$ | $1 \times 10^{-6}$ |

H25-A2

|  | ① | ② | ③ | ④ | ⑤ |
|---|---|---|---|---|---|
| 学 習 日 |  |  |  |  |  |
| 理 解 度 <br>(○/△/×) |  |  |  |  |  |

電荷 $Q_A$ 　　電荷 $Q_B$ 　　電荷 $Q_C$

$$F_{CB} \qquad F_{AB}$$
（もしくは $F_{AB} \qquad F_{CB}$ ）

　問題文より，電荷 $Q_B[C]$ に働く静電力 $F_{AB}[N]$，$F_{CB}[N]$ を重ね合わせると 0 になることから，$F_{AB}$ と $F_{CB}$ の働く向きは反対でかつ大きさが等しいことが分かる。また $Q_AQ_B$ 間，$Q_BQ_C$ 間の距離は $r[m]$ であることから，電荷 $Q_C[C]$ は，

$$F_{AB} = F_{CB}$$

$$\frac{1}{4\pi\varepsilon_0} \cdot \frac{Q_AQ_B}{r_2} = \frac{1}{4\pi\varepsilon_0} \cdot \frac{Q_CQ_B}{r_2}$$

$$\therefore Q_C = Q_A = 4 \times 10^{-6}\,C$$

電荷 $Q_A$ 　　電荷 $Q_B$ 　　電荷 $Q_C$

$$F_{CA} \qquad F_{BA}$$

　次に電荷 $Q_A[C]$ に及ぼす静電力 $F_{BA}[N]$，$F_{CA}[N]$ を考える。問題文より，2 つの静電力を重ね合わせると 0 になるから，この場合も 2 つの力の向きが反対で大きさが等しいことが分かる。したがって，次式が成り立つ。

$$F_{BA} = F_{CA}$$

$$\frac{1}{4\pi\varepsilon_0} \cdot \frac{|Q_AQ_B|}{r_2} = \frac{1}{4\pi\varepsilon_0} \cdot \frac{|Q_AQ_C|}{(2r)^2}$$

$$\therefore |Q_B| = \frac{|Q_C|}{4}$$

　また，電荷 $Q_A$ と電荷 $Q_C$ が正電荷であることから，$F_{CA}$ は斥力である。したがって，$F_{BA}$ は吸引力，つまり電荷 $Q_B$ は負電荷であることが分かる。このことに注意して，上式を展開すると，

$$Q_B = -\frac{|Q_C|}{4} = -\frac{4 \times 10^{-6}}{4} = -1 \times 10^{-6}\,C$$

よって，(3)が正解。

解答… (3)

**問題27** 真空中において，図に示すように，一辺の長さが6mの正三角形の頂点Aに$4 \times 10^{-9}$Cの正の点電荷が置かれ，頂点Bに$-4 \times 10^{-9}$Cの負の点電荷が置かれている。正三角形の残る頂点を点Cとし，点Cより下した垂線と正三角形の辺ABとの交点を点Dとして，次の(a)及び(b)に答えよ。

ただし，クーロンの法則の比例定数を$9 \times 10^{9}$N・m$^2$/C$^2$とする。

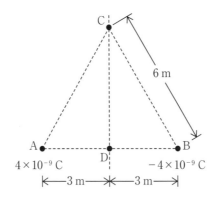

(a) まず，$q_0$[C]の正の点電荷を点Cに置いたときに，この正の点電荷に働く力の大きさは$F_C$[N]であった。次に，この正の点電荷を点Dに移動したときに，この正の点電荷に働く力の大きさは$F_D$[N]であった。力の大きさの比$\dfrac{F_C}{F_D}$の値として，正しいのは次のうちどれか。

(1) $\dfrac{1}{8}$   (2) $\dfrac{1}{4}$   (3) 2   (4) 4   (5) 8

(b) 次に，$q_0$[C]の正の点電荷を点Dから点Cの位置に戻し，強さが0.5 V/mの一様な電界を辺ABに平行に点Bから点Aの向きに加えた。このとき，$q_0$[C]の正の点電荷に電界の向きと逆の向きに$2 \times 10^{-9}$Nの大きさの力が働いた。正の点電荷$q_0$[C]の値として，正しいのは次のうちどれか。

(1) $\dfrac{4}{3} \times 10^{-9}$    (2) $2 \times 10^{-9}$    (3) $4 \times 10^{-9}$

(4) $\dfrac{4}{3} \times 10^{-8}$    (5) $2 \times 10^{-8}$

| | ① | ② | ③ | ④ | ⑤ |
|---|---|---|---|---|---|
| 学 習 日 | | | | | |
| 理 解 度 (○/△/×) | | | | | |

(a)

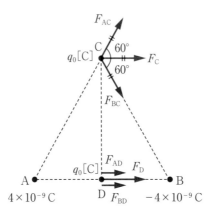

上図において，点 A の電荷 $4 \times 10^{-9}$ C が点 C の正電荷 $q_0$[C]に及ぼす静電力の大きさ（斥力）$F_{AC}$[N]は，

$$F_{AC} = 9 \times 10^9 \times \frac{4 \times 10^{-9} \times q_0}{6^2} \text{[N]}$$

同様に，点 B の電荷 $-4 \times 10^{-9}$ C が点 C の正電荷 $q_0$[C]に及ぼす静電力の大きさ（引力）$F_{BC}$[N]は，

$$F_{BC} = 9 \times 10^9 \times \frac{4 \times 10^{-9} \times q_0}{6^2} \text{[N]}$$

上記より $F_{AC} = F_{BC}$ であり，これらを合成した点 C の正電荷 $q_0$[C]に働く静電力 $F_C$[N]は，上図の関係より，

$$F_C = F_{AC} = F_{BC} = 9 \times 10^9 \times \frac{4 \times 10^{-9} \times q_0}{6^2} \text{[N]}$$

一方，点 A の電荷 $4 \times 10^{-9}$ C が点 D の正電荷 $q_0$[C]に及ぼす静電力の大きさ（斥力）$F_{AD}$[N]は，

$$F_{AD} = 9 \times 10^9 \times \frac{4 \times 10^{-9} \times q_0}{3^2} \text{[N]}$$

同様に，点 B の電荷 $-4 \times 10^{-9}$ C が点 D の正電荷 $q_0$[C]に及ぼす静電力の大きさ（引力）$F_{BD}$[N]は，

$$F_{BD} = 9 \times 10^9 \times \frac{4 \times 10^{-9} \times q_0}{3^2} \text{[N]}$$

よって $F_{AC} = F_{BC}$ であることも考慮すれば，これらを合成した点 D の正電荷 $q_0$[C]に働く静電力 $F_D$[N]は，上図の関係より，

$$F_{\mathrm{D}} = F_{\mathrm{AC}} + F_{\mathrm{BC}} = 2 \times F_{\mathrm{AC}} = 18 \times 10^{9} \times \frac{4 \times 10^{-9} \times q_{0}}{3^{2}} [\mathrm{N}]$$

以上より，$F_{\mathrm{C}}$ と $F_{\mathrm{D}}$ の比は，

$$\frac{F_{\mathrm{C}}}{F_{\mathrm{D}}} = \frac{9 \times 10^{9} \times \dfrac{4 \times 10^{-9} \times q_{0}}{6^{2}}}{18 \times 10^{9} \times \dfrac{4 \times 10^{-9} \times q_{0}}{3^{2}}} = \frac{9}{18} \times \frac{\dfrac{1}{6^{2}}}{\dfrac{1}{3^{2}}} = \frac{1}{8}$$

よって，(1)が正解。

(b)

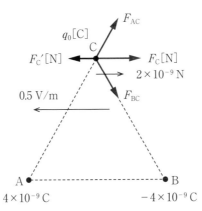

$F = QE$ より，電界で電荷が受ける力 $F_{\mathrm{C}}'[\mathrm{N}]$ は，

$$F_{\mathrm{C}}' = q_{0} \times 0.5 [\mathrm{N}]$$

問題文より，$F_{\mathrm{C}}$ と $F_{\mathrm{C}}'$ の合力 $F$ は $2 \times 10^{-9}$ N であるから，

$$F = F_{\mathrm{C}} - F_{\mathrm{C}}'$$

$$2 \times 10^{-9} = 9 \times 10^{9} \times \frac{4 \times 10^{-9} \cdot q_{0}}{6^{2}} - q_{0} \times 0.5$$

$$= q_{0} - 0.5 q_{0}$$

$$\therefore q_{0} = \frac{2 \times 10^{-9}}{1 - 0.5} = 4 \times 10^{-9} \mathrm{C}$$

よって，(3)が正解。

解答… (a)(1) (b)(3)

$q_{0}$ は正電荷なので，電界の向きと同じ向きに静電力が働きます。

**問題28** 真空中において，図のように点Aに正電荷 + 4Q[C]，点Bに負電荷 − Q[C]の点電荷が配置されている。この2点を通る直線上で電位が0 Vになる点を点Pとする。点Pの位置を示すものとして，正しいものを組み合わせたのは次のうちどれか。なお，無限遠の点は除く。

ただし，点Aと点B間の距離を $l$[m]とする。また，点Aより左側の領域をa領域，点Aと点Bの間の領域をab領域，点Bより右側の領域をb領域とし，真空の誘電率を $\varepsilon_0$[F/m]とする。

|     | a 領域 | ab 領域 | b 領域 |
| --- | --- | --- | --- |
| (1) | 点Aより左$\dfrac{l}{3}$[m]の点 | この領域には存在しない | 点Bより右$l$[m]の点 |
| (2) | この領域には存在しない | 点Aより右$\dfrac{4l}{5}$[m]の点 | 点Bより右$\dfrac{l}{3}$[m]の点 |
| (3) | この領域には存在しない | この領域には存在しない | 点Bより右$l$[m]の点 |
| (4) | 点Aより左$\dfrac{l}{3}$[m]の点 | 点Aより右$\dfrac{4l}{5}$[m]の点 | 点Bより右$\dfrac{l}{3}$[m]の点 |
| (5) | この領域には存在しない | 点Aより右$\dfrac{4l}{5}$[m]の点 | 点Bより右$l$[m]の点 |

H22-A1

|     | ① | ② | ③ | ④ | ⑤ |
| --- | --- | --- | --- | --- | --- |
| 学習日 |   |   |   |   |   |
| 理解度<br>(○/△/×) |   |   |   |   |   |

点AおよびBに配置されている電荷による，各領域の電位の様子を示すと図1のとおり。

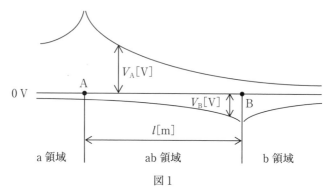

図1

問題文にある「電位が0Vになる点」とは，点Aの電位線と0V線との電位差$V_A$[V]と，0V線と点Bの電位線との電位差$V_B$[V]が等しい点，という意味である。

図1および問題文の「無限遠の点は除く」より，a領域には電位が0Vとなる点Pは**存在しない**ことがわかる。

図1より，ab領域には電位が0Vになる点Pが存在する可能性がある。

図2に，ab領域の電位が0Vかつ点Aからの距離が$x$[m]の点を点Pとしたときの図を示す。

図2

図2より，点Pに関して以下の式が成立する。

$$\frac{4Q}{4\pi\varepsilon_0 x} - 0 = 0 - \frac{-Q}{4\pi\varepsilon_0(l-x)}$$

$$\frac{4}{x} = \frac{1}{l-x}$$

$$\therefore x = \frac{4}{5}l\,[\mathrm{m}]$$

よって，ab領域において電位が0Vとなる点は，**点Aより右$\frac{4}{5}l$[m]の点**である。

図1より，b領域には電位が0Vとなる点Pが存在する可能性がある。

b領域の電位が0V，かつ点Bからの距離が$y$[m]の点を点Pとしたときの図を示すと図3のとおり。

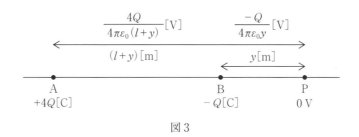

図3

図3より，点Pに関して以下の式が成立する。

$$\frac{4Q}{4\pi\varepsilon_0 x(l+y)} - 0 = 0 - \frac{-Q}{4\pi\varepsilon_0 y}$$

$$\frac{4}{l+y} = \frac{1}{y}$$

$$\therefore y = \frac{1}{3}l\,[\mathrm{m}]$$

したがって，b領域において電位が0Vとなる点は，**点Bより右$\frac{l}{3}$[m]の点**である。

以上から，(2)が正解。

解答… (2)

**問題29** 図のように，平らで十分大きい導体でできた床から高さ$h$[m]の位置に正の電気量$Q$[C]をもつ点電荷がある。次の(a)及び(b)の問に答えよ。ただし，点電荷から床に下ろした垂線の足を点O，床より上側の空間は真空とし，床の導体は接地されている。真空の誘電率を$\varepsilon_0$[F/m]とする。

(a) 床より上側の電界は，点電荷のつくる電界と，床の表面に静電誘導によって現れた面電荷のつくる電界との和になる。床より上側の電気力線の様子として，適切なものを次の(1)～(5)のうちから一つ選べ。

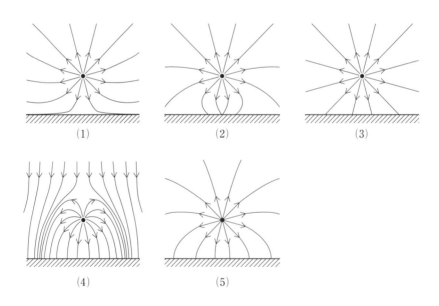

（b） 点電荷は床表面に現れた面電荷から鉛直方向の静電吸引力$F$[N]を受ける。その力は床のない状態で点Oに固定した電気量$-\dfrac{Q}{4}$[C]の点電荷から受ける静電力に等しい。$F$[N]に逆らって，点電荷を高さ$h$[m]から$z$[m]（ただし$h<z$）まで鉛直方向に引き上げるのに必要な仕事$W$[J]を表す式として，正しいものを次の(1)～(5)のうちから一つ選べ。

(1) $\dfrac{Q^2}{4\pi\varepsilon_0 z^2}$　　　(2) $\dfrac{Q^2}{4\pi\varepsilon_0}\left(\dfrac{1}{h}-\dfrac{1}{z}\right)$　　　(3) $\dfrac{Q^2}{16\pi\varepsilon_0}\left(\dfrac{1}{h}-\dfrac{1}{z}\right)$

(4) $\dfrac{Q^2}{16\pi\varepsilon_0 z^2}$　　　(5) $\dfrac{Q^2}{\pi\varepsilon_0}\left(\dfrac{1}{h^2}-\dfrac{1}{z^2}\right)$

R1-B15

| | ① | ② | ③ | ④ | ⑤ |
|---|---|---|---|---|---|
| 学 習 日 | | | | | |
| 理 解 度 (○/△/×) | | | | | |

(a)

問題文より，点電荷は正の電気量をもち，床の表面に静電誘導によって現れた面電荷は負の電気量をもつので，電気力線は点電荷から出て床の表面（面電荷）へ吸い込まれる。かつ，電気力線は床の表面に垂直に出入りする。これらの条件をみたすのは選択肢(5)の図である。

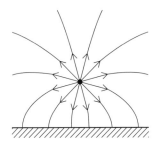

よって，(5)が正解。

(b)

床の点Oからの高さ$z$[m]および$h$[m]における電位をそれぞれ$V_z$[V]および$V_h$[V]とすると，

$$V_z = \frac{1}{4\pi\varepsilon_0 z}\left(-\frac{Q}{4}\right) = -\frac{Q}{16\pi\varepsilon_0 z}[\text{V}]$$

$$V_h = \frac{1}{4\pi\varepsilon_0 h}\left(-\frac{Q}{4}\right) = -\frac{Q}{16\pi\varepsilon_0 h}[\text{V}]$$

$V_z$[V]と$V_h$[V]の電位差を$V_{z-h}$[V]とすると，

$$V_{z-h} = V_z - V_h = -\frac{Q}{16\pi\varepsilon_0 z} - \left(-\frac{Q}{16\pi\varepsilon_0 h}\right) = \frac{Q}{16\pi\varepsilon_0}\left(\frac{1}{h} - \frac{1}{z}\right)[\text{V}]$$

電位差$V_{z-h}$[V]は鉛直方向の静電吸引力$F$[N]に逆らって単位正電荷（＋1 C）を高さ$h$[m]から$z$[m]まで動かす仕事（位置エネルギーの差）に等しい。したがって，$Q$[C]の点電荷を引き上げるのに必要な仕事を$W$[J]とすると，電位差$V_{z-h}$[V]は，

$$V_{z-h} = \frac{W}{Q}[\text{V}]$$

以上より，仕事$W$[J]は，

$$W = QV_{z-h} = \frac{Q^2}{16\pi\varepsilon_0}\left(\frac{1}{h} - \frac{1}{z}\right)[\text{J}]$$

よって，(3)が正解。

解答… (a)(5)  (b)(3)

**コンデンサ(1)**

教科書 SECTION 04

**問題30** 図に示すように，電極板面積と電極板間隔がそれぞれ同一の2種類の平行平板コンデンサがあり，一方を空気コンデンサ A，他方を固体誘電体（比誘電率 $\varepsilon_r = 4$）が満たされたコンデンサ B とする。両コンデンサにおいて，それぞれ一方の電極に直流電圧 $V[V]$ を加え，他方の電極を接地したとき，コンデンサ B の内部電界[V/m]及び電極板上に蓄えられた電荷[C]はコンデンサ A のそれぞれ何倍となるか。その倍率として，正しいものを組み合わせたのは次のうちどれか。

ただし，空気の比誘電率を1とし，コンデンサの端効果は無視できるものとする。

コンデンサ A    コンデンサ B

|  | 内部電界 | 電　荷 |
|---|---|---|
| (1) | 1 | 4 |
| (2) | 4 | 4 |
| (3) | $\dfrac{1}{4}$ | 4 |
| (4) | 4 | 1 |
| (5) | 1 | 1 |

H22-A2

|  | ① | ② | ③ | ④ | ⑤ |
|---|---|---|---|---|---|
| 学 習 日 |  |  |  |  |  |
| 理 解 度 (○/△/×) |  |  |  |  |  |

**解説**

コンデンサの内部電界は$E = \dfrac{V}{\ell}$より電圧と電極板間隔で決まり，比誘電率に依存しない。よってコンデンサAとコンデンサBの内部電界は等しく倍率は**1倍**である。

ここで，二つのコンデンサの電極板面積を$A$，電極板間隔を$\ell$とすると，コンデンサAの静電容量$C_A$は，

$$C_A = \varepsilon_0 \dfrac{A}{\ell}$$

コンデンサBの静電容量$C_B$は，

$$C_B = 4\,\varepsilon_0 \dfrac{A}{\ell}$$

電極板上に蓄えられた電荷は$Q = CV$より静電容量に比例するので，コンデンサBの電荷はコンデンサAの**4倍**である。

よって，(1)が正解。

**解答…** (1)

**問題31** 極板 A − B 間が比誘電率 $\varepsilon_r = 2$ の誘電体で満たされた平行平板コンデンサがある。極板間の距離は $d$[m]，極板間の直流電圧は $V_0$[V] である。

極板と同じ形状と大きさをもち，厚さが $\dfrac{d}{4}$[m] の帯電していない導体を図に示す位置 P − Q 間に極板と平行に挿入したとき，導体の電位の値[V]として，正しいものを次の(1)〜(5)のうちから一つ選べ。

ただし，コンデンサの端効果は無視できるものとする。

(1) $\dfrac{V_0}{8}$　　(2) $\dfrac{V_0}{6}$　　(3) $\dfrac{V_0}{4}$　　(4) $\dfrac{V_0}{3}$　　(5) $\dfrac{V_0}{2}$

H26-A1

|  | ① | ② | ③ | ④ | ⑤ |
|---|---|---|---|---|---|
| 学習日 |  |  |  |  |  |
| 理解度<br>(○/△/×) |  |  |  |  |  |

導体が極板間に平行に挿入されたとき，図のようにコンデンサ $C_1[\mathrm{F}]$ と $C_2[\mathrm{F}]$ が直列に接続されていると考えることができる。極板の面積を $A[\mathrm{m^2}]$ とすると，$C_1$ と $C_2$ は静電容量 $=\dfrac{誘電率 \times 極板の面積}{極板間の距離}$ より，

$$C_1 = \frac{2\,\varepsilon_0 \cdot A}{\dfrac{d}{2}} = \frac{4\,\varepsilon_0 A}{d}[\mathrm{F}]$$

$$C_2 = \frac{2\,\varepsilon_0 \cdot A}{\dfrac{d}{4}} = \frac{8\,\varepsilon_0 A}{d}[\mathrm{F}]$$

よって，$C_2 = 2C_1$ となる。

ここで，$C_1$ と $C_2$ に蓄えられる電荷量を $Q[\mathrm{C}]$，導体の電位を $V[\mathrm{V}]$ とすると，公式 $Q = CV$ より，

$$Q = C_1(V_0 - V) = C_2 V$$

$C_2 = 2C_1$ より，

$$C_1(V_0 - V) = 2C_1 V$$

$$V_0 - V = 2V$$

$$V_0 = 3V$$

$$\therefore V = \frac{V_0}{3}[\mathrm{V}]$$

よって，(4)が正解。

解答… (4)

**難易度 A** コンデンサ(3)

教科書 SECTION 04

**問題32** 図1に示すような，空気中における固体誘電体を含む複合誘電体平行平板電極がある。この下部電極を接地し，上部電極に電圧を加えたときの電極間の等電位線の分布を示す断面図として，正しいのは次のうちどれか。

ただし，誘電体の導電性及び電極と誘電体の端効果は無視できるものとする。

参考までに固体誘電体を取り除いた，空気中平行平板電極の場合の等電位線の分布を図2に示す。

図1 複合誘電体平行平板電極の断面図

図2 空気中平行平板電極の断面図

(1)

(2)

(3)

(4)

(5)

(注) 図2と同様に下側を接地電極とする。

H18-A2

|  | ① | ② | ③ | ④ | ⑤ |
|---|---|---|---|---|---|
| 学 習 日 |  |  |  |  |  |
| 理 解 度 (○/△/×) |  |  |  |  |  |

86

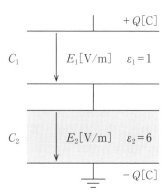

　図1のコンデンサは，上図のようにコンデンサ$C_1$，$C_2$が直列に接続されていると考えることができる。このコンデンサに単位面積あたり$Q[\mathrm{C}]$の電荷が蓄えられるとすると，真空の誘電率$\varepsilon_0$を使って電束密度$D[\mathrm{C/m^2}]$は次のように表される。

$$D = \varepsilon_0 E_1 = 6\,\varepsilon_0 E_2$$

$$\therefore E_1 = 6E_2$$

　ここで，コンデンサ$C_1$，$C_2$で同一電位差$V[\mathrm{V}]$が生じる距離$\ell_1$, $\ell_2[\mathrm{m}]$を平行平板電極内の電界の大きさの公式$E = \dfrac{V}{\ell}$より求めると，

$$\ell_1 = \frac{V}{E_1} = \frac{V}{6E_2}$$

$$\therefore 6\,\ell_1 = \frac{V}{E_2}$$

　同様に，

$$\ell_2 = \frac{V}{E_2}$$

　したがって，$\ell_2 = 6\,\ell_1$となり，コンデンサ$C_2$の等電位線の間隔は$C_1$よりも大きくなり，選択肢(3)の図のようになる。

　よって，(3)が正解。

解答… (3)

**問題33** 電極板面積と電極板間隔が共に$S[\mathrm{m}^2]$と$d[\mathrm{m}]$で，一方は比誘電率が$\varepsilon_{r1}$の誘電体からなる平行平板コンデンサ$C_1$と，他方は比誘電率が$\varepsilon_{r2}$の誘電体からなる平行平板コンデンサ$C_2$がある。いま，これらを図のように並列に接続し，端子A，B間に直流電圧$V_0[\mathrm{V}]$を加えた。このとき，コンデンサ$C_1$の電極板間の電界の強さを$E_1[\mathrm{V/m}]$，電束密度を$D_1[\mathrm{C/m}^2]$，また，コンデンサ$C_2$の電極板間の電界の強さを$E_2[\mathrm{V/m}]$，電束密度を$D_2[\mathrm{C/m}^2]$とする。両コンデンサの電界の強さ$E_1[\mathrm{V/m}]$と$E_2[\mathrm{V/m}]$はそれぞれ　(ア)　であり，電束密度$D_1[\mathrm{C/m}^2]$と$D_2[\mathrm{C/m}^2]$はそれぞれ　(イ)　である。したがって，コンデンサ$C_1$に蓄えられる電荷を$Q_1[\mathrm{C}]$，コンデンサ$C_2$に蓄えられる電荷を$Q_2[\mathrm{C}]$とすると，それらはそれぞれ　(ウ)　となる。

　ただし，電極板の厚さ及びコンデンサの端効果は，無視できるものとする。また，真空の誘電率を$\varepsilon_0[\mathrm{F/m}]$とする。

　上記の記述中の空白箇所(ア)～(ウ)に当てはまる式の組合せとして，正しいものを次の(1)～(5)のうちから一つ選べ。

|  | (ア) | (イ) | (ウ) |
|---|---|---|---|
| (1) | $E_1 = \dfrac{\varepsilon_{r1}}{d} V_0$ <br> $E_2 = \dfrac{\varepsilon_{r2}}{d} V_0$ | $D_1 = \dfrac{\varepsilon_{r1}}{d} S V_0$ <br> $D_2 = \dfrac{\varepsilon_{r2}}{d} S V_0$ | $Q_1 = \dfrac{\varepsilon_0 \varepsilon_{r1}}{d} S V_0$ <br> $Q_2 = \dfrac{\varepsilon_0 \varepsilon_{r2}}{d} S V_0$ |
| (2) | $E_1 = \dfrac{\varepsilon_{r1}}{d} V_0$ <br> $E_2 = \dfrac{\varepsilon_{r2}}{d} V_0$ | $D_1 = \dfrac{\varepsilon_0 \varepsilon_{r1}}{d} V_0$ <br> $D_2 = \dfrac{\varepsilon_0 \varepsilon_{r2}}{d} V_0$ | $Q_1 = \dfrac{\varepsilon_0 \varepsilon_{r1}}{d} S V_0$ <br> $Q_2 = \dfrac{\varepsilon_0 \varepsilon_{r2}}{d} S V_0$ |
| (3) | $E_1 = \dfrac{V_0}{d}$ <br> $E_2 = \dfrac{V_0}{d}$ | $D_1 = \dfrac{\varepsilon_0 \varepsilon_{r1}}{d} S V_0$ <br> $D_2 = \dfrac{\varepsilon_0 \varepsilon_{r2}}{d} S V_0$ | $Q_1 = \dfrac{\varepsilon_0 \varepsilon_{r1}}{d} V_0$ <br> $Q_2 = \dfrac{\varepsilon_0 \varepsilon_{r2}}{d} V_0$ |
| (4) | $E_1 = \dfrac{V_0}{d}$ <br> $E_2 = \dfrac{V_0}{d}$ | $D_1 = \dfrac{\varepsilon_0 \varepsilon_{r1}}{d} V_0$ <br> $D_2 = \dfrac{\varepsilon_0 \varepsilon_{r2}}{d} V_0$ | $Q_1 = \dfrac{\varepsilon_0 \varepsilon_{r1}}{d} S V_0$ <br> $Q_2 = \dfrac{\varepsilon_0 \varepsilon_{r2}}{d} S V_0$ |
| (5) | $E_1 = \dfrac{\varepsilon_0 \varepsilon_{r1}}{d} S V_0$ <br> $E_2 = \dfrac{\varepsilon_0 \varepsilon_{r2}}{d} S V_0$ | $D_1 = \dfrac{\varepsilon_0 \varepsilon_{r1}}{d} V_0$ <br> $D_2 = \dfrac{\varepsilon_0 \varepsilon_{r2}}{d} V_0$ | $Q_1 = \dfrac{\varepsilon_0}{d} S V_0$ <br> $Q_2 = \dfrac{\varepsilon_0}{d} S V_0$ |

R5上-A1

| | ① | ② | ③ | ④ | ⑤ |
|---|---|---|---|---|---|
| 学習日 | | | | | |
| 理解度<br>(○/△/×) | | | | | |

(ア) 平行平板電極内の電界の強さは $E = \dfrac{V}{\ell}$ [V/m] より決まる。したがって $E_1$ と $E_2$ はともに $E_1 = \dfrac{V_0}{d}$, $E_2 = \dfrac{V_0}{d}$ である。

(イ) 電束密度と電界の強さには $D = \varepsilon E$ [C/m²] の関係がある。$\varepsilon = \varepsilon_0 \varepsilon_r$ であるから(ア)より, $D_1 = \dfrac{\varepsilon_0 \varepsilon_{r1}}{d} V_0$, $D_2 = \dfrac{\varepsilon_0 \varepsilon_{r2}}{d} V_0$ である。

(ウ) コンデンサに蓄えられる電荷 $Q$ [C] を電束密度 $D$ [C/m²] を用いて表すと, 電束密度の公式 $D = \dfrac{\text{電束}}{\text{面積}}$ [C/m²] より $Q_1 = \dfrac{\varepsilon_0 \varepsilon_{r1}}{d} SV_0$, $Q_2 = \dfrac{\varepsilon_0 \varepsilon_{r2}}{d} SV_0$ である。

以上より, 正しい組み合わせは(4)である。

解答… (4)

**問題34** 真空中において，一辺 $\ell$ [m]の正方形電極を間隔$d$[m]で配置した平行板コンデンサがある。図1はこのコンデンサの電極板間に比誘電率 $\varepsilon_r =$ 3の誘電体を挿入した状態，図2は図1の誘電体を電極面積の$\frac{1}{2}$だけ引き出した状態を示している。図1及び図2の二つのコンデンサの静電容量$C_1$[F]及び$C_2$[F]の比 ($C_1 : C_2$) として，正しいのは次のうちどれか。

ただし，$\ell \gg d$であり，コンデンサの端効果は無視できるものとする。

図1　　　　　　　　　　　図2

(1) 2：1　　(2) 3：1　　(3) 3：2　　(4) 4：3　　(5) 5：4

H15-A2

| | ① | ② | ③ | ④ | ⑤ |
|---|---|---|---|---|---|
| 学習日 | | | | | |
| 理解度<br>(○/△/×) | | | | | |

図1のコンデンサの静電容量 $C_1[\mathrm{F}]$ は静電容量 $= \dfrac{誘電率 \times 電極面積}{電極板の間隔}$ で求められるので,

$$C_1 = \frac{3\,\varepsilon_0 \cdot \ell^2}{d}\,[\mathrm{F}]$$

次に,$C_2[\mathrm{F}]$ は図のようにコンデンサ $C_{21}[\mathrm{F}]$ と $C_{22}[\mathrm{F}]$ が並列に接続されていると考えることができる。$C_{21}$ と $C_{22}$ を求めると,

$$C_{21} = \frac{\varepsilon_0 \cdot \dfrac{1}{2}\,\ell^2}{d} = \frac{1}{2} \cdot \frac{\varepsilon_0 \ell^2}{d}\,[\mathrm{F}]$$

$$C_{22} = \frac{3\,\varepsilon_0 \cdot \dfrac{1}{2}\,\ell^2}{d} = \frac{3}{2} \cdot \frac{\varepsilon_0 \ell^2}{d}\,[\mathrm{F}]$$

よって,図2のコンデンサの静電容量 $C_2[\mathrm{F}]$ は,

$$C_2 = C_{21} + C_{22} = \frac{1}{2} \cdot \frac{\varepsilon_0 \ell^2}{d} + \frac{3}{2} \cdot \frac{\varepsilon_0 \ell^2}{d} = \frac{2\,\varepsilon_0 \ell^2}{d}\,[\mathrm{F}]$$

したがって,$C_1$ と $C_2$ の比は,

$$C_1 : C_2 = \frac{3\varepsilon_0 \ell^2}{d} : \frac{2\varepsilon_0 \ell^2}{d} = 3 : 2$$

よって,(3)が正解。

解答… (3)

**ポイント**

図のように,電気力線がコンデンサの端で外側に膨らむ現象をコンデンサの端効果といいます。コンデンサの端効果が無視できるときは $C = \dfrac{\varepsilon A}{\ell}$ の公式が使えます。

**問題35** 図のように，静電容量 $C_1$，$C_2$ 及び $C_3$ のコンデンサが接続されている回路がある。スイッチSが開いているとき，各コンデンサの電荷は，すべて零であった。スイッチSを閉じると，$C_1 = 5\,\mu F$ のコンデンサには $3.5 \times 10^{-4}\,C$ の電荷が，$C_2 = 2.5\,\mu F$ のコンデンサには $0.5 \times 10^{-4}\,C$ の電荷が充電された。静電容量 $C_3[\mu F]$ の値として，正しいのは次のうちどれか。

(1)　0.2　　(2)　2.5　　(3)　5　　(4)　7.5　　(5)　15

H15-A1

| | ① | ② | ③ | ④ | ⑤ |
|---|---|---|---|---|---|
| 学 習 日 | | | | | |
| 理 解 度 (○/△/×) | | | | | |

**解説**

直列接続されたコンデンサに蓄えられる電荷は等しいので，コンデンサ$C_2$と$C_3$の並列回路にはコンデンサ$C_1$と同じ$3.5 \times 10^{-4}$Cの電荷が蓄えられる。また，コンデンサ$C_2$には$0.5 \times 10^{-4}$Cの電荷が充電されているから，コンデンサ$C_3$の電荷は$3.0 \times 10^{-4}$Cである。

また，$Q = CV$よりコンデンサ$C_2$に加わる電圧$V$[V]は，

$$V = \frac{Q_2}{C_2} = \frac{0.5 \times 10^{-4}}{2.5 \times 10^{-6}} = 20 \text{ V}$$

$C_2$と$C_3$は並列に接続されているので，$C_3$に加わる電圧も20 Vである。

したがって，静電容量$C_3$[μF]の値は，

$$C_3 = \frac{Q_3}{V} = \frac{3.0 \times 10^{-4}}{20} = 1.5 \times 10^{-5} \text{ F} = 15 \text{ μF}$$

よって，(5)が正解。

解答… (5)

**ポイント**

直列接続　　　　　　　　　並列接続

$$Q = Q_1 = Q_2$$
$$E = V_1 + V_2$$
$$\frac{1}{C} = \frac{1}{C_1} + \frac{1}{C_2}$$

$$Q = Q_1 + Q_2$$
$$E = V_1 = V_2$$
$$C - C_1 + C_2$$

　図のようにコンデンサ$C_1$と$C_2$を直列接続したとき，$C_1$と$C_2$に蓄えられる電荷は等しくなります。ただし，これは初期電荷が0のときに成り立ちます。また，全体に加わる電圧は，$C_1$に加わる電圧と$C_2$に加わる電圧を合わせたものとなります。
　一方，並列接続したとき全体の電荷は，$C_1$の電荷と$C_2$の電荷を足し合わせたものに等しくなります。$C_1$と$C_2$に加わる電圧は等しくなります。

**難易度 C** コンデンサ(7)

**問題36** 図のように,極板間距離 $d$[mm]と比誘電率 $\varepsilon_r$ が異なる平行板コンデンサが接続されている。極板の形状と大きさは全て同一であり,コンデンサの端効果,初期電荷及び漏れ電流は無視できるものとする。印加電圧を $10\,\mathrm{kV}$ とするとき,図中の二つのコンデンサ内部の電界の強さ $E_A$ 及び $E_B$ の値[kV/mm]の組合せとして,正しいものを次の(1)〜(5)のうちから一つ選べ。

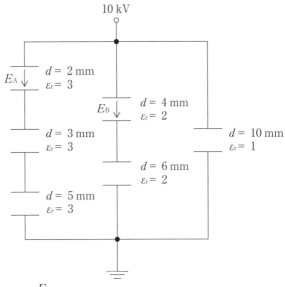

| | $E_A$ | $E_B$ |
|---|---|---|
| (1) | 0.25 | 0.67 |
| (2) | 0.25 | 1.5 |
| (3) | 1.0 | 1.0 |
| (4) | 4.0 | 0.67 |
| (5) | 4.0 | 1.5 |

R1-A2

| | ① | ② | ③ | ④ | ⑤ |
|---|---|---|---|---|---|
| 学 習 日 | | | | | |
| 理 解 度 (○/△/×) | | | | | |

**解説**

　図のように，各コンデンサの静電容量を$C_1$〜$C_6$[F]とし，極板間距離を$d_1$〜$d_6$[mm]とする。

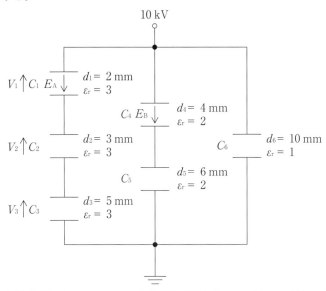

　まず，回路左側の3つのコンデンサは直列接続されているため，蓄えられる電荷は等しくなる。このことを各コンデンサに加わる電圧$V_1$[kV]，$V_2$[kV]，$V_3$[kV]および静電容量$C_1$[F]，$C_2$[F]，$C_3$[F]を用いて表すと，

$$C_1V_1 = C_2V_2 = C_3V_3 \cdots ①$$

　また問題文の「コンデンサの極板の形状と大きさは全て同一である」という条件から，各コンデンサの極板の面積$A$[m²]は等しく，かつ図よりすべてのコンデンサの比誘電率$\varepsilon_r$も等しいことがわかる。

　極板間の距離を$d$[m]とすると，コンデンサの静電容量$C$[F]は$C = \varepsilon_r \varepsilon_0 \dfrac{A}{d}$であるから，①式は，

$$\varepsilon_r\varepsilon_0\frac{A}{d_1}V_1 = \varepsilon_r\varepsilon_0\frac{A}{d_2}V_2 = \varepsilon_r\varepsilon_0\frac{A}{d_3}V_3$$

$$\therefore \frac{V_1}{d_1} = \frac{V_2}{d_2} = \frac{V_3}{d_3} = E_A$$

となり，各コンデンサ内部の電界の強さは全て等しく，$E_A$[kV/mm]となる。

　ここで，端子間の電圧は10 kVであるから，各コンデンサ両端の電圧$V_1$[kV]，$V_2$[kV]，$V_3$[kV]について，次の式が成り立つ。

$$V_1 + V_2 + V_3 = 10$$

$$\therefore E_A d_1 + E_A d_2 + E_A d_3 = E_A(d_1 + d_2 + d_3) = 10$$

したがって，電界$E_A$[kV/mm]は，

$$E_A = \frac{10}{d_1 + d_2 + d_3} = \frac{10}{2 + 3 + 5} = \frac{10}{10} = 1.0 \text{ kV/mm}$$

次に，回路中央のコンデンサは直列接続されているため，蓄えられる電荷は等しくなる。このことを各コンデンサにかかる電圧$V_4$[kV]，$V_5$[kV]および静電容量$C_4$[F]，$C_5$[F]を用いて表すと，

$$C_4 V_4 = C_5 V_5$$

問題文の「コンデンサの極板の形状と大きさは全て同一である」という条件から，回路の左側のコンデンサの場合と同様に，

$$\frac{V_4}{d_4} = \frac{V_5}{d_5} = E_B$$

端子間の電圧は10 kVであるから，各コンデンサ両端の電圧$V_4$[kV]，$V_5$[kV]について，次の式が成り立つ。

$$V_4 + V_5 = 10$$

$$\therefore E_B d_4 + E_B d_5 = E_B(d_4 + d_5) = 10$$

したがって，電界$E_B$[kV/mm]は，

$$E_B = \frac{10}{d_4 + d_5} = \frac{10}{4 + 6} = \frac{10}{10} = 1.0 \text{ kV/mm}$$

よって，(3)が正解。

解答… (3)

**問題37** 図1に示すように，静電容量 $C_1 = 4\,\mu\mathrm{F}$ と $C_2 = 2\,\mu\mathrm{F}$ の二つのコンデンサが直列に接続され，直流電圧6Vで充電されている。次に電荷が蓄積されたこの二つのコンデンサを直流電源から切り離し，電荷を保持したまま同じ極性の端子同士を図2に示すように並列に接続する。並列に接続後のコンデンサの端子間電圧の大きさ $V[\mathrm{V}]$ の値として，最も近いものを次の(1)〜(5)のうちから一つ選べ。

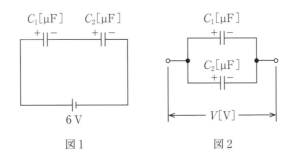

図1    図2

(1) $\dfrac{2}{3}$    (2) $\dfrac{4}{3}$    (3) $\dfrac{8}{3}$    (4) $\dfrac{16}{3}$    (5) $\dfrac{32}{3}$

R4上-A6

| | ① | ② | ③ | ④ | ⑤ |
|---|---|---|---|---|---|
| 学 習 日 | | | | | |
| 理 解 度 (○/△/×) | | | | | |

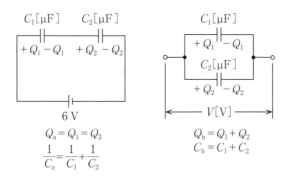

$$Q_a = Q_1 = Q_2$$
$$\frac{1}{C_a} = \frac{1}{C_1} + \frac{1}{C_2}$$

$$Q_b = Q_1 + Q_2$$
$$C_b = C_1 + C_2$$

図1のコンデンサの合成静電容量$C_a[\mu F]$は,

$$C_a = \frac{C_1 C_2}{C_1 + C_2} = \frac{4 \times 2}{4 + 2} = \frac{8}{6} = \frac{4}{3}\ \mu F$$

コンデンサ$C_1$と$C_2$は直列に接続されているから,$C_1$と$C_2$には同じ量の電荷が蓄えられる。これは合成静電容量に蓄えられる電荷$Q_a[\mu C]$と等しいから,

$$Q_a = C_a V = \frac{4}{3} \times 6 = 8\ \mu C$$

よって,$C_1$と$C_2$にはそれぞれ8 $\mu C$の電荷が蓄積される。

次に,図2の合成静電容量$C_b[\mu F]$と全体の電荷$Q_b[\mu C]$を求める。$C_1$と$C_2$は並列接続されているから,

$$C_b = C_1 + C_2 = 4 + 2 = 6\ \mu F$$

電荷は保持されているから,

$$Q_b = Q_1 + Q_2 = 8 + 8 = 16\ \mu C$$

したがって,コンデンサの端子間電圧の大きさ$V[V]$は,

$$V = \frac{Q_b}{C_b} = \frac{16}{6} = \frac{8}{3}\ V$$

よって,(3)が正解。

解答… (3)

## ポイント

二つのコンデンサ$C_1$と$C_2$を直列につなぐと,その合成静電容量$C_0$は,

$$\frac{1}{C_0} = \frac{1}{C_1} + \frac{1}{C_2} = \frac{C_1 + C_2}{C_1 C_2}$$

よって,$C_0 = \dfrac{C_1 C_2}{C_1 + C_2}$

となります。

**問題38** 図1及び図2のように，静電容量がそれぞれ $4\,\mu F$ と $2\,\mu F$ のコンデンサ $C_1$ 及び $C_2$，スイッチ $S_1$ 及び $S_2$ からなる回路がある。コンデンサ $C_1$ と $C_2$ には，それぞれ $2\,\mu C$ と $4\,\mu C$ の電荷が図のような極性で蓄えられている。この状態から両図ともスイッチ $S_1$ 及び $S_2$ を閉じたとき，図1のコンデンサ $C_1$ の端子電圧を $V_1$[V]，図2のコンデンサ $C_1$ の端子電圧を $V_2$[V]とすると，電圧比 $\left|\dfrac{V_1}{V_2}\right|$ の値として，正しいものを次の(1)～(5)のうちから一つ選べ。

図1                    図2

(1) $\dfrac{1}{3}$　　(2) 1　　(3) 3　　(4) 6　　(5) 9

|  | ① | ② | ③ | ④ | ⑤ |
|---|---|---|---|---|---|
| 学 習 日 |  |  |  |  |  |
| 理 解 度 (○/△/×) |  |  |  |  |  |

**解説**

コンデンサ $C_1$ と $C_2$ は並列接続されているので，合成静電容量は 6 μF である。

図1の回路の総電荷量は $Q_1 + Q_2 = 6$ μC であるから，$Q = CV$ より電圧 $V_1$[V]は，

$$V_1 = \frac{6 \, \mu C}{6 \, \mu F} = 1 \text{ V}$$

一方，図2の回路の総電荷量はコンデンサの極性が図1とは逆なので，

$$Q_1 - Q_2 = -2 \, \mu C$$

よって，$V_2$[V]は，

$$V_2 = \frac{-2}{6} = -\frac{1}{3} \text{ V}$$

したがって，$V_1$ と $V_2$ の電圧比は，

$$\left| \frac{V_1}{V_2} \right| = \left| \frac{1}{-\frac{1}{3}} \right| = 3$$

よって，(3)が正解。

解答… (3)

**問題39** 図のように，極板間の厚さ$d$[m]，表面積$S$[m²]の平行板コンデンサAとBがある。コンデンサAの内部は，比誘電率と厚さが異なる3種類の誘電体で構成され，極板と各誘電体の水平方向の断面積は同一である。コンデンサBの内部は，比誘電率と水平方向の断面積が異なる3種類の誘電体で構成されている。コンデンサAの各誘電体内部の電界の強さをそれぞれ$E_{A1}$，$E_{A2}$，$E_{A3}$，コンデンサBの各誘電体内部の電界の強さをそれぞれ$E_{B1}$，$E_{B2}$，$E_{B3}$とし，端効果，初期電荷及び漏れ電流は無視できるものとする。また，真空の誘電率を$\varepsilon_0$[F/m]とする。両コンデンサの上側の極板に電圧$V$[V]の直流電源を接続し，下側の極板を接地した。次の(a)及び(b)の問に答えよ。

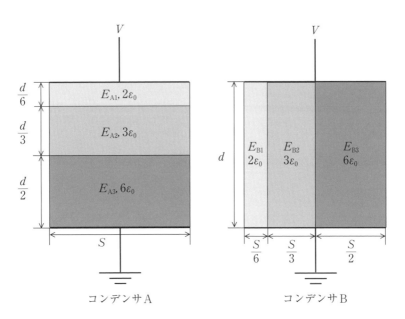

コンデンサA    コンデンサB

(a)　コンデンサAにおける各誘電体内部の電界の強さの大小関係とその中の最大値の組合せとして，正しいものを次の(1)～(5)のうちから一つ選べ。

(1)　$E_{A1} > E_{A2} > E_{A3}$, $\dfrac{3V}{5d}$

(2)　$E_{A1} < E_{A2} < E_{A3}$, $\dfrac{3V}{5d}$

(3)　$E_{A1} = E_{A2} = E_{A3}$, $\dfrac{V}{d}$

(4)　$E_{A1} > E_{A2} > E_{A3}$, $\dfrac{9V}{5d}$

(5)　$E_{A1} < E_{A2} < E_{A3}$, $\dfrac{9V}{5d}$

(b)　コンデンサA全体の蓄積エネルギーは，コンデンサB全体の蓄積エネルギーの何倍か，最も近いものを次の(1)～(5)のうちから一つ選べ。

(1)　0.72　　(2)　0.83　　(3)　1.00　　(4)　1.20　　(5)　1.38

R5上-C17

| | ① | ② | ③ | ④ | ⑤ |
|---|---|---|---|---|---|
| 学 習 日 | | | | | |
| 理 解 度<br>(○/△/×) | | | | | |

(a)

コンデンサ A 内の電束密度 $D[C/m^2]$ は、誘電体の種類によらず極板間で一定となる。

電界の強さを表す公式より、各誘電体内部の電界の強さ $E_{A1}[V/m]$、$E_{A2}[V/m]$、$E_{A3}[V/m]$ は、

$$E_{A1} = \frac{D}{2\varepsilon_0}[V/m]$$

$$E_{A2} = \frac{D}{3\varepsilon_0} = \frac{2}{3}E_{A1}[V/m]$$

$$E_{A3} = \frac{D}{6\varepsilon_0} = \frac{1}{3}E_{A1}[V/m]$$

よって、各電界の大小関係は、

$$E_{A1} > E_{A2} > E_{A3}$$

つまり、各誘電体内部の電界のうち、その強さが最大となるのは $E_{A1}$ である。

ここで、コンデンサ A は、図 1 のように誘電率の異なる 3 種類のコンデンサを直列接続したものとみなすことができる。

図 1

図 1 の各コンデンサの極板間電圧の合計が電源電圧 $V[V]$ となることから、平行板コンデンサ内の電界の強さの公式より、

$$V = E_{A1} \times \frac{d}{6} + E_{A2} \times \frac{d}{3} + E_{A3} \times \frac{d}{2}$$

$$= E_{A1} \times \frac{d}{6} + \frac{2}{3}E_{A1} \times \frac{d}{3} + \frac{1}{3}E_{A1} \times \frac{d}{2} = \left(\frac{d}{6} + \frac{2}{9}d + \frac{d}{6}\right)E_{A1}$$

$$= \frac{3+4+3}{18}d \cdot E_{A1} = \frac{10}{18}d \cdot E_{A1} = \frac{5}{9}d \cdot E_{A1}$$

$$\therefore E_{A1} = \frac{9V}{5d}[\mathrm{V/m}]$$

よって，(4)が正解。

(b)

極板内部が空気（誘電率 $\varepsilon_0[\mathrm{F/m}]$）で，極板の面積 $S[\mathrm{m^2}]$，極板間距離 $d[\mathrm{m}]$ のコンデンサの静電容量 $C_0[\mathrm{F}]$ は，

$$C_0 = \frac{\varepsilon_0 S}{d}[\mathrm{F}]$$

図1において，各コンデンサの静電容量 $C_{A1}[\mathrm{F}]$，$C_{A2}[\mathrm{F}]$，$C_{A3}[\mathrm{F}]$ は，

$$C_{A1} = \frac{2\varepsilon_0 S}{\dfrac{d}{6}} = \frac{12\varepsilon_0 S}{d} = 12C_0[\mathrm{F}]$$

$$C_{A2} = \frac{3\varepsilon_0 S}{\dfrac{d}{3}} = \frac{9\varepsilon_0 S}{d} = 9C_0[\mathrm{F}]$$

$$C_{A3} = \frac{6\varepsilon_0 S}{\dfrac{d}{2}} = \frac{12\varepsilon_0 S}{d} = 12C_0[\mathrm{F}]$$

したがって，コンデンサ A 全体の静電容量 $C_A[\mathrm{F}]$ は，直列接続コンデンサの合成静電容量の公式より，

$$C_A = \frac{1}{\dfrac{1}{C_{A1}} + \dfrac{1}{C_{A2}} + \dfrac{1}{C_{A3}}} = \frac{1}{\dfrac{1}{12C_0} + \dfrac{1}{9C_0} + \dfrac{1}{12C_0}} = \frac{36}{3+4+3}C_0 = \frac{36}{10}C_0 = \frac{18}{5}C_0[\mathrm{F}]$$

コンデンサ B は，図2のように誘電率の異なる3種類のコンデンサを並列接続したものとみなすことができる。

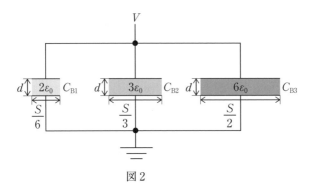

図2

図2において，各コンデンサの静電容量$C_{B1}[\mathrm{F}]$，$C_{B2}[\mathrm{F}]$，$C_{B3}[\mathrm{F}]$は，

$$C_{B1} = \frac{2\varepsilon_0 \cdot \dfrac{S}{6}}{d} = \frac{1}{3}\frac{\varepsilon_0 S}{d} = \frac{1}{3}C_0[\mathrm{F}]$$

$$C_{B2} = \frac{3\varepsilon_0 \cdot \dfrac{S}{3}}{d} = \frac{\varepsilon_0 S}{d} = C_0[\mathrm{F}]$$

$$C_{B3} = \frac{6\varepsilon_0 \cdot \dfrac{S}{2}}{d} = \frac{3\varepsilon_0 S}{d} = 3C_0[\mathrm{F}]$$

したがって，コンデンサB全体の静電容量$C_B[\mathrm{F}]$は，並列接続コンデンサの合成静電容量の公式より，

$$C_B = C_{B1} + C_{B2} + C_{B3} = \frac{1}{3}C_0 + C_0 + 3C_0 = \frac{1+3+9}{3}C_0 = \frac{13}{3}C_0[\mathrm{F}]$$

コンデンサAおよびB全体に蓄積されるエネルギー（静電エネルギー）$W_A[\mathrm{J}]$，$W_B[\mathrm{J}]$は，

$$W_A = \frac{1}{2}C_A V^2[\mathrm{J}], \quad W_B = \frac{1}{2}C_B V^2[\mathrm{J}]$$

したがって，コンデンサBに対するコンデンサAの蓄積エネルギーの比は，

$$\frac{W_A}{W_B} = \frac{\dfrac{1}{2}C_A V^2}{\dfrac{1}{2}C_B V^2} = \frac{C_A}{C_B} = \frac{\dfrac{18}{5}C_0}{\dfrac{13}{3}C_0} = \frac{54}{65} \fallingdotseq 0.8308 \rightarrow 0.83$$

よって，(2)が正解。

解答… **(a)**(4)　**(b)**(2)

**問題40** 極板 A − B 間が誘電率 $\varepsilon_0$[F/m]の空気で満たされている平行平板コンデンサの空気ギャップ長を $d$[m]，静電容量を $C_0$[F]とし，極板間の直流電圧を $V_0$[V]とする。極板と同じ形状と面積を持ち，厚さが $\dfrac{d}{4}$[m]，誘電率 $\varepsilon_1$[F/m]の固体誘電体（$\varepsilon_1 > \varepsilon_0$）を図に示す位置 P − Q 間に極板と

平行に挿入すると，コンデンサ内の電位分布は変化し，静電容量は $C_1$[F]に変化した。このとき，誤っているものを次の(1)〜(5)のうちから一つ選べ。

ただし，空気の誘電率を $\varepsilon_0$，コンデンサの端効果は無視できるものとし，直流電圧 $V_0$[V]は一定とする。

(1) 位置Pの電位は，固体誘電体を挿入する前の値よりも低下する。

(2) 位置Qの電位は，固体誘電体を挿入する前の値よりも上昇する。

(3) 静電容量 $C_1$[F]は，$C_0$[F]よりも大きくなる。

(4) 固体誘電体を導体に変えた場合，位置Pの電位は固体誘電体又は導体を挿入する前の値よりも上昇する。

(5) 固体誘電体を導体に変えた場合の静電容量 $C_2$[F]は，$C_0$[F]よりも大きくなる。

H24-A2

| | ① | ② | ③ | ④ | ⑤ |
|---|---|---|---|---|---|
| 学 習 日 | | | | | |
| 理 解 度 (○/△/×) | | | | | |

**解説**

(1)(2)(3)

固体誘電体挿入前と挿入後の回路を示すと図1のとおり。

図1

固体誘電体挿入前の電荷を$Q_0$[C]，固体誘電体挿入後の電荷を$Q_1$[C]とする。
固体誘電体挿入後の合成静電容量$C_1$[F]を求める。

$$\frac{1}{C_1} = \frac{1}{\dfrac{\varepsilon_0 A}{\dfrac{d}{4}}} + \frac{1}{\dfrac{\varepsilon_1 A}{\dfrac{d}{4}}} + \frac{1}{\dfrac{\varepsilon_0 A}{\dfrac{d}{2}}} = \frac{d}{4\varepsilon_0 A} + \frac{d}{4\varepsilon_1 A} + \frac{d}{2\varepsilon_0 A} = \frac{\varepsilon_1 d + \varepsilon_0 d + 2\varepsilon_1 d}{4\varepsilon_0 \varepsilon_1 A}$$

$$= \frac{(3\varepsilon_1 + \varepsilon_0)d}{4\varepsilon_0 \varepsilon_1 A}$$

$$\therefore C_1 = \frac{4\varepsilon_0 \varepsilon_1 A}{3\varepsilon_1 + \varepsilon_0 d} = \frac{4\varepsilon_1}{3\varepsilon_1 + \varepsilon_0}C_0 = \frac{4}{3 + \dfrac{\varepsilon_0}{\varepsilon_1}}C_0\,[\text{F}]$$

ここで，仮に$\varepsilon_0 = 1$，$\varepsilon_1 = 2$とおいて考える。固体誘電体挿入前の静電容量$C_0$ $= \dfrac{A}{d}$[F]に対し，固体誘電体挿入後の合成静電容量は$C_1 = \dfrac{8A}{7d}$[F]となるので，$C_1 > C_0$である。

2つのコンデンサに印加される電圧は$V_0$[V]で等しく，コンデンサの基本式より，

$C_1 > C_0$

$$\frac{Q_1}{V_0} > \frac{Q_0}{V_0} \qquad \therefore Q_1 > Q_0$$

固体誘電体挿入後のコンデンサをOP間の$C_{OP}$，PQ間の$C_{PQ}$，QR間の$C_{QR}$の，3つの直列接続として考える。このとき，$C_{OP}$，$C_{PQ}$，$C_{QR}$に蓄えられる電荷は，等しく$Q_1$[C]となる。

したがって，$C_{\mathrm{OP}}$ の電圧 $V_{\mathrm{OP}}$ は，コンデンサの基本式より，

$$V_{\mathrm{OP}} = \frac{Q_1}{C_{\mathrm{OP}}} = \frac{Q_1}{\dfrac{\varepsilon_0 A}{\dfrac{d}{4}}} = \frac{d}{4A} \times \frac{8A}{7d} V_0 = \frac{2}{7} V_0 [\mathrm{V}]$$

$C_{\mathrm{PQ}}$ の電圧 $V_{\mathrm{PQ}}$ は，コンデンサの基本式より，

$$V_{\mathrm{PQ}} = \frac{Q_1}{C_{\mathrm{PQ}}} = \frac{Q_1}{\dfrac{\varepsilon_1 A}{\dfrac{d}{4}}} = \frac{d}{8A} \times \frac{8A}{7d} V_0 = \frac{1}{7} V_0 [\mathrm{V}]$$

$C_{\mathrm{QR}}$ の電圧 $V_{\mathrm{QR}}$ は，コンデンサの基本式より，

$$V_{\mathrm{QR}} = \frac{Q_1}{C_{\mathrm{QR}}} = \frac{Q_1}{\dfrac{\varepsilon_0 A}{\dfrac{d}{2}}} = \frac{d}{2A} \times \frac{8A}{7d} V_0 = \frac{4}{7} V_0 [\mathrm{V}]$$

以上より，固体誘電体挿入前と挿入後の，各点 OPQR の電位を示すと図 2 のとおり。

固体誘電体挿入前　　固体誘電体挿入後

図 2

よって，(1)(2)(3)は，すべて正しい。

(4)(5)

固体誘電体を導体に変えた回路を示すと図 3 のとおり。

図3

固体誘電体を導線に変えた後の電荷を $Q_2[\mathrm{C}]$ とする。

固体誘電体を導線に変えた後の合成静電容量 $C_2[\mathrm{F}]$ を求める。

$$\frac{1}{C_2}=\frac{1}{\dfrac{\varepsilon_0 A}{d}}+\frac{1}{\dfrac{\varepsilon_0 A}{d}}=\frac{d}{4\varepsilon_0 A}+\frac{d}{2\varepsilon_0 A}=\frac{3d}{4\varepsilon_0 A}$$

$$\therefore C_2=\frac{4\varepsilon_0 A}{3d}=\frac{4}{3}C_0[\mathrm{F}]$$

引き続き，$\varepsilon_0=1$，$\varepsilon_1=2$ とおいて考える。固体誘電体挿入前の静電容量 $C_0=\dfrac{A}{d}[\mathrm{F}]$ に対し，固体誘電体を導線に変えた後の合成静電容量は $C_2=\dfrac{4A}{3d}[\mathrm{F}]$ となるので，$C_2>C_0$ である。

2つのコンデンサに印加される電圧は $V_0[\mathrm{V}]$ で等しく，コンデンサの基本式より，

$C_2>C_0$

$$\frac{Q_2}{V_0}>\frac{Q_0}{V_0} \qquad \therefore Q_2>Q_0$$

固体誘電体を導線に変えた後のコンデンサを OP 間の $C_{\mathrm{L1}}$，QR 間の $C_{\mathrm{L2}}$ として考える。このとき，$C_{\mathrm{L1}}$，$C_{\mathrm{L2}}$ に蓄えられる電荷は，等しく $Q_2[\mathrm{C}]$ となる。

したがって，$C_{\mathrm{L1}}$ の電圧 $V_{\mathrm{L1}}$ はコンデンサの基本式より，

$$V_{\mathrm{L1}}=\frac{Q_2}{C_{\mathrm{L1}}}=\frac{Q_2}{\dfrac{\varepsilon_0 A}{d}}=\frac{d}{4A}\times\frac{4A}{3d}V_0=\frac{1}{3}V_0[\mathrm{V}]$$

$C_{\mathrm{L2}}$ の電圧 $V_{\mathrm{L2}}$ はコンデンサの基本式より，

$$V_{L2} = \frac{Q_2}{C_{L2}} = \frac{Q_2}{\dfrac{\varepsilon_0 A}{\dfrac{d}{2}}} = \frac{d}{2A} \times \frac{4A}{3d} V_0 = \frac{2}{3} V_0 [\text{V}]$$

これより，固体誘電体挿入前と導線挿入後の，各点OPQRの電位を示すと図4のとおり。

固体誘電体挿入前　導線挿入後

図4

図4より，固体誘電体を導体に変えた場合，位置Pの電位は固体誘電体又は導体を挿入する前の値よりも**下降**する。

よって，(4)は**誤り**であり，(5)は正しい。

以上から，(4)が正解。

解答…　(4)

**問題41** 図1の端子a-d間の合成静電容量について，次の(a)及び(b)の問に答えよ。

図1

図2

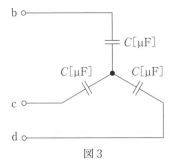

図3

(a) 端子b-c-d間は図2のように△結線で接続されている。これを図3のようにY結線に変換したとき，電気的に等価となるコンデンサ$C$の値[μF]として，最も近いものを次の(1)～(5)のうちから一つ選べ。

(1) 1.0　　(2) 2.0　　(3) 4.5　　(4) 6.0　　(5) 9.0

(b) 図3を用いて，図1の端子b-c-d間をY結線回路に変換したとき，図1の端子a-d間の合成静電容量$C_0$の値[μF]として，最も近いものを次の(1)～(5)のうちから一つ選べ。

(1) 3.0　　(2) 4.5　　(3) 4.8　　(4) 6.0　　(5) 9.0　　　H27-B16

**解説** ━━━━━━━━━━━━━━━━━━━━━━━━━━━━━━━━━━━

(a) 仮に交流電源を端子 a–d 間に接続すると，インピーダンスに関する $\Delta - Y$ 変換を用いることができる。

$\Delta - Y$ 変換後のインピーダンス $Z_Y[\Omega]$ が変換前のインピーダンス $Z_\Delta[\Omega]$ の 3 分の 1 であることから，インピーダンスと逆数関係にあるコンデンサの静電容量について，$\Delta - Y$ 変換後の静電容量 $C_Y[\mu F]$ は変換前の静電容量 $C_\Delta[\mu F]$ の 3 倍となり，次の式で表すことができる。

$$C_Y = 3 \times C_\Delta = 3 \times 3 = 9\ \mu F$$

よって，(5)が正解。

(b) $\Delta - Y$ 変換後の等価回路は，次図のように表すことができる。

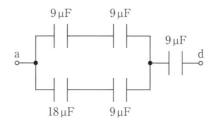

初めに，並列接続部分の合成静電容量 $C_p[\mu F]$ を求める。

$$C_p = \frac{9 \times 9}{9 + 9} + \frac{18 \times 9}{18 + 9} = \frac{9}{2} + 6 = 10.5\ \mu F$$

これより，全体の合成静電容量 $C_0[\mu F]$ を求める。

$$C_0 = \frac{10.5 \times 9}{10.5 + 9} \fallingdotseq 4.846\ \rightarrow\ 4.8\ \mu F$$

よって，(3)が正解。

**解答…** (a)(5)  (b)(3)

| | ① | ② | ③ | ④ | ⑤ |
|---|---|---|---|---|---|
| 学 習 日 | | | | | |
| 理 解 度<br>(○/△/×) | | | | | |

**問題42** 図のように，コンデンサ3個を充電する回路がある。スイッチS₁及びS₂を同時に閉じてから十分に時間が経過し，定常状態となったとき，a点からみたb点の電圧の値[V]として，正しいものを次の(1)〜(5)のうちから一つ選べ。

ただし，各コンデンサの初期電荷は零とする。

(1) $-\dfrac{10}{3}$　　(2) $-2.5$　　(3) $2.5$　　(4) $\dfrac{10}{3}$　　(5) $\dfrac{20}{3}$

H26-A5

| | ① | ② | ③ | ④ | ⑤ |
|---|---|---|---|---|---|
| 学 習 日 | | | | | |
| 理 解 度 (○/△/×) | | | | | |

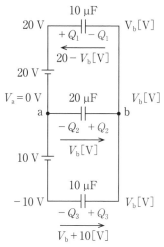

a 点の電圧を $V_a = 0$ V，b 点の電圧を $V_b$[V]とすると，$Q = CV$ より各コンデンサに蓄えられる電荷量[μC]には次の式が成り立つ。

$$Q_1 = 10(20 - V_b) \ [\mu\text{C}]$$
$$Q_2 = 20V_b[\mu\text{C}]$$
$$Q_3 = 10(V_b + 10) \ [\mu\text{C}]$$

また，図より $-Q_1 + Q_2 + Q_3 = 0$ である。これに上の式を代入すると，

$$-10(20 - V_b) + 20V_b + 10(V_b + 10) = 0$$
$$40V_b = 100$$
$$\therefore V_b = 2.5 \text{ V}$$

よって，(3)が正解。

解答… (3)

初期電荷がゼロのとき，コンデンサの独立した部分に蓄えられる電荷の合計は互いに打ち消しあいゼロになります。

**問題43** 図のように，三つの平行平板コンデンサを直並列に接続した回路がある。ここで，それぞれのコンデンサの極板の形状及び面積は同じであり，極板間には同一の誘電体が満たされている。なお，コンデンサの初期電荷は零とし，端効果は無視できるものとする。

いま，端子a－b間に直流電圧300 Vを加えた。このとき，次の(a)及び(b)の問に答えよ。

(a) 静電容量が4 μFのコンデンサに蓄えられる電荷$Q$[C]の値として，正しいものを次の(1)～(5)のうちから一つ選べ。

(1) $1.2 \times 10^{-4}$ (2) $2 \times 10^{-4}$ (3) $2.4 \times 10^{-4}$

(4) $3 \times 10^{-4}$ (5) $4 \times 10^{-4}$

(b) 静電容量が3 μFのコンデンサの極板間の電界の強さは，4 μFのコンデンサの極板間の電界の強さの何倍か。倍率として，正しいものを次の(1)～(5)のうちから一つ選べ。

(1) $\dfrac{3}{4}$ (2) 1.0 (3) $\dfrac{4}{3}$ (4) $\dfrac{3}{2}$ (5) 2.0

H24-B15

| | ① | ② | ③ | ④ | ⑤ |
|---|---|---|---|---|---|
| 学 習 日 | | | | | |
| 理 解 度 (○/△/×) | | | | | |

**解説**

(a) 2 μF と 4 μF のコンデンサは並列に接続されているから，その合成静電容量 $C_0$ [μF] は，

$$C_0 = 2 + 4 = 6\ \mu\text{F}$$

　直列接続されたコンデンサに加わる電圧は静電容量の逆比となるから，4 μF のコンデンサに加わる電圧 $V$ [V] は，

$$V = \frac{3}{3+6} \times 300 = 100\ \text{V}$$

$Q = CV$ より，4 μF のコンデンサに蓄えられる電荷 $Q$ [C] は，

$$Q = 4 \times 10^{-6} \times 100 = 4 \times 10^{-4}\ \text{C}$$

よって，(5)が正解。

(b) コンデンサの静電容量 $C$ は $C = \varepsilon \dfrac{A}{\ell}$ で決まる。今，コンデンサの極板の面積が同じで，同一の誘電体で満たされているから，静電容量の違いは極板間の距離で決まる。静電容量は極板間の距離に反比例するから，3 μF のコンデンサの極板間距離は 4 μF の $\dfrac{4}{3}$ 倍である。

　また，(a)より 4 μF のコンデンサに加わる電圧は 100 V，3 μF のコンデンサに加わる電圧は 200 V であるから，3 μF のコンデンサに加わる電圧は 4 μF のコンデンサに加わる電圧の 2 倍である。

　極板間の電界の強さ $E$ は $E = \dfrac{V}{\ell}$ より，4 μF のコンデンサの電界の強さ $E_4$ を $E_4 = \dfrac{V}{\ell}$ [V/m] とすると，3 μF のコンデンサの電界の強さ $E_3$ [V/m] は

$$E_3 = \frac{2V}{\dfrac{4}{3}\ell} = \frac{3V}{2\ell}\ [\text{V/m}]$$

$$\therefore \frac{E_3}{E_4} = \frac{\dfrac{3V}{2\ell}}{\dfrac{V}{\ell}} = \frac{3}{2}$$

よって，(4)が正解。

解答… (a)(5) (b)(4)

問題44 電極板の間隔が$d_0$[m]，電極板面積が十分に広い平行板空気コンデンサがある。このコンデンサの電極板間にこれと同形，同面積の厚さ$d_1$[m]，比誘電率$\varepsilon_r$の誘電体を図のように挿入した。いま，このコンデンサの電極A，Bに$+Q$[C]，$-Q$[C]の電荷を与えた。次の(a)及び(b)に答えよ。

ただし，コンデンサの初期電荷は零とし，端効果は無視できるものとする。また，空気の比誘電率は1とする。

$A \quad +Q$[C]

$d_0$[m]

$d_1$[m]

$B \quad -Q$[C]

誘電体 比誘電率$\varepsilon_r$

(a) 空げきの電界$E_1$[V/m]と誘電体中の電界$E_2$[V/m]の比$\dfrac{E_1}{E_2}$を表す式として，正しいのは次のうちどれか。

(1) $\varepsilon_r$　(2) $\dfrac{\varepsilon_r d_1}{d_0 - d_1}$　(3) $\dfrac{\varepsilon_r d_1^2}{(d_0 - d_1)^2}$　(4) $\dfrac{\varepsilon_r (d_0 - d_1)}{d_1}$　(5) $\dfrac{\varepsilon_r d_1}{d_0}$

(b) 電極板の間隔$d_0 = 1.0 \times 10^{-3}$ m，誘電体の厚さ$d_1 = 0.2 \times 10^{-3}$ m及び誘電体の比誘電率$\varepsilon_r = 5.0$としたとき，空げきの電界$E_1 = 7 \times 10^4$ V/mであった。コンデンサの充電電圧$V$[V]の値として，正しいのは次のうちどれか。

(1) 100.8　(2) 70.0　(3) 67.2　(4) 58.8　(5) 56.7

H17-C18

|  | ① | ② | ③ | ④ | ⑤ |
|---|---|---|---|---|---|
| 学習日 |  |  |  |  |  |
| 理解度 (○/△/×) |  |  |  |  |  |

(a) 極板間の電束密度を $D[\mathrm{C/m^2}]$ とすると，電界の強さは $E = \dfrac{D}{\varepsilon}[\mathrm{V/m}]$ で表される。したがって，空げきの電界 $E_1$ と誘電体中の電界 $E_2$ はそれぞれ $E_1 = \dfrac{D}{\varepsilon_0}[\mathrm{V/m}]$，$E_2 = \dfrac{D}{\varepsilon_0 \varepsilon_r}[\mathrm{V/m}]$ であり，その比は $\dfrac{E_1}{E_2} = \varepsilon_r$ である。

よって，(1)が正解。

(b) 上図のように，コンデンサ $C_1$ と $C_2$ が直列に接続されていると考える。

公式 $C = \dfrac{\varepsilon A}{\ell}[\mathrm{F}]$ より $C_1[\mathrm{F}]$ と $C_2[\mathrm{F}]$ は，

$$C_1 = \frac{\varepsilon_0 A}{d_0 - d_1} = \frac{\varepsilon_0 A}{0.8 \times 10^{-3}}[\mathrm{F}] \qquad C_2 = \frac{\varepsilon_0 \varepsilon_r A}{d_1} = \frac{5\,\varepsilon_0 A}{0.2 \times 10^{-3}}[\mathrm{F}]$$

よって，合成静電容量 $C[\mathrm{F}]$ は，

$$C = \frac{1}{\dfrac{1}{C_1} + \dfrac{1}{C_2}} = \frac{1}{\dfrac{0.8 \times 10^{-3}}{\varepsilon_0 A} + \dfrac{0.2 \times 10^{-3}}{5\,\varepsilon_0 A}} = \frac{1}{\dfrac{4.0 \times 10^{-3} + 0.2 \times 10^{-3}}{5\,\varepsilon_0 A}}$$

$$= \frac{5}{4.2}\varepsilon_0 A \times 10^3 \fallingdotseq 1190\,\varepsilon_0 A\,[\mathrm{F}]$$

また，極板間の電束密度が $D = \dfrac{Q}{A}[\mathrm{C/m^2}]$ であるとすると，公式 $D = \varepsilon E$ より，

$$Q = \varepsilon E A\,[\mathrm{C}]$$

これに空げきの電界 $E_1 = 7 \times 10^4\,\mathrm{V/m}$ を代入すると，

$$Q = \varepsilon_0 E_1 A = 7 \times 10^4\,\varepsilon_0 A\,[\mathrm{C}]$$

したがって，$Q = CV$ よりコンデンサの充電電圧 $V[\mathrm{V}]$ は，

$$V = \frac{Q}{C} = \frac{7 \times 10^4\,\varepsilon_0 A}{1190\,\varepsilon_0 A} \fallingdotseq 58.8\,\mathrm{V}$$

よって，(4)が正解。

解答… (a)(1) (b)(4)

問題45 静電容量2mFのコンデンサを充電し, その電荷をある抵抗を通してすべて放電させたところ, 抵抗で消費されたエネルギーは10Jであった。放電を開始する直前, コンデンサに蓄えられていた電荷[mC]の値として, 正しいのは次のうちどれか。

(1) 100　　(2) 124　　(3) 141　　(4) 173　　(5) 200

H12-A3

| | ① | ② | ③ | ④ | ⑤ |
|---|---|---|---|---|---|
| 学習日 | | | | | |
| 理解度<br>(○/△/×) | | | | | |

**解説**

　静電容量$2 \times 10^{-3}$ Fのコンデンサに電荷$Q$[C]が充電されたときのエネルギーは，抵抗で消費されたエネルギーに等しいから，$W = \dfrac{Q^2}{2C}$より

$$10 = \frac{Q^2}{2 \times 2 \times 10^{-3}}$$

$$Q = \sqrt{40 \times 10^{-3}}$$

$$= 0.2\text{ C} = 200\text{ mC}$$

したがって，(5)が正解。

**解答…** (5)

問題46　図に示す5種類の回路は，直流電圧$E$[V]の電源と静電容量$C$[F]の
コンデンサの個数と組み合わせを異にしたものである。これらの回路のうち
で，コンデンサ全体に蓄えられている電界のエネルギーが最も小さい回路を
示す図として，正しいのは次のうちどれか。

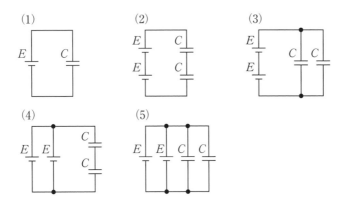

H21-A5

|  | ① | ② | ③ | ④ | ⑤ |
|---|---|---|---|---|---|
| 学 習 日 |  |  |  |  |  |
| 理 解 度<br>(○/△/×) |  |  |  |  |  |

コンデンサに蓄えられるエネルギー $W[\mathrm{J}]$ は，静電容量を $C[\mathrm{F}]$，コンデンサに加わる電圧を $V[\mathrm{V}]$ とすると，$W = \dfrac{1}{2}CV^2$ であることを用いて，回路図(1)〜(5)の各回路のコンデンサ全体に蓄えられている電界エネルギー $W_1$，$W_2$，$W_3$，$W_4$ および $W_5$ を求めると以下のようになる。

(1)　$W_1 = \dfrac{1}{2}CE^2[\mathrm{J}]$

(2)　合成静電容量 $C_2 = \dfrac{C \cdot C}{C + C} = \dfrac{C}{2}[\mathrm{F}]$，$V = E + E = 2E[\mathrm{V}]$ より，

$$W_2 = \frac{1}{2} \times \frac{C}{2} \times (2E)^2 = CE^2[\mathrm{J}]$$

(3)　合成静電容量 $C_3 = C + C = 2C[\mathrm{F}]$ より，

$$W_3 = \frac{1}{2} \times 2C \times (2E)^2 = 4CE^2[\mathrm{J}]$$

(4)　$V = E[\mathrm{V}]$ より，

$$W_4 = \frac{1}{2} \times \frac{C}{2} \times E^2 = \frac{1}{4}CE^2[\mathrm{J}]$$

(5)　$W_5 = \dfrac{1}{2} \times 2C \times E^2 = CE^2[\mathrm{J}]$

以上より，コンデンサ全体に蓄えられている電界のエネルギーが最も小さいのは選択肢(4)の回路となる。

よって，(4)が正解。

| 解答… | (4) |
| --- | --- |

**問題47** 次の文章は，平行板コンデンサに蓄えられるエネルギーについて述べたものである。

　極板間に誘電率 $\varepsilon$ [F/m]の誘電体をはさんだ平行板コンデンサがある。このコンデンサに電圧を加えたとき，蓄えられるエネルギー$W$[J]を誘電率 $\varepsilon$ [F/m]，極板間の誘電体の体積$V$[m³]，極板間の電界の大きさ$E$[V/m]で表現すると，$W$[J]は，誘電率 $\varepsilon$ [F/m]の　（ア）　に比例し，体積$V$[m³]に　（イ）　し，電界の大きさ$E$[V/m]の　（ウ）　に比例する。

　ただし，極板の端効果は無視する。

　上記の記述中の空白箇所(ア)，(イ)及び(ウ)に当てはまる語句として，正しいものを組み合わせたのは次のうちどれか。

|  | (ア) | (イ) | (ウ) |
|---|---|---|---|
| (1) | 1乗 | 反比例 | 1乗 |
| (2) | 1乗 | 比　例 | 1乗 |
| (3) | 2乗 | 反比例 | 1乗 |
| (4) | 1乗 | 比　例 | 2乗 |
| (5) | 2乗 | 比　例 | 2乗 |

H20-A2

|  | ① | ② | ③ | ④ | ⑤ |
|---|---|---|---|---|---|
| 学　習　日 |  |  |  |  |  |
| 理　解　度<br>(○/△/×) |  |  |  |  |  |

**解説**

(ア) 本問の平行板コンデンサの極板の面積を$A[\mathrm{m}^2]$，極板の間隔を$\ell[\mathrm{m}]$とし，この平行板コンデンサに電圧$v[\mathrm{V}]$を加えたとする。$C = \varepsilon \dfrac{A}{\ell}$を$W = \dfrac{1}{2}Cv^2$に代入すると，このコンデンサに蓄えられるエネルギー$W[\mathrm{J}]$は，

$$W = \frac{\varepsilon A v^2}{2\ell}[\mathrm{J}] \cdots ①$$

と表される。よって$W$は$\varepsilon$の**1乗**に比例する。

(イ) $v = E\ell$を①の式に代入すると，

$$W = \frac{\varepsilon A (E\ell)^2}{2\ell} = \frac{\varepsilon E^2}{2}A\ell$$

極板間の誘電体の体積は$V = A\ell[\mathrm{m}^3]$であるから，

$$W = \frac{\varepsilon E^2}{2}V[\mathrm{J}]$$

よって，$W$は体積$V$に**比例**する。

(ウ) (イ)より，$W$は$E$の**2乗**に比例する。

以上より，(4)が正解。

解答… (4)

コンデンサの静電エネルギー(4)

**問題48** 静電容量が$C[\text{F}]$と$2C[\text{F}]$の二つのコンデンサを図1, 図2のように直列, 並列に接続し, それぞれに$V_1[\text{V}]$, $V_2[\text{V}]$の直流電圧を加えたところ, 両図の回路に蓄えられている総静電エネルギーが等しくなった。この場合, 図1の$C[\text{F}]$のコンデンサの端子間の電圧を$V_c[\text{V}]$としたとき, 電圧比$\left|\dfrac{V_c}{V_2}\right|$の値として, 正しいのは次のうちどれか。

図1　　　　　　　図2

(1) $\dfrac{\sqrt{2}}{9}$　　(2) $\dfrac{2\sqrt{2}}{9}$　　(3) $\dfrac{1}{\sqrt{2}}$　　(4) $\sqrt{2}$　　(5) 3.0

H19-A4

| | ① | ② | ③ | ④ | ⑤ |
|---|---|---|---|---|---|
| 学 習 日 | | | | | |
| 理 解 度 (○/△/×) | | | | | |

図1のコンデンサの合成静電容量 $C_1$ は $C_1 = \dfrac{C \times 2C}{C + 2C} = \dfrac{2}{3}C\,[\mathrm{F}]$，図2のコンデンサの合成静電容量 $C_2$ は $C_2 = C + 2C = 3C\,[\mathrm{F}]$ である。

また，コンデンサが持つ静電エネルギー $W = \dfrac{1}{2}CV^2$ より，コンデンサ $C_1$ の静電エネルギー $W_1\,[\mathrm{J}]$ は，

$$W_1 = \frac{1}{2}C_1V_1^2 = \frac{1}{2} \times \frac{2}{3}CV_1^2 = \frac{1}{3}CV_1^2\,[\mathrm{J}]$$

$C_2$ の静電エネルギー $W_2\,[\mathrm{J}]$ は，

$$W_2 = \frac{1}{2}C_2V_2^2 = \frac{1}{2}3C \cdot V_2^2 = \frac{3}{2}CV_2^2\,[\mathrm{J}]$$

これらが等しいから，

$$\frac{1}{3}CV_1^2 = \frac{3}{2}CV_2^2$$

ここで $V_\mathrm{c} = \dfrac{2C}{C + 2C}V_1 = \dfrac{2}{3}V_1\,[\mathrm{V}]$，すなわち $V_1 = \dfrac{3}{2}V_\mathrm{c}$ であるから，

$$\frac{1}{3}C\left(\frac{3}{2}V_\mathrm{c}\right)^2 = \frac{3}{2}CV_2^2$$

$$\frac{3}{4}V_\mathrm{c}^2 = \frac{3}{2}V_2^2$$

$$\left(\frac{V_\mathrm{c}}{V_2}\right)^2 = 2$$

$$\therefore \ \left|\frac{V_\mathrm{c}}{V_2}\right| = \sqrt{2}$$

よって，(4)が正解。

解答… (4)

**ポイント**

直列接続されたコンデンサに加わる電圧は，その静電容量の逆比となります。

図より $Q = C_1V_1$，$Q = C_2V_2$ が成り立ちます。電荷 $Q$ は等しいので $C_1V_1 = C_2V_2$ すなわち $C_1:C_2 = V_2:V_1$ となります。これを応用すると，

$$Q = C_1V_1, \quad Q = \frac{C_1C_2}{C_1 + C_2}V\text{であるから，}$$

$$\frac{C_1C_2}{C_1 + C_2}V = C_1V_1$$

よって，$V_1 = \dfrac{C_2}{C_1 + C_2}V$

となります。本問ではこの考え方を用いて $V_\mathrm{c}$ と $V_1$ の関係を表しました。

難易度 **A** **コンデンサの静電エネルギー(5)** 教科書 SECTION 04

**問題49** 直流電圧1 000 Vの電源で充電された静電容量8 μFの平行平板コンデンサがある。コンデンサを電源から外した後に電荷を保持したままコンデンサの電極間距離を最初の距離の$\frac{1}{2}$に縮めたとき，静電容量[μF]と静電エネルギー[J]の値の組合せとして，正しいものを次の(1)〜(5)のうちから一つ選べ。

|     | 静電容量 | 静電エネルギー |
| --- | --- | --- |
| (1) | 16 | 4 |
| (2) | 16 | 2 |
| (3) | 16 | 8 |
| (4) | 4 | 4 |
| (5) | 4 | 2 |

H23-A2

|  | ① | ② | ③ | ④ | ⑤ |
| --- | --- | --- | --- | --- | --- |
| 学 習 日 |  |  |  |  |  |
| 理 解 度 (○/△/×) |  |  |  |  |  |

$C = \varepsilon \dfrac{A}{\ell}$ より，静電容量は電極間距離に反比例する。よって距離を最初の距離の $\dfrac{1}{2}$ に縮めると静電容量は2倍，すなわち $2 \times 8\,\mu\mathrm{F} = 16\,\mu\mathrm{F}$ になる。

静電エネルギー $W$ は $W = \dfrac{1}{2} \dfrac{Q^2}{C}$ で求められる。

最初に蓄えられた電荷 $Q$ は，

$Q = CV = 8 \times 1000 = 8000\,\mu\mathrm{C}$ であるから，

$$W = \dfrac{1}{2} \times \dfrac{(\text{最初に蓄えられた電荷}\,Q[\mathrm{C}])^2}{\text{距離を縮めた後の静電容量}\,C[\mathrm{F}]}$$

$$= \dfrac{1}{2} \times \dfrac{(8 \times 10^3 \times 10^{-6})^2}{16 \times 10^{-6}}$$

$$= \dfrac{1}{2} \times \dfrac{64 \times 10^{-6}}{16 \times 10^{-6}}$$

$$= 2\,\mathrm{J}$$

よって，(2)が正解。

解答… (2)

### ポイント

静電エネルギー $W$ の式は $Q = CV$ を利用することで

$$W = \dfrac{1}{2}QV = \dfrac{1}{2}CV^2 = \dfrac{Q^2}{2C}$$

と変形することができます。

**問題50** 極板間が比誘電率 $\varepsilon_r$ の誘電体で満たされている平行平板コンデンサに一定の直流電圧が加えられている。このコンデンサに関する記述 a～e として，誤っているものの組合せを次の⑴～⑸のうちから一つ選べ。

ただし，コンデンサの端効果は無視できるものとする。

a. 極板間の電界分布は $\varepsilon_r$ に依存する。

b. 極板間の電位分布は $\varepsilon_r$ に依存する。

c. 極板間の静電容量は $\varepsilon_r$ に依存する。

d. 極板間に蓄えられる静電エネルギーは $\varepsilon_r$ に依存する。

e. 極板上の電荷（電気量）は $\varepsilon_r$ に依存する。

⑴ a, b　　⑵ a, e　　⑶ b, c　　⑷ a, b, d　　⑸ c, d, e

H25-A1

| | ① | ② | ③ | ④ | ⑤ |
|---|---|---|---|---|---|
| 学習日 | | | | | |
| 理解度<br>(○/△/×) | | | | | |

**解説**

a. 平行平板電極内の電界の大きさ $E$ は $E = \dfrac{V}{\ell}$ [V/m] で表され，電圧 $V$ に比例し，距離 $\ell$ に反比例する。よって，極板間の電界分布は $\varepsilon_r$ に**依存しない**。

b. 下部電極を電位の基準とし，下部電極から $x$[m] の点の電位を $V_x$[V] とすると，極板間の電位分布は $V_x = E \times x$[V] より，電界の大きさ $E$ と下部電極からの距離 $x$ によって決まる。したがって $\varepsilon_r$ に**依存しない**。

下部電極を基準にすると

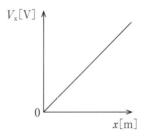

c. 極板間の静電容量は，公式 $C = \dfrac{\varepsilon A}{\ell} = \dfrac{\varepsilon_0 \varepsilon_r A}{\ell}$ [F] より，比誘電率 $\varepsilon_r$ に依存する。

d. 極板間に蓄えられる静電エネルギーは $W = \dfrac{1}{2} CV^2$ [J] より，静電容量 $C$ に比例する。$C$ は $\varepsilon_r$ に依存するから，静電エネルギーは $\varepsilon_r$ に依存する。

e. 極板上に蓄えられる電荷は $Q = CV$[C] より，$C$ に比例する。ゆえに，$\varepsilon_r$ に依存する。

以上より，誤っている記述は a と b である。よって，(1) が正解。

解答… (1)

**ポイント**

　電界分布は極板に加わる電圧と極板間の距離によって決まるので，場所によらず一定です。一方，電位分布は電界の大きさと基準とする極板からの距離によって決まるので，場所によって電位の値が変わります。

# CHAPTER 03

# 電磁力

**問題51** 図のように，長い線状導体の一部が点Pを中心とする半径$r$[m]の半円形になっている。この導体に電流$I$[A]を流すとき，点Pに生じる磁界の大きさ$H$[A/m]はビオ・サバールの法則より求めることができる。$H$を表す式として正しいものを，次の(1)〜(5)のうちから一つ選べ。

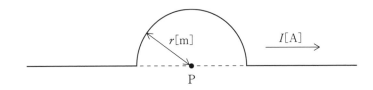

(1) $\dfrac{I}{2\pi r}$ (2) $\dfrac{I}{4r}$ (3) $\dfrac{I}{\pi r}$ (4) $\dfrac{I}{2r}$ (5) $\dfrac{I}{r}$

H28-A3

| | ① | ② | ③ | ④ | ⑤ |
|---|---|---|---|---|---|
| 学 習 日 | | | | | |
| 理 解 度 (○/△/×) | | | | | |

　図の線状導体の半円形以外の部分は，導線の接線と点Pとの角度$\theta$が0°，または180°であるため，下図に示すように点Pに生じる磁界には影響を与えない。よって半円形部分についてのみ考えればよい。

| $\theta$ | 0° | 90° | 180° |
|---|---|---|---|
| $\sin \theta$ | 0 | 1 | 0 |
| $\dfrac{I\Delta l}{4\pi r^2}\sin\theta$ | 0 | $\dfrac{I\Delta l}{4\pi r^2}$ | 0 |

　半円形の導体をn分割して，それぞれの導体部分の長さを$\Delta l_1, \Delta l_2 \cdots \Delta l_n$[m]とする。また，$\Delta l_1, \Delta l_2 \cdots \Delta l_n$を流れる電流が点Pに生じる磁界をそれぞれ$\Delta H_1$，$\Delta H_2$$\cdots \Delta H_n$[A/m]とすると，ビオ・サバールの法則より，

$$\Delta H_1 + \Delta H_2 + \cdots + \Delta H_n = \frac{I\Delta l_1}{4\pi r^2} + \frac{I\Delta l_2}{4\pi r^2} + \cdots + \frac{I\Delta l_n}{4\pi r^2}$$

$$= \frac{I}{4\pi r^2} \times (\Delta l_1 + \Delta l_2 + \cdots + \Delta l_n)\,[\text{A/m}]$$

　$\Delta H_1 + \Delta H_2 + \cdots + \Delta H_n$は求める磁界の大きさ$H$に相当し，$\Delta l_1 + \Delta l_2 + \cdots + \Delta l_n$は半円形の円周$\pi r$に相当するので，上式は，

$$H = \frac{I}{4\pi r^2} \times \pi r = \frac{I}{4r}\,[\text{A/m}]$$

　よって，(2)が正解。

解答… (2)

**問題52** 図のように，点Oを中心とするそれぞれ半径1mと半径2mの円形導線の$\frac{1}{4}$と，それらを連結する直線状の導線からなる扇形導線がある。この導線に，図に示す向きに直流電流$I = 8$ Aを流した場合，点Oにおける磁界[A/m]の大きさとして，正しいのは次のうちどれか。

　ただし，扇形導線は同一平面上にあり，その巻数は一巻きである。

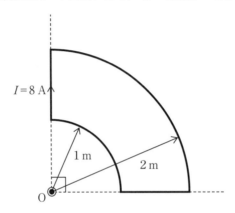

$I = 8$ A

1 m

2 m

O

(1)　0.25　　(2)　0.5　　(3)　0.75　　(4)　1.0　　(5)　2.0

H21-A4

| | ① | ② | ③ | ④ | ⑤ |
|---|---|---|---|---|---|
| 学 習 日 | | | | | |
| 理 解 度<br>(○/△/×) | | | | | |

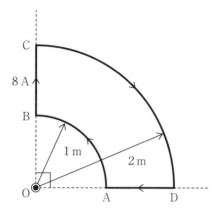

図のようにABCDを定め，導線AB，BC，CDおよびDAが点Oに作る磁界をそれぞれ$H_{AB}$, $H_{BC}$, $H_{CD}$, $H_{DA}$[A/m]とする。$H = \dfrac{NI}{2r}$より，電流が点Oにつくる磁界の大きさは，

$$H_{AB} = \frac{1}{4} \times \frac{8}{2 \times 1} = 1 \text{ A/m}$$

$$H_{CD} = \frac{1}{4} \times \frac{8}{2 \times 2} = 0.5 \text{ A/m}$$

ただし，$H_{AB}$の向きは紙面に垂直な方向で裏から表向き，$H_{CD}$の向きは紙面に垂直で表から裏向きである。

$H_{BC}$, $H_{DA}$が点Oに作る磁界はともに0であるから，点Oにおける磁界の大きさ$H$[A/m]は，

$$H = H_{AB} - H_{CD} = 1 - 0.5 = 0.5 \text{ A/m}$$

よって，(2)が正解。

解答… (2)

**問題53** 図1のように，無限に長い直線状導体Aに直流電流$I_1$[A]が流れているとき，この導体から$a$[m]離れた点Pでの磁界の大きさは$H_1$[A/m]であった。一方，図2のように半径$a$[m]の一巻きの円形コイルBに直流電流$I_2$[A]が流れているとき，この円の中心点Oでの磁界の大きさは$H_2$[A/m]であった。$H_1 = H_2$であるときの$I_1$と$I_2$の関係を表す式として，正しいのは次のうちどれか。

図1

図2

(1) $I_1 = \pi^2 I_2$　　(2) $I_1 = \pi I_2$　　(3) $I_1 = \dfrac{I_2}{\pi}$

(4) $I_1 = \dfrac{I_2}{\pi^2}$　　(5) $I_1 = \dfrac{2}{\pi} I_2$

H19-A1

|  | ① | ② | ③ | ④ | ⑤ |
|---|---|---|---|---|---|
| 学 習 日 |  |  |  |  |  |
| 理 解 度 (○/△/×) |  |  |  |  |  |

点Pでの磁界の大きさ$H_1$[A/m]は,直線状導体による磁界の公式$H=\dfrac{I}{2\pi r}$より,

$$H_1=\dfrac{I_1}{2\pi a}[\text{A/m}]$$

中心点Oでの磁界の大きさ$H_2$[A/m]は,円形コイルの中心の磁界の公式$H=\dfrac{NI}{2r}$より,

$$H_2=\dfrac{I_2}{2a}[\text{A/m}]$$

$H_1=H_2$であるとき,

$$\dfrac{I_1}{2\pi a}=\dfrac{I_2}{2a}$$

$$\therefore I_1=\pi I_2$$

よって,(2)が正解。

電磁力 CH 03

解答… (2)

**問題54** 図のように，十分に長い直線状導体A，Bがあり，AとBはそれぞれ直角座標系の$x$軸と$y$軸に沿って置かれている。Aには$+x$方向の電流$I_x$[A]が，Bには$+y$方向の電流$I_y$[A]が，それぞれ流れている。$I_x > 0$，$I_y > 0$とする。このとき，$xy$平面上で$I_x$と$I_y$のつくる磁界が零となる点（$x$[m]，$y$[m]）の満たす条件として，正しいものを次の(1)～(5)のうちから一つ選べ。

ただし，$x \neq 0$，$y \neq 0$とする。

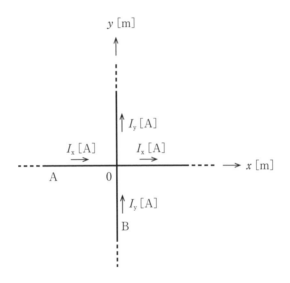

(1) $y = \dfrac{I_x}{I_y}x$　　(2) $y = \dfrac{I_y}{I_x}x$　　(3) $y = -\dfrac{I_x}{I_y}x$

(4) $y = -\dfrac{I_y}{I_x}x$　　(5) $y = \pm x$

H26-A4

|  | ① | ② | ③ | ④ | ⑤ |
|---|---|---|---|---|---|
| 学習日 |  |  |  |  |  |
| 理解度<br>(○/△/×) |  |  |  |  |  |

磁界の向きはアンペアの右ねじの法則より図のとおりである。

直線状導体Aから$y$[m]離れた点に$I_x$がつくる磁界の大きさ$H_x$[A/m]は,

$$H_x = \frac{I_x}{2\pi y}[\text{A/m}]$$

また,直線状導体Bから$x$[m]離れた点に$I_y$がつくる磁界の大きさ$H_y$[A/m]は,

$$H_y = \frac{I_y}{2\pi x}[\text{A/m}]$$

これらが互いに打ち消しあうとき磁界はゼロとなるから,

$$H_x = H_y$$

$$\frac{I_x}{2\pi y} = \frac{I_y}{2\pi x}$$

$$\therefore y = \frac{I_x}{I_y}x$$

よって,(1)が正解。

解答… (1)

### ポイント

ねじの頭のような記号⊗は紙面の表から裏に進む向きを表す記号です。一方,ねじの先端のように見える⊙は紙面の裏から表に進む向きを表す記号です。

**問題55** 次の文章は，磁界中に置かれた導体に働く電磁力に関する記述である。

電流が流れている長さ$L$[m]の直線導体を磁束密度が一様な磁界中に置くと，フレミングの ［ (ア) ］ の法則に従い，導体には電流の向きにも磁界の向きにも直角な電磁力が働く。直線導体の方向を変化させて，電流の方向が磁界の方向と同じになれば，導体に働く力の大きさは ［ (イ) ］ となり，直角になれば， ［ (ウ) ］ となる。力の大きさは，電流の ［ (エ) ］ に比例する。

上記の記述中の空白箇所(ア)，(イ)，(ウ)及び(エ)に当てはまる組合せとして，正しいものを次の(1)～(5)のうちから一つ選べ。

| | (ア) | (イ) | (ウ) | (エ) |
|---|---|---|---|---|
| (1) | 左 手 | 最 大 | 零 | 2 乗 |
| (2) | 左 手 | 零 | 最 大 | 2 乗 |
| (3) | 右 手 | 零 | 最 大 | 1 乗 |
| (4) | 右 手 | 最 大 | 零 | 2 乗 |
| (5) | 左 手 | 零 | 最 大 | 1 乗 |

H23-A3

| | ① | ② | ③ | ④ | ⑤ |
|---|---|---|---|---|---|
| 学 習 日 | | | | | |
| 理 解 度 (○/△/×) | | | | | |

**解説**

(ア) 左手の人差し指を磁界の向き，中指を電流の向きとしたとき，親指の向きに電磁力が働くことを**フレミングの左手の法則**という。

(イ) 磁束密度（磁界）と電流の向きの角度が $\theta$ の場合の電磁力の大きさは $F = BI\ell \sin\theta$ と表される。電流の方向と磁界の方向が同じとき $\theta = 0°$ となるから，$\sin 0° = 0$ より導体に働く力の大きさは**零（ゼロ）**になる。

(ウ) 一方，電流の方向と磁界の方向が直角，すなわち $\theta = 90°$ となれば $\sin 90° = 1$ より導体に働く力は**最大**となる。

(エ) $F = BI\ell \sin\theta$ より，力の大きさは電流 $I$ の **1乗** に比例する。

よって，(5)が正解。

解答… (5)

**問題56** 図のように，透磁率 $\mu_0$[H/m]の真空中に無限に長い直線状導体A
と1辺$a$[m]の正方形のループ状導体Bが距離$d$[m]を隔てて置かれている。
AとBは$xz$平面上にあり，Aは$z$軸と平行，Bの各辺は$x$軸又は$z$軸と平行で
ある。A，Bには直流電流$I_A$[A]，$I_B$[A]が，それぞれ図示する方向に流れ
ている。このとき，Bに加わる電磁力として，正しいものを次の(1)～(5)のう
ちから一つ選べ。

なお，$xyz$座標の定義は，破線の枠内の図で示したとおりとする。

(1) 0Nつまり電磁力は生じない

(2) $\dfrac{\mu_0 I_A I_B a^2}{2\pi d(a+d)}$[N]の$+x$方向の力

(3) $\dfrac{\mu_0 I_A I_B a^2}{2\pi d(a+d)}$[N]の$-x$方向の力

(4) $\dfrac{\mu_0 I_A I_B a(a+2d)}{2\pi d(a+d)}$[N]の$+x$方向の力

(5) $\dfrac{\mu_0 I_A I_B a(a+2d)}{2\pi d(a+d)}$[N]の$-x$方向の力

H25-A4

|  | ① | ② | ③ | ④ | ⑤ |
|---|---|---|---|---|---|
| 学 習 日 |  |  |  |  |  |
| 理 解 度<br>(○/△/×) |  |  |  |  |  |

**解説**

平行導体間に働く1mあたりの電磁力の大きさは公式$f=\dfrac{\mu I_1 I_2}{2\pi r}$で求められる。導体BのSTに働く力$f_1$[N]は，導体Aと逆向きに電流が流れていることから斥力，すなわち$+x$方向の力が働く。導体BのSTと導体Aの距離は$d$[m]で，1辺の長さが$a$[m]であるから，$f_1$の大きさは，

$$f_1=\frac{\mu_0 I_A I_B a}{2\pi d}[N]$$

次に，UVに働く力$f_2$[N]は導体Aと同じ向きに電流が流れていることから引力，すなわち$-x$方向の力で，その大きさは導体BのUVと導体Aの距離は$d+a$[m]であるため，

$$f_2=\frac{\mu_0 I_A I_B a}{2\pi(a+d)}[N]$$

導体Bに加わる電磁力$f$[N]は$f_1$と$f_2$の合力であるから，

$$f=f_1-f_2=\frac{\mu_0 I_A I_B a}{2\pi d}-\frac{\mu_0 I_A I_B a}{2\pi(a+d)}=\frac{\mu_0 I_A I_B a}{2\pi}\left(\frac{1}{d}-\frac{1}{a+d}\right)$$

$$=\frac{\mu_0 I_A I_B a}{2\pi}\left\{\frac{a+d}{d(a+d)}-\frac{d}{d(a+d)}\right\}=\frac{\mu_0 I_A I_B a}{2\pi}\times\frac{a}{d(a+d)}=\frac{\mu_0 I_A I_B a^2}{2\pi d(a+d)}[N]$$

また，力の方向は$+x$**方向**である。

よって，(2)が正解。

解答… (2)

**ポイント**

2本の長い直線導体があるとき，同じ向きに電流を流すと導体間には引き合う力が働きます。一方，逆向きに電流を流すと導体間には反発する力が働きます。

また，フレミングの左手の法則より，導体TUおよびVSに正方形の中心に向かって電磁力が働きますが，大きさが同じなので相殺されます。

149

**問題57** 真空中に，2本の無限長直線状導体が20 cmの間隔で平行に置かれている。一方の導体に10 Aの直流電流を流しているとき，その導体には1 m当たり$1 \times 10^{-6}$ Nの力が働いた。他方の導体に流れている直流電流$I$ [A]の大きさとして，最も近いものを次の(1)～(5)のうちから一つ選べ。

ただし，真空の透磁率は$\mu_0 = 4\pi \times 10^{-7}$ H/mである。

(1) 0.1　　(2) 1　　(3) 2　　(4) 5　　(5) 10

H24-A4

|  | ① | ② | ③ | ④ | ⑤ |
|---|---|---|---|---|---|
| 学 習 日 |  |  |  |  |  |
| 理 解 度 (○/△/×) |  |  |  |  |  |

　真空中で平行導体間に働く電磁力の公式 $f = \dfrac{\mu_0 I_1 I_2}{2\pi r}$ [N/m]を変形させると，他方の導体に流れている直流電流 $I$[A]の大きさは，

$$I = \frac{2\pi \times 0.2 \times 1 \times 10^{-6}}{4\pi \times 10^{-7} \times 10} = 0.1 \text{ A}$$

よって，⑴が正解。

解答⋯　⑴

難易度 **A** 平行導体間に働く力(2)

教科書 SECTION 02

**問題58** 図に示すように，直線導体A及びBが$y$方向に平行に配置され，両導体に同じ大きさの電流$I$が共に$+y$方向に流れているとする。このとき，各導体に加わる力の方向について，正しいものを組み合わせたのは次のうちどれか。

なお，$xyz$座標の定義は，破線の枠内の図で示したとおりとする。

| | 導体A | 導体B |
|---|---|---|
| (1) | $+x$方向 | $+x$方向 |
| (2) | $+x$方向 | $-x$方向 |
| (3) | $-x$方向 | $+x$方向 |
| (4) | $-x$方向 | $-x$方向 |
| (5) | どちらの導体にも力は働かない。 |

H22-A4

| | ① | ② | ③ | ④ | ⑤ |
|---|---|---|---|---|---|
| 学習日 | | | | | |
| 理解度<br>(○/△/×) | | | | | |

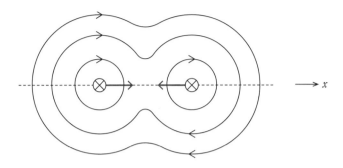

　導体Aと導体Bに同じ向きの電流を流すと，磁力線の様子は図のようになり，両導体には吸引力が働く。すなわち，導体Aには**＋$x$方向**の力が，導体Bには**－$x$方向**の力が働く。

　よって，⑵が正解。

解答… ⑵

問題59 磁界及び磁束に関する記述として，誤っているものを次の(1)〜(5)の
うちから一つ選べ。

(1) 1m当たりの巻数が$N$の無限に長いソレノイドに電流$I$[A]を流すと，
ソレノイドの内部には磁界$H = NI$[A/m]が生じる。磁界の大きさは，
ソレノイドの寸法や内部に存在する物質の種類に影響されない。

(2) 均一磁界中において，磁界の方向と直角に置かれた直線状導体に直流
電流を流すと，導体には電流の大きさに比例した力が働く。

(3) 2本の平行な直線状導体に反対向きの電流を流すと，導体には導体間
距離の2乗に反比例した反発力が働く。

(4) フレミングの左手の法則では，親指の向きが導体に働く力の向きを示
す。

(5) 磁気回路において，透磁率は電気回路の導電率に，磁束は電気回路の
電流にそれぞれ対応する。

R5上-A4

|  | ① | ② | ③ | ④ | ⑤ |
|---|---|---|---|---|---|
| 学 習 日 |  |  |  |  |  |
| 理解度<br>(○/△/×) |  |  |  |  |  |

**解説**

(1) アンペアの周回路の法則より,

$$H\ell = NI$$

ここで $\ell$ は1mとすると,

$$H = NI [\text{A/m}]$$

この式より, 磁界の大きさは, ソレノイドの寸法や内部に存在する物質の種類に影響されない。よって, (1)は正しい。

(2) フレミングの左手の法則より,

$$F = BI\ell \ [\text{N}]$$

この式より, 導体には電流の大きさに比例した力が働くことがわかる。よって, (2)は正しい。

(3) この導体に右図のように電流が流れているとき, 導体1mあたりに働く電磁力は以下の式で表すことができる。

$$F = \mu_r \times \frac{2I_1 I_2}{r} \times 10^{-7}$$

この式より, 導体には導体間距離の**1**乗に反比例した反発力が働くことがわかる。よって, (3)は**誤り**。

(4) フレミングの左手の法則では, 中指が電流, 人差し指が磁界, 親指が電磁力を示している。よって, (4)は正しい。

(5) 磁気回路と電気回路の対応を示すと次の表のようになる。

| 磁気回路 | | 電気回路 | |
|---|---|---|---|
| 透磁率 | $\mu$ | 導電率 | $\sigma$ |
| 磁束 | $\phi$ | 電流 | $I$ |
| 起磁力 | $NI$ | 起電力 | $E$ |
| 磁気抵抗 | $R_m$ | 電気抵抗 | $R$ |

磁気回路の透磁率は, 電気回路の導電率に, 磁気回路の磁束は電気回路の電流にそれぞれ対応している。よって, (5)は正しい。

以上より, (3)が正解。

**解答… (3)**

**問題60** 図のように，空間に一様に分布する磁束密度$B = 0.4$ Tの磁界中に，辺の長さがそれぞれ$a = 15$ cm，$b = 6$ cmで，巻数$N = 20$の長方形のコイルが置かれている。このコイルに直流電流$I = 0.8$ Aを流したとき，このコイルの回転軸OO′を軸としてコイルに生じるトルク$T$[N·m]の最大値として，最も近いのは次のうちどれか。

ただし，コイルの辺$a$は磁界と直交し，OO′は辺$b$の中心を通るものとする。また，コイルの太さは無視し，流れる電流によって磁界は乱されないものとする。

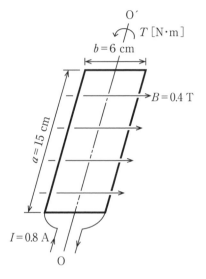

(1) 0.011 　(2) 0.029 　(3) 0.033 　(4) 0.048 　(5) 0.058

H14-A4

|  | ① | ② | ③ | ④ | ⑤ |
|---|---|---|---|---|---|
| 学習日 |  |  |  |  |  |
| 理解度<br>(○/△/×) |  |  |  |  |  |

長さ $a = 0.15$ m の部分に働く力 $F$[N]は，電磁力の大きさの公式 $F = BI\ell$ と，電磁力の大きさがコイルの巻数に比例することより

$F = BI\ell \times N$

　　$= 0.4 \times 0.8 \times 0.15 \times 20 = 0.96$ N

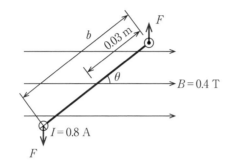

トルクの最大値は $T = F \times D\cos\theta$ [N・m]より $\theta = 0°$ となるときであるから，電磁力が2か所に働くことを考慮して，

$$T = \left(F \times \frac{b}{2}\right) \times 2$$

$$= 0.96 \times \frac{0.06}{2} \times 2 \fallingdotseq 0.058 \text{ N・m}$$

よって，(5)が正解。

解答… 　(5)

ポイント

トルク $T$[N・m]は回転中心からの力 $F$[N]×距離 $D$[m]で求められます。
$T = F \cdot D$[N・m]

**問題61** 図は積層した電磁鋼板の鉄心の磁化特性（ヒステリシスループ）を示す。図中の $B[T]$ 及び $H[A/m]$ はそれぞれ磁束密度及び磁界の強さを表す。この鉄心にコイルを巻きリアクトルを製作し，商用交流電源に接続した。実効値が $V[V]$ の電源電圧を印加すると図中に矢印で示す軌跡が確認された。コイル電流が最大のときの点は　(ア)　である。次に，電源電圧実効値が一定に保たれたまま，周波数がやや低下したとき，ヒステリシスループの面積は　(イ)　。一方，周波数が一定で，電源電圧実効値が低下したとき，ヒステリシスループの面積は　(ウ)　。最後に，コイル電流実効値が一定で，周波数がやや低下したとき，ヒステリシスループの面積は　(エ)　。

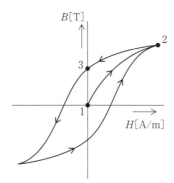

上記の記述中の空白箇所(ア)，(イ)，(ウ)及び(エ)に当てはまる組合せとして，正しいものを次の(1)～(5)のうちから一つ選べ。

|  | (ア) | (イ) | (ウ) | (エ) |
|---|---|---|---|---|
| (1) | 1 | 大きくなる | 小さくなる | 大きくなる |
| (2) | 2 | 大きくなる | 小さくなる | あまり変わらない |
| (3) | 3 | あまり変わらない | あまり変わらない | 小さくなる |
| (4) | 2 | 小さくなる | 大きくなる | あまり変わらない |
| (5) | 1 | 小さくなる | 大きくなる | あまり変わらない |

R1-A3

**解説**

⑺　問題の図の磁化特性（ヒステリシスループ）において，磁界の強さ（磁化力）$H[\mathrm{A/m}]$はコイル電流に比例するため，コイル電流が最大のとき，磁界の強さ$H$ $[\mathrm{A/m}]$も最大となる点**2**となる。

⑷　電源電圧の実効値$V$と電流の実効値$I$の関係は，コイルの誘導性リアクタンス $X_\mathrm{L}=2\pi fL$（$f$は電源周波数，$L$はコイルのインダクタンス）を用いて，次のようになる。

$$V=X_\mathrm{L}I=2\pi fLI\cdots①$$

　　①式より，電源電圧の実効値$V$が一定値に保たれたまま，電源周波数$f$がやや低下したとき，コイル電流の実効値$I$はやや増加する。このため，磁界の強さ$H$ $[\mathrm{A/m}]$の最大値も大きくなり，ヒステリシスループの面積は**大きくなる**。

㈄　①式より，電源周波数$f$が一定で，電源電圧の実効値$V$が低下したとき，コイル電流の実効値$I$は低下する。このため，磁界の強さ$H[\mathrm{A/m}]$の最大値も小さくなり，ヒステリシスループの面積は**小さくなる**。

㈃　①式より，コイル電流の実効値$I$が一定で，電源周波数$f$がやや低下しても，磁界の強さ$H[\mathrm{A/m}]$も一定であるため，ヒステリシスループの面積は**あまり変わらない**。

よって，⑵が正解。

**解答…**　　⑵

**ポイント**

　ヒステリシスループの形や面積は，コイルを流れる電流の大きさや磁性体の性質によって決まります。

| | ① | ② | ③ | ④ | ⑤ |
|---|---|---|---|---|---|
| 学習日 | | | | | |
| 理解度 (○/△/×) | | | | | |

**問題62**　磁束密度2Tの平等磁界が一様に紙面の上から下へ垂直に加わって
おり，長さ2mの直線導体が磁界の方向と直角に置かれている。この導体を
図のように5m/sの速度で紙面と平行に移動させたとき，導体に発生する誘
導起電力[V]の大きさとして，正しいのは次のうちどれか。

磁束密度2T
平等磁界の方向

導体

5m/s

2m

(1)　5　　(2)　10　　(3)　16　　(4)　20　　(5)　50

H13-A1

|  | ① | ② | ③ | ④ | ⑤ |
|---|---|---|---|---|---|
| 学 習 日 |  |  |  |  |  |
| 理 解 度<br>(○/△/×) |  |  |  |  |  |

導体の移動する向きは磁束に対して垂直であるから，導体に発生する誘導起電力の公式 $e=B\ell v\sin\theta$ [V] より，

$e=2\times2\times5\sin90°=20$ V

よって，(4)が正解。

解答… (4)

**ポイント**

誘導起電力の公式 $e=B\ell v\sin\theta$ の $\theta$ は磁束密度 $B$ と速度 $v$ のなす角を表します。磁束密度に対して垂直な方向に導体を移動させると $\theta=90°$ となり，誘導起電力は $e=B\ell v$ となります。一方，磁束密度と同じ方向に導体を移動させると $\theta=0°$ となり，誘導起電力はゼロになります。

# 誘導起電力の大きさ(2)

**問題63** 図1のように,磁束密度 $B = 0.02$ T の一様な磁界の中に長さ0.5 m の直線状導体が磁界の方向と直角に置かれている。図2のようにこの導体が磁界と直角を維持しつつ磁界に対して60°の角度で,矢印の方向に0.5 m/s の速さで移動しているとき,導体に生じる誘導起電力 $e$[mV]の値として,最も近いのは次のうちどれか。

⊗ 平等磁界 $B$ [T] の方向
導体
0.5 m

図1

0.5 m/sで移動
$B$ [T]
60°
○ 導体

図2

(1) 2.5　　(2) 3.0　　(3) 4.3　　(4) 5.0　　(5) 8.6

|  | ① | ② | ③ | ④ | ⑤ |
|---|---|---|---|---|---|
| 学 習 日 |  |  |  |  |  |
| 理 解 度 (○/△/×) |  |  |  |  |  |

　導体は磁界に対して60°の角度で0.5 m/sの速さで移動しているから，磁束と垂直な速度成分$v \sin \theta$ [m/s]は次のようになる。

　　　$v \sin \theta = 0.5 \sin 60° ≒ 0.43 \text{ m/s}$

　したがって，導体に生じる誘導起電力$e$[V]は$e = B\ell v \sin \theta$より，

　　　$e = 0.02 \times 0.5 \times 0.43$

　　　　$= 4.3 \times 10^{-3} \text{ V} = 4.3 \text{ mV}$

　よって，(3)が正解。

解答… (3)

**ポイント**

磁束密度と垂直な速度成分$v \sin \theta$を図で表すと次のようになります。

速度$v$

磁束密度$B$

$\theta$

導体

磁束密度と垂直な速度成分$v \sin \theta$

# 誘導起電力の大きさ(3)

**問題64** 紙面に平行な水平面内において，0.6 mの間隔で張られた2本の直線状の平行導線に10 Ωの抵抗が接続されている。この平行導線に垂直に，図に示すように，直線状の導体棒PQを渡し，紙面の裏側から表側に向かって磁束密度 $B = 6 \times 10^{-2}$ Tの一様な磁界をかける。ここで，導体棒PQを磁界と導体棒に共に垂直な矢印の方向に一定の速さ $v = 4$ m/sで平行導線上を移動させているときに，10 Ωの抵抗に流れる電流 $I$[A]の値として，正しいのは次のうちどれか。

ただし，電流の向きは図に示す矢印の向きを正とする。また，導線及び導体棒PQの抵抗，並びに導線と導体棒との接触抵抗は無視できるものとする。

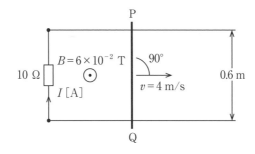

(1) −0.0278 (2) −0.0134 (3) −0.0072

(4) 0.0144 (5) 0.0288

| | ① | ② | ③ | ④ | ⑤ |
|---|---|---|---|---|---|
| 学 習 日 | | | | | |
| 理 解 度<br>(○/△/×) | | | | | |

フレミングの右手の法則より，誘導起電力はQが高電位となる方向である。
$e = B\ell v \sin \theta$ とオームの法則より，

$$IR = B\ell v \sin \theta$$
$$I \times 10 = 6 \times 10^{-2} \times 0.6 \times 4 \sin 90°$$
$$\therefore I = 0.0144 \text{ A}$$

よって，(4)が正解。

解答… (4)

**ポイント**

　平行導線上で右手の親指を導体の運動方向，人差し指を磁界の向きに合わせると，中指の向きに誘導起電力が生じます。

**問題65** 図1のように，インダクタンス $L = 5\,\mathrm{H}$ のコイルに直流電流源 $J$ が電流 $i[\mathrm{mA}]$ を供給している回路がある。電流 $i[\mathrm{mA}]$ は図2のような時間変化をしている。このとき，コイルの端子間に現れる電圧の大きさ $|v|$ の最大値 $[\mathrm{V}]$ として，最も近いものを次の(1)～(5)のうちから一つ選べ。

図1

図2

(1)　0.25　　(2)　0.5　　(3)　1　　(4)　1.25　　(5)　1.5

R5上-A10

| | ① | ② | ③ | ④ | ⑤ |
|---|---|---|---|---|---|
| 学習日 | | | | | |
| 理解度<br>(○/△/×) | | | | | |

**解説**

図1の回路において，インダクタンス $L$[H]のコイルに流れる電流が $\Delta t$[ms]の間に $\Delta i$[mA]だけ変化した場合，コイルの端子間に現れる電圧の大きさ $v$[V]は，

$$v = \left| -L\frac{\Delta i}{\Delta t} \right| [\text{V}]$$

ここで，図2のグラフにおいて，次図のように領域A〜Eの5つの領域に分け，それぞれの領域におけるコイルの端子間に現れる電圧の大きさ $v$ を求める。

領域Aについて，$\Delta t = 5$ ms，$\Delta i = 1.0 - 0 = 1.0$ mAなので，コイルの端子間に現れる電圧の大きさ $v$[V]は，

$$v = \left| -5 \times \frac{1.0}{5} \right| = 1.0 \text{ V}$$

次に領域Bおよび領域Dについて，$\Delta t = 5$ ms，$\Delta i = 0$ mA（変化なし）なので，コイルの端子間に現れる電圧の大きさ $v$[V]は，

$$v = \left| -5 \times \frac{0}{5} \right| = 0 \text{ V}$$

さらに領域Cについて，$\Delta t = 5$ ms，$\Delta i = 0.5 - 1.0 = -0.5$ mAなので，コイルの端子間に現れる電圧の大きさ $v$[V]は，

$$v = \left| -5 \times \frac{-0.5}{5} \right| = 0.5 \text{ V}$$

最後に領域Eについて，$\Delta t = 2$ ms，$\Delta i = 0 - 0.5 = -0.5$ mAなので，コイルの端子間に現れる電圧の大きさ $v$[V]は，

$$v = \left| -5 \times \frac{-0.5}{2} \right| = 1.25 \text{ V}$$

したがって，領域A〜Eの中で最もコイルの端子間に現れる電圧が大きくなるのは領域Eで，そのときの電圧の大きさは $v = 1.25$ Vである。

よって，(4)が正解。

解答… (4)

**問題66** 環状鉄心に絶縁電線を巻いて作った磁気回路に関する記述として，誤っているものを次の(1)〜(5)のうちから一つ選べ。

(1) 磁気抵抗は，磁束の通りにくさを表している。毎ヘンリー$[\mathrm{H}^{-1}]$は，磁気抵抗の単位である。

(2) 電気抵抗が導体断面積に反比例するように，磁気抵抗は，鉄心断面積に反比例する。

(3) 鉄心の透磁率が大きいほど，磁気抵抗は小さくなる。

(4) 起磁力が同じ場合，鉄心の磁気抵抗が大きいほど，鉄心を通る磁束は小さくなる。

(5) 磁気回路における起磁力と磁気抵抗は，電気回路におけるオームの法則の電流と電気抵抗にそれぞれ対応する。

H26-A3

|  | ① | ② | ③ | ④ | ⑤ |
|---|---|---|---|---|---|
| 学 習 日 |  |  |  |  |  |
| 理 解 度 (○/△/×) |  |  |  |  |  |

$I$：電流　$N$：巻数　$\phi$：磁束　$R_{\mathrm{m}}$：磁気抵抗

(1)　自己インダクタンスの式より，

$$L = \frac{N\phi}{I} \quad \cdots ①$$

また，磁束は，磁気回路のオームの法則により起磁力÷磁気抵抗で表すことができる。

$$\phi = \frac{NI}{R_{\mathrm{m}}} \quad \cdots ②$$

①式に②式を代入すると，

$$L = \frac{N}{I} \times \frac{NI}{R_{\mathrm{m}}}$$

$$= \frac{N^2}{R_{\mathrm{m}}}$$

磁気抵抗を求める式に直すと，

$$R_{\mathrm{m}} = \frac{N^2}{L}$$

右辺について，$N$は巻数であるため単位はなし，$L$は自己インダクタンスであるため単位は$[\mathrm{H}]$，したがって，磁気抵抗$R_{\mathrm{m}}$の単位は$\left[\dfrac{1}{\mathrm{H}}\right] = [\mathrm{H}^{-1}]$と求めることができる。よって，(1)は正しい。

(2)　鉄心の平均磁路長を$\ell$，透磁率を$\mu$とすると磁気抵抗$R_{\mathrm{m}}$は，

$$R_{\mathrm{m}} = \frac{\ell}{\mu A}$$

と求められる。$A$は鉄心断面積であるから，磁気抵抗は鉄心断面積に反比例する。よって，(2)は正しい。

(3) (2)の式より，透磁率 $\mu$ が大きいほど，磁気抵抗 $R_\mathrm{m}$ は小さくなる。よって，(3) は正しい。

(4) (1)②式より，起磁力 $NI$ が同じ場合，磁気抵抗 $R_\mathrm{m}$ が大きいほど，磁束 $\phi$ は小さくなる。よって，(4)は正しい。

(5) 磁気回路と電気回路の対応関係を示すと次の図のようになる。

図より，起磁力 $NI$ は**起電力** $E$ に対応しており，磁気抵抗 $R_\mathrm{m}$ は電気抵抗 $R$ に対応している。よって，(5)は**誤り**。

以上より，(5)が正解。

解答…　(5)

電気回路のオームの法則のように，磁気回路でも以下の法則が成り立ちます。

$$\phi = \frac{NI}{R_\mathrm{m}}$$

$NI$：起磁力　　$\phi$：磁束　　$R_\mathrm{m}$：磁気抵抗

CH
03
電磁力

**問題67** 図のように，環状鉄心に二つのコイルが巻かれている。コイル1の巻数は$N$であり，その自己インダクタンスは$L$〔H〕である。コイル2の巻数は$n$であり，その自己インダクタンスは$4L$〔H〕である。巻数$n$の値を表す式として，正しいのは次のうちどれか。

ただし，鉄心は等断面，等質であり，コイル及び鉄心の漏れ磁束はなく，また，鉄心の磁気飽和もないものとする。

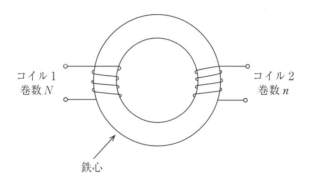

コイル1 巻数$N$　　コイル2 巻数$n$

鉄心

(1) $\dfrac{N}{4}$　　(2) $\dfrac{N}{2}$　　(3) $2N$　　(4) $4N$　　(5) $16N$

H20-A4

| | ① | ② | ③ | ④ | ⑤ |
|---|---|---|---|---|---|
| 学 習 日 | | | | | |
| 理 解 度 (○/△/×) | | | | | |

自己インダクタンスの式より，

$$L = \frac{N\phi}{I} \quad \cdots ①$$

また，磁束は，磁気回路のオームの法則により起磁力÷磁気抵抗で表すことができる。

$$\phi = \frac{NI}{R_\mathrm{m}} \quad \cdots ②$$

①式に②式を代入すると，

$$L = \frac{N}{I} \times \frac{NI}{R_\mathrm{m}}$$

$$= \frac{N^2}{R_\mathrm{m}}$$

式より，自己インダクタンスは巻数の2乗に比例するから，コイル2の巻数 $n$ は，

$$L : 4L = N^2 : n^2$$

$$4LN^2 = Ln^2$$

$$\therefore n = \sqrt{4N^2} = 2N$$

よって，(3)が正解。

**解答…** (3)

**問題68** 電気及び磁気に関係する量とその単位記号（他の単位による表し方を含む）との組合せとして，誤っているものを次の(1)～(5)のうちから一つ選べ。

| | 量 | 単位記号 |
|---|---|---|
| (1) | 導電率 | S/m |
| (2) | 電力量 | W・s |
| (3) | インダクタンス | Wb/V |
| (4) | 磁束密度 | T |
| (5) | 誘電率 | F/m |

H23-A14

| | ① | ② | ③ | ④ | ⑤ |
|---|---|---|---|---|---|
| 学 習 日 | | | | | |
| 理 解 度<br>(○/△/×) | | | | | |

(1) 導電率 $\sigma$ は $\sigma = \dfrac{1}{\rho}$ （$\rho$ は抵抗率[$\Omega \cdot$m]）で求められ，単位は[$1/\Omega \cdot$m] = [S/m]である。よって，正しい。

(2) 電力量の単位は[W・h]，または[W・s]である。よって，正しい。

(3) インダクタンスは，$LI = N\phi$ の式より，$L = \dfrac{N\phi}{I}$ で求められ，単位は[Wb/A] である。よって，**誤り**。

(4) 磁束密度 $B$ の単位は[T]である。よって，正しい。

(5) 誘電率 $\varepsilon$ の単位は[F/m]である。よって，正しい。

以上より，(3)が正解。

解答… (3)

電磁力 CH 03

**問題69** 次の文章は，コイルのインダクタンスに関する記述である。ここで，鉄心の磁気飽和は，無視するものとする。

均質で等断面の環状鉄心に被覆電線を巻いてコイルを作製した。このコイルの自己インダクタンスは，巻数の ［ (ア) ］ に比例し，磁路の ［ (イ) ］ に反比例する。

同じ鉄心にさらに被覆電線を巻いて別のコイルを作ると，これら二つのコイル間には相互インダクタンスが生じる。相互インダクタンスの大きさは，漏れ磁束が ［ (ウ) ］ なるほど小さくなる。それぞれのコイルの自己インダクタンスを $L_1$[H]，$L_2$[H]とすると，相互インダクタンスの最大値は ［ (エ) ］ [H]である。

これら二つのコイルを ［ (オ) ］ とすると，合成インダクタンスの値は，それぞれの自己インダクタンスの合計値よりも大きくなる。

上記の記述中の空白箇所(ア)，(イ)，(ウ)，(エ)及び(オ)に当てはまる組合せとして，正しいものを次の(1)～(5)のうちから一つ選べ。

|  | (ア) | (イ) | (ウ) | (エ) | (オ) |
|---|---|---|---|---|---|
| (1) | 1乗 | 断面積 | 少なく | $L_1 + L_2$ | 差動接続 |
| (2) | 2乗 | 長さ | 多く | $L_1 + L_2$ | 和動接続 |
| (3) | 1乗 | 長さ | 多く | $\sqrt{L_1 L_2}$ | 和動接続 |
| (4) | 2乗 | 断面積 | 少なく | $L_1 + L_2$ | 差動接続 |
| (5) | 2乗 | 長さ | 多く | $\sqrt{L_1 L_2}$ | 和動接続 |

H24-A3

|  | ① | ② | ③ | ④ | ⑤ |
|---|---|---|---|---|---|
| 学 習 日 |  |  |  |  |  |
| 理 解 度 (○/△/×) |  |  |  |  |  |

自己インダクタンスの式より,

$$LI = N\phi \quad \cdots ①$$

また, 磁束は, 磁気回路のオームの法則により起磁力÷磁気抵抗で表すことができる。

$$\phi = \frac{NI}{R_{\mathrm{m}}} \quad \cdots ②$$

①式に②を代入すると,

$$LI = \frac{N^2 I}{R_{\mathrm{m}}}$$

$$\therefore L = \frac{N^2}{R_{\mathrm{m}}}$$

磁気抵抗$R_{\mathrm{m}}$は長さ÷(透磁率×断面積) で求められるから,

$$L = N^2 \div \frac{\ell}{\mu A} = \frac{\mu A N^2}{\ell}$$

よって自己インダクタンスは, 巻数の(ア)**2乗**に比例し, 磁路の(イ)**長さ**に反比例する。

相互インダクタンス$M$を求める式より,

$$M = k\sqrt{L_1 L_2}$$

結合係数$k$の値は漏れ磁束の値によって0から1の間で変化する。漏れ磁束が(ウ)**多く**なるほど結合係数$k$の値は小さくなり, 相互インダクタンス$M$の値も小さくなる。

相互インダクタンスの式より, 結合係数$k$が最大の1であるとき, 相互インダクタンス$M$の最大値は(エ)$\sqrt{L_1 L_2}$となる。

これら二つのコイルを(オ)**和動接続**すると, 合成インダクタンスの値は, それぞれの自己インダクタンスの合計値 $(L_1 + L_2)$ よりも大きくなる。

よって, (5)が正解。

解答… (5)

**問題70** 次の文章は，コイルの磁束鎖交数とコイルに蓄えられる磁気エネルギーについて述べたものである。

インダクタンス1 mHのコイルに直流電流10 Aが流れているとき，このコイルの磁束鎖交数$\Psi_1$[Wb]は　(ア)　[Wb]である。また，コイルに蓄えられている磁気エネルギー$W_1$[J]は　(イ)　[J]である。

次に，このコイルに流れる直流電流を30 Aとすると，磁束鎖交数$\Psi_2$[Wb]と蓄えられる磁気エネルギー$W_2$[J]はそれぞれ　(ウ)　となる。

上記の記述中の空白箇所(ア)，(イ)及び(ウ)に当てはまる語句又は数値として，正しいものを組み合わせたのは次のうちどれか。

|     | (ア) | (イ) | (ウ) |
|-----|------|------|------|
| (1) | $5 \times 10^{-3}$ | $5 \times 10^{-2}$ | $\Psi_2$は$\Psi_1$の3倍，$W_2$は$W_1$の9倍 |
| (2) | $1 \times 10^{-2}$ | $5 \times 10^{-2}$ | $\Psi_2$は$\Psi_1$の3倍，$W_2$は$W_1$の9倍 |
| (3) | $1 \times 10^{-2}$ | $1 \times 10^{-2}$ | $\Psi_2$は$\Psi_1$の9倍，$W_2$は$W_1$の3倍 |
| (4) | $1 \times 10^{-2}$ | $5 \times 10^{-1}$ | $\Psi_2$は$\Psi_1$の3倍，$W_2$は$W_1$の9倍 |
| (5) | $5 \times 10^{-2}$ | $5 \times 10^{-1}$ | $\Psi_2$は$\Psi_1$の9倍，$W_2$は$W_1$の27倍 |

H21-A3

|         | ① | ② | ③ | ④ | ⑤ |
|---------|---|---|---|---|---|
| 学 習 日 |   |   |   |   |   |
| 理 解 度 (○/△/×) |   |   |   |   |   |

(ア) 磁束鎖交数 $\Psi_1 = N\phi$ であるので,

$$N\phi = LI$$

$L = 1\,\mathrm{mH} = 10^{-3}\,\mathrm{H}$, $I = 10\,\mathrm{A}$ であるので,

$$LI = 10^{-3} \times 10 = 1 \times 10^{-2}\,\mathrm{Wb} = \Psi_1$$

(イ) コイルに蓄えられる磁気エネルギーを求める式より,

$$W_1 = \frac{1}{2}LI^2$$

$$= \frac{1}{2} \times 10^{-3} \times 10^2 = 0.5 \times 10^{-1} = 5 \times 10^{-2}\,\mathrm{J}$$

(ウ) 電流 $I = 30\,\mathrm{A}$ はもとの電流の3倍である。磁束鎖交数 $\psi = LI$ で求められるため,電流が3倍になると,**磁束鎖交数 $\Psi_2$ ももとの磁束鎖交数 $\Psi_1$ の3倍になる。**

また,磁気エネルギー $W = \frac{1}{2}LI^2$ で求められるため,電流が3倍になると,**磁気エネルギー $W_2$ は $W_1$ の9倍になる。**

よって,(2)が正解。

解答… (2)

電磁力 CH 03

# CHAPTER 04

# 交流回路

## A 瞬時値, 最大値, ピークピーク値

教科書 SECTION 01

**問題71** ある回路に, $i = 4\sqrt{2} \sin 120\,\pi t$[A]の電流が流れている。この電流の瞬時値が, 時刻 $t = 0$ s以降に初めて 4 A となるのは, 時刻 $t = t_1$[s]である。 $t_1$[s]の値として, 正しいのは次のうちどれか。

(1) $\dfrac{1}{480}$    (2) $\dfrac{1}{360}$    (3) $\dfrac{1}{240}$    (4) $\dfrac{1}{160}$    (5) $\dfrac{1}{120}$

H21-A9

| | ① | ② | ③ | ④ | ⑤ |
|---|---|---|---|---|---|
| 学 習 日 | | | | | |
| 理 解 度 (○/△/×) | | | | | |

## B 位相と位相差

教科書 SECTION 01

**問題72** ある回路に電圧 $v = 100 \sin\left(100\,\pi t + \dfrac{\pi}{3}\right)$[V]を加えたところ, 回路に $i = 2 \sin\left(100\,\pi t + \dfrac{\pi}{4}\right)$[A]の電流が流れた。この電圧と電流の位相差 $\theta$[rad]を時間[s]の単位に変換して表した値として, 正しいのは次のうちどれか。

(1) $\dfrac{1}{400}$    (2) $\dfrac{1}{600}$    (3) $\dfrac{1}{1\,200}$    (4) $\dfrac{1}{1\,440}$    (5) $\dfrac{1}{2\,400}$

H17-A6

| | ① | ② | ③ | ④ | ⑤ |
|---|---|---|---|---|---|
| 学 習 日 | | | | | |
| 理 解 度 (○/△/×) | | | | | |

$i = 4\sqrt{2} \sin 120\,\pi t\,[\mathrm{A}]$ の電流は，時刻 $t_1[\mathrm{s}]$ で $i = 4\,\mathrm{A}$ となるため，

$$4 = 4\sqrt{2}\sin 120\,\pi t_1$$

$$\therefore \sin 120\,\pi t_1 = \frac{1}{\sqrt{2}}$$

$\dfrac{1}{\sqrt{2}} = \sin\dfrac{\pi}{4}$ より，

$$\sin 120\,\pi t_1 = \sin\frac{\pi}{4}$$

$$120\,\pi t_1 = \frac{\pi}{4}$$

$$\therefore t_1 = \frac{1}{480}\ \mathrm{s}$$

よって，(1)が正解。

解答… (1)

電圧 $v$ と電流 $i$ の位相差 $\theta\,[\mathrm{rad}]$ は，

$$\theta = \frac{\pi}{3} - \frac{\pi}{4} = \frac{\pi}{12}\ \mathrm{rad}$$

位相は $1\,\mathrm{s}$ で $100\,\pi$ rad 変化するから，$\dfrac{\pi}{12}$ rad 変化するのにかかる時間 $t[\mathrm{s}]$ は

$$t = \frac{\dfrac{\pi}{12}}{100\,\pi} = \frac{1}{1200}\ \mathrm{s}$$

よって，(3)が正解。

解答… (3)

**問題73** 図のように，二つの正弦波交流電圧源$e_1$[V]，$e_2$[V]が直列に接続されている回路において，合成電圧$v$[V]の最大値は$e_1$の最大値の $\boxed{\quad(ア)\quad}$ 倍となり，その位相は$e_1$を基準として $\boxed{\quad(イ)\quad}$ [rad]の $\boxed{\quad(ウ)\quad}$ となる。

上記の記述中の空白箇所(ア)，(イ)及び(ウ)に当てはまる語句，式又は数値として，正しいものを組み合わせたのは次のうちどれか。

$$e_1 = E\sin(\omega t + \theta)\,[\text{V}]$$

$$e_2 = \sqrt{3}\,E\sin\left(\omega t + \theta + \frac{\pi}{2}\right)\,[\text{V}]$$

$$v\,[\text{V}]$$

|  | (ア) | (イ) | (ウ) |
|---|---|---|---|
| (1) | $\dfrac{1}{2}$ | $\dfrac{\pi}{3}$ | 進み |
| (2) | $1+\sqrt{3}$ | $\dfrac{\pi}{6}$ | 遅れ |
| (3) | $2$ | $\dfrac{2\pi}{3}$ | 進み |
| (4) | $\sqrt{3}$ | $\dfrac{\pi}{6}$ | 遅れ |
| (5) | $2$ | $\dfrac{\pi}{3}$ | 進み |

H18-A8

|  | ① | ② | ③ | ④ | ⑤ |
|---|---|---|---|---|---|
| 学 習 日 |  |  |  |  |  |
| 理 解 度 (○/△/×) |  |  |  |  |  |

電圧 $e_2$ の式を，$\sin\left(\theta + \dfrac{\pi}{2}\right) = \cos\theta$ を用いて変形すると，

$$e_2 = \sqrt{3}\,E\sin\left(\omega t + \theta + \dfrac{\pi}{2}\right) = \sqrt{3}\,E\cos(\omega t + \theta)$$

したがって，合成電圧 $v\,[\mathrm{V}]$ を表す式は，三角関数の加法定理を用いて，

$$
\begin{aligned}
v &= e_1 + e_2 \\
&= E\sin(\omega t + \theta) + \sqrt{3}\,E\cos(\omega t + \theta) \\
&= 2E\left\{\dfrac{1}{2}\sin(\omega t + \theta) + \dfrac{\sqrt{3}}{2}\cos(\omega t + \theta)\right\} \\
&= 2E\left\{\sin(\omega t + \theta)\cos\dfrac{\pi}{3} + \cos(\omega t + \theta)\sin\dfrac{\pi}{3}\right\} \\
&= 2E\sin\left(\omega t + \theta + \dfrac{\pi}{3}\right)[\mathrm{V}]
\end{aligned}
$$

上式より，合成電圧 $v\,[\mathrm{V}]$ の最大値 $2E$ は $e_1$ の最大値 $E$ の(ア)2倍となり，その位相は $e_1$ を基準として(イ)$\dfrac{\pi}{3}$ rad の(ウ)進みとなる。

よって，(5)が正解。

解答… (5)

交流回路 CH 04

（別解）

電圧 $e_1$，$e_2$ を極座標表示したものを $\dot{E}_1\,[\mathrm{V}]$，$\dot{E}_2\,[\mathrm{V}]$ とし，$\dot{E}_1$ を位相の基準とすれば，

$$\dot{E}_1 = E\angle 0\,[\mathrm{V}], \quad \dot{E}_2 = \sqrt{3}\,E\angle\dfrac{\pi}{2}\,[\mathrm{V}]$$

これらを直交座標表示すると，

$$\dot{E}_1 = (E\cos 0,\ E\sin 0) = (E,\ 0)$$

$$\dot{E}_2 = \left(\sqrt{3}\,E\cos\dfrac{\pi}{2},\ \sqrt{3}\,E\sin\dfrac{\pi}{2}\right) = (0, \sqrt{3}\,E)$$

よって，これらの和は，

$$\dot{E}_1 + \dot{E}_2 = (E,\ \sqrt{3}\,E)$$

その大きさは $\sqrt{E^2 + (\sqrt{3}\,E)^2} = 2E$，基準に対する位相は $\tan^{-1}\dfrac{\sqrt{3}\,E}{E} = \tan^{-1}\sqrt{3} = \dfrac{\pi}{3}$ となる。

したがって，$\dot{E}_1 + \dot{E}_2$ の極座標表示は $\dot{E}_1 + \dot{E}_2 = 2E\angle\dfrac{\pi}{3}$ となるから，$\dot{E}_1$ の大きさ $E$ の(ア)2倍となり，その位相は(イ)$\dfrac{\pi}{3}$ rad の(ウ)進みとなる。

**問題74** 図の交流回路において，回路素子は，インダクタンス $L$ のコイル又は静電容量 $C$ のコンデンサである。この回路に正弦波交流電圧 $v = 500 \sin (1\,000t)$ [V] を加えたとき，回路に流れる電流は，$i = -50 \cos(1\,000t)$ [A] であった。このとき，次の(a)及び(b)に答えよ。

(a) 回路素子の値として，正しいのは次のうちどれか。

  (1) $C = 100$ nF    (2) $L = 10$ mH    (3) $L = 100$ mH

  (4) $C = 10$ nF    (5) $C = 10$ μF

(b) この回路素子に蓄えられるエネルギーの最大値 $W_{\max}$ [J] の値として，正しいのは次のうちどれか。

    ただし，インダクタンスの場合には $\dfrac{1}{2}Li^2$ の，静電容量の場合には $\dfrac{1}{2}Cv^2$ のエネルギーが蓄えられるものとする。

  (1) 125    (2) 25    (3) 12.5    (4) 6.25    (5) 2.5

H17-B16

| | ① | ② | ③ | ④ | ⑤ |
|---|---|---|---|---|---|
| 学習日 | | | | | |
| 理解度 (○/△/×) | | | | | |

**解説**

(a) $v = 500 \sin(1000t)\,[\mathrm{V}]$ の電圧に対して $i = -50 \cos(1000t) = 50 \sin(1000t - 90°)$ [A]の電流が流れるから，電圧を基準とすると電流の位相は $90°$ 遅れている。したがって，回路素子は**インダクタンス$L$のコイル**である。

コイルのリアクタンス $X_\mathrm{L}\,[\Omega]$ は，

$$X_\mathrm{L} = \frac{V}{I} = \frac{\dfrac{500}{\sqrt{2}}}{\dfrac{50}{\sqrt{2}}} = 10\ \Omega$$

したがって，インダクタンス $L\,[\mathrm{mH}]$ の値は，$X_\mathrm{L} = \omega L$ より，

$$L = \frac{X_\mathrm{L}}{\omega} = \frac{10}{1000} = 0.01\ \mathrm{H} = 10\ \mathrm{mH}$$

よって，(2)が正解。

(b) インダクタンスに蓄えられるエネルギー $w\,[\mathrm{J}]$ は $w = \dfrac{1}{2}Li^2$ より，

$$w = \frac{1}{2} \times 10 \times 10^{-3} \times 50^2 \cos^2(1000t) = 12.5 \cos^2(1000t)\,[\mathrm{J}]$$

エネルギーの最大値 $W_\mathrm{max}\,[\mathrm{J}]$ は $\cos^2(1000t) = 1$ のときなので，

$$W_\mathrm{max} = 12.5\ \mathrm{J}$$

よって，(3)が正解。

交流回路 CH 04

解答… (a)(2) (b)(3)

**ポイント**

交流電圧の式は $v = \sqrt{2}\,V \sin(\omega t + \phi)\,[\mathrm{V}]$，交流電流の式は $i = \sqrt{2}\,I \sin(\omega t + \phi)$ [A] で表されます。

**難易度**

**問題75** 図のように，正弦波交流電圧 $E = 200$ V の電源がインダクタンス $L$ [H]のコイルと $R[\Omega]$ の抵抗との直列回路に電力を供給している。回路を流れる電流が $I = 10$ A，回路の無効電力が $Q = 1\,200$ var のとき，抵抗 $R[\Omega]$ の値として，正しいものを次の(1)〜(5)のうちから一つ選べ。

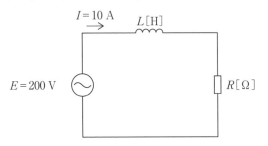

(1) 4　　(2) 8　　(3) 12　　(4) 16　　(5) 20

H24-A8

| | ① | ② | ③ | ④ | ⑤ |
|---|---|---|---|---|---|
| 学 習 日 | | | | | |
| 理 解 度<br>(○/△/×) | | | | | |

誘導性リアクタンス $X[\Omega]$ は，$Q = XI^2$ より，

$$X = \frac{Q}{I^2} = \frac{1200}{10^2} = 12 \ \Omega$$

一方，インピーダンス $Z[\Omega]$ は，

$$Z = \frac{E}{I} = \frac{200}{10} = 20 \ \Omega$$

したがって，抵抗 $R[\Omega]$ の値は，

$$R = \sqrt{Z^2 - X^2} = \sqrt{20^2 - 12^2} = 16 \ \Omega$$

よって，(4)が正解。

解答… (4)

交流回路 CH 04

**ポイント**

　無効電力はリアクタンスの部分で発生する電力で，負荷で電気エネルギーとして消費されません。

**問題76** 図のような回路において，電源電圧が $e = 200 \sin\left(\omega t + \dfrac{\pi}{4}\right)$ [V]で

あるとき，回路に流れる電流 $i$[A]を表す式として，正しいのは次のうちど

れか。

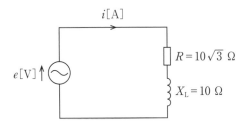

(1) $i = 10 \sin\left(\omega t + \dfrac{\pi}{12}\right)$

(2) $i = 5\sqrt{2} \sin\left(\omega t - \dfrac{\pi}{6}\right)$

(3) $i = 10\sqrt{2} \sin\left(\omega t + \dfrac{\pi}{6}\right)$

(4) $i = 5\sqrt{2} \sin\left(\omega t + \dfrac{\pi}{12}\right)$

(5) $i = 10 \sin\left(\omega t - \dfrac{\pi}{12}\right)$

H12-A9

| | ① | ② | ③ | ④ | ⑤ |
|---|---|---|---|---|---|
| 学 習 日 | | | | | |
| 理 解 度<br>(○/△/×) | | | | | |

$RL$直列回路のインピーダンス$Z[\Omega]$は,

$$Z = \sqrt{R^2 + X_L^2} = \sqrt{(10\sqrt{3})^2 + 10^2} = 20\ \Omega$$

電流$i$の実効値$I[A]$は,

$$I = \frac{V}{Z} = \frac{\dfrac{200}{\sqrt{2}}}{20} = \frac{10}{\sqrt{2}}\ A$$

よって,電流$i$の最大値は$\sqrt{2}\,I = 10$ A となる。

次に,回路の力率$\cos\phi$を考えると,

$$\cos\phi = \frac{R}{Z} = \frac{10\sqrt{3}}{20} = \frac{\sqrt{3}}{2}$$

$$\therefore\ \phi = \frac{\pi}{6}$$

コイルに流れる電流の位相は,電圧を基準とすると遅れであるから,

$$\sin\left(\omega t + \frac{\pi}{4} - \frac{\pi}{6}\right) = \sin\left(\omega t + \frac{\pi}{12}\right)$$

したがって,電流は$i = 10\sin\left(\omega t + \dfrac{\pi}{12}\right)[A]$と表される。

よって,(1)が正解。

交流回路 CH04

解答… (1)

**問題77** 図1のような抵抗$R[\Omega]$と誘導性リアクタンス$X[\Omega]$との直列回路がある。この回路に正弦波交流電圧$E = 100$ Vを加えたとき，回路に流れる電流は10 Aであった。この回路に図2のように，更に抵抗11 Ωを直列接続したところ，回路に流れる電流は5 Aになった。抵抗$R[\Omega]$の値として，最も近いのは次のうちどれか。

$E = 100$ V
図1

$E = 100$ V
図2

(1) 5.5　　(2) 8.1　　(3) 8.6　　(4) 11.4　　(5) 16.7

H16-A8

| | ① | ② | ③ | ④ | ⑤ |
|---|---|---|---|---|---|
| 学 習 日 | | | | | |
| 理 解 度<br>(○/△/×) | | | | | |

図1の回路のインピーダンス $Z_1[\Omega]$ は $Z = \dfrac{V}{I}$ より，

$$Z_1 = \sqrt{R^2 + X^2} = \frac{100}{10} = 10 \ \Omega$$

$$\therefore \underwave{R^2 + X^2} = \underwave{100} \cdots ①$$

次に，図2の回路のインピーダンス $Z_2[\Omega]$ は，

$$Z_2 = \frac{100}{5} = 20 = \sqrt{(R+11)^2 + X^2} \ [\Omega]$$

$$(R+11)^2 + X^2 = 400$$

$$\therefore \underwave{R^2} + 22R + 121 + \underwave{X^2} = 400 \cdots ②$$

ここで，①式を②式に代入すると，

$$22R + 121 + \underwave{100} = 400$$

$$22R = 179$$

したがって，抵抗 $R[\Omega]$ の値は，

$$R = \frac{179}{22} \fallingdotseq 8.1 \ \Omega$$

よって，(2)が正解。

解答… (2)

交流回路 CH 04

**問題78** 図1のように，抵抗 $R_0 = 16\ \Omega$，インピーダンス $\dot{Z}[\Omega]$ の誘導性負荷（抵抗 $R[\Omega]$，誘導性リアクタンス $X[\Omega]$）を直列に接続した交流回路がある。正弦波交流電圧 $\dot{E} = 10\sqrt{3}$ V の電源をこの回路に接続したところ，$R_0$ の端子間電圧の大きさ，誘導性負荷の端子間電圧の大きさは，それぞれ 10 V であった。次の(a)及び(b)に答えよ。

図1

(a) 回路に流れる電流を $\dot{I}[A]$ とすれば，$\dot{E}$，$R_0\dot{I}$，$\dot{Z}\dot{I}$ の関係をベクトル図で表すと図2のようになる。電流 $\dot{I}[A]$ の大きさの値と，電圧 $\dot{E}$ と電流 $\dot{I}$ の位相差 $\theta\,[°]$ の値として，正しいものを組み合わせたのは次のうちどれか。

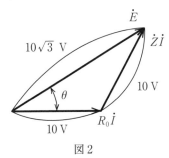

図2

|     | 電流 $\dot{I}$ [A] の大きさ | 位相差 $\theta$ [°] |
| --- | --- | --- |
| (1) | 1.73 | 15 |
| (2) | 1.0 | 30 |
| (3) | 1.0 | 45 |
| (4) | 0.625 | 30 |
| (5) | 0.625 | 45 |

(b) $\dot{E}$, $(R_0 + R)\dot{I}$, $X\dot{I}$ の関係をベクトル図で表すと図3のようになる。これより，$R[\Omega]$ と $X[\Omega]$ の値として，最も近いものを組み合わせたのは次のうちどれか。

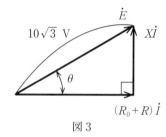

図 3

|     | $R[\Omega]$ | $X[\Omega]$ |
| --- | --- | --- |
| (1) | 8 | 8 |
| (2) | 8 | 13.9 |
| (3) | 14 | 13.9 |
| (4) | 14 | 19.8 |
| (5) | 16 | 50 |

H15-B16

|     | ① | ② | ③ | ④ | ⑤ |
| --- | --- | --- | --- | --- | --- |
| 学習日 |  |  |  |  |  |
| 理解度 (○/△/×) |  |  |  |  |  |

**解説**

(a) 電流 $\dot{I}$ の大きさ $I[\mathrm{A}]$ は，

$$I = \frac{V}{R_0} = \frac{10}{16} = 0.625 \ \mathrm{A}$$

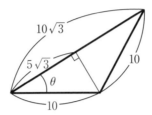

位相差 $\theta[\,^\circ]$ は，

$$\cos\theta = \frac{5\sqrt{3}}{10} = \frac{\sqrt{3}}{2}$$

$$\therefore \theta = 30^\circ$$

よって，(4)が正解。

(b) 図3のベクトル図より，次の関係が成り立つ。

$$10\sqrt{3}\,\cos\theta = (R_0 + R)I$$

(a)より $I = 0.625 \ \mathrm{A}$，$\theta = 30^\circ$ であるから，抵抗 $R[\Omega]$ の値は，

$$10\sqrt{3}\,\cos30^\circ = 15 = (16 + R) \times 0.625$$

$$\therefore R = \frac{15}{0.625} - 16 = 8 \ \Omega$$

同様に，$X[\Omega]$ の値は，

$$10\sqrt{3}\,\sin30^\circ = 5\sqrt{3} = 0.625X$$

$$\therefore X = \frac{5\sqrt{3}}{0.625} \fallingdotseq 13.9 \ \Omega$$

よって，(2)が正解。

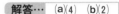

解答… (a)(4) (b)(2)

**問題79** 図のように，1 000 Ωの抵抗と静電容量 $C$[μF]のコンデンサを直列に接続した交流回路がある。いま，電源の周波数が1 000 Hzのとき，電源電圧 $\dot{E}$[V]と電流 $\dot{I}$[A]の位相差は $\dfrac{\pi}{3}$ radであった。このとき，コンデンサの静電容量 $C$[μF]の値として，最も近いものを次の(1)～(5)のうちから一つ選べ。

(1) 0.053　(2) 0.092　(3) 0.107　(4) 0.159　(5) 0.258

H23-A9

| | ① | ② | ③ | ④ | ⑤ |
|---|---|---|---|---|---|
| 学 習 日 | | | | | |
| 理 解 度 (○/△/×) | | | | | |

電源電圧$\dot{E}$[V]を基準ベクトルにすると電流$\dot{I}$[A]は$\dfrac{\pi}{3}$rad進み電流になる。抵抗$R$[Ω]を基準としてコンデンサのリアクタンス$X_\mathrm{C}$[Ω]，回路の合成インピーダンス$Z$[Ω]についてのベクトル図は次のようになる。

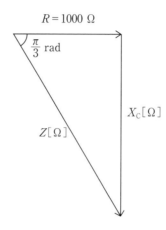

図より$X_\mathrm{C}$を計算すると，

$$X_\mathrm{C} = R\,\tan\frac{\pi}{3} = 1000\sqrt{3}\ \ \Omega$$

$X_\mathrm{C} = \dfrac{1}{2\pi fC}$より，コンデンサの静電容量$C$[μF]は，

$$C = \frac{1}{2\pi \times 1000 \times 1000\sqrt{3}}$$

$$\fallingdotseq 0.0919 \times 10^{-6}\ \mathrm{F} = 0.0919\ \mu\mathrm{F}$$

よって，(2)が正解。

解答… (2)

**問題80** 図は，インダクタンス$L$[H]のコイルと静電容量$C$[F]のコンデンサ，並びに$R$[Ω]の抵抗の直列回路に，周波数が$f$[Hz]で実効値が$V$（≠0）[V]である電源電圧を与えた回路を示している。この回路において，抵抗の端子間電圧の実効値$V_R$[V]が零となる周波数$f$[Hz]の条件を全て列挙したものとして，正しいものを次の(1)～(5)のうちから一つ選べ。

(1) 題意を満たす周波数はない

(2) $f = 0$

(3) $f = \dfrac{1}{2\pi\sqrt{LC}}$

(4) $f = 0,\ f \to \infty$

(5) $f = \dfrac{1}{2\pi\sqrt{LC}},\ f \to \infty$

H25-A10

| | ① | ② | ③ | ④ | ⑤ |
|---|---|---|---|---|---|
| 学 習 日 | | | | | |
| 理 解 度<br>(○/△/×) | | | | | |

回路に流れる電流$I$[A]は，$I = \dfrac{V}{Z}$より，

$$I = \frac{V}{\sqrt{R^2 + \left(\omega L - \dfrac{1}{\omega C}\right)^2}} = \frac{V}{\sqrt{R^2 + \left(2\pi f L - \dfrac{1}{2\pi f C}\right)^2}} [A]$$

$V_R = 0$ Vとなるには$I = 0$ A，すなわち，$Z$の分母が大きくなり，$Z$が無限大に近づく，つまり$Z \to \infty$ Ωとなればいい。この条件を列挙すると，

① $f = 0$のとき

$2\pi f L = 0$, $\dfrac{1}{2\pi f C} \to \infty$ となるから$Z \to \infty$ Ω

② $f \to \infty$ のとき

$2\pi f L \to \infty$, $\dfrac{1}{2\pi f C} = 0$ となるから $Z \to \infty$ Ω

よって，(4)が正解。

解答… (4)

交流回路 CH 04

**ポイント**

「→」は「限りなくその値に近づく」という意味で使用される記号です。この問題では$f \to \infty$より，周波数を限りなく大きくするということを意味しています。

問題81 図のように，$R[\Omega]$の抵抗，インダクタンス$L[H]$のコイル，静電容量$C[F]$のコンデンサを直列に接続した交流回路がある。この回路において，電源$E$は周波数を変化できるものとする。電源周波数を変化させたところ，2種類の異なる周波数$f_1[Hz]$と$f_2[Hz]$に対して，この回路の電源からみたインピーダンス[$\Omega$]の大きさは変わらなかった。このときの$f_1 \times f_2$の値として，正しいのは次のうちどれか。

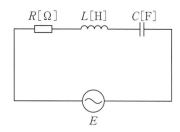

(1) $\dfrac{1}{2\pi\sqrt{LC}}$　　　(2) $\dfrac{1}{4\pi LC}$　　　(3) $\dfrac{1}{4\pi^2 LC}$　　　(4) $\dfrac{1}{4\pi^2 L^2 C^2}$

(5) $\dfrac{1}{2\pi L^2 C^2}$

H16-A6

| | ① | ② | ③ | ④ | ⑤ |
|---|---|---|---|---|---|
| 学 習 日 | | | | | |
| 理 解 度 (○/△/×) | | | | | |

　周波数 $f_1$ に対する角周波数を $\omega_1$，周波数 $f_2$ に対する角周波数を $\omega_2$ とすると，それぞれの場合における回路のインピーダンス $Z_1[\Omega]$，$Z_2[\Omega]$ は，

$$Z_1 = \sqrt{R^2 + \left(\omega_1 L - \frac{1}{\omega_1 C}\right)^2}\,[\Omega],\ Z_2 = \sqrt{R^2 + \left(\omega_2 L - \frac{1}{\omega_2 C}\right)^2}\,[\Omega]$$

問題文より，$Z_1 = Z_2$ であるから，

$$\sqrt{R^2 + \left(\omega_1 L - \frac{1}{\omega_1 C}\right)^2} = \sqrt{R^2 + \left(\omega_2 L - \frac{1}{\omega_2 C}\right)^2}$$

$$\left(\omega_1 L - \frac{1}{\omega_1 C}\right)^2 = \left(\omega_2 L - \frac{1}{\omega_2 C}\right)^2$$

$$\omega_1^2 L^2 - 2\cdot\frac{L}{C} + \frac{1}{\omega_1^2 C^2} = \omega_2^2 L^2 - 2\cdot\frac{L}{C} + \frac{1}{\omega_2^2 C^2}$$

$$(\omega_1^2 - \omega_2^2)L^2 = \left(\frac{1}{\omega_2^2} - \frac{1}{\omega_1^2}\right)\frac{1}{C^2}$$

$$(\omega_1^2 - \omega_2^2)L^2 = \frac{\omega_1^2 - \omega_2^2}{\omega_1^2 \omega_2^2}\cdot\frac{1}{C^2}$$

$$\omega_1^2 \omega_2^2 = \frac{1}{L^2 C^2}$$

$$\omega_1 \omega_2 = \frac{1}{LC}$$

$$2\pi f_1 \times 2\pi f_2 = \frac{1}{LC}$$

$$\therefore f_1 \times f_2 = \frac{1}{4\pi^2 LC}$$

よって，(3)が正解。

解答… (3)

**問題82** 4 Ωの抵抗と静電容量が$C$[F]のコンデンサを直列に接続した$RC$回路がある。この$RC$回路に，周波数50 Hzの交流電圧100 Vの電源を接続したところ，20 Aの電流が流れた。では，この$RC$回路に，周波数60 Hzの交流電圧100 Vの電源を接続したとき，$RC$回路に流れる電流[A]の値として，最も近いものを次の(1)～(5)のうちから一つ選べ。

 (1) 16.7  (2) 18.6  (3) 21.2  (4) 24.0  (5) 25.6

H25-A7

| | ① | ② | ③ | ④ | ⑤ |
|---|---|---|---|---|---|
| 学 習 日 | | | | | |
| 理 解 度<br>(○/△/×) | | | | | |

抵抗 $R[\Omega]$ と容量性リアクタンス $X_C[\Omega]$ を直列に接続したときのインピーダンス $Z[\Omega]$ は,

$$Z = \sqrt{R^2 + X_C^2}\,[\Omega]$$

周波数が 50 Hz のときのインピーダンスは $Z = \dfrac{V}{I} = \dfrac{100}{20} = 5\ \Omega$ であるから, 容量性リアクタンス $X_C$ を計算すると,

$$5 = \sqrt{4^2 + X_C^2}$$

$$\therefore X_C = 3\ \Omega$$

周波数が 60Hz のときの容量性リアクタンス $X_C'[\Omega]$ は, 容量性リアクタンスが周波数に反比例することを利用して,

$$X_C' : 3 = \frac{1}{60} : \frac{1}{50}$$

$$\frac{X_C'}{50} = \frac{3}{60}$$

$$\therefore X_C' = 3 \times \frac{50}{60} = 2.5\ \Omega$$

このとき, $RC$ 回路に流れる電流 $I[A]$ の値は, $I = \dfrac{V}{Z}$ より,

$$I = \frac{100}{\sqrt{4^2 + 2.5^2}} ≒ 21.2\ A$$

よって, (3)が正解。

**交流回路 CH 04**

解答… (3)

**問題83** 図のように，$R = \sqrt{3}\,\omega L$[Ω]の抵抗，インダクタンス$L$[H]のコイル，スイッチSが角周波数$\omega$[rad/s]の交流電圧$\dot{E}$[V]の電源に接続されている。スイッチSを開いているとき，コイルを流れる電流の大きさを$I_1$[A]，電源電圧に対する電流の位相差を$\theta_1$[°]とする。また，スイッチSを閉じているとき，コイルを流れる電流の大きさを$I_2$[A]，電源電圧に対する電流の位相差を$\theta_2$[°]とする。このとき，$\dfrac{I_1}{I_2}$及び$|\theta_1 - \theta_2|$[°]の値として，正しいものを組み合わせたのは次のうちどれか。

|  | $\dfrac{I_1}{I_2}$ | $\lvert \theta_1 - \theta_2 \rvert$ |
|---|---|---|
| (1) | $\dfrac{1}{2}$ | 30 |
| (2) | $\dfrac{1}{2}$ | 60 |
| (3) | 2 | 30 |
| (4) | 2 | 60 |
| (5) | 2 | 90 |

H21-A8

| | ① | ② | ③ | ④ | ⑤ |
|---|---|---|---|---|---|
| 学 習 日 | | | | | |
| 理 解 度 (○/△/×) | | | | | |

スイッチを開いているときの電流 $\dot{I}_1$[A]は，$\dot{I}_1 = \dfrac{\dot{E}}{\dot{Z}}$より

$$\dot{I}_1 = \frac{\dot{E}}{R + \mathrm{j}\omega L} = \frac{R - \mathrm{j}\omega L}{R^2 + \omega^2 L^2}\dot{E} = \frac{\sqrt{3}\,\omega L - \mathrm{j}\omega L}{3\omega^2 L^2 + \omega^2 L^2}\dot{E} = \frac{\omega L(\sqrt{3} - \mathrm{j})}{4\omega^2 L^2}\dot{E}$$

$$= \frac{\sqrt{3} - \mathrm{j}}{4\omega L}\dot{E} = \frac{\sqrt{3}}{4\omega L}\dot{E} - \mathrm{j}\frac{1}{4\omega L}\dot{E}\,[\text{A}]$$

その大きさ $I_1$[A]は，ベクトル図より，

$$I_1 = \frac{2}{4\omega L}|\dot{E}| = \frac{|\dot{E}|}{2\omega L}\,[\text{A}]$$

一方，スイッチを閉じているときの電流 $\dot{I}_2$[A]は，

$$\dot{I}_2 = \frac{\dot{E}}{\mathrm{j}\omega L} = -\mathrm{j}\frac{\dot{E}}{\omega L}\,[\text{A}]$$

その大きさ $I_2$[A]は，

$$I_2 = \frac{|\dot{E}|}{\omega L}\,[\text{A}]$$

よって，$\dfrac{I_1}{I_2}$ の値は，

$$\frac{I_1}{I_2} = \frac{\dfrac{|\dot{E}|}{2\omega L}}{\dfrac{|\dot{E}|}{\omega L}} = \frac{1}{2}$$

次に，$|\theta_1 - \theta_2|$ について考える。

ベクトル図より，$\theta_1 = -30°$ である。

また，インダクタンスのみの回路に交流電圧を加えた場合，電源電圧に対して電流は90°遅れるから，$\theta_2 = -90°$ となる。したがって，

$$|\theta_1 - \theta_2| = |-30° - (-90°)|$$
$$= 60°$$

よって，(2)が正解。

解答… (2)

**問題84** 図1のように，$R[\Omega]$の抵抗，インダクタンス$L[\mathrm{H}]$のコイル，静電容量$C[\mathrm{F}]$のコンデンサからなる並列回路がある。この回路に角周波数$\omega$[rad/s]の交流電圧$v[\mathrm{V}]$を加えたところ，この回路に流れる電流は$i[\mathrm{A}]$であった。電圧$v[\mathrm{V}]$及び電流$i[\mathrm{A}]$のベクトルをそれぞれ電圧$\dot{V}[\mathrm{V}]$と電流$\dot{I}$$[\mathrm{A}]$とした場合，両ベクトルの関係を示す図2（ア，イ，ウ）及び$v[\mathrm{V}]$と$i$$[\mathrm{A}]$の時間$t[\mathrm{s}]$の経過による変化を示す図3（エ，オ，カ）の組合せとして，正しいものを次の(1)〜(5)のうちから一つ選べ。

ただし，$R \gg \omega L$ 及び $\omega L = \dfrac{2}{\omega C}$ とし，一切の過渡現象は無視するものとする。

図1

図2

図3

| | 図2 | 図3 |
|-----|-----|-----|
| (1) | ア | オ |
| (2) | ア | カ |
| (3) | イ | エ |
| (4) | ウ | オ |
| (5) | ウ | カ |

H25-A9

交流回路 CH 04

| | | ① | ② | ③ | ④ | ⑤ |
|---|---|---|---|---|---|---|
| 学 習 日 | | | | | | |
| 理 解 度 (○/△/×) | | | | | | |

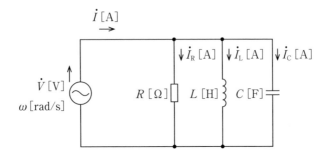

抵抗に流れる電流を$\dot{I}_R$[A]，コイルに流れる電流を$\dot{I}_L$[A]，コンデンサに流れる電流を$\dot{I}_C$[A]とする。まず，$R \gg \omega L$より，抵抗に流れる電流$I_R$は非常に小さく無視できる。次に，$\omega L = \dfrac{2}{\omega C}$より$\dot{I}_C$の大きさは$\dot{I}_L$の2倍となる。

$\dot{I}_R$，$\dot{I}_L$，$\dot{I}_C$の関係をベクトル図で表すと次のようになる。

したがって，電流$\dot{I}$は電圧$\dot{V}$よりも90° 進むことになる。よって，正しい図の組み合わせは図2が**ウ**，図3が**カ**である。

よって，(5)が正解。

**解答…** (5)

**問題85** 図1に示す，$R$[Ω]の抵抗，インダクタンス$L$[H]のコイル，静電容量$C$[F]のコンデンサからなる並列回路がある。この回路に角周波数$\omega$[rad/s]の交流電圧$\dot{E}$[V]を加えたところ，この回路に流れる電流$\dot{I}$[A]，$\dot{I}_R$[A]，$\dot{I}_L$[A]，$\dot{I}_C$[A]のベクトル図が図2に示すようになった。このときの$L$と$C$の関係を表す式として，正しいのは次のうちどれか。

図1

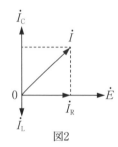

図2

(1)　$\omega L < \dfrac{1}{\omega C}$　　(2)　$\omega L > \dfrac{1}{\omega C}$　　(3)　$\omega^2 = \dfrac{1}{\sqrt{LC}}$

(4)　$\omega L = \dfrac{1}{\omega C}$　　(5)　$R = \sqrt{\dfrac{L}{C}}$

H19-A9

| | ① | ② | ③ | ④ | ⑤ |
|---|---|---|---|---|---|
| 学習日 | | | | | |
| 理解度<br>(○/△/×) | | | | | |

図2における$\dot{I}_\text{C}$[A]と$\dot{I}_\text{L}$[A]の大きさの関係より,

$$\left|\dot{I}_\text{C}\right| > \left|\dot{I}_\text{L}\right|$$

$$\left|\omega C\dot{E}\right| > \left|\frac{\dot{E}}{\omega L}\right|$$

$$\omega C\left|\dot{E}\right| > \frac{\left|\dot{E}\right|}{\omega L}$$

$$\omega C > \frac{1}{\omega L}$$

$$\omega C \times \frac{L}{C} > \frac{1}{\omega L} \times \frac{L}{C}$$

$$\therefore \omega L > \frac{1}{\omega C}$$

よって，(2)が正解。

解答… (2)

交流回路 CH 04

**問題86** 図1は，静電容量 $C$[F]のコンデンサとコイルからなる共振回路の等価回路である。このようにコイルに内部抵抗 $r$[Ω]が存在する場合は，インダクタンス $L$[H]と抵抗 $r$[Ω]の直列回路として表すことができる。この直列回路は，コイルの抵抗 $r$[Ω]が，誘導性リアクタンス $\omega L$[Ω]に比べて十分小さいものとすると，図2のように，等価抵抗 $R_\mathrm{p}$[Ω]とインダクタンス $L$[H]の並列回路に変換することができる。このときの等価抵抗 $R_\mathrm{p}$[Ω]の値を表す式として，正しいのは次のうちどれか。

ただし，$I_\mathrm{c}$[A]は電流源の電流を表す。

図1　　　　　　　　　　　　　図2

(1) $\dfrac{\omega L}{r}$　　(2) $\dfrac{r}{(\omega L)^2}$　　(3) $\dfrac{r^2}{\omega L}$　　(4) $\dfrac{(\omega L)^2}{r}$　　(5) $r(\omega L)^2$

H22-A13

|  | ① | ② | ③ | ④ | ⑤ |
|---|---|---|---|---|---|
| 学習日 |  |  |  |  |  |
| 理解度<br>(○/△/×) |  |  |  |  |  |

図1の等価回路の合成アドミタンス $\dot{Y}_1$ は，

$$\dot{Y}_1 = \mathrm{j}\omega C + \frac{1}{r + \mathrm{j}\omega L} = \mathrm{j}\omega C + \frac{r - \mathrm{j}\omega L}{(r + \mathrm{j}\omega L)(r - \mathrm{j}\omega L)} = \mathrm{j}\omega C + \frac{r - \mathrm{j}\omega L}{r^2 + (\omega L)^2}$$

$r \ll \omega L$ であるから，$r^2 \doteqdot 0$ とみなして，

$$\dot{Y}_1 = \mathrm{j}\omega C + \frac{r}{(\omega L)^2} - \mathrm{j}\frac{1}{\omega L}$$

図2の等価回路の合成アドミタンス $\dot{Y}_2$ は，

$$\dot{Y}_2 = \mathrm{j}\omega C + \frac{1}{R_\mathrm{p}} + \frac{1}{\mathrm{j}\omega L} = \mathrm{j}\omega C + \frac{1}{R_\mathrm{p}} - \mathrm{j}\frac{1}{\omega L}$$

図1と図2の回路は等価であるから，

$$\dot{Y}_1 = \dot{Y}_2$$

$$\mathrm{j}\omega C + \frac{r}{(\omega L)^2} - \mathrm{j}\frac{1}{\omega L} = \mathrm{j}\omega C + \frac{1}{R_\mathrm{p}} - \mathrm{j}\frac{1}{\omega L}$$

$$\frac{r}{(\omega L)^2} = \frac{1}{R_\mathrm{p}}$$

$$\therefore R_\mathrm{p} = \frac{(\omega L)^2}{r}\,[\Omega]$$

よって，(4)が正解。

解答… (4)

**問題87** 図の交流回路において，電源電圧を $\dot{E} = 140\angle 0°$ V とする。いま，この電源に力率0.6の誘導性負荷を接続したところ，電源から流れ出る電流の大きさは37.5 A であった。次に，スイッチSを閉じ，この誘導性負荷と並列に抵抗 $R[\Omega]$ を接続したところ，電源から流れ出る電流の大きさが50 A となった。このとき，抵抗 $R[\Omega]$ の大きさとして，正しいものを次の(1)〜(5)のうちから一つ選べ。

(1) 3.9　　(2) 5.6　　(3) 8.0　　(4) 9.6　　(5) 11.2

H23-A8

| | ① | ② | ③ | ④ | ⑤ |
|---|---|---|---|---|---|
| 学習日 | | | | | |
| 理解度<br>(○/△/×) | | | | | |

スイッチSを閉じる前において，電源から流れ出る電流 $\dot{I}_{\mathrm{Z}}$ [A]の実部は力率が0.6であることから $37.5 \times 0.6 = 22.5$，虚部は $\sqrt{37.5^2 - 22.5^2} = 30$ である。接続したのは誘導性負荷であるから，

$$\dot{I}_{\mathrm{Z}} = 22.5 - \mathrm{j}\,30 \text{ A}$$

次に，スイッチSを閉じたとき抵抗Rに流れる電流を $I_{\mathrm{R}}$ [A]とすると，

$$|\dot{I}_{\mathrm{Z}} + \dot{I}_{\mathrm{R}}| = 50$$

$$\sqrt{(22.5 + I_{\mathrm{R}})^2 + 30^2} = 50$$

$$(22.5 + I_{\mathrm{R}})^2 + 30^2 = 50^2$$

$$(22.5 + I_{\mathrm{R}})^2 = 1600$$

$$22.5 + I_{\mathrm{R}} = 40$$

$$\therefore I_{\mathrm{R}} = 40 - 22.5 = 17.5 \text{ A}$$

したがって，抵抗 $R$ [Ω]の値は，

$$R = \frac{E}{I_{\mathrm{R}}} = \frac{140}{17.5} = 8.0 \text{ Ω}$$

よって，(3)が正解。

解答… (3)

**問題88** 図は，実効値が1Vで角周波数$\omega$[krad/s]が変化する正弦波交流電源を含む回路である。いま，$\omega$の値が$\omega_1 = 5$ krad/s，$\omega_2 = 10$ krad/s，$\omega_3 = 30$ krad/sと3通りの場合を考え，$\omega = \omega_k$（$k = 1, 2, 3$）のときの電流$i$[A]の実効値を$I_k$と表すとき，$I_1, I_2, I_3$の大小関係として，正しいものを次の(1)〜(5)のうちから一つ選べ。

(1) $I_1 < I_2 < I_3$     (2) $I_1 = I_2 < I_3$     (3) $I_2 < I_1 < I_3$

(4) $I_2 < I_1 = I_3$     (5) $I_3 < I_2 < I_1$

R1-A9

| | ① | ② | ③ | ④ | ⑤ |
|---|---|---|---|---|---|
| 学習日 | | | | | |
| 理解度<br>(○/△/×) | | | | | |

　問題の回路は $R-L-C$ 並列回路で，そのアドミタンス $Y_K[\mathrm{S}]$ は，誘導リアクタンス $X_L = \omega L[\Omega]$ および容量リアクタンス $X_C = \dfrac{1}{\omega C}[\Omega]$ であるから，

$$Y_K = \sqrt{\left(\frac{1}{R}\right)^2 + \left(\frac{1}{X_L} - \frac{1}{X_C}\right)^2} = \sqrt{\left(\frac{1}{R}\right)^2 + \left(\frac{1}{\omega L} - \omega C\right)^2}$$

　また，回路に流れる電流の実効値 $I_k[\mathrm{A}]$ は，

$$I_k = Y_K \times 1 = Y_K$$

であるから，電流の実効値の大きさを比較するために，各角周波数におけるアドミタンスの大きさを比較すればよい。

　また，抵抗 $R$ は角周波数によらず一定の値であり，かつそのアドミタンスの大きさはインダクタンス $L$ と静電容量 $C$ による並列アドミタンスと比較して無視できるほど小さくなる。

　以上を考慮して，$\omega_1 = 5\,\mathrm{krad/s} = 5 \times 10^3\,\mathrm{rad/s}$ における回路の並列アドミタンス $Y_1[\mathrm{S}]$ は，

$$Y_1 = \sqrt{\left(\frac{1}{\omega_1 L} - \omega_1 C\right)^2} = \sqrt{\left(\frac{1}{5 \times 10^3 \times 1 \times 10^{-3}} - 5 \times 10^3 \times 10 \times 10^{-6}\right)^2}$$
$$= \sqrt{(0.2 - 0.05)^2} = 0.15\,\mathrm{S}$$

$\omega_2 = 10\,\mathrm{krad/s} = 10 \times 10^3\,\mathrm{rad/s}$ における回路の並列アドミタンス $Y_2[\mathrm{S}]$ は，

$$Y_2 = \sqrt{\left(\frac{1}{\omega_2 L} - \omega_2 C\right)^2} = \sqrt{\left(\frac{1}{10 \times 10^3 \times 1 \times 10^{-3}} - 10 \times 10^3 \times 10 \times 10^{-6}\right)^2}$$
$$= \sqrt{(0.1 - 0.1)^2} = 0\,\mathrm{S}$$

このとき，並列回路は共振状態になっている。

$\omega_3 = 30\,\mathrm{krad/s} = 30 \times 10^3\,\mathrm{rad/s}$ における回路の並列アドミタンス $Y_3[\mathrm{S}]$ は，

$$Y_3 = \sqrt{\left(\frac{1}{\omega_3 L} - \omega_3 C\right)^2} = \sqrt{\left(\frac{1}{30 \times 10^3 \times 1 \times 10^{-3}} - 30 \times 10^3 \times 10 \times 10^{-6}\right)^2}$$
$$= \sqrt{(0.033 - 0.3)^2} = 0.267\,\mathrm{S}$$

　したがって，アドミタンスの大小は $Y_2 < Y_1 < Y_3$ となるため，電流の実効値の大小は $I_2 < I_1 < I_3$ となる。

　よって，(3)が正解。

解答… (3)

**問題89** 図のように，二つの $LC$ 直列共振回路 A，B があり，それぞれの共振周波数が $f_A$[Hz]，$f_B$[Hz] である。これら A，B をさらに直列に接続した場合，全体としての共振周波数が $f_{AB}$[Hz] になった。$f_A$，$f_B$，$f_{AB}$ の大小関係として，正しいものを次の(1)～(5)のうちから一つ選べ。

回路 A 　　　 回路 B 　　　 回路 A と回路 B の直列接続

(1) $f_A < f_B < f_{AB}$ 　 (2) $f_A < f_{AB} < f_B$ 　 (3) $f_{AB} < f_A < f_B$

(4) $f_{AB} < f_B < f_A$ 　 (5) $f_B < f_{AB} < f_A$

H26-A9

|  | ① | ② | ③ | ④ | ⑤ |
|---|---|---|---|---|---|
| 学 習 日 |  |  |  |  |  |
| 理 解 度 (○/△/×) |  |  |  |  |  |

共振周波数は$\dfrac{1}{2\pi\sqrt{LC}}$で表されるから，それぞれの回路の共振周波数[Hz]を求めると，

$$f_{\mathrm{A}} = \dfrac{1}{2\pi\sqrt{LC}}[\mathrm{Hz}]$$

$$f_{\mathrm{B}} = \dfrac{1}{2\pi\sqrt{2LC}} = \dfrac{1}{\sqrt{2}}\cdot\dfrac{1}{2\pi\sqrt{LC}} \fallingdotseq 0.71f_{\mathrm{A}}[\mathrm{Hz}]$$

$$f_{\mathrm{AB}} = \dfrac{1}{2\pi\sqrt{3L\cdot\dfrac{C}{2}}} = \dfrac{1}{\sqrt{\dfrac{3}{2}}}\cdot\dfrac{1}{2\pi\sqrt{LC}} \fallingdotseq 0.82f_{\mathrm{A}}[\mathrm{Hz}]$$

したがって，$f_{\mathrm{A}}$，$f_{\mathrm{B}}$，$f_{\mathrm{AB}}$ の大小関係は $f_{\mathrm{B}} < f_{\mathrm{AB}} < f_{\mathrm{A}}$ となる。

よって，(5)が正解。

解答… (5)

CH
04
交流回路

**問題90** 図のように，電圧100 Vに充電された静電容量$C = 300\,\mu\mathrm{F}$のコンデンサ，インダクタンス$L = 30\,\mathrm{mH}$のコイル，開いた状態のスイッチSからなる回路がある。時刻$t = 0\,\mathrm{s}$でスイッチSを閉じてコンデンサに充電された電荷を放電すると，回路には振動電流$i\,[\mathrm{A}]$（図の矢印の向きを正とする）が流れる。このとき，次の(a)及び(b)の問に答えよ。

ただし，回路の抵抗は無視できるものとする。

(a) 振動電流$i\,[\mathrm{A}]$の波形を示す図として，正しいものを次の(1)～(5)のうちから一つ選べ。

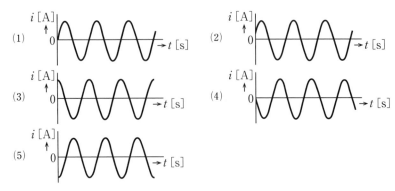

(b) 振動電流の最大値[A]及び周期[ms]の値の組合せとして，最も近いものを次の(1)～(5)のうちから一つ選べ。

|     | 最大値 | 周　期 |
| --- | --- | --- |
| (1) | 1.0 | 18.8 |
| (2) | 1.0 | 188 |
| (3) | 10.0 | 1.88 |
| (4) | 10.0 | 18.8 |
| (5) | 10.0 | 188 |

H23-B16

交流回路 CH 04

|  | ① | ② | ③ | ④ | ⑤ |
| --- | --- | --- | --- | --- | --- |
| 学 習 日 |  |  |  |  |  |
| 理 解 度<br>(○/△/×) |  |  |  |  |  |

(a) 与えられた回路のスイッチSを閉じると，コンデンサの静電エネルギーが放電の形で放出されてコイルに電流が流れ，磁気エネルギーの形でコイルにエネルギーが蓄えられる。そして，コイルの磁気エネルギーがコンデンサの静電エネルギーを上回ると，今度はコイルからエネルギーが放出され，コンデンサが充電される。このコイルとコンデンサのエネルギーの授受の繰り返しにより，回路に振動電流$i$[A]が流れる。

スイッチSを閉じた瞬間である$t = 0$のとき，回路には電流が流れていないため$i = 0$となる。そして，スイッチSを閉じた直後はコイルのインダクタンスの逆起電力により，電流が徐々に増加する波形となる。

以上を満たす波形は，選択肢(1)の図となる。

よって，(1)が正解。

(b) (a)の状態のとき，回路は共振状態となる。コンデンサに蓄えられる静電エネルギーの最大値と，コイルに蓄えられる磁気エネルギーの最大値は，互いに授受される（一方が最大値のとき，もう一方は零となる）関係にあるため等しくなる。静電容量$C = 300$ μF $\rightarrow$ $300 \times 10^{-6}$ F，電圧$V = 100$ V，インダクタンス$L = 30$ mH $\rightarrow$ $30 \times 10^{-3}$ Hとすると，振動電流の最大値$I$[A]は，

$$\frac{1}{2}CV^2 = \frac{1}{2}LI^2$$

$$\therefore I = \sqrt{\frac{C}{L}}V$$

$$= \sqrt{\frac{300 \times 10^{-6}}{30 \times 10^{-3}}} \times 100$$

$$= 10.0 \text{ A}$$

また，振動電流の周波数$f$[Hz]は，回路の共振周波数に等しく，

$$f = \frac{1}{2\pi\sqrt{LC}} \text{[Hz]}$$

したがって，振動電流の周期 $T[\mathrm{s}]$ は，

$$T = \frac{1}{f} = 2\pi\sqrt{LC}$$

$$= 2\pi\sqrt{30 \times 10^{-3} \times 300 \times 10^{-6}}$$

$$\fallingdotseq 18.84 \times 10^{-3}\,\mathrm{s} \;\rightarrow\; 18.8\,\mathrm{ms}$$

よって，(4)が正解。

解答… (a)(1)　(b)(4)

交流回路　CH 04

**問題91** 図のように，正弦波交流電圧 $e = E_m \sin \omega t$[V]の電源，静電容量$C$[F]のコンデンサ及びインダクタンス$L$[H]のコイルからなる交流回路がある。この回路に流れる電流$i$[A]が常に零となるための角周波数$\omega$[rad/s]の値を表す式として，正しいのは次のうちどれか。

(1) $\dfrac{1}{\sqrt{LC}}$　(2) $\sqrt{LC}$　(3) $\dfrac{1}{LC}$　(4) $\sqrt{\dfrac{L}{C}}$　(5) $\sqrt{\dfrac{C}{L}}$

H20-A8

| | ① | ② | ③ | ④ | ⑤ |
|---|---|---|---|---|---|
| 学 習 日 | | | | | |
| 理 解 度 (○/△/×) | | | | | |

$LC$ 並列回路が共振状態のとき，回路に流れる電流 $i$[A]はつねに0になる。

よって，角周波数 $\omega$[rad/s]の値は，

$$\omega L = \frac{1}{\omega C}$$

$$\omega^2 = \frac{1}{LC}$$

したがって， $\omega = \frac{1}{\sqrt{LC}}$[rad/s]となる。

よって，(1)が正解。

解答… (1)

CH 04 交流回路

ポイント

　並列共振では回路のインピーダンスが最大となります。$LC$ 並列回路の場合は回路に流れる電流が0になります。

**問題92** 図のような$RLC$交流回路がある。この回路に正弦波交流電圧$E=$ 100 Vを加えたとき，可変抵抗$R[\Omega]$に流れる電流$I[A]$は零であった。また，可変抵抗$R[\Omega]$の値を変えても$I[A]$の値に変化はなかった。このとき，容量性リアクタンス$X_C[\Omega]$の端子電圧$V[V]$とこれに流れる電流$I_C[A]$の値として，正しいものを組み合わせたのは次のうちどれか。

ただし，誘導性リアクタンス$X_L = 20\ \Omega$とする。

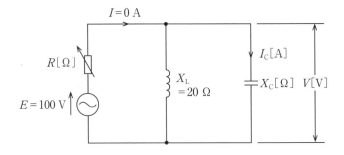

|  | 電圧 $V$ [V] | 電流 $I_C$ [A] |
|---|---|---|
| (1) | 100 | 0 |
| (2) | 50 | 5 |
| (3) | 100 | 5 |
| (4) | 50 | 20 |
| (5) | 100 | 20 |

H14-A8

|  | ① | ② | ③ | ④ | ⑤ |
|---|---|---|---|---|---|
| 学 習 日 |  |  |  |  |  |
| 理 解 度 (○/△/×) |  |  |  |  |  |

**解説**

　可変抵抗に流れる電流が0（零）であるから，容量性リアクタンス $X_C$ の端子電圧は $V = 100$ V である。また，$X_L$ と $X_C$ は共振状態になっているから $X_L = X_C$ となり，このときの $I_C[A]$ の値は，$X_L$ に流れる電流と等しくなる。$I = \dfrac{V}{Z}$ より，

$$I_C = \frac{V}{X_C} = \frac{V}{X_L} = \frac{100}{20} = 5 \text{ A}$$

よって，(3)が正解。

**解答⋯　(3)**

　共振状態では $X_L = X_C$ となります。

**問題93** 図のように，$R_1 = 20\ \Omega$ と $R_2 = 30\ \Omega$ の抵抗，静電容量 $C = \dfrac{1}{100\ \pi}$ F のコンデンサ，インダクタンス $L = \dfrac{1}{4\ \pi}$ H のコイルからなる回路に周波数 $f[\text{Hz}]$ で実効値 $V[\text{V}]$ が一定の交流電圧を加えた。$f = 10\ \text{Hz}$ のときに $R_1$ を流れる電流の大きさを $I_{10\text{Hz}}[\text{A}]$，$f = 10\ \text{MHz}$ のときに $R_1$ を流れる電流の大きさを $I_{10\text{MHz}}[\text{A}]$ とする。このとき，電流比 $\dfrac{I_{10\text{Hz}}}{I_{10\text{MHz}}}$ の値として，最も近いものを次の(1)〜(5)のうちから一つ選べ。

(1) 0.4 　(2) 0.6 　(3) 1.0 　(4) 1.7 　(5) 2.5

H24-A10

| | ① | ② | ③ | ④ | ⑤ |
|---|---|---|---|---|---|
| 学習日 | | | | | |
| 理解度 (○/△/×) | | | | | |

周波数が$10\,\mathrm{Hz}$のときの容量性リアクタンス$X_{\mathrm{C10Hz}}[\Omega]$と誘導性リアクタンス$X_{\mathrm{L10Hz}}[\Omega]$は，

$$X_{\mathrm{C10Hz}} = \frac{1}{2\pi fC} = \frac{1}{2\pi \times 10 \times \dfrac{1}{100\,\pi}} = \frac{100\,\pi}{2\pi \times 10} = 5\,\Omega$$

$$X_{\mathrm{L10Hz}} = 2\pi fL = 2\pi \times 10 \times \frac{1}{4\pi} = 5\,\Omega$$

$X_{\mathrm{C10Hz}} = X_{\mathrm{L10Hz}}$ より，回路は共振状態となるのでインピーダンス$\dot{Z}_{\mathrm{10Hz}}[\Omega]$は，

$$\dot{Z}_{\mathrm{10Hz}} = R_1 + R_2 = 20 + 30 = 50\,\Omega$$

よって，$R_1$を流れる電流の大きさ$I_{\mathrm{10Hz}}[\mathrm{A}]$は，

$$I_{\mathrm{10Hz}} = \frac{V}{Z_{\mathrm{10Hz}}} = \frac{V}{50}[\mathrm{A}]$$

次に，周波数が$10\,\mathrm{MHz}$のときの容量性リアクタンス$X_{\mathrm{C10MHz}}[\Omega]$と誘導性リアクタンス$X_{\mathrm{L10MHz}}[\Omega]$を求めると，

$$X_{\mathrm{C10MHz}} = \frac{1}{2\pi fC} = \frac{1}{2\pi \times 10 \times 10^{6} \times \dfrac{1}{100\,\pi}} = \frac{100\,\pi}{2\pi \times 10 \times 10^{6}} = 5\times 10^{-6}\,\Omega$$

$$X_{\mathrm{L10MHz}} = 2\pi fL = 2\pi \times 10 \times 10^{6} \times \frac{1}{4\pi} = 5\times 10^{6}\,\Omega$$

ここで，$X_{\mathrm{C10MHz}}$は抵抗$R_2$に比べて非常に小さいので，コンデンサは短絡とみなすことができる。一方，$X_{\mathrm{L10MHz}}$は抵抗$R_2$に比べて非常に大きいので，コイルは開放とみなすことができる。よって，電流の大きさ$I_{\mathrm{10MHz}}[\mathrm{A}]$は，

$$I_{\mathrm{10MHz}} = \frac{V}{R_1} = \frac{V}{20}[\mathrm{A}]$$

以上より，電流の比は，

$$\frac{I_{\mathrm{10Hz}}}{I_{\mathrm{10MHz}}} = \frac{\dfrac{V}{50}}{\dfrac{V}{20}} = \frac{20}{50} = 0.4 \quad \text{よって，(1)が正解。}$$

解答… (1)

**ポイント**

コンデンサを短絡して考えるというのは，コンデンサの部分を普通の導線として考えるということです。導線の抵抗値は非常に小さいため，短絡すると０Ωになると考えることができます。そのため短絡した部分は電流が流れやすくなり，抵抗$R_2$を流れる電流が０Ａになります。また，コイルを開放して考えるとは，コイルがある部分の導線が切れていると考えることです。コイルに流れる電流は０Ａとなります。

**問題94** 図のように，8 Ωの抵抗と静電容量$C$[F]のコンデンサを直列に接続した交流回路がある。この回路において，電源$E$[V]の周波数を50 Hzにしたときの回路の力率は，80 %になる。電源$E$[V]の周波数を25 Hzにしたときの回路の力率[%]の値として，最も近いのは次のうちどれか。

8 Ω　　　$C$[F]

$E$[V]

(1)　40　　　(2)　42　　　(3)　56　　　(4)　60　　　(5)　83

H19-A8

| | ① | ② | ③ | ④ | ⑤ |
|---|---|---|---|---|---|
| 学 習 日 | | | | | |
| 理 解 度 (○/△/×) | | | | | |

力率は $\cos\phi = \dfrac{\text{抵抗}R}{\text{インピーダンス}Z}$ で表されるから，周波数が $50\,\mathrm{Hz}$ のときのコンデンサのリアクタンス $X_\mathrm{C}\,[\Omega]$ は，

$$0.8 = \frac{8}{\sqrt{8^2 + X_\mathrm{C}^2}}$$

$$8^2 + X_\mathrm{C}^2 = 100$$

$$\therefore X_\mathrm{C} = 6\ \Omega$$

周波数が $25\,\mathrm{Hz}$ のときのリアクタンス $X_\mathrm{C}'\,[\Omega]$ は，コンデンサのリアクタンスが周波数に反比例することを利用して，

$$X_\mathrm{C}' : 6 = \frac{1}{25} : \frac{1}{50}$$

$$\frac{X_\mathrm{C}'}{50} = \frac{6}{25}$$

$$\therefore X_\mathrm{C}' = 6 \times \frac{50}{25} = 12\ \Omega$$

したがって，周波数を $25\,\mathrm{Hz}$ にしたときの回路の力率の値は，

$$\cos\phi = \frac{8}{\sqrt{8^2 + 12^2}} \fallingdotseq 0.5547 \ \to \ 55\ \%$$

よって，これに最も近い(3)が正解。

解答… (3)

ポイント

容量性リアクタンスは $X_\mathrm{C} = \dfrac{1}{\omega C} = \dfrac{1}{2\pi fC}\ [\Omega]$ で表されます。

**問題95** 抵抗 $R[\Omega]$ と誘導性リアクタンス $X_L[\Omega]$ を直列に接続した回路の力率（$\cos\phi$）は，$\dfrac{1}{2}$ であった。いま，この回路に容量性リアクタンス $X_C[\Omega]$ を直列に接続したところ，$R[\Omega]$，$X_L[\Omega]$，$X_C[\Omega]$ 直列回路の力率は，$\dfrac{\sqrt{3}}{2}$（遅れ）になった。容量性リアクタンス $X_C[\Omega]$ の値を表す式として，正しいのは次のうちどれか。

(1) $\dfrac{R}{\sqrt{3}}$    (2) $\dfrac{2R}{3}$    (3) $\dfrac{\sqrt{3}R}{2}$    (4) $\dfrac{2R}{\sqrt{3}}$    (5) $\sqrt{3}R$

H22-A8

|  | ① | ② | ③ | ④ | ⑤ |
|---|---|---|---|---|---|
| 学 習 日 |  |  |  |  |  |
| 理 解 度<br>(○/△/×) |  |  |  |  |  |

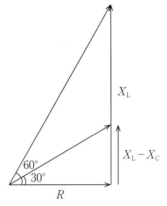

$RL$直列回路の力率は$\cos\phi = \dfrac{1}{2} = \dfrac{R}{Z} = \dfrac{R}{\sqrt{R^2 + X_{\mathrm{L}}^2}}$であるから

$$\frac{1}{2} = \frac{R}{\sqrt{R^2 + X_{\mathrm{L}}^2}}$$
$$\sqrt{R^2 + X_{\mathrm{L}}^2} = 2R$$
$$R^2 + X_{\mathrm{L}}^2 = 4R^2$$
$$X_{\mathrm{L}}^2 = 3R^2$$
$$\therefore X_{\mathrm{L}} = \sqrt{3}\,R\,[\Omega]$$

次に，容量性リアクタンス$X_{\mathrm{C}}$を直列に接続すると$\dfrac{\sqrt{3}}{2} = \dfrac{R}{\sqrt{R^2 + (X_{\mathrm{L}} - X_{\mathrm{C}})^2}}$となるから，リアクタンス$X_{\mathrm{L}} - X_{\mathrm{C}}\,[\Omega]$は，

$$\frac{\sqrt{3}}{2} = \frac{R}{\sqrt{R^2 + (X_{\mathrm{L}} - X_{\mathrm{C}})^2}}$$
$$\sqrt{3}\cdot\sqrt{R^2 + (X_{\mathrm{L}} - X_{\mathrm{C}})^2} = 2R$$
$$3\{R^2 + (X_{\mathrm{L}} - X_{\mathrm{C}})^2\} = 4R^2$$
$$R^2 + (X_{\mathrm{L}} - X_{\mathrm{C}})^2 = \frac{4}{3}R^2$$
$$(X_{\mathrm{L}} - X_{\mathrm{C}})^2 = \frac{4}{3}R^2 - \frac{3}{3}R^2$$
$$\therefore X_{\mathrm{L}} - X_{\mathrm{C}} = \frac{1}{\sqrt{3}}R\,[\Omega]$$

したがって，容量性リアクタンス$X_{\mathrm{C}}\,[\Omega]$は，

$$X_{\mathrm{C}} = X_{\mathrm{L}} - \frac{R}{\sqrt{3}} = \sqrt{3}R - \frac{R}{\sqrt{3}} = \frac{2R}{\sqrt{3}}\,[\Omega]$$

よって，(4)が正解。

解答… (4)

交流回路 CH 04

235

**問題96** 図のように，抵抗 $R[\Omega]$ と誘導性リアクタンス $X_L[\Omega]$ が直列に接続された交流回路がある。$\dfrac{R}{X_L}=\dfrac{1}{\sqrt{2}}$ の関係があるとき，この回路の力率 $\cos\phi$ の値として，最も近いものを次の(1)〜(5)のうちから一つ選べ。

(1) 0.43　　(2) 0.50　　(3) 0.58　　(4) 0.71　　(5) 0.87

R5上-A9

| | ① | ② | ③ | ④ | ⑤ |
|---|---|---|---|---|---|
| 学 習 日 | | | | | |
| 理 解 度 (○/△/×) | | | | | |

$RL$ 直列回路の力率 $\cos\phi$ は,

$$\cos\phi = \frac{R}{Z} = \frac{R}{\sqrt{R^2 + X_\mathrm{L}^2}} = \frac{1}{\sqrt{1 + \left(\dfrac{X_\mathrm{L}}{R}\right)^2}}$$

$\dfrac{R}{X_\mathrm{L}} = \dfrac{1}{\sqrt{2}}$ であるから, $\dfrac{X_\mathrm{L}}{R} = \sqrt{2}$ を上の式に代入すると,

$$\cos\phi = \frac{1}{\sqrt{1 + (\sqrt{2})^2}} = \frac{1}{\sqrt{3}} \fallingdotseq 0.58$$

よって, (3)が正解。

解答… (3)

**問題97** 図のように，周波数$f$[Hz]の交流電圧$E$[V]の電源に，$R$[Ω]の抵抗，インダクタンス$L$[H]のコイルとスイッチSを接続した回路がある。スイッチSが開いているときに回路が消費する電力[W]は，スイッチSが閉じているときに回路が消費する電力[W]の$\dfrac{1}{2}$になった。このとき，$L$[H]の値を表す式として，正しいものを次の(1)～(5)のうちから一つ選べ。

(1) $2\pi fR$　　(2) $\dfrac{R}{2\pi f}$　　(3) $\dfrac{2\pi f}{R}$　　(4) $\dfrac{(2\pi f)^2}{R}$　　(5) $\dfrac{R}{\pi f}$

R4上-A8

| | ① | ② | ③ | ④ | ⑤ |
|---|---|---|---|---|---|
| 学 習 日 | | | | | |
| 理解度<br>(○/△/×) | | | | | |

**解説**

$$P_\mathrm{o}=RI_\mathrm{o}^2\,[\mathrm{W}]$$ 

$$P_\mathrm{c}=RI_\mathrm{c}^2\,[\mathrm{W}]$$

スイッチSが開いているとき　　スイッチSが閉じているとき

スイッチが開いているときの電流の大きさ $I_\mathrm{o}[\mathrm{A}]$ と閉じているときの電流の大きさ $I_\mathrm{c}[\mathrm{A}]$ は，それぞれ，

$$I_\mathrm{c}=\frac{E}{R}[\mathrm{A}] \qquad I_\mathrm{o}=\frac{E}{\sqrt{R^2+(\omega L)^2}}[\mathrm{A}]$$

スイッチが開いているときに消費する電力 $P_\mathrm{o}[\mathrm{W}]$ と，閉じているときに消費する電力 $P_\mathrm{c}[\mathrm{W}]$ はそれぞれ，$P=RI^2$ より，

$$P_\mathrm{o}=R\left\{\frac{E}{\sqrt{R^2+(\omega L)^2}}\right\}^2[\mathrm{W}] \qquad P_\mathrm{c}=R\left(\frac{E}{R}\right)^2[\mathrm{W}]$$

スイッチが開いているときに消費する電力 $P_\mathrm{o}$ は閉じているときに消費する電力 $P_\mathrm{c}$ の $\frac{1}{2}$ なので，

$$\frac{1}{2}P_\mathrm{c}=P_\mathrm{o}$$

$$\frac{1}{2}\times R\left(\frac{E}{R}\right)^2=R\left\{\frac{E}{\sqrt{R^2+(\omega L)^2}}\right\}^2$$

$$\frac{1}{2}\times\frac{E^2}{R^2}=\frac{E^2}{R^2+(\omega L)^2}$$

$$R^2+(\omega L)^2=2R^2$$

$$(\omega L)^2=2R^2-R^2$$

$$\omega L=R$$

$$\therefore L=\frac{R}{\omega}=\frac{R}{2\pi f}[\mathrm{H}]$$

よって，(2)が正解。

解答… (2)

**問題98** 図のような $RC$ 交流回路がある。この回路に正弦波交流電圧 $E$ [V] を加えたとき，容量性リアクタンス $6\,\Omega$ のコンデンサの端子間電圧の大きさは $12\,V$ であった。このとき，$E$ [V] と図の破線で囲んだ回路で消費される電力 $P$ [W] の値の組合せとして，正しいものを次の(1)～(5)のうちから一つ選べ。

|     | $E$ [V] | $P$ [W] |
| --- | --- | --- |
| (1) | 20 | 32 |
| (2) | 20 | 96 |
| (3) | 28 | 120 |
| (4) | 28 | 168 |
| (5) | 40 | 309 |

R4下-A9

|        | ① | ② | ③ | ④ | ⑤ |
| --- | --- | --- | --- | --- | --- |
| 学習日 |   |   |   |   |   |
| 理解度 (○/△/×) |   |   |   |   |   |

図のように電流 $\dot{I}_1$[A], $\dot{I}_2$[A] を定める。$I = \dfrac{V}{Z}$ より, $\dot{I}_1$ の大きさは $I_1 = \dfrac{12}{6} = 2$ A であるから, 抵抗 $R$ に加わる電圧の大きさ $E_R$ は $E_R = 8 \times 2 = 16$ V である。よって, 交流電圧の大きさ $E$[V] は,

$$E = \sqrt{E_R^2 + E_C^2} = \sqrt{16^2 + 12^2} = 20 \text{ V}$$

次に, 電流 $\dot{I}_2$ の大きさは,

$$I_2 = \frac{E}{\sqrt{R^2 + X_C^2}} = \frac{20}{\sqrt{4^2 + 3^2}} = 4 \text{ A}$$

したがって, 回路の消費電力 $P$[W] は $P = RI^2$ より,

$$P = 8 \times 2^2 + 4 \times 4^2 = 96 \text{ W}$$

よって, (2)が正解。

解答… (2)

交流回路 CH 04

**問題99** 図の交流回路において，抵抗$R_2$で消費される電力[W]の値として，正しいのは次のうちどれか。

(1) 80　　(2) 200　　(3) 400　　(4) 600　　(5) 1 000

H13-A4

| | ① | ② | ③ | ④ | ⑤ |
|---|---|---|---|---|---|
| 学 習 日 | | | | | |
| 理 解 度<br>(○/△/×) | | | | | |

電源電圧 $\dot{E}$ の大きさ[V]は，

$$\left|\dot{E}\right| = \left|\dot{I_1}\right|R = 10 \times 10 = 100 \text{ V}$$

また，$R_2 X_{\mathrm{L}}$ 直列回路の合成インピーダンス $\dot{Z}$ の大きさ[Ω]は，

$$\left|\dot{Z}\right| = \sqrt{R_2^2 + X_{\mathrm{L}}^2}$$
$$= \sqrt{16^2 + 12^2} = \sqrt{400} = 20 \text{ Ω}$$

抵抗 $R_2$ に流れる電流 $\dot{I_2}$ の大きさ[A]は，

$$\left|\dot{I_2}\right| = \frac{\left|\dot{E}\right|}{\left|\dot{Z}\right|} = \frac{100}{20} = 5 \text{ A}$$

したがって，抵抗 $R_2$ で消費される電力 $P$[W]の値は，

$$P = R_2\left|\dot{I_2}\right|^2$$
$$= 16 \times 5^2 = 400 \text{ W}$$

よって，⑶が正解。

解答… ⑶

**交流電力(4)**

問題100 図のような回路において電力を測定したところ，電力計の指示は，320 W であった。この場合，次の(a)及び(b)に答えよ。

ただし，電力計の損失は無視するものとする。

(a) 負荷電流 $I[\mathrm{A}]$ の値として，正しいのは次のうちどれか。

(1) 1　　(2) 2　　(3) 3　　(4) 4　　(5) 5

(b) 負荷の誘導性リアクタンス $X_\mathrm{L}[\Omega]$ の値として，正しいのは次のうちどれか。

(1) 15　　(2) 20　　(3) 25　　(4) 30　　(5) 35

H12-C12

| | ① | ② | ③ | ④ | ⑤ |
|---|---|---|---|---|---|
| 学 習 日 | | | | | |
| 理 解 度 (○/△/×) | | | | | |

(a) 電力計の指示値は抵抗で消費される電力$P$に等しい。$P = RI^2$ より，負荷電流 $I$[A]の値は，

$$I = \sqrt{\frac{P}{R}} = \sqrt{\frac{320}{20}} = 4\text{ A}$$

よって，(4)が正解。

(b) 回路のインピーダンス$Z$[Ω]は，

$$\frac{V}{I} = \frac{100}{4} = 25\text{ Ω}$$

誘導性リアクタンス$X_\text{L}$[Ω]は$X_\text{L} = \sqrt{Z^2 - R^2}$ より，

$$X_\text{L} = \sqrt{25^2 - 20^2} = 15\text{ Ω}$$

よって，(1)が正解。

**解答…** (a)(4) (b)(1)

交流回路 CH 04

**問題101** 抵抗 $R = 4\ \Omega$ と誘導性リアクタンス $X = 3\ \Omega$ が直列に接続された負荷を，図のように線間電圧 $\dot{V}_{ab} = 100\angle 0°$ V，$\dot{V}_{bc} = 100\angle 0°$ V の単相3線式電源に接続した。このとき，これらの負荷で消費される総電力 $P\,[\text{W}]$ の値として，正しいのは次のうちどれか。

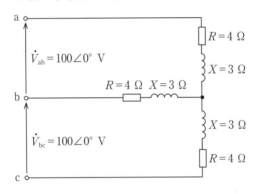

(1) 800 (2) 1 200 (3) 3 200 (4) 3 600 (5) 4 800

H22-A7

|  | ① | ② | ③ | ④ | ⑤ |
|---|---|---|---|---|---|
| 学 習 日 |  |  |  |  |  |
| 理 解 度 (○/△/×) |  |  |  |  |  |

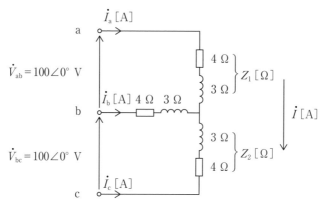

図のように電流を定めると，$Z_1$ と $Z_2$ の負荷が平衡しているため $\dot{I}_\mathrm{b} = 0$ となる。

電流 $I$ の大きさ [A] は，$I = \dfrac{V}{Z}$ より，

$$I = \frac{V}{\sqrt{R^2 + X^2}} = \frac{200}{\sqrt{(4+4)^2 + (3+3)^2}} = 20 \text{ A}$$

したがって，負荷で消費される総電力 $P$ [W] は，

$$P = RI^2$$
$$= (4 + 4) \times 20^2 = 3200 \text{ W}$$

よって，(3)が正解。

交流回路 CH 04

解答… (3)

単相3線式の回路で負荷が平衡しているとき，b相に流れる電流は0となります。

**問題102** 図のように，正弦波交流電圧 $E[\text{V}]$ の電源が誘導性リアクタンス $X$ $[\Omega]$ のコイルと抵抗 $R[\Omega]$ との並列回路に電力を供給している。この回路において，電流計の指示値は 12.5 A，電圧計の指示値は 300 V，電力計の指示値は 2 250 W であった。

ただし，電圧計，電流計及び電力計の損失はいずれも無視できるものとする。次の(a)及び(b)の問に答えよ。

(a) この回路における無効電力 $Q[\text{var}]$ として，最も近い $Q$ の値を次の(1)～(5)のうちから一つ選べ。

(1) 1 800 (2) 2 250 (3) 2 750 (4) 3 000 (5) 3 750

(b) 誘導性リアクタンス $X[\Omega]$ として，最も近い $X$ の値を次の(1)～(5)のうちから一つ選べ。

(1) 16 (2) 24 (3) 30 (4) 40 (5) 48

H26-B15

|  | ① | ② | ③ | ④ | ⑤ |
|---|---|---|---|---|---|
| 学 習 日 |  |  |  |  |  |
| 理 解 度 (○/△/×) |  |  |  |  |  |

(a) 皮相電力 $S[\text{V}\cdot\text{A}]$ は，

$S = VI = 300 \times 12.5 = 3750 \text{ V}\cdot\text{A}$

有効電力 $P$ は $2\,250\text{W}$ なので，無効電力 $Q[\text{var}]$ は，

$Q = \sqrt{S^2 - P^2} = \sqrt{3750^2 - 2250^2} = 3000 \text{ var}$

よって，(4)が正解。

(b) 誘導性リアクタンス $X$ に流れる電流 $I_{\text{L}}[\text{A}]$ は $\sin\phi = \dfrac{Q}{S} = \dfrac{3000}{3750} = 0.8$ より，

$I_{\text{L}} = 12.5 \times 0.8 = 10 \text{ A}$

したがって，$X[\Omega]$ の値は $Q = XI^2$ より，

$X = \dfrac{Q}{I_{\text{L}}^2} = \dfrac{3000}{10^2} = 30 \text{ }\Omega$

よって，(3)が正解。

**解答…** (a)(4) (b)(3)

交流回路 CH 04

**ポイント**

　有効電力を $P = RI^2$ で求められるのと同様に，無効電力や皮相電力も $Q = XI^2$ および $S = ZI^2$ で求めることができます。

**問題103** 交流回路に関する記述として, 誤っているものを次の(1)〜(5)のうちから一つ選べ。

ただし, 抵抗$R[\Omega]$, インダクタンス$L[H]$, 静電容量$C[F]$とする。

(1) 正弦波交流起電力の最大値を$E_m[V]$, 平均値を$E_a[V]$とすると, 平均値と最大値の関係は, 理論的に次のように表される。

$$E_a = \frac{2E_m}{\pi} \fallingdotseq 0.637E_m[V]$$

(2) ある交流起電力の時刻$t[s]$における瞬時値が, $e = 100\sin100\pi t[V]$であるとすると, この起電力の周期は20 msである。

(3) $RLC$直列回路に角周波数$\omega[rad/s]$の交流電圧を加えたとき, $\omega L > \dfrac{1}{\omega C}$の場合, 回路を流れる電流の位相は回路に加えた電圧より遅れ, $\omega L < \dfrac{1}{\omega C}$の場合, 回路を流れる電流の位相は回路に加えた電圧より進む。

(4) $RLC$直列回路に角周波数$\omega[rad/s]$の交流電圧を加えたとき, $\omega L = \dfrac{1}{\omega C}$の場合, 回路のインピーダンス$Z[\Omega]$は, $Z = R[\Omega]$となり, 回路に加えた電圧と電流は同相になる。この状態を回路が共振状態であるという。

(5) $RLC$直列回路のインピーダンス$Z[\Omega]$, 電力$P[W]$及び皮相電力$S$[V·A]を使って回路の力率$\cos\theta$を表すと, $\cos\theta = \dfrac{R}{Z}$, $\cos\theta = \dfrac{S}{P}$の関係がある。

H26-A10

| | ① | ② | ③ | ④ | ⑤ |
|---|---|---|---|---|---|
| 学習日 | | | | | |
| 理解度<br>(○/△/×) | | | | | |

(1) 正弦波交流起電力（電圧）の平均値は最大値の$\dfrac{2}{\pi}$倍，実効値は最大値の$\dfrac{1}{\sqrt{2}}$倍である。よって，正しい。

(2) 角周波数を$\omega$[rad/s]，周波数を$f$[Hz]とすると，

$\omega = 2\pi f$[rad/s]

$e = 100\sin 100\pi t$[V]の角周波数は$100\pi$ rad/sであるため，

$2\pi f = 100\pi$

$f = 50$ Hz

周期$T$は$T = \dfrac{1}{f} = \dfrac{1}{50} = 20 \times 10^{-3}$ s $= 20$ ms となる。よって，正しい。

(3)，(4) 問題文のとおりであり正しい。

(5) $RLC$直列回路のインピーダンスを$Z$[Ω]，有効電力を$P$[W]，皮相電力を$S$[V・A]とすると，回路の力率は次のように表される。

$$\cos\phi = \frac{R}{Z} = \frac{P}{S}$$

よって，誤り。

以上より，(5)が正解。

交流回路 CH 04

解答… (5)

**ポイント**

電圧×電流で表される見かけの電力を皮相電力といいます。皮相電力のうち，有効に作用したものを有効電力といい，その割合を力率といいます。

問題104 図1のように，$R[\Omega]$の抵抗，インダクタンス$L[H]$のコイル及び静電容量$C[F]$のコンデンサを並列に接続した回路がある。この回路に正弦波交流電圧$e[V]$を加えたとき，この回路の各素子に流れる電流$i_R[A]$，$i_L[A]$，$i_C[A]$と$e[V]$の時間変化はそれぞれ図2のようで，それぞれの電流の波高値は10 A，15 A，5 Aであった。回路に流れる電流$i[A]$の電圧$e[V]$に対する位相として，正しいのは次のうちどれか。

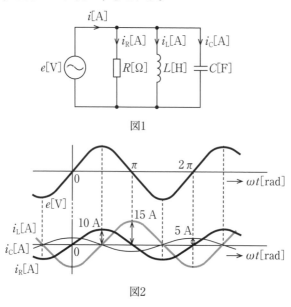

図1

図2

(1) 30°遅れる　　(2) 30°進む　　(3) 45°遅れる

(4) 45°進む　　(5) 90°遅れる

H15-A8

| | ① | ② | ③ | ④ | ⑤ |
|---|---|---|---|---|---|
| 学 習 日 | | | | | |
| 理 解 度 (○/△/×) | | | | | |

　各素子に流れる電流の実効値 $\dot{I}_R[A]$, $\dot{I}_L[A]$, $\dot{I}_C[A]$ は，交流電圧 $\dot{E}$ を基準ベクトルとすると，

$$\dot{I}_R = \frac{10}{\sqrt{2}} \text{ A}, \quad \dot{I}_L = -\text{j}\frac{15}{\sqrt{2}} \text{ A}, \quad \dot{I}_C = \text{j}\frac{5}{\sqrt{2}} \text{ A}$$

と表すことができる。$\dot{I}_R$, $\dot{I}_L$, $\dot{I}_C$ の関係をベクトル図で表すと，下図のとおり。

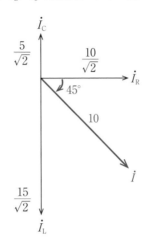

したがって $\dot{I} = 10\angle -45° \text{ A}$ となり，電圧 $\dot{E}$ に対して 45° **遅れる**。

よって，(3)が正解。

解答… (3)

交流回路 CH 04

**ポイント**

回路に流れる電流 $\dot{I}$ は次のように計算することもできます。

$$\dot{I} = \dot{I}_R + \dot{I}_L + \dot{I}_C = \frac{10}{\sqrt{2}} - \text{j}\frac{15}{\sqrt{2}} + \text{j}\frac{5}{\sqrt{2}}$$

$$= 10\left(\frac{1}{\sqrt{2}} - \text{j}\frac{1}{\sqrt{2}}\right) = 10(\cos 45° - \text{j}\sin 45°) = 10\angle -45° \text{ A}$$

問題105 図のような回路において，抵抗 $R_2$ に流れる電流 $\dot{I}_2$ の値が5Aである
とき，次の(a)及び(b)に答えよ。

$(15^2 = 225,\ 25^2 = 625,\ 35^2 = 1\,225)$

(a) 抵抗 $R_1$ に流れる電流 $\dot{I}$[A]の値として，正しいのは次のうちどれか。た
だし，$\dot{I}_2$ を基準ベクトルとする。

(1) $5 + j5$ 　　(2) $5 - j5$ 　　(3) $10 + j5$

(4) $10 + j10$ 　　(5) $10 - j10$

(b) この回路の電源電圧 $\dot{V}$ の大きさ $\left| \dot{V} \right|$ [V]の値として，正しいのは次の
うちどれか。

(1) 100 　　(2) 150 　　(3) 200 　　(4) 250 　　(5) 350

H12-B11

| | ① | ② | ③ | ④ | ⑤ |
|---|---|---|---|---|---|
| 学 習 日 | | | | | |
| 理 解 度 (○/△/×) | | | | | |

**解説**

(a) $X_L = 10\ \Omega$, $R_2 = 10\ \Omega$ より，$\dot{I_1}$の大きさは$\dot{I_2}$と同じく5 Aである。コイルに流れる電流の位相は，抵抗に流れる電流と比べて90°遅れであるから，抵抗$R_1$に流れる電流$\dot{I}[A]$は，

$$\dot{I} = 5 - j5\ A$$

よって，(2)が正解。

(b) 抵抗$R_1$に加わる電圧$\dot{V_1}[V]$は，

$$\dot{V_1} = \dot{I}R_1$$
$$= (5 - j5) \times 30 = 150 - j150\ V$$

また，抵抗$R_2$に加わる電圧$\dot{V_2}[V]$は，

$$\dot{V_2} = \dot{I_2}R_2 = 5 \times 10 = 50\ V$$

したがって，電源電圧$\dot{V}$は$\dot{V} = \dot{V_1} + \dot{V_2} = 200 - j150\ V$となり，その大きさは，

$$|\dot{V}| = \sqrt{200^2 + 150^2} = 250\ V$$

よって，(4)が正解。

解答… (a)(2) (b)(4)

交流回路 CH 04

255

問題106 次の文章は，$RLC$直列共振回路に関する記述である。

　$R[\Omega]$の抵抗，インダクタンス$L[\mathrm{H}]$のコイル，静電容量$C[\mathrm{F}]$のコンデンサを直列に接続した回路がある。

　この回路に交流電圧を加え，その周波数を変化させると，特定の周波数$f_\mathrm{r}$ $[\mathrm{Hz}]$のときに誘導性リアクタンス$=2\pi f_\mathrm{r}L[\Omega]$と容量性リアクタンス$=\dfrac{1}{2\pi f_\mathrm{r}C}[\Omega]$の大きさが等しくなり，その作用が互いに打ち消し合って回路のインピーダンスが　(ア)　なり，　(イ)　電流が流れるようになる。この現象を直列共振といい，このときの周波数$f_\mathrm{r}[\mathrm{Hz}]$をその回路の共振周波数という。回路のリアクタンスは共振周波数$f_\mathrm{r}[\mathrm{Hz}]$より低い周波数では　(ウ)　となり，電圧より位相が　(エ)　電流が流れる。また，共振周波数$f_\mathrm{r}[\mathrm{Hz}]$より高い周波数では　(オ)　となり，電圧より位相が　(カ)　電流が流れる。

　上記の記述中の空白箇所(ア)〜(カ)に当てはまる組合せとして，正しいものを次の(1)〜(5)のうちから一つ選べ。

| | (ア) | (イ) | (ウ) | (エ) | (オ) | (カ) |
|---|---|---|---|---|---|---|
| (1) | 大きく | 小さな | 容量性 | 進んだ | 誘導性 | 遅れた |
| (2) | 小さく | 大きな | 誘導性 | 遅れた | 容量性 | 進んだ |
| (3) | 小さく | 大きな | 容量性 | 進んだ | 誘導性 | 遅れた |
| (4) | 大きく | 小さな | 誘導性 | 遅れた | 容量性 | 進んだ |
| (5) | 小さく | 大きな | 容量性 | 遅れた | 誘導性 | 進んだ |

R5上-A8

| | ① | ② | ③ | ④ | ⑤ |
|---|---|---|---|---|---|
| 学習日 | | | | | |
| 理解度<br>(○/△/×) | | | | | |

$RLC$直列回路における合成インピーダンス$\dot{Z}$は次のように表される。

$$\dot{Z} = R + \mathrm{j}\left(2\pi fL - \frac{1}{2\pi fC}\right)$$

周波数$f_\mathrm{r}$[Hz]のとき$2\pi f_\mathrm{r}L = \dfrac{1}{2\pi f_\mathrm{r}C}$となるから、回路のインピーダンスは㈦**小さ**くなり、㈡**大きな**電流が流れるようになる。

共振周波数$f_\mathrm{r}$より低い周波数$f_\ell$では$2\pi f_\ell L < \dfrac{1}{2\pi f_\ell C}$となり、㈬**容量性**となる。このとき、電圧より位相が㈭**進んだ**電流が流れる。

一方、共振周波数$f_\mathrm{r}$より高い周波数$f_\mathrm{h}$では$2\pi f_\mathrm{h}L > \dfrac{1}{2\pi f_\mathrm{h}C}$となり、㈮**誘導性**となる。このとき、電圧より位相が㈯**遅れた**電流が流れる。

よって、(3)が正解。

**解答…** (3)

**CH 04 交流回路**

**ポイント**

　直列共振では、回路のインピーダンスは最小となり、流れる電流は最大となります。
　また、合成インピーダンスの虚数部が正なら誘導性、負なら容量性になります。

**問題107** 図のように,角周波数$\omega$[rad/s]の交流電源と力率$\dfrac{1}{\sqrt{2}}$の誘導性負荷$\dot{Z}$[$\Omega$]との間に,抵抗値$R$[$\Omega$]の抵抗器とインダクタンス$L$[H]のコイルが接続されている。$R=\omega L$とするとき,電源電圧$\dot{V_1}$[V]と負荷の端子電圧$\dot{V_2}$[V]との位相差の値[°]として,最も近いものを次の(1)~(5)のうちから一つ選べ。

(1) 0    (2) 30    (3) 45    (4) 60    (5) 90

H30-A8

| | ① | ② | ③ | ④ | ⑤ |
|---|---|---|---|---|---|
| 学 習 日 | | | | | |
| 理 解 度<br>(○/△/×) | | | | | |

まず，抵抗$R[\Omega]$とインダクタンス$L[H]$による電圧降下$\dot{V}[V]$は，次のベクトル図で表される。

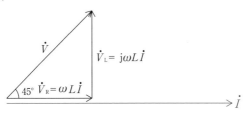

$R = \omega L$の条件より，抵抗$R[\Omega]$による電圧降下$\dot{V}_R = R\dot{I} = \omega L\dot{I}[V]$とインダクタンス$L[H]$による電圧降下$\dot{V}_L = j\omega L\dot{I}[V]$は同じ大きさとなるため，ベクトル図のように直角二等辺三角形をつくる。

したがって，これらの和である電圧降下$\dot{V}[V]$は，電流$\dot{I}[A]$に対して位相が45°進む。

また，力率$\dfrac{1}{\sqrt{2}} = \cos45°$の誘導性負荷に加わる電圧$\dot{V}_2[V]$の位相は，電流$\dot{I}[A]$に対し45°進む。

キルヒホッフの電圧則より，電源電圧$\dot{V}_1[V]$と電圧降下$\dot{V}[V]$および$\dot{V}_2[V]$との関係は，

$$\dot{V}_1 = \dot{V} + \dot{V}_2$$

であり，$\dot{V}[V]$，$\dot{V}_2[V]$ともに電流$\dot{I}$より位相が45°進むことから，その和である$\dot{V}_1[V]$も電流$\dot{I}$より位相が45°進む。

したがって，$\dot{V}_1[V]$と$\dot{V}_2[V]$の位相差は0である。

よって，⑴が正解。

解答… ⑴

交流回路 CH 04

# CHAPTER 05

# 三相交流回路

**問題108** 図のように，三つの交流電圧源から構成される回路において，各相の電圧 $\dot{E}_a$[V]，$\dot{E}_b$[V]及び $\dot{E}_c$[V]は，それぞれ次のように与えられる。

ただし，式中の $\angle\phi$ は，$(\cos\phi + j\sin\phi)$ を表す。

$$\dot{E}_a = 200\angle 0 \text{ V}$$

$$\dot{E}_b = 200\angle -\frac{2\pi}{3} \text{ V}$$

$$\dot{E}_c = 200\angle \frac{\pi}{3} \text{ V}$$

このとき，図中の線間電圧 $\dot{V}_{ca}$[V]と $\dot{V}_{bc}$[V]の大きさ（スカラ量）の値として，正しいものを組み合わせたのは次のうちどれか。

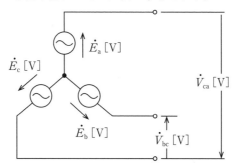

| | 線間電圧 $\dot{V}_{ca}$[V]の大きさ | 線間電圧 $\dot{V}_{bc}$[V]の大きさ |
|---|---|---|
| (1) | 200 | 0 |
| (2) | $200\sqrt{3}$ | $200\sqrt{3}$ |
| (3) | $200\sqrt{2}$ | $400\sqrt{2}$ |
| (4) | $200\sqrt{3}$ | 400 |
| (5) | 200 | 400 |

H14-A7

| | ① | ② | ③ | ④ | ⑤ |
|---|---|---|---|---|---|
| 学 習 日 | | | | | |
| 理 解 度 (○/△/×) | | | | | |

**解説**

相電圧 $\dot{E}_a$ を基準ベクトルとして $\dot{E}_b$ および $\dot{E}_c$ をベクトル図で表すと，

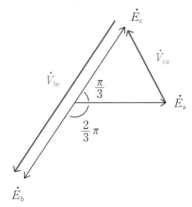

線間電圧 $\dot{V}_{ca}$ と $\dot{V}_{bc}$ はそれぞれ，

$$\dot{V}_{ca} = \dot{E}_c - \dot{E}_a$$
$$\dot{V}_{bc} = \dot{E}_b - \dot{E}_c$$

上図より $\dot{V}_{ca}$ と $\dot{V}_{bc}$ の大きさ[V]は，

$$\left|\dot{V}_{ca}\right| = \left|\dot{E}_a\right| = 200 \text{ V}, \quad \left|\dot{V}_{bc}\right| = 2\left|\dot{E}_b\right| = 400 \text{ V}$$

よって，⑸が正解。

**解答…** ⑸

問題109 図のように，相電圧200 Vの対称三相交流電源に，複素インピーダンス $\dot{Z} = 5\sqrt{3} + \text{j}5\ \Omega$ の負荷がY結線された平衡三相負荷を接続した回路がある。次の(a)及び(b)の問に答えよ。

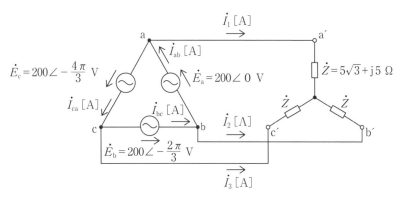

(a) 電流 $\dot{I}_1$[A]の値として，最も近いものを次の(1)～(5)のうちから一つ選べ。

(1) $20.00 \angle -\dfrac{\pi}{3}$ 　　(2) $20.00 \angle -\dfrac{\pi}{6}$ 　　(3) $16.51 \angle -\dfrac{\pi}{6}$

(4) $11.55 \angle -\dfrac{\pi}{3}$ 　　(5) $11.55 \angle -\dfrac{\pi}{6}$

(b) 電流 $\dot{I}_{ab}$[A]の値として，最も近いものを次の(1)～(5)のうちから一つ選べ。

(1) $20.00 \angle -\dfrac{\pi}{6}$ 　　(2) $11.55 \angle -\dfrac{\pi}{3}$ 　　(3) $11.55 \angle -\dfrac{\pi}{6}$

(4) $6.67 \angle -\dfrac{\pi}{3}$ 　　(5) $6.67 \angle -\dfrac{\pi}{6}$

H24-B16

|  | ① | ② | ③ | ④ | ⑤ |
|---|---|---|---|---|---|
| 学習日 |  |  |  |  |  |
| 理解度<br>(○/△/×) |  |  |  |  |  |

**解説**

負荷を $Y-\Delta$ 変換すると，インピーダンス $\dot{Z}_\Delta[\Omega]$ は，

$$\dot{Z}_\Delta = 3\dot{Z} = 15\sqrt{3} + \mathrm{j}15 = 30\left(\frac{\sqrt{3}}{2} + \mathrm{j}\frac{1}{2}\right) = 30\angle\frac{\pi}{6}\ \Omega$$

負荷を $Y-\Delta$ 変換した回路図は次のようになる。

オームの法則より，電流 $\dot{I}_{ab}[A]$ は，

$$\dot{I}_{ab} = \frac{\dot{E}_a}{\dot{Z}_\Delta} = \frac{200\angle 0}{30\angle\dfrac{\pi}{6}} \fallingdotseq 6.67\angle -\frac{\pi}{6}\ A$$

$\Delta-\Delta$ 結線のとき，線電流 $\dot{I}_1[A]$ の大きさは相電流 $\dot{I}_{ab}$ の $\sqrt{3}$ 倍となり，位相は $\frac{\pi}{6}$ rad遅れとなるので，

$$\dot{I}_1 = \sqrt{3} \times 6.67\angle\left(-\frac{\pi}{6} - \frac{\pi}{6}\right) \fallingdotseq 11.55\angle -\frac{\pi}{3}\ A$$

以上より，

(a) 電流 $\dot{I}_1$ の値は $11.55\angle -\dfrac{\pi}{3}$ A となるので，(4)が正解。

(b) 電流 $\dot{I}_{ab}$ の値は $6.67\angle -\dfrac{\pi}{6}$ A となるので，(5)が正解。

**解答…** (a)(4) (b)(5)

**ポイント**

　$\Delta-\Delta$ 結線では，線電流 $\dot{I}_l$ は相電流 $\dot{I}_p$ に対して，大きさが $\sqrt{3}$ 倍，位相は $\dfrac{\pi}{6}$ rad 遅れとなります。

**ポイント**

　足し算・引き算は複素数表示，掛け算・割り算では極座標表示を用いると楽に解けることが多いです。

**問題110** 平衡三相回路について，次の(a)及び(b)に答えよ。

(a) 図1のように，抵抗$R$とコイル$L$からなる平衡三相負荷に，線間電圧200 V，周波数50 Hzの対称三相交流電源を接続したところ，三相負荷全体の有効電力は$P = 2.4$ kWで，無効電力は$Q = 3.2$ kvarであった。負荷電流$I$[A]の値として，最も近いのは次のうちどれか。

図1

(1) 2.3　(2) 4.0　(3) 6.9　(4) 9.2　(5) 11.5

(b) 図1に示す回路の各線間に同じ静電容量のコンデンサ$C$を図2に示すように接続した。このとき，三相電源からみた力率が1となった。このコンデンサ$C$の静電容量[μF]の値として，最も近いのは次のうちどれか。

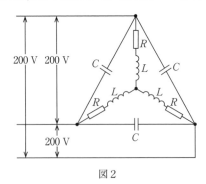

図2

(1) 48.8　(2) 63.4　(3) 84.6　(4) 105.7　(5) 146.5　　H19-B15

266

**解説**

(a) 三相の皮相電力 $S[\mathrm{kV \cdot A}]$ は，

$$S = \sqrt{P^2 + Q^2}$$
$$= \sqrt{2.4^2 + 3.2^2} = 4\ \mathrm{kV \cdot A}$$

また，$S = \sqrt{3}\,V_\ell I_\ell$ であるから，負荷電流 $I[\mathrm{A}]$ は，

$$I = \frac{S}{\sqrt{3}\,V_\ell} = \frac{4 \times 10^3}{\sqrt{3} \times 200} \fallingdotseq 11.5\ \mathrm{A}$$

よって，(5)が正解。

(b) 力率が1となるから，コンデンサ $C$ の進み無効電力 $Q_\mathrm{C}$ は $3.2\ \mathrm{kvar}$ である。また，$\Delta$ 接続されたコンデンサ $C$ の静電容量を $C_\Delta[\mathrm{F}]$ とし，これを $\Delta-\mathrm{Y}$ 変換すると，コンデンサ $C$ の静電容量は $3C_\Delta[\mathrm{F}]$ となるので，コンデンサの無効電力の大きさ $Q_\mathrm{C}[\mathrm{var}]$ は次のように表すことができる。

$$Q_\mathrm{C} = 3 \times \frac{V_\mathrm{p}^2}{X_\mathrm{C}}$$
$$= 3 \times \frac{V_\mathrm{p}^2}{\dfrac{1}{2\pi f \cdot 3C_\Delta}} = 18\pi \times 50 \times C_\Delta \times \left(\frac{200}{\sqrt{3}}\right)^2 [\mathrm{var}]$$

よって，コンデンサ $C$ の静電容量 $C_\Delta$ は，

$$C_\Delta = \frac{3.2 \times 10^3}{18\pi \times 50 \times \left(\dfrac{200}{\sqrt{3}}\right)^2}$$
$$= \frac{3.2 \times 10^3 \times 3}{18\pi \times 5 \times 4 \times 10^5}$$
$$= \frac{9600}{36\pi} \times 10^{-6}$$
$$\fallingdotseq 8.49 \times 10^{-5}\ \mathrm{F} = 84.9\ \mathrm{\mu F}$$

よって，最も値が近い(3)が正解。

**解答…** **(a)**(5) **(b)**(3)

|  | ① | ② | ③ | ④ | ⑤ |
|---|---|---|---|---|---|
| 学 習 日 |  |  |  |  |  |
| 理 解 度 (○/△/×) |  |  |  |  |  |

**問題111** 図のように，$R[\Omega]$の抵抗，静電容量$C[\mathrm{F}]$のコンデンサ，インダクタンス$L[\mathrm{H}]$のコイルからなる平衡三相負荷に線間電圧$V[\mathrm{V}]$の対称三相交流電源を接続した回路がある。次の(a)及び(b)の問に答えよ。

ただし，交流電源電圧の角周波数は$\omega[\mathrm{rad/s}]$とする。

(a)　三相電源からみた平衡三相負荷の力率が1になったとき，インダクタンス$L[\mathrm{H}]$のコイルと静電容量$C[\mathrm{F}]$のコンデンサの関係を示す式として，正しいものを次の(1)〜(5)のうちから一つ選べ。

(1)　$L = \dfrac{3C^2R^2}{1+9(\omega CR)^2}$　　　(2)　$L = \dfrac{3CR^2}{1+9(\omega CR)^2}$

(3)　$L = \dfrac{3C^2R}{1+9(\omega CR)^2}$　　　(4)　$L = \dfrac{9CR^2}{1+9(\omega CR)^2}$

(5)　$L = \dfrac{R}{1+9(\omega CR)^2}$

(b) 平衡三相負荷の力率が1になったとき，静電容量$C$[F]のコンデンサの端子電圧[V]の値を示す式として，正しいものを次の(1)〜(5)のうちから一つ選べ。

(1) $\sqrt{3}V\sqrt{1+9(\omega CR)^2}$

(2) $V\sqrt{1+9(\omega CR)^2}$

(3) $\dfrac{V\sqrt{1+9(\omega CR)^2}}{\sqrt{3}}$

(4) $\dfrac{\sqrt{3}V}{\sqrt{1+9(\omega CR)^2}}$

(5) $\dfrac{V}{\sqrt{1+9(\omega CR)^2}}$

H23-B15

| | ① | ② | ③ | ④ | ⑤ |
|---|---|---|---|---|---|
| 学習日 | | | | | |
| 理解度<br>(○/△/×) | | | | | |

**解説** ━━━━━━━━━━━━━━━━━━━━━━━━━━━━━━━━━━━

(a) 以下のように回路図を等価変換する。Δ結線されたコンデンサをΔ–Y変換すると，1相あたりの静電容量は$3C$[F]となる。

↓等価回路

↓コンデンサをΔ–Y変換

1相あたりの等価回路

(I)部分の，並列につながれた$R$と$3C$の合成アドミタンス$\dot{Y}_{(I)}$[S]は，

$$\dot{Y}_{(I)} = \frac{1}{R} + j3\omega C = \frac{1 + j3\omega CR}{R}\ [\text{S}]$$

よって，(I)の合成インピーダンス$\dot{Z}_{(I)}$[Ω]は，

$$\dot{Z}_{(I)} = \frac{1}{\dot{Y}} = \frac{R}{1 + j3\omega CR}\ [\Omega]$$

1相全体の合成インピーダンス$\dot{Z}$[Ω]は，

$$\dot{Z} = j\omega L + \frac{R}{1 + j3\omega CR} = j\omega L + \frac{R}{1 + j3\omega CR} \times \frac{1 - j3\omega CR}{1 - j3\omega CR}$$

$$= j\omega L + \frac{R - j3\omega CR^2}{1 + 9(\omega CR)^2} = j\omega L + \frac{R}{1 + 9(\omega CR)^2} - j\frac{3\omega CR^2}{1 + 9(\omega CR)^2}$$

$$= \frac{R}{1 + 9(\omega CR)^2} + j\left\{\omega L - \frac{3\omega CR^2}{1 + 9(\omega CR)^2}\right\}$$

力率が1のとき，インピーダンス$\dot{Z}$の虚部は0なので，

$$\omega L - \frac{3\omega CR^2}{1 + 9(\omega CR)^2} = 0$$

$$\omega L = \frac{3\omega CR^2}{1 + 9(\omega CR)^2}$$

$$\therefore L = \frac{3CR^2}{1 + 9(\omega CR)^2}$$

よって，(2)が正解。

(b) 直列接続において，電圧の比はインピーダンスの大きさの比に等しいので，(I) の回路に加わる電圧 $V_{(I)}$[V]は，

$$V_{(I)} = \frac{(I)\text{の合成インピーダンスの大きさ}}{\text{全体の合成インピーダンスの大きさ}} \times V_p[V]$$

力率が1のとき虚部＝0なので，(a)より，

$$\dot{Z} = \frac{R}{1 + 9(\omega CR)^2}$$

$$V_{(I)} = \left| \frac{\dfrac{R}{1 + j3\omega CR}}{\dfrac{R}{1 + 9(\omega CR)^2}} \right| \times \frac{V}{\sqrt{3}} = \left| \frac{1 + 9(\omega CR)^2}{1 + j3\omega CR} \right| \times \frac{V}{\sqrt{3}}$$

$$= \left| \frac{(1 + j3\omega CR)(1 - j3\omega CR)}{1 + j3\omega CR} \right| \times \frac{V}{\sqrt{3}} = \left| 1 - j3\omega CR \right| \times \frac{V}{\sqrt{3}}$$

$$= \frac{V\sqrt{1 + 9(\omega CR)^2}}{\sqrt{3}}$$

図より，求めるコンデンサの端子電圧 $V_c$[V]は線間電圧で，$V_{(I)}$は相電圧なので，

$$V_c = \sqrt{3} \times V_{(I)} = \sqrt{3} \times \frac{V\sqrt{1 + 9(\omega CR)^2}}{\sqrt{3}}$$

$$= V\sqrt{1 + 9(\omega CR)^2}[V]$$

よって，(2)が正解。

**解答⋯** **(a)(2)** **(b)(2)**

**ポイント**

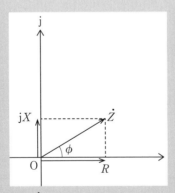

$\dot{Z}$を複素数表示で表すと$\dot{Z} = R + jX$となり，$R$を実部，$X$を虚部といいます。

力率を$\cos\phi$と表し，$\cos\phi = \dfrac{R}{Z} = 1$のとき，虚部は0となります。

問題112 図のような平衡三相回路において，負荷の全消費電力[kW]の値として，正しいのは次のうちどれか。

図中の$\angle\dfrac{\pi}{6}$は，$\left[\cos\dfrac{\pi}{6}+\mathrm{j}\sin\dfrac{\pi}{6}\right]$を表す。

210 V

210 V

210 V

$\dot{Z}=14\angle\dfrac{\pi}{6}$ Ω

$\dot{Z}=14\angle\dfrac{\pi}{6}$ Ω

$\dot{Z}=14\angle\dfrac{\pi}{6}$ Ω

(1) 1.58    (2) 1.65    (3) 2.73    (4) 2.86    (5) 4.73

H11-A9

|  | ① | ② | ③ | ④ | ⑤ |
|---|---|---|---|---|---|
| 学 習 日 |  |  |  |  |  |
| 理 解 度 <br>(○/△/×) |  |  |  |  |  |

**解説**

負荷に流れる電流の大きさ$I$[A]は，相電圧$V_\text{p}$が$\dfrac{210}{\sqrt{3}}$ Vであるから，

$$I = \frac{V_\text{p}}{|\dot{Z}|} = \frac{\dfrac{210}{\sqrt{3}}}{14} = 5\sqrt{3}\ \text{A}$$

負荷の全消費電力$P$[kW]は，線間電圧を$V_\text{l}$[V]，線電流を$I_\text{l}$[A]とすると，

$$P = \sqrt{3}\,V_\text{l}I_\text{l}\cos\phi$$

$$= \sqrt{3} \times 210 \times 5\sqrt{3} \times \cos\frac{\pi}{6}$$

$$\fallingdotseq 2730\ \text{W} = 2.73\ \text{kW}$$

よって，(3)が正解。

解答… (3)

**ポイント**

　Y－Y結線では，電源電圧を$E$とすると相電圧の大きさ$V_\text{p}=E$に対して線間電圧は$V_\text{l}=\sqrt{3}\,E$となります。また，相電流$I_\text{p}$と線電流$I_\text{l}$は等しくなります。

**問題113** 抵抗 $R[\Omega]$, 誘導性リアクタンス $X[\Omega]$ からなる平衡三相負荷（力率80 %）に対称三相交流電源を接続した交流回路がある。次の(a)及び(b)に答えよ。

(a) 図1のように, Y結線した平衡三相負荷に線間電圧210 Vの三相電圧を加えたとき, 回路を流れる線電流 $I$ は $\dfrac{14}{\sqrt{3}}$ A であった。負荷の誘導性リアクタンス $X[\Omega]$ の値として, 正しいのは次のうちどれか。

$$I = \frac{14}{\sqrt{3}} \text{ A}$$

図1

(1) 4    (2) 5    (3) 9    (4) 12    (5) 15

(b) 図1の各相の負荷を使って Δ 結線し, 図2のように相電圧200 Vの対称三相電源に接続した。この平衡三相負荷の全消費電力[kW]の値として, 正しいのは次のうちどれか。

図2

(1) 8    (2) 11.1    (3) 13.9    (4) 19.2    (5) 33.3    **H18-B15**

**解説**

(a) 平衡三相負荷1相のインピーダンス$Z[\Omega]$は,線間電圧が210 V,相電圧が$\dfrac{210}{\sqrt{3}}$ V,

線電流が$\dfrac{14}{\sqrt{3}}$ Aであるから,$Z = \dfrac{E}{I}$より,

$$Z = \dfrac{\dfrac{210}{\sqrt{3}}}{\dfrac{14}{\sqrt{3}}} = 15 \ \Omega$$

したがって,求める誘導性リアクタンス$X[\Omega]$は,力率が80 %であるから,

$$X = Z\sin\phi = 15 \times \sqrt{1 - 0.8^2} = 9 \ \Omega$$

よって,(3)が正解。

(b) 抵抗$R[\Omega]$の値は,力率が80 %であるから,

$$R = Z\cos\phi = 15 \times 0.8 = 12 \ \Omega$$

また,相電圧が200 Vで線間電圧が$200\sqrt{3}$ Vであるから,インピーダンス

$Z = 15 \ \Omega$に流れる電流$I[A]$は,$I = \dfrac{V}{Z}$より,

$$I = \dfrac{200\sqrt{3}}{15} \fallingdotseq 23.09 \ A$$

したがって,平衡三相負荷の全消費電力$P[kW]$は,

$$P = 3RI^2 = 3 \times 12 \times 23.09^2$$
$$\fallingdotseq 19200 \ W = 19.2 \ kW$$

よって,(4)が正解。

**解答…** (a)(3) (b)(4)

| | ① | ② | ③ | ④ | ⑤ |
|---|---|---|---|---|---|
| 学習日 | | | | | |
| 理解度 (○/△/×) | | | | | |

問題114 図のように，相電圧10 kVの対称三相交流電源に，抵抗$R$[Ω]と誘導性リアクタンス$X$[Ω]からなる平衡三相負荷を接続した交流回路がある。平衡三相負荷の全消費電力が200 kW，線電流$\dot{I}$[A]の大きさ（スカラ量）が20 Aのとき，$R$[Ω]と$X$[Ω]の値として，正しいものを組み合わせたのは次のうちどれか。

| | $R$[Ω] | $X$[Ω] |
|---|---|---|
| (1) | 50 | $500\sqrt{2}$ |
| (2) | 100 | $100\sqrt{3}$ |
| (3) | 150 | $500\sqrt{2}$ |
| (4) | 500 | $500\sqrt{2}$ |
| (5) | 750 | $100\sqrt{3}$ |

H17-A7

| | ① | ② | ③ | ④ | ⑤ |
|---|---|---|---|---|---|
| 学習日 | | | | | |
| 理解度 (○/△/×) | | | | | |

**解説**

Δ－Δ結線のまま，一相分の回路を抜き出すと下図のとおり。

線電流$\dot{I}$の大きさが20 Aであるから，抵抗$R[\Omega]$を流れる相電流$I_p[A]$は，

$$I_p = \frac{20}{\sqrt{3}} \text{ A}$$

ここで，平衡三相負荷の全消費電力$P$が200 kWであるから，$P = 3RI_p^2$より抵抗$R$の値を求めると，

$$R = \frac{200 \times 10^3}{3 \times \left(\frac{20}{\sqrt{3}}\right)^2} = \frac{200 \times 10^3}{400} = 500 \ \Omega$$

また，一相あたりのインピーダンス$Z[\Omega]$は，$Z = \dfrac{V_p}{I_p}$より，

$$Z = \frac{10 \times 10^3}{I_p} = \frac{10 \times 10^3}{\frac{20}{\sqrt{3}}} = 500\sqrt{3} \ \Omega$$

よって，誘導性リアクタンス$X[\Omega]$の値は，$Z^2 = R^2 + X^2$より，

$$X = \sqrt{Z^2 - R^2}$$
$$= \sqrt{(500\sqrt{3})^2 - 500^2} = \sqrt{500^2(3-1)} = 500\sqrt{2} \ \Omega$$

以上より，(4)が正解。

**解答… (4)**

**問題115** 図のように200 Vの対称三相交流電源に抵抗$R[\Omega]$からなる平衡三相負荷を接続したところ，線電流は1.73 Aであった。いま，電力計の電流コイルをc相に接続し，電圧コイルをc－a相間に接続したとき，電力計の指示$P[W]$として，最も近い$P$の値を次の(1)～(5)のうちから一つ選べ。

ただし，対称三相交流電源の相回転はa，b，cの順とし，電力計の電力損失は無視できるものとする。

(1)　200　　(2)　300　　(3)　346　　(4)　400　　(5)　600

H26-A14

| | ① | ② | ③ | ④ | ⑤ |
|---|---|---|---|---|---|
| 学習日 | | | | | |
| 理解度<br>(○/△/×) | | | | | |

解説

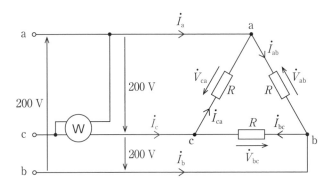

電力計の指示する値$P$[W]は有効電力である。有効電力を求める公式$P = VI\cos\phi$[W]より，電力計で計測している電圧$\dot{V}_{ca}$と電流$\dot{I}_c$のほかに$\dot{V}_{ca}$と$\dot{I}_c$の位相差を知る必要がある。位相差はベクトル図によって求める。

**STEP1** $\cos\phi$について

まず，各抵抗$R$に流れる電流$\dot{I}_{ab}$, $\dot{I}_{bc}$, $\dot{I}_{ca}$と$\dot{V}_{ab}$, $\dot{V}_{bc}$, $\dot{V}_{ca}$はそれぞれ同相である。…①
次に，c点にキルヒホッフの第一法則をあてはめると，

$$\dot{I}_c + \dot{I}_{bc} = \dot{I}_{ca}$$
$$\therefore \dot{I}_c = \dot{I}_{ca} - \dot{I}_{bc} \cdots ②$$

$\dot{V}_{ab}$を基準としたベクトル図は，①と②より，

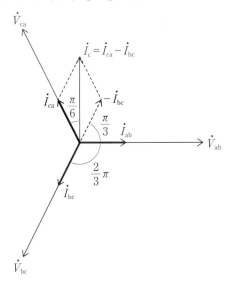

ベクトル図より，$\dot{V}_{ca}$と$\dot{I}_c$の位相差$\phi$は$\dfrac{\pi}{6}$ radとなる。

**STEP2**　$V$について

　Δ結線において線間電圧と相電圧は等しいので，線間電圧$\dot{V}_{ca}$の大きさ[V]は，

$$V_{ca} = \left| \dot{V}_{ca} \right| = 200 \text{ V}$$

**STEP3**　$I$について

　問題文より線電流$\dot{I}_c$の大きさ[A]は，

$$\left| \dot{I}_c \right| = 1.73 \text{ A}$$

以上より，電力計の指示$P$[W]は，

$$\begin{aligned}
P &= \left| \dot{V}_{ca} \right| \left| \dot{I}_c \right| \cos\frac{\pi}{6} \\
&= 200 \times 1.73 \times \frac{\sqrt{3}}{2} \fallingdotseq 300 \text{ W}
\end{aligned}$$

よって，(2)が正解。

解答… (2)

**問題116** 図のように，抵抗6Ωと誘導性リアクタンス8ΩをY結線し，抵抗 $r[\Omega]$ をΔ結線した平衡三相負荷に，200Vの対称三相交流電源を接続した回路がある。抵抗6Ωと誘導性リアクタンス8Ωに流れる電流の大きさを $I_1$ [A]，抵抗 $r[\Omega]$ に流れる電流の大きさを $I_2$ [A] とするとき，次の(a)及び(b)に答えよ。

(a) 電流 $I_1$ [A] と電流 $I_2$ [A] の大きさが等しいとき，抵抗 $r[\Omega]$ の値として，最も近いのは次のうちどれか。

(1) 6.0　　(2) 10.0　　(3) 11.5　　(4) 17.3　　(5) 19.2

(b) 電流 $I_1$ [A] と電流 $I_2$ [A] の大きさが等しいとき，平衡三相負荷が消費する電力[kW]の値として，最も近いのは次のうちどれか。

(1) 2.4　　(2) 3.1　　(3) 4.0　　(4) 9.3　　(5) 10.9

H20-B15

| | ① | ② | ③ | ④ | ⑤ |
|---|---|---|---|---|---|
| 学習日 | | | | | |
| 理解度<br>(○/△/×) | | | | | |

284

**解説**

(a) 線間電圧が $200\,\mathrm{V}$ より相電圧は $\dfrac{200}{\sqrt{3}}\,\mathrm{V}$ であるから, 電流 $I_1$ の大きさ $[\mathrm{A}]$ は, $I = \dfrac{V}{Z}$ より,

$$I_1 = \frac{\dfrac{200}{\sqrt{3}}}{\sqrt{6^2 + 8^2}} = \frac{20}{\sqrt{3}}\,\mathrm{A}$$

$I_1 = I_2$ のとき, 抵抗 $r\,[\Omega]$ の値は, $r = \dfrac{V}{I}$ より,

$$r = \frac{200}{\dfrac{20}{\sqrt{3}}} = 10\sqrt{3} \fallingdotseq 17.3\,\Omega$$

よって, (4)が正解。

(b) 平衡三相負荷が消費する電力 $P\,[\mathrm{kW}]$ は $P = 3RI^2$ より,

$$P = 3 \times 6 \times \left(\frac{20}{\sqrt{3}}\right)^2 + 3 \times 10\sqrt{3} \times \left(\frac{20}{\sqrt{3}}\right)^2$$

$$\fallingdotseq 2400 + 6900 = 9300\,\mathrm{W} = 9.3\,\mathrm{kW}$$

よって, (4)が正解。

**解答…** (a)(4) (b)(4)

問題117 図の平衡三相回路について，次の(a)及び(b)に答えよ。

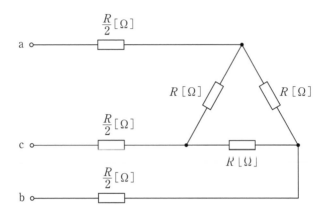

(a) 端子a，cに100 Vの単相交流電源を接続したところ，回路の消費電力は200 Wであった。抵抗$R[\Omega]$の値として，最も近いものを次の(1)～(5)のうちから一つ選べ。

   (1) 0.30    (2) 30    (3) 33    (4) 50    (5) 83

(b) 端子a，b，cに線間電圧200 Vの対称三相交流電源を接続したときの全消費電力[kW]の値として，最も近いものを次の(1)～(5)のうちから一つ選べ。

   (1) 0.48    (2) 0.80    (3) 1.2    (4) 1.6    (5) 4.0

R5上-B15

|  | ① | ② | ③ | ④ | ⑤ |
|---|---|---|---|---|---|
| 学習日 |  |  |  |  |  |
| 理解度<br>(○/△/×) |  |  |  |  |  |

**解説**

(a) 問題文より，端子bには何も接続されておらず，閉回路ができていないため，端子bは取り除いて考えることができる。そのため，等価回路で表すと，

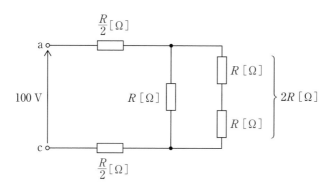

回路の合成抵抗$R_0[\Omega]$は，

$$R_0 = \frac{R}{2} + \frac{2R^2}{R+2R} + \frac{R}{2} = \frac{5}{3}R$$

また，$P = \dfrac{V^2}{R_0}$より，

$$R_0 = \frac{100^2}{200} = 50 \ \Omega$$

したがって，抵抗$R[\Omega]$の値は，

$$\frac{5}{3}R = 50$$

$$\therefore R = \frac{3}{5} \times 50 = 30 \ \Omega$$

よって，⑵が正解。

(b) Δ接続された抵抗 $R$ を Δ – Y 変換すると，1相あたりの抵抗 $R_Y$ は $\dfrac{R}{3}$ [Ω] となる。

1相分の等価回路を抜き出すと次の図のようになる。

相電流 $I_p$ [A] は，(a)より $R = 30$ Ω であるから，$I_p = \dfrac{V_p}{R_0}$ より，

$$I_p = \frac{V_p}{\dfrac{R}{2} + \dfrac{R}{3}} = \frac{\dfrac{200}{\sqrt{3}}}{25} = \frac{8}{\sqrt{3}}\ \text{A}$$

したがって，全消費電力 $P\,[\mathrm{kW}]$ は，

$$P = 3V_{\mathrm{p}}I_{\mathrm{p}}$$

$$= 3 \times \frac{200}{\sqrt{3}} \times \frac{8}{\sqrt{3}} = 1600\ \mathrm{W} = 1.6\ \mathrm{kW}$$

よって，(4)が正解。

解答… (a)(2) (b)(4)

**ポイント**

　Y結線の負荷 $\dot{Z}_{\mathrm{Y}}$ をY−Δ変換すると負荷は $3\dot{Z}_{\mathrm{Y}}$ となります。一方，Δ結線の負荷 $\dot{Z}_{\Delta}$ をΔ−Y変換すると負荷は $\frac{1}{3}\dot{Z}_{\Delta}$ になります。

**問題118** 図1のように，周波数50 Hz，電圧200 Vの対称三相交流電源に，インダクタンス7.96 mHのコイルと6 Ωの抵抗からなる平衡三相負荷を接続した交流回路がある。次の(a)及び(b)の問に答えよ。

(a) 図1において，三相負荷が消費する有効電力$P$[W]の値として，最も近いものを次の(1)～(5)のうちから一つ選べ。

　(1) 1 890　　(2) 3 280　　(3) 4 020　　(4) 5 680　　(5) 9 840

(b) 図2のように，静電容量$C$[F]のコンデンサを$\Delta$結線し，その端子a′，b′及びc′をそれぞれ図1の端子a，b及びcに接続した。その結果，三相交流電源からみた負荷の力率が1になった。静電容量$C$[F]の値として，最も近いものを次の(1)～(5)のうちから一つ選べ。

　(1) $6.28 \times 10^{-5}$　　(2) $8.88 \times 10^{-5}$　　(3) $1.08 \times 10^{-4}$

　(4) $1.26 \times 10^{-4}$　　(5) $1.88 \times 10^{-4}$

図1

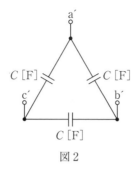

図2

H25-B15

| | ① | ② | ③ | ④ | ⑤ |
|---|---|---|---|---|---|
| 学 習 日 | | | | | |
| 理 解 度 (○/△/×) | | | | | |

(a)

　一相分の回路を抜き出すために，対称三相交流電源を $\Delta-Y$ 変換し，相電圧 $V_p$ [V] を求めると，

$$V_p = \frac{200}{\sqrt{3}} \text{ V}$$

電源の周波数は $f=50\,\text{Hz}$ なので，コイルによる誘導性リアクタンス $X_L[\Omega]$ を求めると，

$$X_L = 2\pi fL = 2 \times \pi \times 50 \times 7.96 \times 10^{-3} \fallingdotseq 2.5\ \Omega$$

これより，一相分の合成インピーダンス $Z_p[\Omega]$ は，

$$Z_p = \sqrt{6^2 + 2.5^2} = 6.5\ \Omega$$

一相分の回路に流れる電流 $I_p[\text{A}]$ は，

$$I_p = \frac{V_p}{Z_p} = \frac{200}{\sqrt{3}} \times \frac{1}{6.5} \fallingdotseq 17.76\ \text{A}$$

これらより，一相分の回路を示すと図1のとおり。

図1

　図1より，三相負荷の有効電力 $P[\text{W}]$ は，

$$P = 3I_p^2 R = 3 \times 17.76^2 \times 6 \fallingdotseq 5680\ \text{W}$$

よって，(4)が正解。

(b)

　$\Delta$ 結線されたコンデンサを $Y$ 結線に変換する。$\Delta$ 結線時の容量性リアクタンスを $X_{C\Delta}[\Omega]$，$Y$ 結線変換後の容量性リアクタンスを $X_{CY}[\Omega]$，電源の角周波数を $\omega$ [rad/s] とすると，$X_{CY}$ は，

$$X_{CY} = \frac{1}{3}X_{C\Delta} = \frac{1}{3} \times \frac{1}{\omega C} = \frac{1}{3\omega C}[\Omega]$$

これより，一相分の回路に示すと図2のとおり。

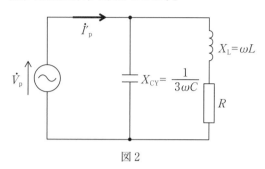

図2

図2より，一相分の回路のアドミタンス $\dot{Y}_p$[S]は，

$$\dot{Y}_p = \frac{1}{R + jX_L} + \frac{1}{-jX_{CY}} = \frac{1}{R + j\omega L} + \frac{1}{-j\dfrac{1}{3\omega C}} = \frac{1}{R + j\omega L} + j3\omega C$$

$$= \frac{(R - j\omega L)}{(R + j\omega L)(R - j\omega L)} + j3\omega C = \frac{R - j\omega L}{R^2 + \omega^2 L^2} + j3\omega C$$

$$= \frac{R}{R^2 + \omega^2 L^2} + j\left(3\omega C - \frac{\omega L}{R^2 + \omega^2 L^2}\right) [\text{S}]$$

負荷の力率が1になるということは，アドミタンス $\dot{Y}_p$[S]の虚数成分が0になることに等しいので，

$$3\omega C - \frac{\omega L}{R^2 + \omega^2 L^2} = 0$$

$$\therefore C = \frac{L}{3(R^2 + \omega^2 L^2)}$$

ここで，$\omega L = X_L \doteqdot 2.5\ \Omega$ より，

$$C = \frac{7.96 \times 10^{-3}}{3(6^2 + 2.5^2)} \doteqdot 6.28 \times 10^{-5}\ \text{F}$$

よって，(1)が正解。

解答… (a)(4) (b)(1)

**問題119** 図1のように，線間電圧200 V，周波数50 Hzの対称三相交流電源に1 Ωの抵抗と誘導性リアクタンス$\frac{4}{3}$ Ωのコイルとの並列回路からなる平衡三相負荷（Y結線）が接続されている。また，スイッチSを介して，コンデンサC（Δ結線）を接続することができるものとする。次の(a)及び(b)の問に答えよ。

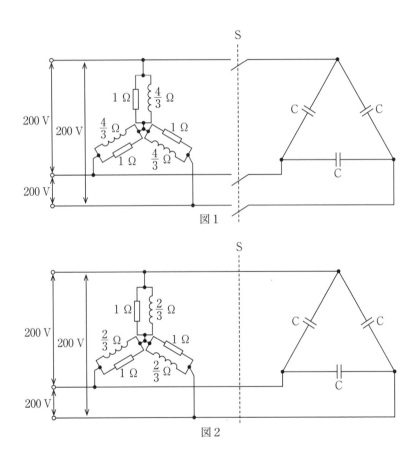

図1

図2

(a) スイッチSが開いた状態において，三相負荷の有効電力$P$の値[kW]と無効電力$Q$の値[kvar]の組合せとして，正しいものを次の(1)〜(5)のうちから一つ選べ。

|  | $P$ | $Q$ |
|---|---|---|
| (1) | 40 | 30 |
| (2) | 40 | 53 |
| (3) | 80 | 60 |
| (4) | 120 | 90 |
| (5) | 120 | 160 |

(b) 図2のように三相負荷のコイルの誘導性リアクタンスを$\frac{2}{3}$ Ωに置き換え，スイッチSを閉じてコンデンサCを接続する。このとき，電源からみた有効電力と無効電力が図1の場合と同じ値となったとする。コンデンサCの静電容量の値[μF]として，最も近いものを次の(1)〜(5)のうちから一つ選べ。

(1) 800 (2) 1 200 (3) 2 400 (4) 4 800 (5) 7 200

H26-B16

| | ① | ② | ③ | ④ | ⑤ |
|---|---|---|---|---|---|
| 学習日 | | | | | |
| 理解度(○/△/×) | | | | | |

**解説**

(a) 相電圧を $V_p = \dfrac{200}{\sqrt{3}}$ V とすると，有効電力 $P$[kW]は $P = 3 \times \dfrac{V_p^2}{R}$ より，

$$P = 3 \times \frac{\left(\dfrac{200}{\sqrt{3}}\right)^2}{1} = 40000 \text{ W} = 40 \text{ kW}$$

誘導性リアクタンスを $X_L = \dfrac{4}{3}$ Ω とすると，無効電力 $Q$[kvar]は $Q = 3 \times \dfrac{V_p^2}{X_L}$ より，

$$Q = 3 \times \frac{\left(\dfrac{200}{\sqrt{3}}\right)^2}{\dfrac{4}{3}} = 30000 \text{ var} = 30 \text{ kvar}$$

よって，(1)が正解。

(b) 誘導性リアクタンスを $\dfrac{2}{3}$ Ω に置き換えたときの無効電力 $Q_L$[kvar]は，

$$Q_L = 3 \times \frac{\left(\dfrac{200}{\sqrt{3}}\right)^2}{\dfrac{2}{3}} = 60000 \text{ var} = 60 \text{ kvar}$$

であるから，コンデンサの無効電力 $Q_C$[kvar]は，

$$Q_C = Q_L - Q = 60 - 30 = 30 \text{ kvar}$$

また，コンデンサ$C$の静電容量を $C_1$[F]とし，線間電圧を $V_1$[V]とすると，コンデンサの無効電力 $Q_C$ は次のように表すことができる。

$$Q_C = 3 \times \frac{V_1^2}{X_C} = 3 \times \frac{V_1^2}{\dfrac{1}{2\pi f C_1}} = 6\pi f C_1 V_1^2$$

したがって，コンデンサ$C$の静電容量 $C_1$[μF]は，

$$C_1 = \frac{Q_C}{6\pi f V_1^2} = \frac{30 \times 10^3}{6\pi \times 50 \times 200^2} = \frac{5 \times 10^3}{\pi \times 5 \times 4 \times 10^5} = \frac{2500}{\pi} \times 10^{-6} \fallingdotseq 800 \text{ μF}$$

よって，(1)が正解。

解答… **(a)**(1) **(b)**(1)

**問題120** 図のように，起電力 $\dot{E}_a[\mathrm{V}]$，$\dot{E}_b[\mathrm{V}]$，$\dot{E}_c[\mathrm{V}]$をもつ三つの定電圧源に，スイッチ$S_1$，$S_2$，$R_1 = 10\ \Omega$及び$R_2 = 20\ \Omega$の抵抗を接続した交流回路がある。次の(a)及び(b)の問に答えよ。

ただし，$\dot{E}_a[\mathrm{V}]$，$\dot{E}_b[\mathrm{V}]$，$\dot{E}_c[\mathrm{V}]$の正の向きはそれぞれ図の矢印のようにとり，これらの実効値は100 V，位相は$\dot{E}_a[\mathrm{V}]$，$\dot{E}_b[\mathrm{V}]$，$\dot{E}_c[\mathrm{V}]$の順に$\dfrac{2}{3}\pi$ radずつ遅れているものとする。

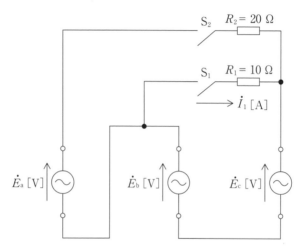

(a) スイッチ$S_2$を開いた状態でスイッチ$S_1$を閉じたとき，$R_1[\Omega]$の抵抗に流れる電流$\dot{I}_1$の実効値[A]として，最も近いものを次の(1)～(5)のうちから一つ選べ。

(1) 0 　　(2) 5.77 　　(3) 10.0 　　(4) 17.3 　　(5) 20.0

(b) スイッチ$S_1$を開いた状態でスイッチ$S_2$を閉じたとき，$R_2[\Omega]$の抵抗で消費される電力の値[W]として，最も近いものを次の(1)～(5)のうちから一つ選べ。

(1) 0 　　(2) 500 　　(3) 1 500 　　(4) 2 000 　　(5) 4 500

H30-B15

| | ① | ② | ③ | ④ | ⑤ |
|---|---|---|---|---|---|
| 学 習 日 | | | | | |
| 理 解 度<br>(○/△/×) | | | | | |

**解説**

(a)

　スイッチ$S_1$のみを閉じたとき，抵抗$R_1[\Omega]$に加わる電圧は問題の回路図より，$\dot{E}_b[V]$と$\dot{E}_c[V]$の向きが逆であるため，$\dot{E}_1 = \dot{E}_b - \dot{E}_c[V]$である。$\dot{E}_1[V]$をベクトルで表すと図1のようになる。

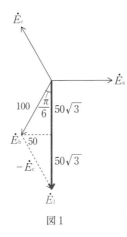

図1

　図1より，$\dot{E}_1$の実効値$E_1[V]$は，

$$E_1 = 2 \times 50\sqrt{3} = 100\sqrt{3}\ V$$

　したがって，抵抗$R_1[\Omega]$を流れる電流$\dot{I}_1[A]$の実効値$I_1[A]$は，

$$I_1 = \frac{E_1}{R_1} = \frac{100\sqrt{3}}{10} \fallingdotseq 17.3\ A$$

　よって，(4)が正解。

(b)

　スイッチ$S_2$のみを閉じたとき，抵抗$R_2[\Omega]$に加わる電圧は問題の回路図より，$\dot{E}_c[V]$のみ$\dot{E}_a[V]$および$\dot{E}_b[V]$と向きが逆であるため，$\dot{E}_2 = \dot{E}_a + \dot{E}_b - \dot{E}_c[V]$である。$\dot{E}_2[V]$をベクトルで表すと図2のようになる。

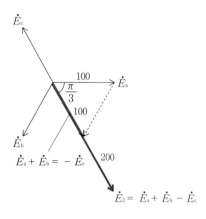

図2

図2より，$\dot{E}_2$の実効値$E_2[\mathrm{V}]$は，

$$E_2 = 2 \times 100 = 200 \ \mathrm{V}$$

したがって，抵抗$R_2[\Omega]$で消費される電力$P[\mathrm{W}]$は，

$$P = \frac{E_2^2}{R_2} = \frac{200^2}{20} = 2000 \ \mathrm{W}$$

よって，(4)が正解。

解答… **(a)**(4) **(b)**(4)

# CHAPTER 06

# 過渡現象とその他の波形

**問題121** 図のような回路において，スイッチSを①側に閉じて，回路が定常状態に達した後で，スイッチSを切り換え②側に閉じた。スイッチS，抵抗 $R_2$ 及びコンデンサ $C$ からなる閉回路の時定数の値として，正しいのは次のうちどれか。

ただし，抵抗 $R_1 = 300\ \Omega$，抵抗 $R_2 = 100\ \Omega$，コンデンサ $C$ の静電容量 $= 20\ \mu\mathrm{F}$，直流電圧 $E = 10\ \mathrm{V}$ とする。

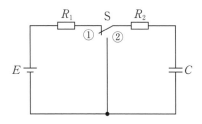

(1)　0.05 μs　　(2)　0.2 μs　　(3)　1.5 ms

(4)　2.0 ms　　(5)　8.0 ms

H18-A10

|  | ① | ② | ③ | ④ | ⑤ |
|---|---|---|---|---|---|
| 学 習 日 |  |  |  |  |  |
| 理 解 度 (○/△/×) |  |  |  |  |  |

$RC$ 直列回路の時定数は $\tau = RC$ より,

$$\tau = R_2 C$$
$$= 100 \times 20 \times 10^{-6} = 2.0 \times 10^{-3}\,\text{s} = 2.0\,\text{ms}$$

よって, (4)が正解。

 解答… (4)

**問題122** 図の回路において，スイッチSを閉じた瞬間（時刻 $t = 0$）に抵抗 $R_1$ に流れる電流を $I_0$[A]とする。また，スイッチSを閉じた後，回路が定常状態に達したとき，同じ抵抗 $R_1$ に流れる電流を $I_\infty$[A]とする。

上記の電流 $I_0$ 及び $I_\infty$ の値の組合せとして，正しいのは次のうちどれか。

ただし，コンデンサ $C$ の初期電荷は零とする。

(1) $I_0 = \dfrac{E}{R_1 + R_2}$　$I_\infty = \dfrac{E}{R_2}$　　(2) $I_0 = \dfrac{E}{R_1}$　$I_\infty = \dfrac{E}{R_2}$

(3) $I_0 = \dfrac{E}{R_1 + R_2}$　$I_\infty = \dfrac{E}{R_1}$　　(4) $I_0 = \dfrac{E}{R_1}$　$I_\infty = \dfrac{E}{R_1 + R_2}$

(5) $I_0 = \dfrac{E}{R_2}$　　　　　$I_\infty = \dfrac{E}{R_1 + R_2}$

H13-A5

| | ① | ② | ③ | ④ | ⑤ |
|---|---|---|---|---|---|
| 学 習 日 | | | | | |
| 理 解 度 (○/△/×) | | | | | |

**解説**

　問題文よりスイッチSを閉じた瞬間，コンデンサCの初期電荷は0であるから，電流はすべてコンデンサCに流れる。すなわち，抵抗$R_2$に流れる電流は0であるから，

$$I_0 = \frac{E}{R_1}\,[\text{A}]$$

　次に，回路が定常状態に達したとき，コンデンサCは完全に充電された状態であるから，電流はすべて抵抗$R_2$に流れる。このとき，抵抗$R_1$に流れる電流$I_\infty\,[\text{A}]$は，

$$I_\infty = \frac{E}{R_1 + R_2}\,[\text{A}]$$

　よって，(4)が正解。

解答… (4)

**ポイント**

　コンデンサCとコイルLの過渡現象をまとめると，下の表のようになります。

| | 初期状態 | 定常状態 |
|---|---|---|
| $RC$回路 | Cを短絡して考える | Cを開放して考える |
| $RL$回路 | Lを開放して考える | Lを短絡して考える |

CH 06
過渡現象とその他の波形

問題123 図の回路において，スイッチSが開いているとき，静電容量$C_1 =$ 0.004 Fのコンデンサには電荷$Q_1 = 0.3$ Cが蓄積されており，静電容量$C_2 =$ 0.002 Fのコンデンサの電荷は$Q_2 = 0$ Cである。この状態でスイッチSを閉じて，それから時間が十分に経過して過渡現象が終了した。この間に抵抗$R$ [Ω] で消費された電気エネルギー[J]の値として，正しいのは次のうちどれか。

(1) 2.50    (2) 3.75    (3) 7.50    (4) 11.25    (5) 13.33

H14-A9

| | ① | ② | ③ | ④ | ⑤ |
|---|---|---|---|---|---|
| 学 習 日 | | | | | |
| 理 解 度 (○/△/×) | | | | | |

**解説**

　スイッチSを閉じる前に，コンデンサ$C_1$に蓄えられていた静電エネルギー$W$[J]は$W = \dfrac{1}{2}\dfrac{Q^2}{C}$より，

$$W = \frac{Q_1^2}{2C_1} = \frac{0.3^2}{2 \times 0.004} = 11.25 \text{ J}$$

　次に，スイッチSを閉じた後コンデンサ$C_1$に蓄えられている電荷の一部がコンデンサ$C_2$に移動するが，コンデンサ$C_1$，$C_2$に蓄えられている電荷の総量は$Q_1$[C]のままである。

　スイッチSを閉じた後の静電エネルギー$W'$[J]は，

$$W' = \frac{Q_1^2}{2(C_1 + C_2)} = \frac{0.3^2}{2 \times (0.004 + 0.002)} = 7.5 \text{ J}$$

　抵抗$R$で消費された電気エネルギーの値はスイッチSを閉じる前と閉じた後のエネルギー差$\Delta W$[J]に等しいから，

$$\Delta W = W - W' = 11.25 - 7.5 = 3.75 \text{ J}$$

　よって，(2)が正解。

【スイッチSが開いているとき】

⬇ スイッチSを閉じる

【スイッチSを閉じた後】

電荷が移動するだけなので電荷の総量 $Q_1 + Q_2$ は変化しない（電荷保存の法則）

解答… (2)

**問題124** 図のように，直流電圧 $E[V]$ の電源が2個，$R[\Omega]$ の抵抗が2個，静電容量 $C[F]$ のコンデンサ，スイッチ $S_1$ と $S_2$ からなる回路がある。スイッチ $S_1$ と $S_2$ の初期状態は，共に開いているものとする。電源の内部インピーダンスは零とする。時刻 $t = t_1[s]$ でスイッチ $S_1$ を閉じ，その後，時定数 $CR[s]$ に比べて十分に時間が経過した時刻 $t = t_2[s]$ でスイッチ $S_1$ を開き，スイッチ $S_2$ を閉じる。このとき，コンデンサの端子電圧 $v[V]$ の波形を示す図として，最も近いものを次の(1)〜(5)のうちから一つ選べ。

ただし，コンデンサの初期電荷は零とする。

(1)

(2)

(3)

(4)

(5)

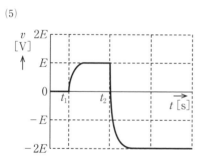

H26-A11

| | ① | ② | ③ | ④ | ⑤ |
|---|---|---|---|---|---|
| 学 習 日 | | | | | |
| 理 解 度<br>(○/△/×) | | | | | |

**解説**

①スイッチ$S_1$を閉じたとき，

回路は図のようになり，コンデンサ$C$は端子電圧が$v = E[\mathrm{V}]$になるまで充電される。

②スイッチ$S_1$を開いて，スイッチ$S_2$を閉じた直後，

コンデンサ$C$に蓄えられた電荷は放電され，$C$の端子電圧は0になる。その後，コンデンサ$C$は電源電圧$E$によって逆方向に充電される。

したがって，端子電圧は$v = -E[\mathrm{V}]$となる。

以上より，コンデンサの端子電圧$v$の波形として最も近いのは選択肢(4)の波形となる。

よって，(4)が正解。

解答… (4)

**問題125** 図1から図5に示す5種類の回路は，$R[\Omega]$の抵抗と静電容量$C[F]$のコンデンサの個数と組み合わせを異にしたものである。コンデンサの初期電荷を零として，スイッチSを閉じたときの回路の過渡的な現象を考える。そのとき，これら回路のうちで時定数が最も大きい回路を示す図として，正しいのは次のうちどれか。

図1　図2　図3　図4　図5

H19-A10

|  | ① | ② | ③ | ④ | ⑤ |
|---|---|---|---|---|---|
| 学習日 |  |  |  |  |  |
| 理解度<br>（○/△/×） |  |  |  |  |  |

抵抗値 $R[\Omega]$ の抵抗と静電容量 $C[\mathrm{F}]$ のコンデンサが直列に接続された $RC$ 直列回路の時定数 $\tau[\mathrm{s}]$ は，

$$\tau = RC\,[\mathrm{s}]$$

本問では，回路における合成抵抗と合成静電容量を求めて，それらの積から時定数を求める。

(1)において，時定数 $\tau_1[\mathrm{s}]$ は，

$$\tau_1 = RC\,[\mathrm{s}]$$

(2)において，合成静電容量 $C_{20}[\mathrm{F}]$ は，

$$C_{20} = \frac{C \cdot C}{C + C} = \frac{C}{2}\,[\mathrm{F}]$$

よって，時定数 $\tau_2[\mathrm{s}]$ は，

$$\tau_2 = RC_{20} = R \times \frac{C}{2} = \frac{RC}{2}\,[\mathrm{s}]$$

(3)において，合成抵抗 $R_{30}[\Omega]$ は，

$$R_{30} = \frac{R \cdot R}{R + R} = \frac{R}{2}\,[\Omega]$$

よって，時定数 $\tau_3[\mathrm{s}]$ は，

$$\tau_3 = R_{30}C = \frac{R}{2} \times C = \frac{RC}{2}\,[\mathrm{s}]$$

(4)において，合成静電容量 $C_{40}[\mathrm{F}]$ は，

$$C_{40} = C + C = 2C\,[\mathrm{F}]$$

よって，時定数 $\tau_4[\mathrm{s}]$ は，

$$\tau_4 = RC_{40} = R \times 2C = 2RC\,[\mathrm{s}]$$

(5)において，時定数 $\tau_5[\mathrm{s}]$ は，

$$\tau_5 = R_{30}C_{40} = \frac{R}{2} \times 2C = RC\,[\mathrm{s}]$$

以上より，時定数が最も大きい回路は**図4**である。

よって，(4)が正解。

**解答… (4)**

**問題126** 図のように，2種類の直流電源，$R[\Omega]$の抵抗，静電容量$C[F]$のコンデンサ及びスイッチSからなる回路がある。この回路において，スイッチSを①側に閉じて回路が定常状態に達した後に，時刻$t=0\,\mathrm{s}$でスイッチSを①側から②側に切り換えた。②側への切り換え以降の，コンデンサから流れ出る電流$i[A]$の時間変化を示す図として，正しいものを次の(1)～(5)のうちから一つ選べ。

(1)

(2)

(3)

(4)

(5)

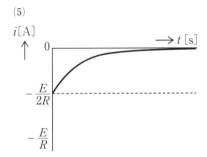

H23-A10

| | ① | ② | ③ | ④ | ⑤ |
|---|---|---|---|---|---|
| 学 習 日 | | | | | |
| 理 解 度<br>(○/△/×) | | | | | |

スイッチSを①側に閉じて定常状態に達した後の回路を示すと下図のようになる。

コンデンサ$C$には$Q = CV$より，$Q = 2CE$[C]の電荷が蓄えられる。

次に，スイッチを②側に切り替えた直後の回路を示すと下図のようになる。

オームの法則より，上図において，

$$i = \frac{\frac{2CE}{C} - E}{R} = \frac{E}{R} \ [\text{A}]$$

の電流が流れ出る。コンデンサの電荷は徐々に減少していき，コンデンサの電圧が電源電圧$E$[V]と等しくなると電流は0になる。

以上より，電流$i$の時間変化を表す波形として最も適するのは，選択肢(3)の波形となる。

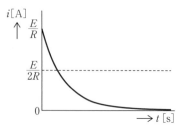

よって，(3)が正解。

解答… (3)

問題127 図のように，開いた状態のスイッチS，$R[\Omega]$の抵抗，インダクタンス$L[H]$のコイル，直流電源$E[V]$からなる直列回路がある。この直列回路において，スイッチSを閉じた直後に過渡現象が起こる。この場合に，「回路に流れる電流」，「抵抗の端子電圧」及び「コイルの端子電圧」に関し，時間の経過にしたがって起こる過渡現象として，正しいものを組み合わせたのは次のうちどれか。

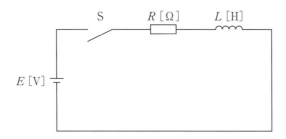

| | 回路に流れる電流 | 抵抗の端子電圧 | コイルの端子電圧 |
|---|---|---|---|
| (1) | 大きくなる | 低下する | 上昇する |
| (2) | 小さくなる | 上昇する | 低下する |
| (3) | 大きくなる | 上昇する | 上昇する |
| (4) | 小さくなる | 低下する | 上昇する |
| (5) | 大きくなる | 上昇する | 低下する |

H20-A10

| | ① | ② | ③ | ④ | ⑤ |
|---|---|---|---|---|---|
| 学習日 | | | | | |
| 理解度<br>(○/△/×) | | | | | |

**解説** ━━━━━━━━━━━━━━━━━━

$RL$回路におけるコイルの振る舞いは次のとおり。

・スイッチSを閉じた瞬間（初期値）は$L$を開放して考える

・スイッチSを閉じて時間が十分経過（最終値）したら$L$を短絡して考える

これより，スイッチSを閉じた瞬間の電流を$I_0$[A]，スイッチSを閉じて時間が十分経過したときの電流を$I_\infty$[A]とすると，

$$I_0 = 0 \text{ A}, \quad I_\infty = \frac{E}{R}[\text{A}]$$

つまり，回路に流れる電流は**大きくなる**。

また，スイッチSを閉じた瞬間の抵抗の端子電圧を$V_{R0}$[V]，スイッチSを閉じて時間が十分経過したときの抵抗の端子電圧を$V_{R\infty}$[V]とすると，オームの法則より，

$$V_{R0} = I_0 R = 0 \times R = 0 \text{ V}$$

$$V_{R\infty} = I_\infty R = \frac{E}{R} \cdot R = E[\text{V}]$$

つまり，抵抗の端子電圧は**上昇する**。

一方，スイッチSを閉じた瞬間のコイルの端子電圧を$V_{L0}$[V]，スイッチSを閉じて時間が十分経過したときのコイルの端子電圧を$V_{L\infty}$[V]とすると，

$$V_{L0} = E - V_{R0} = E - 0 = E[\text{V}]$$

$$V_{L\infty} = E - V_{R\infty} = E - E = 0 \text{ V}$$

つまり，コイルの端子電圧は**低下する**。

よって，(5)が正解。

**解答…** (5)

**問題128** 図のように，直流電圧 $E$[V]の電源，$R$[Ω]の抵抗，インダクタンス $L$[H]のコイル，スイッチ$S_1$と$S_2$からなる回路がある。電源の内部インピーダンスは零とする。時刻 $t = t_1$[s]でスイッチ$S_1$を閉じ，その後，時定数 $\dfrac{L}{R}$[s]に比べて十分に時間が経過した時刻 $t = t_2$[s]でスイッチ$S_2$を閉じる。このとき，電源から流れ出る電流 $i$[A]の波形を示す図として，最も近いものを次の(1)～(5)のうちから一つ選べ。

(1)

(2)

(3)

(4)

(5)

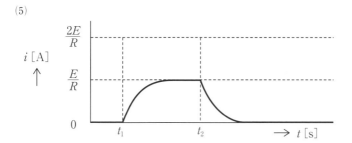

H24-A9

| | ① | ② | ③ | ④ | ⑤ |
|---|---|---|---|---|---|
| 学習日 | | | | | |
| 理解度<br>(○/△/×) | | | | | |

時刻 $t = t_1$[s]でスイッチ$S_1$を閉じた後，$\dfrac{L}{R}$[s]に比べて十分に時間が経過した定常状態のコイルのインピーダンスは0とみなせる。よってコイルによる電圧降下は生じず，$i = \dfrac{E}{R}$[A]の電流が流れている。

また，$t = t_2$[s]のときスイッチ$S_2$を閉じても，コイルは短絡していると考えることができるので電流$i$[A]に変化はない。

以上より，電流$i$の波形として最も適するのは，選択肢(3)の波形となる。

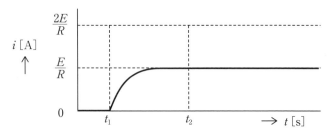

よって，(3)が正解。

**解答…** (3)

**問題129** 図の回路において，十分に長い時間開いていたスイッチSを時刻 $t =$ 0 ms から時刻 $t = 15$ ms の間だけ閉じた。このとき，インダクタンス 20 mH の コイルの端子間電圧 $v$[V]の時間変化を示す図として，最も近いものを次の (1)〜(5)のうちから一つ選べ。

(1)

(2)

(3)

(4)

(5)

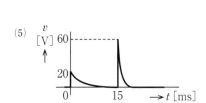

H25-A12

| | ① | ② | ③ | ④ | ⑤ |
|---|---|---|---|---|---|
| 学 習 日 | | | | | |
| 理 解 度 (○/△/×) | | | | | |

　$t=0$でスイッチを閉じると，閉じた瞬間はコイルに電流が流れないので，20 Ωの抵抗に加わる電圧は，抵抗の比に分配され$\dfrac{20}{10+20}\times30=20$ V となる。よって，並列に接続されたコイルの端子間電圧も 20 V である。

$t=0$

　次に，スイッチを開く直前，コイルは短絡状態となっていて抵抗20 Ωには電流が流れないので，コイルには$I=\dfrac{V}{R}=\dfrac{30}{10}=3$ A の電流が流れていることになる。

$0<t<15$ ms のうち定常状態であるとき

　そして，スイッチを開いた瞬間，コイルに蓄えられた電磁エネルギーがあるため，コイルは電流変化を打ち消す方向に起電力を生じる。よって，電流はすぐには0にならず，$t=15$ ms では抵抗20 Ωには$V_R=RI=20\times3=60$ V の電圧がかかる。

$t=15$ ms

326

このとき，コイルに加わる電圧 $V_L$[V]は，キルヒホッフの第二法則より，

    $V_L = V_R = 60\ \text{V}$

よって，このときの電圧 $v$[V]は，

    $v = -V_L = -60\ \text{V}$

以上より，電圧 $v$ の波形として最も適するのは，選択肢(4)の波形となる。

よって，(4)が正解。

解答… (4)

**ポイント**

コイルには電流の変化を妨げようとし，その時点での電流の大きさを保とうとする性質があります。

## 微分回路と積分回路

**問題130** 図1のようなインダクタンス $L[\mathrm{H}]$ のコイルと $R[\Omega]$ の抵抗からなる直列回路に，図2のような振幅 $E[\mathrm{V}]$，パルス幅 $T_0[\mathrm{s}]$ の方形波電圧 $v_i[\mathrm{V}]$ を加えた。このときの抵抗 $R[\Omega]$ の端子間電圧 $v_R[\mathrm{V}]$ の波形を示す図として，正しいのは次のうちどれか。

ただし，図1の回路の時定数 $\dfrac{L}{R}[\mathrm{s}]$ は $T_0[\mathrm{s}]$ より十分小さく $\left(\dfrac{L}{R} \ll T_0\right)$，方形波電圧 $v_i[\mathrm{V}]$ を発生する電源の内部インピーダンスは $0\,\Omega$ とし，コイルに流れる初期電流は $0\,\mathrm{A}$ とする。

図1

図2

(1)

(2)

(3)

(4)

(5)

H21-A10

| | ① | ② | ③ | ④ | ⑤ |
|---|---|---|---|---|---|
| 学 習 日 | | | | | |
| 理 解 度<br>(○/△/×) | | | | | |

コイルは電流の変化を嫌う性質があるため，時刻 $t = 0$ のとき電流はゼロ，すなわち抵抗 $R$ において電圧降下は発生せず，端子間電圧 $v_R$ はゼロとなる。その後，$v_R$ は徐々に上昇し，時定数 $\dfrac{L}{R}$ は $T_0$ よりも十分に小さいので，電圧は $V_R = E [\mathrm{V}]$ となる。時刻 $t = T_0$ のとき，方形波電圧はゼロとなるが，先ほどと同様に，電流はいきなりゼロにはならず，徐々に減少してゼロとなる。それにともない，抵抗 $R$ における電圧降下も低下していく。

以上より，電圧 $v_R$ の波形として最も適するのは，選択肢(5)の波形となる。

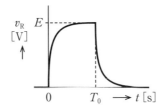

よって，(5)が正解。

**解答…** (5)

# CHAPTER 07

# 電子理論

**問題131** 半導体に関する記述として，誤っているものを次の(1)～(5)のうちから一つ選べ。

(1) 極めて高い純度に精製されたシリコン（Si）の真性半導体に，価電子の数が3個の原子，例えばホウ素（B）を加えるとp形半導体になる。

(2) 真性半導体に外部から熱を与えると，その抵抗率は温度の上昇とともに増加する。

(3) n形半導体のキャリアは正孔より自由電子の方が多い。

(4) 不純物半導体の導電率は金属よりも小さいが，真性半導体よりも大きい。

(5) 真性半導体に外部から熱や光などのエネルギーを加えると電流が流れ，その向きは正孔の移動する向きと同じである。

H28-A11

|  | ① | ② | ③ | ④ | ⑤ |
|---|---|---|---|---|---|
| 学 習 日 |  |  |  |  |  |
| 理 解 度 (○/△/×) |  |  |  |  |  |

**解説**

(1) p形半導体とは，シリコンの真性半導体に，価電子が3個の原子を不純物として混合させてつくられる半導体のことである。よって，(1)は正しい。

(2) 真性半導体に外部から熱を加えると，熱によってエネルギーを受けた電子は常温時よりも移動しやすくなり，電気が流れやすくなる。つまり，真性半導体は温度上昇とともに抵抗率が**低下する**。よって，(2)は**誤り**。

(3) n形半導体は，真性半導体に価電子が5個の原子を不純物として混合させてつくられる。その際，1つ余った電子がキャリアとなるので，その数は正孔よりも多くなる。よって，(3)は正しい。

(4) 物質の導電率は，導体（金属），不純物半導体，真性半導体，絶縁体の順に大きい。よって，(4)は正しい。

(5) 真性半導体に外部からエネルギーを加えると，ある価電子が共有結合からはずれ，自由電子と正孔ができる（図1）。この正孔が，近くの価電子を取り込み（図2），それによって生じた正孔がほかの電子を取り込み，正孔が見かけ上移動する（図3）。これを繰り返すことで，電流が流れる。このとき，電子の流れは正孔の移動する向きと逆になる。つまり，電流の流れと正孔の流れは一致する。よって，(5)は正しい。

図1　　　　図2　　　　図3

以上より，(2)が正解。

解答… (2)

**問題132** 次の文章は，不純物半導体に関する記述である。

　極めて高い純度に精製されたケイ素（Si）の真性半導体に，微量のリン（P），ヒ素（As）などの ［　(ア)　］ 価の元素を不純物として加えたものを ［　(イ)　］ 形半導体といい，このとき加えた不純物を ［　(ウ)　］ という。

　ただし，Si，P，Asの原子番号は，それぞれ14，15，33である。

　上記の記述中の空白箇所(ア)，(イ)及び(ウ)に当てはまる組合せとして，正しいものを次の(1)〜(5)のうちから一つ選べ。

|  | (ア) | (イ) | (ウ) |
|---|---|---|---|
| (1) | 5 | p | アクセプタ |
| (2) | 3 | n | ドナー |
| (3) | 3 | p | アクセプタ |
| (4) | 5 | n | アクセプタ |
| (5) | 5 | n | ドナー |

H25-A11

|  | ① | ② | ③ | ④ | ⑤ |
|---|---|---|---|---|---|
| 学 習 日 |  |  |  |  |  |
| 理 解 度<br>(○/△/×) |  |  |  |  |  |

　リン（P），ヒ素（As）は最外殻の電子数が5であるから，㋐**5**価の元素である。このような5価の元素を不純物として真性半導体に添加したものを㋑**n**形半導体といい，添加した不純物元素を㋒**ドナー**という。

　よって，(5)が正解。

電 CH
子 07
理
論

 **ポイント**

　n形のnは，ネガティブ（negative＝負）のnであり，p形のpは，ポジティブ（positive＝正）のpです。ドナー（提供者）は電子を供給し，アクセプタ（引受人）は電子を受け入れます。

**問題133** 次の文章は，p形半導体とn形半導体の接合面におけるキャリヤの働きについて述べたものである。

a. 図1のように，p形半導体とn形半導体が接合する接合面付近では，拡散により，p形半導体内のキャリヤ（△印）はn形半導体の領域内に移動する。また，n形半導体内のキャリヤ（□印）はp形半導体の領域内に移動する。

b. 接合面付近では，図2のように拡散したそれぞれのキャリヤが互いに結合して消滅し，［ (ア) ］と呼ばれるキャリヤのない領域が生じる。

c. その結果，［ (ア) ］内において，p形半導体内の接合面付近に［ (イ) ］が，n形半導体内の接合面付近に［ (ウ) ］が現れる。

d. それにより，接合面付近にはキャリヤの移動を妨げる［ (エ) ］が生じる。その方向は，図2中の矢印［ (オ) ］の方向である。

上記の記述中の空白箇所(ア)，(イ)，(ウ)，(エ)及び(オ)に当てはまる語句として，正しいものを組み合わせたのは次のうちどれか。

図1　　　　　図2

| | (ア) | (イ) | (ウ) | (エ) | (オ) |
|---|---|---|---|---|---|
| (1) | 空乏層 | 負の電荷 | 正の電荷 | 電　界 | A |
| (2) | 反転層 | 正の電荷 | 負の電荷 | 磁　界 | A |
| (3) | 空乏層 | 負の電荷 | 正の電荷 | 磁　界 | C |
| (4) | 反転層 | 正の電荷 | 負の電荷 | 電　界 | B |
| (5) | 空乏層 | 負の電荷 | 正の電荷 | 電　界 | B |

H14-A10

接合面

b. 接合面付近では，図2のように拡散したそれぞれのキャリヤが互いに結合して消滅し，(ア)**空乏層**と呼ばれるキャリヤのない領域が生じる。

c. その結果，(ア)**空乏層**内において，p形半導体内の接合面付近に(イ)**負の電荷**がn形半導体内の接合面付近に(ウ)**正の電荷**が現れる。

d. それにより，接合面付近にはキャリヤの移動を妨げる(エ)**電界**が生じる。その方向は，図2中の矢印(オ)**B**の方向である。

以上より，(5)が正解。

解答… (5)

**ポイント**

ドナーとアクセプタの結合により，ドナーは電子を失い正の電荷を帯びたドナーイオンとなり，アクセプタは正孔を失い負の電荷を帯びたアクセプタイオンとなります。

| | ① | ② | ③ | ④ | ⑤ |
|---|---|---|---|---|---|
| 学 習 日 | | | | | |
| 理 解 度<br>(○/△/×) | | | | | |

**難易度 A** ダイオード(2)

**問題134** 図は，抵抗 $R_1[\Omega]$ とダイオードからなるクリッパ回路に負荷となる抵抗 $R_2[\Omega]$（$=2R_1[\Omega]$）を接続した回路である。入力直流電圧 $V[V]$ と $R_1[\Omega]$ に流れる電流 $I[A]$ の関係を示す図として，最も近いものを次の(1)～(5)のうちから一つ選べ。

ただし，順電流が流れているときのダイオードの電圧は，0Vとする。また，逆電圧が与えられているダイオードの電流は，0Aとする。

(1)

(2)

(3)

(4)

(5)

|  | ① | ② | ③ | ④ | ⑤ |
|---|---|---|---|---|---|
| 学 習 日 |  |  |  |  |  |
| 理 解 度 (○/△/×) |  |  |  |  |  |

【図1 逆電圧が与えられているとき】 【図2 順電圧が与えられているとき】

　逆電圧が与えられているとき，図1のように負方向の電流が流れる。また，ダイオードの電流は0 A なので，電流 $I$[A]は，

$$I = \frac{V}{R_1 + R_2}\text{[A]}$$

　一方，順電圧が与えられているとき，図2のように正方向の電流が流れる。また，ダイオードの電圧は0 V となり，抵抗 $R_2$ には電流が流れないから，

$$I = \frac{V}{R_1}\text{[A]}$$

傾きは，$\dfrac{1}{R_1 + R_2} < \dfrac{1}{R_1}$ なので，順電圧が与えられているときの方が大きくなる。

　以上より，電圧 $V$ と電流 $I$ の関係を示す図として最も適するのは，選択肢(5)の図となる。

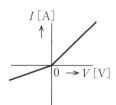

　よって，(5)が正解。

解答…　(5)

**問題135** 発光ダイオード（LED）に関する次の記述のうち，誤っているのはどれか。

(1) 主として表示用光源及び光通信の送信部の光源として利用されている。

(2) 表示用として利用される場合，表示用電球より消費電力が小さく長寿命である。

(3) ヒ化ガリウム（GaAs），リン化ガリウム（GaP）等を用いた半導体のpn接合部を利用する。

(4) 電流を順方向に流した場合，pn接合部が発光する。

(5) 発光ダイオードの順方向の電圧降下は，一般に0.2 V程度である。

H13-A6

| | ① | ② | ③ | ④ | ⑤ |
|---|---|---|---|---|---|
| 学 習 日 | | | | | |
| 理 解 度 (○/△/×) | | | | | |

(5) 発光ダイオードの順方向の電圧降下は一般のダイオードに比べて大きく，一般に約2 V程度である。したがって，**誤り**。

よって，(5)が正解。

**解答…** (5)

　発光ダイオードの順方向の電圧降下の値は発光色によって異なります。赤色の場合は約2.1 V，青色の場合は約3.5 Vです。

**問題136** 次の文章は，それぞれのダイオードについて述べたものである。

a. 可変容量ダイオードは，通信機器の同調回路などに用いられる。このダイオードは，pn接合に　(ア)　電圧を加えて使用するものである。

b. pn接合に　(イ)　電圧を加え，その値を大きくしていくと，降伏現象が起きる。この降伏電圧付近では，流れる電流が変化しても接合両端の電圧はほぼ一定に保たれる。定電圧ダイオードは，この性質を利用して所定の定電圧を得るようにつくられたダイオードである。

c. レーザダイオードは光通信や光情報機器の光源として利用され，pn接合に　(ウ)　電圧を加えて使用するものである。

　上記の記述中の空白箇所(ア)〜(ウ)に当てはまる組合せとして，正しいものを次の(1)〜(5)のうちから一つ選べ。

| | (ア) | (イ) | (ウ) |
|---|---|---|---|
| (1) | 逆方向 | 順方向 | 逆方向 |
| (2) | 順方向 | 逆方向 | 順方向 |
| (3) | 逆方向 | 逆方向 | 逆方向 |
| (4) | 順方向 | 順方向 | 逆方向 |
| (5) | 逆方向 | 逆方向 | 順方向 |

R4下-A11

| | ① | ② | ③ | ④ | ⑤ |
|---|---|---|---|---|---|
| 学 習 日 | | | | | |
| 理 解 度 (○/△/×) | | | | | |

a. 可変容量ダイオードは(ア)**逆方向**電圧を加えて，接合容量を変化させて使用する。

b. 定電圧ダイオードは，(イ)**逆方向**電圧を大きくすると生じる降伏現象を利用している。

c. レーザダイオードは，(ウ)**順方向**に電圧を加えるとレーザ光を発する。

よって，(5)が正解。

解答… (5)

ポイント

　可変容量ダイオードは逆電圧を加え，空乏層の幅を変化させることで，接合容量（静電容量）を変化させることができます。接合容量は空乏層の幅に反比例します。

# B ダイオード(5)

教科書 SECTION 02

**問題137** 半導体のpn接合を利用した素子に関する記述として、誤っているものを次の(1)〜(5)のうちから一つ選べ。

(1) ダイオードにp形が負、n形が正となる電圧を加えたとき、p形、n形それぞれの領域の少数キャリヤに対しては、順電圧と考えられるので、この少数キャリヤが移動することによって、極めてわずかな電流が流れる。

(2) pn接合をもつ半導体を用いた太陽電池では、そのpn接合部に光を照射すると、電子と正孔が発生し、それらがpn接合部で分けられ電子がn形、正孔がp形のそれぞれの電極に集まる。その結果、起電力が生じる。

(3) 発光ダイオードのpn接合領域に順電圧を加えると、pn接合領域でキャリヤの再結合が起こる。再結合によって、そのエネルギーに相当する波長の光が接合部付近から放出される。

(4) 定電圧ダイオード（ツェナーダイオード）はダイオードにみられる順電圧・電流特性の急激な降伏現象を利用したものである。

(5) 空乏層の静電容量が、逆電圧によって変化する性質を利用したダイオードを可変容量ダイオード又はバラクタダイオードという。逆電圧の大きさを小さくしていくと、静電容量は大きくなる。

H26-A12

| | ① | ② | ③ | ④ | ⑤ |
|---|---|---|---|---|---|
| 学 習 日 | | | | | |
| 理 解 度<br>(○/△/×) | | | | | |

**解説** ━━━━━━━━━━━━━━━━━━━━━━━━━━━━━━━━━━━━━

(1) 問題文には「p形に負，n形に正となる電圧を加えた」とあるが，本来「逆電圧」であり，「少数キャリヤに対して」は順電圧と扱う。このとき，一般には「ほとんど電流は流れない」と表現されるが，これは「極めてわずかな電流が流れる」と同義である。よって，(1)は正しい。

(2) 太陽電池は，ホトダイオードという半導体素子を利用して，光エネルギーを電気エネルギーに変換する装置である。ホトダイオードは，受光により空乏層に電子と正孔が発生する。発生した正孔がp形，電子がn形に移動することで，電極間に電位差が生じる。よって，(2)は正しい。

(3) 発光ダイオードに順電圧を印加すると，接合部付近の正孔と電子が再結合して消滅する。それによってエネルギーが発生し，それが光となって放出される。よって，(3)は正しい。

(4) 定電圧ダイオード（ツェナーダイオード）における「降伏現象」は，**逆電圧**のときに発生する。よって，(4)は**誤り**。

(5) 可変容量ダイオード（バラクタダイオード）の基本構造は図1のとおり。

可変容量ダイオード（バラクタダイオード）に逆電圧を印加すると，空乏層内部のp形側に電子，n形側に正孔が集まり，仮想的なコンデンサを形成する。そのため，空乏層内部に静電容量の基本公式を適用することができる。逆電圧を小さくすることは，図1の距離 $l$ が狭まることを意味する。これを静電容量の基本公式に適用すれば，逆電圧を小さくしていくと静電容量は大きくなる，と解釈することができる。よって，(5)は正しい。

図1

以上より，(4)が正解。

**解答…** (4)

**ポイント**

定電圧ダイオードはダイオードの電圧・電流特性のうち①の領域（電流に関わらず電圧が一定）を使います。
ちなみに，②の領域を利用したものが可変容量ダイオード，③の領域を利用したのが発光ダイオードです。

ダイオードの電圧・電流特性

**問題138** 図のように，トランジスタを用いた非安定（無安定）マルチバイブレータ回路の一部分がある。ここで，Sはトランジスタの代わりの動作をするスイッチ，$R_1$，$R_2$，$R_3$は抵抗，$C$はコンデンサ，$V_{CC}$は直流電源電圧，$V_b$はベースの電圧，$V_c$はコレクタの電圧である。

この回路において，初期条件としてコンデンサ$C$の初期電荷は零，スイッチSは開いている状態と仮定する。

a. スイッチSが開いている状態（オフ）のときは，トランジスタTrのベースには抵抗$R_2$を介して　(ア)　の電圧が加わるので，トランジスタTrは　(イ)　となっている。ベースの電圧$V_b$は電源電圧$V_{CC}$より低いので，電流$i$は図の矢印"右"の向きに流れてコンデンサ$C$は充電されている。

b. 次に，スイッチSを閉じる（オン）と，その瞬間はコンデンサ$C$に充電されていた電荷でベースの電圧は負となるので，コレクタの電圧$V_c$は瞬時に高くなる。電流$i$は矢印"　(ウ)　"の向きに流れ，コンデンサ$C$は　(エ)　を始め，やがてベースの電圧は　(オ)　に変化し，コレクタの電圧$V_c$は下がる。

上記の記述中の空白箇所(ア)，(イ)，(ウ)，(エ)及び(オ)に当てはまる組合せとして，正しいものを次の(1)～(5)のうちから一つ選べ。

|     | (ア) | (イ) | (ウ) | (エ) | (オ) |
| --- | --- | --- | --- | --- | --- |
| (1) | 正 | オ ン | 左 | 放 電 | 負から正 |
| (2) | 負 | オ フ | 右 | 充 電 | 正から負 |
| (3) | 正 | オ ン | 左 | 充 電 | 正から零 |
| (4) | 零 | オ フ | 左 | 充 電 | 負から正 |
| (5) | 零 | オ フ | 右 | 放 電 | 零から正 |

H23-A13

|       | ① | ② | ③ | ④ | ⑤ |
| ----- | - | - | - | - | - |
| 学 習 日 |   |   |   |   |   |
| 理 解 度<br>(○/△/×) |   |   |   |   |   |

a .

スイッチSが開いているときの回路と流れる電流の経路を示すと，図1のとおり。

図1

図1において，抵抗$R_2$の電圧降下を$v_{R2}$とすると，キルヒホッフの第二法則（電圧則）より，

$$V_{CC} = v_{R2} + V_b$$

$$\therefore V_b = V_{CC} - v_{R2}$$

ベースには$V_{CC}$より$v_{R2}$だけ減少するものの，(ア)**正**の電圧が印加される。また，$V_b$が正であることから，トランジスタTrは(イ)**オン**となる。なお，図1においてコンデンサ$C$には電流$i$が右向きに流れ込んで充電されている。

b .

① スイッチSを閉じた瞬間

スイッチSを閉じたときの回路は図2のとおり。

図2

aのときにコンデンサCは充電されるので，図2において，左向き正の電圧$v_c$が発生している。このことから，接地点から考えると点bの電位$V_b$は負であり，トランジスタTrはオフとなる。よって，ベースに電流は流れ込まない。

　また，接地点から考えると点aの電位$V_a$は$V_{CC}$に等しく，正である。

　以上から，抵抗$R_2$には点aから点bの向きに電流が流れ，ベースに電流が流れ込まないことから，コンデンサCから左向きに電流が流れる。よって，電流$i$は矢印"(ウ)**左**"の向きに流れ，コンデンサCは(エ)**放電**を始める。

② スイッチを閉じ時間が経過したとき

　コンデンサCの放電が終わると，電流$i$は引き続き流れてコンデンサCの充電が始まる。充電が始まると，コンデンサCには図3のように右向き正の電圧$v_c'$が発生する。

図3

　接地点から考えると点bの電位$V_b$は(オ)**負から正に**変化し，トランジスタTrはオンとなる。

　以上より，(1)が正解。

解答… (1)

**問題139** バイポーラトランジスタと電界効果トランジスタ（FET）に関する記述として，誤っているのは次のうちどれか。

(1) バイポーラトランジスタは，消費電力がFETより大きい。

(2) バイポーラトランジスタは電圧制御素子，FETは電流制御素子といわれる。

(3) バイポーラトランジスタの入力インピーダンスは，FETのそれよりも低い。

(4) バイポーラトランジスタのコレクタ電流は自由電子及び正孔の両方が関与し，FETのドレーン電流は自由電子又は正孔のどちらかが関与する。

(5) バイポーラトランジスタは，静電気に対してFETより破壊されにくい。

H15-A10

| | ① | ② | ③ | ④ | ⑤ |
|---|---|---|---|---|---|
| 学 習 日 | | | | | |
| 理 解 度 (○/△/×) | | | | | |

**問題140** 電界効果トランジスタ（FET）に関する記述として，誤っているのは次のうちどれか。

(1) 接合形とMOS形に分類することができる。

(2) ドレーンとソースとの間の電流の通路には，n形とp形がある。

(3) MOS形はデプレション形とエンハンスメント形に分類できる。

(4) エンハンスメント形はゲート電圧に関係なくチャネルができる。

(5) ゲート電圧で自由電子又は正孔の移動を制御できる。

H16-A10

| | ① | ② | ③ | ④ | ⑤ |
|---|---|---|---|---|---|
| 学 習 日 | | | | | |
| 理 解 度 (○/△/×) | | | | | |

**解説**

(2) バイポーラトランジスタはベース電流によってコレクタ電流を制御する**電流制御素子**である。一方，FETはゲート電圧でドレーン電流を制御する**電圧制御素子**である。したがって，**誤り**。

よって，(2)が正解。

解答… (2)

**解説**

(4) エンハンスメント形は，ゲート電圧を加えてキャリヤの通り道であるチャネルを広げるので，**ゲート電圧を加えないとチャネルが形成されない**。したがって，**誤り**。

よって，(4)が正解。

解答… (4)

**ポイント**

　デプレッション形は，製造工程であらかじめチャネルをつくっておき，ゲート電圧によってチャネルをせまくします。そのため，ゲート電圧がゼロでも電流を流すことができます。

**問題141** FETは，半導体の中を移動する多数キャリアを □(ア)□ 電圧により生じる電界によって制御する素子であり，接合形と □(イ)□ 形がある。次の図記号は接合形の □(ウ)□ チャネルFETを示す。

　上記の記述中の空白個所(ア)，(イ)及び(ウ)に記入する字句として，正しいものを組み合わせたのは次のうちどれか。

|  | (ア) | (イ) | (ウ) |
|---|---|---|---|
| (1) | ゲート | MOS | n |
| (2) | ドレイン | MSI | p |
| (3) | ソース | DIP | n |
| (4) | ドレイン | MOS | p |
| (5) | ゲート | DIP | n |

H11-A3

| | ① | ② | ③ | ④ | ⑤ |
|---|---|---|---|---|---|
| 学 習 日 | | | | | |
| 理 解 度<br>(○/△/×) | | | | | |

**解説** ━━━━━━━━━━━━━━━━━━━━━━━━━━━━━━━━

　FETは(ア)**ゲート**電圧を加えることで，半導体のなかを移動する多数キャリヤを制御する素子で，接合形と(イ)**MOS**形がある。問題中の図は接合形の(ウ)**n**チャネルFETを表している。

　よって，(1)が正解。

解答… 　(1)

**ポイント**

　nチャネルFET（接合形）とpチャネルFET（接合形）の図記号は次のように表されます。

G ──┤ ── D
　　　├→│
　　　　 ── S

nチャネルFET
（接合形）

G ──┤ ── D
　　　├←│
　　　　 ── S

pチャネルFET
（接合形）

問題142 次の文章は，電界効果トランジスタに関する記述である。

　図に示すMOS電界効果トランジスタ（MOSFET）は，p形基板表面にn形のソースとドレーン領域が形成されている。また，ゲート電極は，ソースとドレーン間のp形基板表面上に薄い酸化膜の絶縁層（ゲート酸化膜）を介して作られている。ソースSとp形基板の電位を接地電位とし，ゲートGにしきい値電圧以上の正の電圧 $V_{GS}$ を加えることで，絶縁層を隔てたp形基板表面近くでは， (ア) が除去され，チャネルと呼ばれる (イ) の薄い層ができる。これによりソースSとドレーンDが接続される。この $V_{GS}$ を上昇させるとドレーン電流 $I_D$ は (ウ) する。

　また，このFETは (エ) チャネルMOSFETと呼ばれている。

　上記の記述中の空白箇所(ア)，(イ)，(ウ)及び(エ)に当てはまる組合せとして，正しいものを次の(1)～(5)のうちから一つ選べ。

| | (ア) | (イ) | (ウ) | (エ) |
|---|---|---|---|---|
| (1) | 正　孔 | 電　子 | 増　加 | n |
| (2) | 電　子 | 正　孔 | 減　少 | p |
| (3) | 正　孔 | 電　子 | 減　少 | p |
| (4) | 電　子 | 正　孔 | 増　加 | n |
| (5) | 正　孔 | 電　子 | 増　加 | p |

H23-A11

図のFETはエンハンスメント形の(エ)**n**チャネルMOSFETである。

ゲートGに電圧$V_{GS}$を加えると，p形基板表面近くの(ア)**正孔**が除去され，(イ)**電子**の薄い層ができる。$V_{GS}$を上昇させると，電子の通り道は広くなるので，ドレーン電流$I_D$は(ウ)**増加**する。

よって，(1)が正解。

解答… (1)

| | ① | ② | ③ | ④ | ⑤ |
|---|---|---|---|---|---|
| 学 習 日 | | | | | |
| 理 解 度<br>(○/△/×) | | | | | |

**問題143** 半導体素子に関する記述として，誤っているのは次のうちどれか。

(1) サイリスタは，p形半導体とn形半導体の4層構造を基本とした素子である。

(2) 可変容量ダイオードは，加えている逆方向電圧を変化させると静電容量が変化する。

(3) 演算増幅器の出力インピーダンスは，極めて小さい。

(4) pチャネルMOSFETの電流は，ドレーンからソースに流れる。

(5) ホトダイオードは，光が照射されると，p側に正電圧，n側に負電圧が生じる素子である。

H17-A10

|  | ① | ② | ③ | ④ | ⑤ |
|---|---|---|---|---|---|
| 学習日 |  |  |  |  |  |
| 理解度<br>(○/△/×) |  |  |  |  |  |

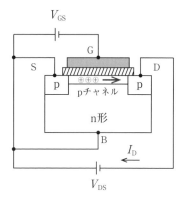

(4) pチャネルMOSFETの電流は，**ソースからドレーン**に流れる。したがって，**誤り**。

よって，(4)が正解。

解答… (4)

ポイント

電子によるチャネルをnチャネル，正孔によるチャネルをpチャネルといいます。

# 電子放出の種類

**問題144** 次の文章は，金属などの表面から真空中に電子が放出される現象に関する記述である。

a. タンタル（Ta）などの金属を熱すると，電子がその表面から放出される。この現象は　(ア)　放出と呼ばれる。

b. タングステン（W）などの金属表面の電界強度を十分に大きくすると，常温でもその表面から電子が放出される。この現象は　(イ)　放出と呼ばれる。

c. 電子を金属又はその酸化物・ハロゲン化物などに衝突させると，その表面から新たな電子が放出される。この現象は　(ウ)　放出と呼ばれる。

上記の記述中の空白箇所(ア)，(イ)及び(ウ)に当てはまる語句として，正しいものを組み合わせたのは次のうちどれか。

|     | (ア) | (イ) | (ウ) |
|-----|------|------|------|
| (1) | 熱電子 | 電　界 | 二次電子 |
| (2) | 二次電子 | 冷陰極 | 熱電子 |
| (3) | 電　界 | 熱電子 | 二次電子 |
| (4) | 熱電子 | 電　界 | 光電子 |
| (5) | 光電子 | 二次電子 | 冷陰極 |

H22-A12

|     | ① | ② | ③ | ④ | ⑤ |
|-----|---|---|---|---|---|
| 学習日 |   |   |   |   |   |
| 理解度 (○/△/×) |   |   |   |   |   |

a. ㈦**熱電子放出**は，タンタル（Ta）などの金属を熱すると，熱エネルギーによって電子が放出される現象である。

b. ㈣**電界放出**は，タングステン（W）などの金属表面に強い電界をかけると，常温でも電子が放出される現象である。

c. ㈥**二次電子放出**は，電子を金属やその酸化物・ハロゲン化物などに衝突させると，そのエネルギーによって，表面から新たな電子が放出される現象である。

よって，(1)が正解。

解答… (1)

**ポイント**

物質に光をあてると，光エネルギーによって物質内の電子が表面から外に放出される現象を光電子放出といいます。

**問題145** 図のように，真空中に電極間隔$d$[m]の平行板電極があり，陰極板上に電子を置いた。陽極板に電圧$V$[V]を加えたとき，この電子に加わる力$F$[N]の式として，正しいのは次のうちどれか。

ただし，電子の質量を$m$[kg]，電荷の絶対値を$e$[C]とする。また，電極板の端効果は無視できるものとする。

(1) $\dfrac{V^2}{d}e$　　(2) $\dfrac{V}{d^2}em$　　(3) $\dfrac{V}{d^2}\dfrac{m}{e}$　　(4) $\dfrac{V}{d^2}e$　　(5) $\dfrac{V}{d}e$

H15-A11

| | ① | ② | ③ | ④ | ⑤ |
|---|---|---|---|---|---|
| 学 習 日 | | | | | |
| 理 解 度<br>(○/△/×) | | | | | |

平行板電極間の電界の大きさ$E[\mathrm{V/m}]$は，

$$E = \frac{V}{d}[\mathrm{V/m}]$$

したがって，電子に加わる力$F[\mathrm{N}]$は，

$$F = eE = e\frac{V}{d} = \frac{V}{d}e[\mathrm{N}]$$

よって，(5)が正解。

解答… (5)

**問題146** 次の文章は，真空中における電子の運動に関する記述である。

図のように，$x$軸上の負の向きに大きさが一定の電界$E[\mathrm{V/m}]$が存在しているとき，$x$軸上に電荷が$-e[\mathrm{C}]$（$e$は電荷の絶対値），質量$m_0[\mathrm{kg}]$の1個の電子を置いた場合を考える。$x$軸の正方向の電子の加速度を$a[\mathrm{m/s^2}]$とし，また，この電子に加わる力の正方向を$x$軸の正方向にとったとき，電子の運動方程式は

$$m_0 a = \boxed{\quad (ア) \quad} \quad\cdots\cdots\cdots\cdots\cdots\cdots\cdots\cdots\cdots\cdots\cdots\cdots①$$

となる。①式から電子は等加速度運動をすることがわかる。したがって，電子の初速度を零としたとき，$x$軸の正方向に向かう電子の速度$v[\mathrm{m/s}]$は時間$t[\mathrm{s}]$の $\boxed{\quad(イ)\quad}$ 関数となる。また，電子の走行距離$x_{\mathrm{dis}}[\mathrm{m}]$は時間$t[\mathrm{s}]$の $\boxed{\quad(ウ)\quad}$ 関数で表される。さらに，電子の運動エネルギーは時間$t[\mathrm{s}]$の $\boxed{\quad(エ)\quad}$ で増加することがわかる。

ただし，電子の速度$v[\mathrm{m/s}]$はその質量の変化が無視できる範囲とする。

上記の記述中の空白箇所(ア)，(イ)，(ウ)及び(エ)に当てはまる組合せとして，正しいものを次の(1)～(5)のうちから一つ選べ。

|  | (ア) | (イ) | (ウ) | (エ) |
|---|---|---|---|---|
| (1) | $eE$ | 一 次 | 二 次 | 1乗 |
| (2) | $\dfrac{1}{2}eE$ | 二 次 | 一 次 | 1乗 |
| (3) | $eE^2$ | 一 次 | 二 次 | 2乗 |
| (4) | $\dfrac{1}{2}eE$ | 二 次 | 一 次 | 2乗 |
| (5) | $eE$ | 一 次 | 二 次 | 2乗 |

H23-A12

362

(ア) ニュートンの運動方程式より,

$$F = m_0 a [\text{N}]$$

また, 電荷 $-e[\text{C}]$ の電子を電界 $E[\text{V/m}]$ に置いた場合に働く力 $F[\text{N}]$ は,

$$F = eE [\text{N}]$$

よって, 電子の運動方程式は,

$$m_0 a = eE$$

(イ) 速度 $v$ は初速度を $v_0[\text{m/s}]$ とすると $v = v_0 + at[\text{m/s}]$ で表される。電子の初速度を0とすると $v = at[\text{m/s}]$ より, 時間 $t$ の**一次関数**となる。

(ウ) 距離 $x$ は $x = v_0 t + \dfrac{1}{2} at^2 [\text{m}]$ で表される。$v_0 = 0\,\text{m/s}$ より, 電子の走行距離 $x_{\text{dis}}$ は時間 $t$ の**二次関数**となる。

(エ) 電子の運動エネルギー $W[\text{J}]$ は

$$W = \frac{1}{2} m_0 v^2 = \frac{1}{2} m_0 a^2 t^2 [\text{J}]$$

となるから, 時間 $t$ の**2乗**で増加する。

以上より, (5)が正解。

解答… (5)

等加速度直線運動では, 変位 $x$ と速度 $v$ について, 次の公式があります。

$$x = v_0 t + \frac{1}{2} at^2$$

$$v = v_0 + at$$

ここで, $t = 0\,\text{s}$ での速度が $v_0$ です。

| | ① | ② | ③ | ④ | ⑤ |
|---|---|---|---|---|---|
| 学習日 | | | | | |
| 理解度<br>(○/△/×) | | | | | |

電子理論 CH 07

**問題147** 真空中において，電子の運動エネルギーが400 eVのときの速さが $1.19 \times 10^7$ m/sであった。電子の運動エネルギーが100 eVのときの速さ [m/s]の値として，最も近いものを次の(1)～(5)のうちから一つ選べ。

　ただし，電子の相対性理論効果は無視するものとする。

(1)　$2.98 \times 10^6$　　(2)　$5.95 \times 10^6$　　(3)　$2.38 \times 10^7$

(4)　$2.98 \times 10^9$　　(5)　$5.95 \times 10^9$

R4上-A12

| | ① | ② | ③ | ④ | ⑤ |
|---|---|---|---|---|---|
| 学 習 日 | | | | | |
| 理 解 度<br>(○/△/×) | | | | | |

質量を$m$[kg]，速さを$v$[m/s]とすると，電子の運動エネルギー$K$[J]は，

$$K = \frac{1}{2}mv^2 [\text{J}]$$

ここで，$1\,\text{J} = p$[eV]とすると，電子の運動エネルギー$K'$[eV]は，

$$K' = pK = \frac{1}{2}pmv^2 [\text{eV}] \quad \cdots ①$$

電子の運動エネルギーが$400\,\text{eV}$のとき速さが$1.19 \times 10^7\,\text{m/s}$であることを①に代入すると，

$$400 = \frac{1}{2}pm \times (1.19 \times 10^7)^2 \quad \cdots ②$$

また，電子の運動エネルギーが$100\,\text{eV}$のときの速さを$v'$[m/s]とすると，①に代入して，

$$100 = \frac{1}{2}pmv'^2 \quad \cdots ③$$

以上から，②÷③より，

$$\frac{400}{100} = \frac{\frac{1}{2}pm \times (1.19 \times 10^7)^2}{\frac{1}{2}pmv'^2}$$

$$4 = \left(\frac{1.19 \times 10^7}{v'}\right)^2$$

$$2 = \frac{1.19 \times 10^7}{v'}$$

$$\therefore v' = 1.19 \times 10^7 \times \frac{1}{2}$$

$$\fallingdotseq 5.95 \times 10^6\,\text{m/s}$$

よって，(2)が正解。

解答… (2)

ポイント

eVはエレクトロンボルトといい，電位差1Vで加速された1つの電子が得られるエネルギーを1eVと定義します。

電 CH
子 07
理
論

# 電界中の電子の運動(4)

**問題148** 真空中において，図のように電極板の間隔が6 mm，電極板の面積が十分広い平行平板電極があり，電極K，P間には2 000 Vの直流電圧が加えられている。このとき，電極K，P間の電界の強さは約 ____(ア)____ [V/m]である。電極Kをヒータで加熱すると表面から ____(イ)____ が放出される。ある1個の電子に着目してその初速度を零とすれば，電子が電極Pに達したときの運動エネルギー$W$は ____(ウ)____ [J]となる。

ただし，電極K，P間の電界は一様とし，電子の電荷$e = -1.6 \times 10^{-19}$ Cとする。

上記の記述中の空白箇所(ア)，(イ)及び(ウ)に当てはまる語句又は数値として，正しいものを組み合わせたのは次のうちどれか。

| | (ア) | (イ) | (ウ) |
|---|---|---|---|
| (1) | $3.3 \times 10^{2}$ | 光電子 | $1.6 \times 10^{-16}$ |
| (2) | $3.3 \times 10^{5}$ | 熱電子 | $3.2 \times 10^{-16}$ |
| (3) | $3.3 \times 10^{2}$ | 光電子 | $3.2 \times 10^{-16}$ |
| (4) | $3.3 \times 10^{2}$ | 熱電子 | $1.6 \times 10^{-16}$ |
| (5) | $3.3 \times 10^{5}$ | 熱電子 | $1.6 \times 10^{-16}$ |

H18-A12

(ア) 電極K，P間の電界の強さ$E[\mathrm{V/m}]$は，

$$E = \frac{V}{d} = \frac{2000}{6 \times 10^{-3}} \doteqdot 3.3 \times 10^5\,\mathrm{V/m}$$

(イ) 電極Kをヒータで加熱すると，熱エネルギーによって，表面から**熱電子**が放出される。

(ウ) 電子の運動エネルギー$W[\mathrm{J}]$は，電界中のエネルギー保存の法則より，

$$W = \frac{1}{2}mv^2 = eV = 1.6 \times 10^{-19} \times 2000 = 3.2 \times 10^{-16}\,\mathrm{J}$$

以上より，(2)が正解。

解答… (2)

CH 07
電子理論

| | ① | ② | ③ | ④ | ⑤ |
|---|---|---|---|---|---|
| 学 習 日 | | | | | |
| 理 解 度 (○/△/×) | | | | | |

**問題149** 図のように，極板間の距離$d$[m]の平行板導体が真空中に置かれ，極板間に強さ$E$[V/m]の一様な電界が生じている。質量$m$[kg]，電荷量$q$（$>0$）[C]の点電荷が正極から放出されてから，極板間の中心$\dfrac{d}{2}$[m]に達するまでの時間$t$[s]を表す式として，正しいものを次の(1)〜(5)のうちから一つ選べ。

ただし，点電荷の速度は光速より十分小さく，初速度は0 m/sとする。また，重力の影響は無視できるものとし，平行板導体は十分大きいものとする。

(1) $\sqrt{\dfrac{md}{qE}}$　　(2) $\sqrt{\dfrac{2md}{qE}}$　　(3) $\sqrt{\dfrac{qEd}{m}}$

(4) $\sqrt{\dfrac{qE}{md}}$　　(5) $\sqrt{\dfrac{2qE}{md}}$

R1-A12

| | ① | ② | ③ | ④ | ⑤ |
|---|---|---|---|---|---|
| 学 習 日 | | | | | |
| 理 解 度 (○/△/×) | | | | | |

極板間の電界の大きさが$E[\mathrm{V/m}]$であるから，正極と極板間の中心$\dfrac{d}{2}[\mathrm{m}]$の電位差は$\dfrac{d}{2}E[\mathrm{V}]$となる。

点電荷が極板間の中心に達した瞬間の速さを$v[\mathrm{m/s}]$とすると，力学的エネルギー保存の法則から，

$$q\frac{d}{2}E = \frac{1}{2}mv^2$$

$$v^2 = \frac{qdE}{m}$$

$$\therefore v = \sqrt{\frac{qdE}{m}}[\mathrm{m/s}]$$

ここで，点電荷の加速度を$a[\mathrm{m/s^2}]$，点電荷に働く力を$F[\mathrm{N}]$とすると運動方程式から，

$$F = ma$$

$$\therefore a = \frac{F}{m}$$

静電力$F = qE[\mathrm{N}]$から，

$$a = \frac{qE}{m}[\mathrm{m/s^2}]$$

また$v = at$より求める時間$t[\mathrm{s}]$は，

$$t = \frac{v}{a}$$

$$= \frac{\sqrt{\dfrac{qdE}{m}}}{\dfrac{qE}{m}}$$

$$= \sqrt{\frac{md}{qE}}[\mathrm{s}]$$

よって，(1)が正解。

解答… (1)

問題150 電流が流れている導体を磁界中に置くと，フレミングの ［(ア)］ の法則に従う電磁力を受ける。これは導体中を移動している電子が磁界から力を受け，結果として導体に力が働くと考えられる。

また，強さが一定の一様な磁界中に，磁界の方向と直角に電子が突入した場合は，電子の運動方向と常に ［(イ)］ 方向の力を受け，結果として等速 ［(ウ)］ 運動をすることになる。このような力を ［(エ)］ という。

上記の記述中の空白箇所(ア)，(イ)，(ウ)及び(エ)に当てはまる語句として，正しいものを組み合わせたのは次のうちどれか。

| | (ア) | (イ) | (ウ) | (エ) |
|---|---|---|---|---|
| (1) | 左　手 | 直　角 | 円 | ローレンツ力 |
| (2) | 右　手 | 同 | 円 | マクスウェルの引張り応力 |
| (3) | 左　手 | 直　角 | 直　線 | ローレンツ力 |
| (4) | 左　手 | 同 | 直　線 | マクスウェルの引張り応力 |
| (5) | 右　手 | 直　角 | 直　線 | ローレンツ力 |

H16-A11

| | ① | ② | ③ | ④ | ⑤ |
|---|---|---|---|---|---|
| 学 習 日 | | | | | |
| 理 解 度 (○/△/×) | | | | | |

ローレンツ力$F$

　磁束密度$B$[T]の磁界中に電子$e$[C]が$v$[m/s]の速度で突入すると，フレミングの㋐**左手**の法則によって，㋓**ローレンツ力**$F$が電子の運動方向と常に㋑**直角**な方向に働くから，電子は㋒**円**運動をする。

　よって，(1)が正解。

解答… 　　(1)

**ポイント**

　電子は電流の逆向きに移動するので，フレミングの左手の法則を使うときは，電子の移動する方向の逆向きを電流の向き（中指）にします。

問題151 次の文章は，磁界中の電子の運動に関する記述である。

図のように，平等磁界の存在する真空かつ無重力の空間に，電子を $x$ 方向に初速度 $v$[m/s]で放出する。平等磁界は $z$ 方向であり磁束密度の大きさ $B$[T]をもつとし，電子の質量を $m$[kg]，素電荷の大きさを $e$[C]とする。ただし，紙面の裏側から表側への向きを $z$ 方向の正とし，$v$ は光速に比べて十分小さいとする。このとき，電子の運動は ｜ (ア) ｜ となり，時間 $T=$ ｜ (イ) ｜ [s]後に元の位置に戻ってくる。電子の放出直後の軌跡は破線矢印の ｜ (ウ) ｜ のようになる。

一方，電子を磁界と平行な $z$ 方向に放出すると，電子の運動は ｜ (エ) ｜ となる。

$B$[T]

上記の記述中の空白箇所(ア)，(イ)，(ウ)及び(エ)に当てはまる組合せとして，正しいものを次の(1)～(5)のうちから一つ選べ。

| | (ア) | (イ) | (ウ) | (エ) |
|---|---|---|---|---|
| (1) | 単振動 | $\dfrac{m}{eB}$ | a | 等加速度運動 |
| (2) | 単振動 | $\dfrac{m}{2\pi eB}$ | b | らせん運動 |
| (3) | 等速円運動 | $\dfrac{m}{eB}$ | c | 等速直線運動 |
| (4) | 等速円運動 | $\dfrac{2\pi m}{eB}$ | c | らせん運動 |
| (5) | 等速円運動 | $\dfrac{2\pi m}{eB}$ | a | 等速直線運動 |

H30-A12

(ア) 一様な磁界中を移動する電子には，速度の方向と垂直に一定のローレンツ力が働く。

このローレンツ力が電子に対して中心に向かう向心力として働くことにより，電子の軌道は**等速円運動**になる。これをサイクロトロン運動という。

(イ) この等速円運動では，中心に向かおうとする向心力 $F_1 = evB$[N]と中心から遠ざかろうとする遠心力 $F_2 = m\dfrac{v^2}{r}$[N]（ただし，$r$[m]は等速円運動の半径）とがつり合っている。

このことから，円運動の速度$v$[m/s]は，

$$evB = m\frac{v^2}{r}$$

$$\therefore v = \frac{reB}{m}\,[\text{m/s}]$$

電子が円を1周して元の位置に戻ってくるまでの時間$T$[s]は，円周$2\pi r$[m]を速度$v$[m/s]で割って求められるため，

$$T = \frac{2\pi r}{v} = \frac{2\pi r}{\dfrac{reB}{m}} = \frac{2\pi m}{eB}\,[\text{s}]$$

(ウ) 電子の放出直後は，中心に向かう向心力であるローレンツ力が働く。$+z$方向に一様な磁界中を$+x$方向に移動する電子には，電子の運動方向と電流の流れる方向が逆であることに注意すると，フレミングの左手の法則よりローレンツ力は$+y$方向にはたらく。したがって，放出直後の電子の軌跡はaのようになる。

(エ) 磁界と平行に移動する電子には，ローレンツ力は働かない。このとき，電子は初速度のみの**等速直線運動**をする。

よって，(5)が正解。

**解答… (5)**

| | ① | ② | ③ | ④ | ⑤ |
|---|---|---|---|---|---|
| 学 習 日 | | | | | |
| 理 解 度<br>(○/△/×) | | | | | |

# 磁界中の電子の運動(3)

**問題152** 真空中において磁束密度$B$[T]の平等磁界中に，磁界の方向と直角に初速$v$[m/s]で入射した電子は，電磁力$F = \boxed{\quad (ア) \quad}$[N]によって円運動をする。

その円運動の半径を$r$[m]とすれば，遠心力と電磁力とが釣り合うので，円運動の半径は，$r = \boxed{\quad (イ) \quad}$[m]となる。また，円運動の角速度は$\omega = \dfrac{v}{r}$[rad/s]であるから，円運動の周期は$T = \boxed{\quad (ウ) \quad}$[s]となる。

ただし，電子の質量を$m$[kg]，電荷の大きさを$e$[C]とし，重力の影響は無視できるものとする。

上記の記述中の空白箇所(ア)，(イ)及び(ウ)に当てはまる式として，正しいものを組み合わせたのは次のうちどれか。

|     | (ア) | (イ) | (ウ) |
|-----|------|------|------|
| (1) | $Bmev$ | $\dfrac{mv}{Be}$ | $\dfrac{2\pi m}{Be}$ |
| (2) | $Bev$ | $\dfrac{mv}{Be}$ | $\dfrac{2\pi m}{Be}$ |
| (3) | $Bmev$ | $\dfrac{v}{Be}$ | $\dfrac{2\pi m}{Be}$ |
| (4) | $Bev$ | $\dfrac{mv}{Be}$ | $\dfrac{2\pi}{Be}$ |
| (5) | $Bmev$ | $\dfrac{v}{Be}$ | $\dfrac{2\pi}{Be}$ |

H19-A13

|       | ① | ② | ③ | ④ | ⑤ |
|-------|---|---|---|---|---|
| 学習日 |   |   |   |   |   |
| 理解度 (○/△/×) |   |   |   |   |   |

(ア) 電磁力（ローレンツ力）$F$は$F = Bev$[N]である。

(イ) 遠心力$F'$は$F' = m\dfrac{v^2}{r}$[N]であり，これが電磁力とつり合うから，

$$evB = \frac{mv^2}{r}$$

$$\therefore r = \frac{mv}{Be} [\text{m}]$$

(ウ) 電子の円運動の角速度$\omega$[rad/s]は，

$$\omega = \frac{v}{r} = v \cdot \frac{Be}{mv} = \frac{Be}{m} [\text{rad/s}]$$

であるから，円運動の周期$T$[s]は，周波数を$f$[Hz]とすると，

$$T = \frac{1}{f}$$

$\omega = 2\pi f$より，

$$\omega = 2\pi f$$

$$\therefore \frac{1}{f} = \frac{2\pi}{\omega}$$

$T = \dfrac{1}{f}$，$\omega = \dfrac{Be}{m}$より，

$$T = \frac{2\pi}{\dfrac{Be}{m}} = \frac{2\pi m}{Be} [\text{s}]$$

よって，⑵が正解。

解答… ⑵

**問題153** 次の文章は，図に示す「磁界中における電子の運動」に関する記述である。

真空中において，磁束密度 $B$[T]の一様な磁界が紙面と平行な平面の $\boxed{\quad(ア)\quad}$ へ垂直に加わっている。ここで，平面上の点aに電荷 $-e$[C]，質量 $m_0$[kg]の電子をおき，図に示す向きに速さ $v$[m/s]の初速度を与えると，電子は初速度の向き及び磁界の向きのいずれに対しても垂直で図に示す向きの電磁力 $F_A$[N]を受ける。この力のために電子は加速度を受けるが速度の大きさは変わらないので，その方向のみが変化する。したがって，電子はこの平面上で時計回りに速さ $v$[m/s]の円運動をする。この円の半径を $r$[m]とすると，電子の運動は，磁界が電子に作用する電磁力の大きさ $F_A = Bev$[N]と遠心力 $F_B = \dfrac{m_0}{r}v^2$[N]とが釣り合った円運動であるので，その半径は $r = \boxed{\quad(イ)\quad}$ [m]と計算される。したがって，この円運動の周期は $T = \boxed{\quad(ウ)\quad}$ [s]，角周波数は $\omega = \boxed{\quad(エ)\quad}$ [rad/s]となる。

ただし，電子の速さ $v$[m/s]は，光速より十分小さいものとする。また，重力の影響は無視できるものとする。

上記の記述中の空白箇所(ア)，(イ)，(ウ)及び(エ)に当てはまる組合せとして，正しいものを次の(1)〜(5)のうちから一つ選べ。

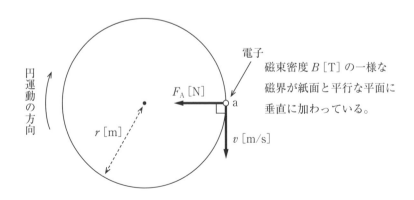

円運動の方向

$r$[m]

電子

$F_A$[N]

a

$v$[m/s]

磁束密度 $B$[T]の一様な磁界が紙面と平行な平面に垂直に加わっている。

| | (ア) | (イ) | (ウ) | (エ) |
|---|---|---|---|---|
| (1) | 裏からおもて | $\dfrac{m_0 v}{eB^2}$ | $\dfrac{2\pi m_0}{eB}$ | $\dfrac{eB}{m_0}$ |
| (2) | おもてから裏 | $\dfrac{m_0 v}{eB}$ | $\dfrac{2\pi m_0}{eB}$ | $\dfrac{eB}{m_0}$ |
| (3) | おもてから裏 | $\dfrac{m_0 v}{eB}$ | $\dfrac{2\pi m_0}{e^2 B}$ | $\dfrac{2e^2 B}{m_0}$ |
| (4) | おもてから裏 | $\dfrac{2m_0 v}{eB}$ | $\dfrac{2\pi m_0}{eB^2}$ | $\dfrac{eB^2}{m_0}$ |
| (5) | 裏からおもて | $\dfrac{m_0 v}{2eB}$ | $\dfrac{\pi m_0}{eB}$ | $\dfrac{eB}{m_0}$ |

H24-A12

| | ① | ② | ③ | ④ | ⑤ |
|---|---|---|---|---|---|
| 学習日 | | | | | |
| 理解度 (○/△/×) | | | | | |

⑺ フレミングの左手の法則より，電子の初速度の逆向きに中指を合わせると，人差し指の向きが磁界の向きとなる。よって，磁束密度 $B$ は**おもてから裏向き**である。

⑷ $F_A = F_B$ より，円運動の半径 $r$[m]は，

$$Bev = \frac{m_0}{r}v^2$$

$$\therefore r = \frac{m_0 v}{eB} [\text{m}]$$

⑻ 周期 $T$[s]は $T = \dfrac{2\pi r}{v}$ で表されるから，

$$T = \frac{2\pi}{v} \cdot \frac{m_0 v}{eB} = \frac{2\pi m_0}{eB} [\text{s}]$$

㈢ 角速度 $\omega$[rad/s]は，

$$\omega = \frac{2\pi}{T} = 2\pi \cdot \frac{eB}{2\pi m_0} = \frac{eB}{m_0} [\text{rad/s}]$$

よって，⑵が正解。

解答…　⑵

---

**ポイント**

円周の長さ $2\pi r$[m]を速度 $v$[m/s]で割ると，円運動の周期 $T$[s]が求められます。また，周期 $T$[s]は $360° = 2\pi$ rad を角速度 $\omega$[rad/s]で割っても求めることができます。

$$T = \frac{2\pi r}{v} = \frac{2\pi}{\omega} [\text{s}]$$

CH
07
電子理論

**問題154** 図1のように，真空中において強さが一定で一様な磁界中に，速さ $v$[m/s]の電子が磁界の向きに対して $\theta$[°]の角度（$0° < \theta$[°] $< 90°$）で突入した。この場合，電子は進行方向にも磁界の向きにも ◻（ア）◻ 方向の電磁力を常に受けて，その軌跡は，◻（イ）◻ を描く。

次に，電界中に電子を置くと，電子は電界の向きと ◻（ウ）◻ 方向の静電力を受ける。また，図2のように，強さが一定で一様な電界中に，速さ $v$[m/s]の電子が電界の向きに対して $\theta$[°]の角度（$0° < \theta$[°] $< 90°$）で突入したとき，その軌跡は，◻（エ）◻ を描く。

上記の記述中の空白箇所(ア)，(イ)，(ウ)及び(エ)に当てはまる語句として，正しいものを組み合わせたのは次のうちどれか。

図1　　　　　　　　　　図2

| | (ア) | (イ) | (ウ) | (エ) |
|---|---|---|---|---|
| (1) | 反　対 | らせん | 反　対 | 放物線 |
| (2) | 直　角 | 円 | 同　じ | 円 |
| (3) | 同　じ | 円 | 直　角 | 放物線 |
| (4) | 反　対 | らせん | 同　じ | 円 |
| (5) | 直　角 | らせん | 反　対 | 放物線 |

H21-A12

| | ① | ② | ③ | ④ | ⑤ |
|---|---|---|---|---|---|
| 学 習 日 | | | | | |
| 理 解 度<br>(○/△/×) | | | | | |

図1のとき，電子は進行方向にも磁界の向きにも(ア)**直角**方向の電磁力を受け，軌跡は(イ)**らせん**を描く。

電界の向き

図2

図2のとき，電子は電界の向きと(ウ)**反対**方向の静電力を受け，軌跡は(エ)**放物線**を描く。

よって，(5)が正解。

解答… **(5)**

図1において，$\theta = 90°$ で電子が突入すると，下図のような円運動をします。

一様な磁界

磁束密度 $B$　中心

速さ $v$

ローレンツ力
$f = evB$

質量 $m$，電気量 $e$

電子 $-e$[C]は磁界中において $F = evB$[N]，電界中において $F = eE$[N]の力を受けます。

**問題155** 図1のトランジスタによる小信号増幅回路について，次の(a)及び(b)の問に答えよ。

ただし，各抵抗は，$R_A = 100\,\mathrm{k\Omega}$，$R_B = 600\,\mathrm{k\Omega}$，$R_C = 5\,\mathrm{k\Omega}$，$R_D = 1\,\mathrm{k\Omega}$，$R_o = 200\,\mathrm{k\Omega}$である。$C_1$，$C_2$は結合コンデンサで，$C_3$はバイパスコンデンサである。また，$V_{CC} = 12\,\mathrm{V}$は直流電源電圧，$V_{be} = 0.6\,\mathrm{V}$はベース−エミッタ間の直流電圧とし，$v_i[\mathrm{V}]$は入力小信号電圧，$v_o[\mathrm{V}]$は出力小信号電圧とする。

図1

(a) 小信号増幅回路の直流ベース電流$I_b[\mathrm{A}]$が抵抗$R_A$，$R_C$の直流電流$I_A[\mathrm{A}]$や$I_C[\mathrm{A}]$に比べて十分に小さいものとしたとき，コレクタ−エミッタ間の直流電圧$V_{ce}[\mathrm{V}]$の値として，最も近いものを次の(1)〜(5)のうちから一つ選べ。

　(1) 1.1　　(2) 1.7　　(3) 4.5　　(4) 5.3　　(5) 6.4

(b) 小信号増幅回路の交流等価回路は，結合コンデンサ及びバイパスコンデンサのインピーダンスを無視することができる周波数において，一般に，図2の簡易等価回路で表される。

図2

ここで、$i_b$[A]はベースの信号電流、$i_c$[A]はコレクタの信号電流で、この回路の電圧増幅度$A_{v0}$は下式となる。

$$A_{v0} = \left| \frac{v_o}{v_i} \right| = \frac{h_{fe}}{h_{ie}} \cdot \frac{R_C R_o}{R_C + R_o} \quad \cdots\cdots\cdots\cdots\cdots\cdots\cdots\cdots\cdots\cdots\cdots\cdots① $$

また、コンデンサ$C_1$のインピーダンスの影響を考慮するための等価回路を図3に示す。

図3

このとき、入力小信号電圧のある周波数において、図3を用いて得られた電圧増幅度が①式で示す電圧増幅度の$\frac{1}{\sqrt{2}}$となった。この周波数[Hz]の大きさとして、最も近いものを次の(1)～(5)のうちから一つ選べ。

ただし、エミッタ接地の小信号電流増幅率$h_{fe} = 120$、入力インピーダンス$h_{ie} = 3 \times 10^3$ Ω、コンデンサ$C_1$の静電容量$C_1 = 10$ μFとする。

(1) 1.2 　(2) 1.6 　(3) 2.1 　(4) 5.3 　(5) 7.9

H23-C18

|  | ① | ② | ③ | ④ | ⑤ |
|---|---|---|---|---|---|
| 学 習 日 |  |  |  |  |  |
| 理 解 度<br>(○/△/×) |  |  |  |  |  |

(a) エミッタ電流を $I_E$ とすると，$I_b \ll I_C$ より $I_C \fallingdotseq I_E$ である。コレクタ-エミッタ間の直流電圧 $V_{ce}$ は $V = RI$ より，

$$V_{ce} = V_{CC} - R_C I_C - R_D I_E \fallingdotseq V_{CC} - R_C I_E - R_D I_E = V_{CC} - (R_C + R_D) I_E$$

で求めることができる。

$I_b \ll I_A$ より $I_B \fallingdotseq I_A$ であるから，抵抗 $R_A$ に加わる電圧 [V] は，

$$R_A I_A \fallingdotseq \frac{R_A}{R_A + R_B} V_{CC} = \frac{100}{100 + 600} \times 12 \fallingdotseq 1.71 \text{ V}$$

抵抗 $R_D$ に加わる電圧 [V] は，

$$R_D I_E = R_A I_A - V_{be} = 1.71 - 0.6 = 1.11 \text{ V}$$

であるから，エミッタ電流 $I_E$ [mA] は，

$$I_E = \frac{R_D I_E}{R_D} = \frac{1.11}{1 \times 10^3} = 1.11 \text{ mA}$$

したがって，$V_{ce}$ [V] の値は，

$$V_{ce} = V_{CC} - (R_C + R_D) I_E$$
$$= 12 - (5 + 1) \times 1.11 \fallingdotseq 5.3 \text{ V}$$

よって，(4)が正解。

(b) 図3の回路において，コンデンサ $C_1$ のリアクタンスを $X_C$ [Ω] とすると，入力側のインピーダンスは $\sqrt{X_C^2 + h_{ie}^2}$ であるため，入力電圧 $v_i$ [V] は，

$$v_i = i_b \times \sqrt{X_C^2 + h_{ie}^2} \text{ [V]}$$

出力側の端子電圧 $v_o$ [V] は $h_{fe} = \dfrac{i_c}{i_b}$ より，

$$v_o = -i_c \times \frac{R_C R_o}{R_C + R_o} = -h_{fe} i_b \times \frac{R_C R_o}{R_C + R_o} \text{ [V]}$$

電圧増幅度 $A_{v0}'$ は，

$$A_{v0}' = \left| \frac{v_o}{v_i} \right| = \frac{|v_o|}{|v_i|}$$

$$= \frac{h_{fe} i_b \times \dfrac{R_C R_o}{R_C + R_o}}{i_b \times \sqrt{X_C^2 + h_{ie}^2}} = \frac{h_{fe}}{\sqrt{X_C^2 + h_{ie}^2}} \times \frac{R_C R_o}{R_C + R_o} \cdots ②$$

本問文中「図3を用いて得られた電圧増幅度が①式で示す電圧増幅度の$\dfrac{1}{\sqrt{2}}$となった」より，

$$\dfrac{②}{①} = \dfrac{1}{\sqrt{2}}$$

$$① = \sqrt{2} \times ②$$

①式と②式を上式に代入すると，

$$\dfrac{h_{\mathrm{fe}}}{h_{\mathrm{ie}}} \cdot \dfrac{R_{\mathrm{C}} R_{\mathrm{o}}}{R_{\mathrm{C}} + R_{\mathrm{o}}} = \sqrt{2} \times \dfrac{h_{\mathrm{fe}}}{\sqrt{X_{\mathrm{C}}^2 + h_{\mathrm{ie}}^2}} \times \dfrac{R_{\mathrm{C}} R_{\mathrm{o}}}{R_{\mathrm{C}} + R_{\mathrm{o}}}$$

$$\dfrac{1}{h_{\mathrm{ie}}} = \dfrac{\sqrt{2}}{\sqrt{X_{\mathrm{C}}^2 + h_{\mathrm{ie}}^2}} = \sqrt{\dfrac{2}{X_{\mathrm{C}}^2 + h_{\mathrm{ie}}^2}}$$

$$\dfrac{1}{h_{\mathrm{ie}}^2} = \dfrac{2}{X_{\mathrm{C}}^2 + h_{\mathrm{ie}}^2}$$

$$X_{\mathrm{C}}^2 + h_{\mathrm{ie}}^2 = 2 h_{\mathrm{ie}}^2$$

$$X_{\mathrm{C}}^2 = h_{\mathrm{ie}}^2$$

$$\therefore X_{\mathrm{C}} = h_{\mathrm{ie}}$$

入力信号電圧のある周波数$f\,[\mathrm{Hz}]$は，$X_{\mathrm{c}} = \dfrac{1}{2\pi f C_1}$より，

$$\dfrac{1}{2\pi f C_1} = h_{\mathrm{ie}}$$

$$\therefore f = \dfrac{1}{2\pi C_1 h_{\mathrm{ie}}} = \dfrac{1}{2\pi \times 10 \times 10^{-6} \times 3 \times 10^3} = \dfrac{100}{6\pi} \fallingdotseq 5.3\,\mathrm{Hz}$$

よって，(4)が正解。

解答… (a)(4)  (b)(4)

**問題156** 図のような，演算増幅器を用いた能動回路がある。直流入力電圧 $V_{in}$[V]が3Vのとき，出力電圧 $V_{out}$[V]として，最も近い $V_{out}$ の値を次の(1)～(5)のうちから一つ選べ。

ただし，演算増幅器は，理想的なものとする。

(1)　1.5　　(2)　5　　(3)　5.5　　(4)　6　　(5)　6.5

H26-A13

| | ① | ② | ③ | ④ | ⑤ |
|---|---|---|---|---|---|
| 学 習 日 | | | | | |
| 理 解 度 (○/△/×) | | | | | |

図のように負帰還をかけた理想的な演算増幅器は＋端子と－端子の入力電圧が等しいため，－端子も＋5Vとなる。

　$V_{in}$ が3Vのとき，20kΩに流れる電流 $i$[mA]は $I = \dfrac{V}{R}$ より，

$$i = \frac{5 - V_{in}}{20 \times 10^3} = \frac{5 - 3}{20} \times 10^{-3}$$

$$= 0.1 \times 10^{-3}\,A = 0.1\,mA$$

　理想的な演算増幅器の入力インピーダンスは無限大であるため，－端子側には電流が流れ込まない。よって，A点において分流しないため10kΩと20kΩに流れる電流は等しい。

　したがって，出力電圧 $V_{out}$[V]は，$V = RI$ より，

$$V_{out} = 10 \times 0.1 + 5 = 6\,V$$

　よって，(4)が正解。

解答⋯　(4)

# CHAPTER 08

# 電気測定

**問題157** 図のように，異なる2種類の金属A，Bで一つの閉回路を作り，その二つの接合点を異なる温度に保てば，　 (ア) 　。この現象を　 (イ) 　効果という。

上記の記述中の空白箇所(ア)及び(イ)に当てはまる組合せとして，正しいものを次の(1)～(5)のうちから一つ選べ。

金属A

金属B

|  | (ア) | (イ) |
|------|------------------|---------|
| (1) | 電流が流れる | ホール |
| (2) | 抵抗が変化する | ホール |
| (3) | 金属の長さが変化する | ゼーベック |
| (4) | 電位差が生じる | ペルチェ |
| (5) | 起電力が生じる | ゼーベック |

R5上-A12

|  | ① | ② | ③ | ④ | ⑤ |
|---|---|---|---|---|---|
| 学習日 |  |  |  |  |  |
| 理解度<br>(○/△/×) |  |  |  |  |  |

　異なる2種類の金属を接合した閉回路を熱電対という。そして，熱電対の二つの接合点を異なる温度に保てば，(ア)**起電力が生じる**。そして，起電力が生じると電流が流れる。この現象を(イ)**ゼーベック効果**という。

　よって，(5)が正解。

**解答…**　(5)

**ポイント**

　選択肢で登場するペルチェ効果は，2種類の金属を接合し，電圧を印加して電流を流すと，接合点で吸熱や放熱が起こる現象です。ペルチェ効果はゼーベック効果と逆の現象にあたります。
　また，選択肢で登場するホール効果とは，物質に電流を流し，電流に垂直に磁界を印加したとき，両者に垂直な方向に起電力が現れる現象のことです。

**問題158** 図の破線で囲まれた部分は，固定コイルA及びC，可動コイルBから構成される ⎡ (ア) ⎤ 電力計の原理図で，一般に ⎡ (イ) ⎤ の電力の測定に用いられる。

図中の負荷の電力を測定するには各端子間をそれぞれ ⎡ (ウ) ⎤ のように配線する必要がある。

上記の記述中の空白箇所(ア)，(イ)及び(ウ)に当てはまる語句として，正しいものを組み合わせたのは次のうちどれか。

| | (ア) | (イ) | (ウ) |
|---|---|---|---|
| (1) | 電流力計形 | 交流及び直流 | aと1，aと2，bと4，cと3 |
| (2) | 可動コイル形 | 交流及び直流 | aと1，aと4，bと2，cと3 |
| (3) | 熱電形 | 高周波 | aと2，bと3，bと4，cと1 |
| (4) | 電流力計形 | 高周波 | aと3，aと4，cと1，cと2 |
| (5) | 可動コイル形 | 商用周波数 | aと1，aと2，bと4，cと3 |

H18-A14

　図の破線で囲まれた部分は，(ア)**電流力計形**電力計の原理図である。電流力計形計器の指示は実効値で，(イ)**交流及び直流**回路に用いられる。配線の様子は以下のとおり(ウ)**aと1，aと2，bと4，cと3**の端子どうしをそれぞれ接続する。

A，C：固定コイル
B：可動コイル

よって，(1)が正解。

解答… (1)

|  | ① | ② | ③ | ④ | ⑤ |
|---|---|---|---|---|---|
| 学 習 日 |  |  |  |  |  |
| 理 解 度<br>(○/△/×) |  |  |  |  |  |

問題159 直動式指示電気計器の種類，JISで示される記号及び使用回路の組合せとして，正しいものを次の(1)～(5)のうちから一つ選べ。

| 種　類 | 記　号 | 使用回路 |
|---|---|---|
| (1) 永久磁石可動コイル形 | | 直流専用 |
| (2) 空心電流力計形 | | 交流・直流両用 |
| (3) 整流形 | | 交流・直流両用 |
| (4) 誘導形 | | 交流専用 |
| (5) 熱電対形（非絶縁） | | 直流専用 |

R1-A14

| | ① | ② | ③ | ④ | ⑤ |
|---|---|---|---|---|---|
| 学 習 日 | | | | | |
| 理 解 度 (○/△/×) | | | | | |

(1) 永久磁石可動コイル形は，直流用であり，指示値は平均値を示す。

　　永久磁石可動コイル形の記号は，U磁石にコイルが挟まっている様子を示す⌒である。選択肢の記号は誘導形にあたるので(1)は誤り。

(2) 空心電流力計形は，交流にも直流にも利用可能であり，指示値は実効値を示す。

　　空心電流力計形の記号は，可動コイル1つと，固定コイル2つを示す╪である。よって，(2)は正しい。

(3) 整流形は，交流用であり，整流器と永久磁石可動コイル形計器を組み合わせた計器をいう。永久磁石可動コイル形計器は直流用だが，整流器で交流を直流に変換することで測定できる。整流形の記号は，整流器と永久磁石可動コイル形を組み合わせた→⌒である。

　　よって，整流形は直流では使用できないため，(3)は誤り。

(4) 誘導形は，交流用であり，アラゴの円板の原理を利用したものである。

　　誘導形の記号はアラゴの円板を示したような◉である。

　　選択肢の記号は熱電対形にあたるので，(4)は誤り。

(5) 熱電対形は，交流にも直流にも利用可能であり，指示値は実効値を示す。

　　熱電対形（非絶縁）の記号は，熱線と2種類の金属と永久磁石可動コイル形計器を組み合わせた⌄⌒である。

　　選択肢の記号は永久磁石可動コイル形にあたり，かつ熱電対形は交流でも使用可能なため(5)は誤り。

以上より，(2)が正解。

電気測定 CH 08

解答… 　(2)

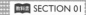

**問題160** 直流電流から数十MHz程度の高周波電流まで測定できる指示電気計器の種類として，正しいのは次のうちどれか。

(1) 誘導形計器　　(2) 電流力計形計器　　(3) 静電形計器

(4) 可動鉄片形計器　(5) 熱電形計器　　　　　　　H12-A1

| | ① | ② | ③ | ④ | ⑤ |
|---|---|---|---|---|---|
| 学習日 | | | | | |
| 理解度 (○/△/×) | | | | | |

**問題161** 交流の測定に用いられる測定器に関する記述として，誤っているのは次のうちどれか。

(1) 静電形計器は，低い電圧では駆動トルクが小さく誤差が大きくなるため，高電圧測定用の電圧計として用いられる。

(2) 可動鉄片形計器は，丈夫で安価であるため商用周波数用に広く用いられている。

(3) 振動片形周波数計は，振れの大きな振動片から交流の周波数を知ることができる。

(4) 電流力計形電力計は，交流及び直流の電力を測定できる。

(5) 整流形計器は，測定信号の波形が正弦波形よりひずんでも誤差を生じない。

H16-A14

| | ① | ② | ③ | ④ | ⑤ |
|---|---|---|---|---|---|
| 学習日 | | | | | |
| 理解度 (○/△/×) | | | | | |

　**熱電形計器**は交直両用で，高い周波数の測定ができ，直流電流から数十MHz程度の高周波電流まで測定することができる。

　よって，(5)が正解。

解答… 　(5)

(5)　整流形計器は交流用で，目盛りは正弦波交流の実効値を指示するように換算されている。したがって，ひずみ波を測定すると**誤差は大きくなる**。したがって，誤り。

　よって，(5)が正解。

解答… 　(5)

電気測定 CH 08

問題162 可動コイル形計器について，次の(a)及び(b)に答えよ。

(a) 次の文章は，可動コイル形電流計の原理について述べたもので，図はその構造を示す原理図である。

　計器の指針に働く電流によるトルクは，その電流の　(ア)　に比例する。これに脈流を流すと可動部の　(イ)　モーメントが大きいので，指針は電流の　(ウ)　を指示する。

　この計器を電圧計として使用する場合，　(エ)　を使う。

上記の記述中の空白箇所(ア)，(イ)，(ウ)及び(エ)に当てはまる語句として，正しいものを組み合わせたのは次のうちどれか。

| | (ア) | (イ) | (ウ) | (エ) |
|---|---|---|---|---|
| (1) | 1乗 | 慣性 | 平均値 | 倍率器 |
| (2) | 1乗 | 回転 | 平均値 | 分流器 |
| (3) | 1乗 | 回転 | 瞬時値 | 倍率器 |
| (4) | 2乗 | 回転 | 実効値 | 分流器 |
| (5) | 2乗 | 慣性 | 実効値 | 倍率器 |

(b) 内部抵抗$r_a = 2\ \Omega$，最大目盛$I_m = 10\ \text{mA}$の可動コイル形電流計を用いて，最大$150\ \text{mA}$と最大$1\ \text{A}$の直流電流を測定できる多重範囲の電流計を作りたい。そこで，図のような二つの−端子を有する多重範囲の電流計を考えた。抵抗$R_1[\Omega]$，$R_2[\Omega]$の値として，最も近いものを組み合わせたのは次のうちどれか。

|  | $R_1[\Omega]$ | $R_2[\Omega]$ |
|---|---|---|
| (1) | 0.12 | 0.021 |
| (2) | 0.12 | 0.042 |
| (3) | 0.14 | 0.021 |
| (4) | 0.24 | 0.012 |
| (5) | 0.24 | 0.042 |

H19-B16

電気測定 CH08

| | ① | ② | ③ | ④ | ⑤ |
|---|---|---|---|---|---|
| 学習日 | | | | | |
| 理解度<br>(○/△/×) | | | | | |

(a)

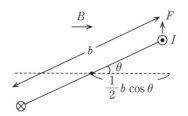

長さ $a$ のコイル辺に働く力 $F$ はフレミングの左手の法則より $F = BIa$ であるから，トルク $T$ は，

$$T = 2 \cdot F \cdot \frac{b}{2}\cos\theta = BIab\cos\theta$$

で表される。したがって，トルクは電流の(ア)**1乗**に比例する。また，可動コイル形計器に脈流を流すと，可動部の(イ)**慣性**モーメントによりコイルは脈流の変化に追従できないので，指針は電流の(ウ)**平均値**を指示する。電圧計として可動コイル形計器を使用する場合は(エ)**倍率器**を使う。

よって，(1)が正解。

(b) 150 mAの−端子と接続すると，次の図のようになる。

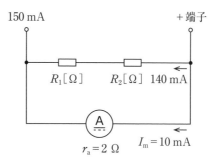

$r_a$ と $R_1 + R_2$ に加わる電圧が等しいことから，$V = RI$ より，

$$(R_1 + R_2) \times 140 = 2 \times 10$$

$$\therefore R_1 + R_2 = \frac{1}{7} \quad \cdots①$$

また，1 Aの−端子と接続した場合の回路は，次の図のように表される。

$$(R_1 + 2) \times 10 = R_2 \times 990$$

$$\therefore R_1 - 99R_2 = -2 \cdots ②$$

①－②より，

$$R_1 + R_2 = \frac{1}{7}$$

$$-\underline{)R_1 - 99R_2 = -2}$$

$$100R_2 = \frac{15}{7}$$

$$\therefore R_2 = \frac{15}{700} \fallingdotseq 0.021 \ \Omega$$

①より，$R_1 + \dfrac{15}{700} = \dfrac{1}{7}$

$$\therefore R_1 = \frac{85}{700} \fallingdotseq 0.12 \ \Omega$$

よって，(1)が正解。

解答… (a)(1) (b)(1)

**問題163** 内部抵抗$3\,k\Omega$，最大目盛$1\,V$の電圧計を使用して最大$100\,V$まで測定できるようにするために必要な倍率器の抵抗$[k\Omega]$として，正しい値は次のうちどれか。

(1) 290　　(2) 297　　(3) 300　　(4) 303　　(5) 330

H11-A4

| | ① | ② | ③ | ④ | ⑤ |
|---|---|---|---|---|---|
| 学習日 | | | | | |
| 理解度<br>(○/△/×) | | | | | |

　倍率器の抵抗値は$R_\mathrm{m} = r_\mathrm{v}(m-1)$ で求めることができる。内部抵抗は$r_\mathrm{v} = 3\,\mathrm{k\Omega}$，倍率は$m = 100$であるから，

$$R_\mathrm{m} = 3 \times (100 - 1) = 297\,\mathrm{k\Omega}$$

よって，(2)が正解。

**解答…**　(2)

**ポイント**

　倍率器の抵抗値を$R_\mathrm{m}\,[\Omega]$，電圧計の内部抵抗を$r_\mathrm{v}\,[\Omega]$，倍率器の倍率を$m$とすると倍率器の公式は$R_\mathrm{m} = r_\mathrm{v}(m-1)$ となります。

**問題164** 次の文章は，直流電流計の測定範囲拡大について述べたものである。

内部抵抗 $r = 10\,\mathrm{m\Omega}$，最大目盛 0.5 A の直流電流計 M がある。この電流計と抵抗 $R_1[\mathrm{m\Omega}]$ 及び $R_2[\mathrm{m\Omega}]$ を図のように結線し，最大目盛が 1 A と 3 A からなる多重範囲電流計を作った。この多重範囲電流計において，端子 3 A と端子 + を使用する場合，抵抗 <u>　(ア)　</u> $[\mathrm{m\Omega}]$ が分流器となる。端子 1 A と端子 + を使用する場合には，抵抗 <u>　(イ)　</u> $[\mathrm{m\Omega}]$ が倍率 <u>　(ウ)　</u> 倍の分流器となる。また，3 A を最大目盛とする多重範囲電流計の内部抵抗は <u>　(エ)　</u> $\mathrm{m\Omega}$ となる。

上記の記述中の空白箇所(ア)，(イ)，(ウ)及び(エ)に当てはまる式又は数値として，正しいものを組み合わせたのは次のうちどれか。

|     | (ア) | (イ) | (ウ) | (エ) |
|-----|-----|-----|-----|-----|
| (1) | $R_2$ | $R_1$ | $\dfrac{10+R_2}{R_1}+1$ | $\dfrac{20}{3}$ |
| (2) | $R_1$ | $R_1+R_2$ | $\dfrac{10+R_2}{R_1}$ | $\dfrac{25}{9}$ |
| (3) | $R_2$ | $R_1+R_2$ | $\dfrac{10}{R_1+R_2}+1$ | $5$ |
| (4) | $R_1$ | $R_2$ | $\dfrac{10}{R_1+R_2}$ | $\dfrac{10}{3}$ |
| (5) | $R_1$ | $R_1+R_2$ | $\dfrac{10}{R_1+R_2}+1$ | $\dfrac{25}{9}$ |

H22-A14

電気測定 CH 08

|  | ① | ② | ③ | ④ | ⑤ |
|---|---|---|---|---|---|
| 学 習 日 |  |  |  |  |  |
| 理 解 度<br>(○/△/×) |  |  |  |  |  |

端子3Aと端子+を使用し，電流計に最大目盛の0.5Aが流れるときの回路は次の図1のようになる。

図1

よって，端子3Aと端子+を使用する場合，抵抗(ア)$R_1$が分流器となる。ここで，抵抗$R_1$と$R_2$には次の関係がある。

$$0.5 \times (10 + R_2) = 2.5R_1$$
$$5R_1 - R_2 = 10 \cdots ①$$

また，端子1Aと端子+を使用し，電流計に最大目盛の0.5Aが流れるときの回路は次の図2のようになる。

図2

よって，端子1Aと端子+を使用する場合，分流器は抵抗(イ)$R_1 + R_2$となる。分流器の抵抗を$R_s[\Omega]$，電流計の内部抵抗を$r_a[\Omega]$とすると，倍率$m$は$R_s = \dfrac{r_a}{m-1}$より，

$$m = \frac{10}{R_1 + R_2} + 1 \cdots (ウ)$$

直流電流計と抵抗$R_1 + R_2$に流れる電流は同じなので，

$$0.5 \times (R_1 + R_2) = 0.5 \times 10$$
$$R_1 + R_2 = 10 \cdots ②$$

①式 + ②式より,

$$6R_1 = 20$$

$$R_1 = \frac{10}{3}\,\mathrm{m\Omega}, \quad R_2 = \frac{20}{3}\,\mathrm{m\Omega}$$

　したがって，3 A を最大目盛とする多重範囲電流計の内部抵抗[mΩ]は，図1の全体の合成抵抗と等しいので，

$$\frac{R_1(R_2 + 10)}{R_1 + R_2 + 10} = \frac{\dfrac{10}{3} \times \left(\dfrac{20}{3} + 10\right)}{\dfrac{10}{3} + \dfrac{20}{3} + 10} = \frac{25}{9}\,\mathrm{m\Omega} \cdots (\text{エ})$$

以上より，(5)が正解。

解答… (5)

**ポイント**

　分流器の抵抗を $R_\mathrm{s}$ [Ω]，電流計の内部抵抗を $r_\mathrm{a}$ [Ω]，分流器の倍率を $m$ とすると分流器の公式は $R_\mathrm{s} = \dfrac{r_\mathrm{a}}{m-1}$ となります。

**問題165** 直流電圧計について，次の(a)及び(b)の問に答えよ。

(a)　最大目盛1 V，内部抵抗$r_v = 1\,000$ Ωの電圧計がある。この電圧計を用いて最大目盛15 Vの電圧計とするための，倍率器の抵抗$R_m$[kΩ]の値として，正しいものを次の(1)～(5)のうちから一つ選べ。

(1)　12　　(2)　13　　(3)　14　　(4)　15　　(5)　16

(b)　図のような回路で上記の最大目盛15 Vの電圧計を接続して電圧を測ったときに，電圧計の指示[V]はいくらになるか。最も近いものを次の(1)～(5)のうちから一つ選べ。

10 kΩ　　30 kΩ

16 V　　4 V

(1)　7.2　　(2)　8.7　　(3)　9.4　　(4)　11.3　　(5)　13.1

H24-C17

| | ① | ② | ③ | ④ | ⑤ |
|---|---|---|---|---|---|
| 学 習 日 | | | | | |
| 理 解 度 (○/△/×) | | | | | |

(a) 倍率を $m$ とすると，倍率器の抵抗 $R_m$ は，公式 $R_m = r_v(m - 1)$ より，

$R_m = 1000 \times (15 - 1) = 14000\ \Omega = 14\ \mathrm{k\Omega}$

よって，(3)が正解。

(b) 最大目盛15 Vの電圧計の内部抵抗は(a)より，$r_v \times 10^{-3} + R_m = 15\ \mathrm{k\Omega}$ となる。

キルヒホッフの第一法則より，

$I_3 = I_1 + I_2 \cdots ①$

キルヒホッフの第二法則より，

$16 = 10I_1 + 15I_3 \cdots ②$

$4 = 30I_2 + 15I_3 \cdots ③$

①式を②式に代入すると，

$16 = 10I_3 - 10I_2 + 15I_3 = -10I_2 + 25I_3 \cdots ④$

③式 + ④式 × 3 より，

$52 = 90I_3$

$I_3 \fallingdotseq 0.578\ \mathrm{mA}$

したがって電圧計の指示値 $V[\mathrm{V}]$ は，

$V = mr_v \times I_3 = 15 \times 1000 \times 0.578 \times 10^{-3} \fallingdotseq 8.7\ \mathrm{V}$

よって，(2)が正解。

解答… (a)(3)　(b)(2)

電気測定 CH 08

**問題166** 内部抵抗が$15\,\mathrm{k\Omega}$の$150\,\mathrm{V}$測定端子と内部抵抗が$10\,\mathrm{k\Omega}$の$100\,\mathrm{V}$測定端子をもつ永久磁石可動コイル形直流電圧計がある。この直流電圧計を使用して，図のように，電流$I\,\mathrm{[A]}$の定電流源で電流を流して抵抗Rの両端の電圧を測定した。

　　測定Ⅰ：$150\,\mathrm{V}$の測定端子で測定したところ，直流電圧計の指示値は
　　　　　　$101.0\,\mathrm{V}$であった。

　　測定Ⅱ：$100\,\mathrm{V}$の測定端子で測定したところ，直流電圧計の指示値は
　　　　　　$99.00\,\mathrm{V}$であった。

次の(a)及び(b)の問に答えよ。

ただし，測定に用いた機器の指示値に誤差はないものとする。

(a)　抵抗Rの抵抗値$\mathrm{[\Omega]}$として，最も近いものを次の(1)～(5)のうちから一つ選べ。

　(1)　241　　(2)　303　　(3)　362　　(4)　486　　(5)　632

(b)　電流$I$の値$\mathrm{[A]}$として，最も近いものを次の(1)～(5)のうちから一つ選べ。

　(1)　0.08　　(2)　0.17　　(3)　0.25　　(4)　0.36　　(5)　0.49

R5上-B16

|  | ① | ② | ③ | ④ | ⑤ |
|---|---|---|---|---|---|
| 学 習 日 |  |  |  |  |  |
| 理 解 度 (○/△/×) |  |  |  |  |  |

(a)

抵抗Rの抵抗値を$R[\Omega]$，150 V測定端子の内部抵抗を$R_\mathrm{I} = 15\,\mathrm{k\Omega} = 15 \times 10^3\,\Omega$，測定Iにおける直流電圧計の指示値を$V_\mathrm{I} = 101.0\,\mathrm{V}$とすると，測定Iの等価回路は図1のようになる。

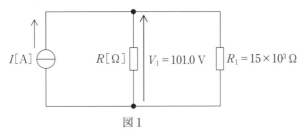

図1

図1にオームの法則を適用すると，電流$I[\mathrm{A}]$は

$$I = \frac{V_\mathrm{I}}{\dfrac{RR_\mathrm{I}}{R + R_\mathrm{I}}} = \frac{101.0}{\dfrac{R(15 \times 10^3)}{R + 15 \times 10^3}} = \frac{101(R + 15 \times 10^3)}{15R \times 10^3}[\mathrm{A}] \quad \cdots ①$$

100 V測定端子の内部抵抗を$R_\mathrm{II} = 10\,\mathrm{k\Omega} = 10 \times 10^3\,\Omega$，測定IIにおける直流電圧計の指示値を$V_\mathrm{II} = 99.00\,\mathrm{V}$とすると，測定IIの等価回路は図2のようになる。

図2

図2にオームの法則を適用すると，電流$I[\mathrm{A}]$は

$$I = \frac{V_\mathrm{II}}{\dfrac{RR_\mathrm{II}}{R + R_\mathrm{II}}} = \frac{99.00}{\dfrac{R(10 \times 10^3)}{R + 10 \times 10^3}} = \frac{99(R + 10 \times 10^3)}{10R \times 10^3}[\mathrm{A}] \quad \cdots ②$$

測定I及び測定IIは同じ定電流源$I[\mathrm{A}]$を使用しているので，①式＝②式が成り立つ。

$$\frac{101(R + 15 \times 10^3)}{15R \times 10^3} = \frac{99(R + 10 \times 10^3)}{10R \times 10^3}$$

$$\Downarrow 両辺に R を掛ける$$

$$\frac{101R + 1515 \times 10^3}{15 \times 10^3} = \frac{99R + 990 \times 10^3}{10 \times 10^3}$$

$$\Downarrow 両辺に 30 \times 10^3 を掛ける$$

$$202R + 3030 \times 10^3 = 297R + 2970 \times 10^3$$

$$95R = 60 \times 10^3$$

$$R \fallingdotseq 632 \ \Omega$$

よって，(5)が正解。

(b)

(a)の①式に，$R = 632 \ \Omega$ を代入する。

$$I = \frac{101(R + 15 \times 10^3)}{15R \times 10^3} = \frac{101(632 + 15 \times 10^3)}{15 \times 632 \times 10^3} = \frac{1578832}{9480 \times 10^3} \fallingdotseq 0.17 \ \text{A}$$

よって，(2)が正解。

解答… **(a)(5)** **(b)(2)**

CH
08

電
気
測
定

**問題167** 図のように，電源 $E$[V]，負荷抵抗 $R$[Ω]，内部抵抗 $R_v$[Ω] の電圧計及び内部抵抗 $R_a$[Ω] の電流計を接続した回路がある。この回路において，電圧計及び電流計の指示値がそれぞれ $V_1$[V]，$I_1$[A] であるとき，次の(a)及び(b)の問に答えよ。ただし，電圧計と電流計の指示値の積を負荷抵抗 $R$[Ω] の消費電力の測定値とする。

(a) 電流計の電力損失の値[W]を表す式として，正しいものを次の(1)〜(5)のうちから一つ選べ。

(1) $\dfrac{V_1^2}{R_a}$　　(2) $\dfrac{V_1^2}{R_a} - I_1^2 R_a$　　(3) $\dfrac{V_1^2}{R_v} + I_1^2 R_a$

(4) $I_1^2 R_a$　　(5) $I_1^2 R_a - I_1^2 R_v$

(b) 今，負荷抵抗 $R=320\ \Omega$，電流計の内部抵抗 $R_a=4\ \Omega$ が分かっている。

この回路で得られた負荷抵抗 $R$[Ω] の消費電力の測定値 $V_1 I_1$[W] に対して，$R$[Ω] の消費電力を真値とするとき，誤差率の値[%]として最も近いものを次の(1)〜(5)のうちから一つ選べ。

(1) 0.3　　(2) 0.8　　(3) 0.9　　(4) 1.0　　(5) 1.2　　　　　R3-B16

| | ① | ② | ③ | ④ | ⑤ |
|---|---|---|---|---|---|
| 学習日 | | | | | |
| 理解度 (○/△/×) | | | | | |

(a)

問題で与えられた回路図の電流計および電圧計をそれぞれの内部抵抗$R_a[\Omega]$および$R_v[\Omega]$に置き換えて描き直すと，図1のようになる。

図1

電流計の電力損失$P_a[\mathrm{W}]$は，図1における内部抵抗$R_a[\Omega]$で消費される電力に等しいため，その指示値である$I_1[\mathrm{A}]$を用いて，

$$P_a = I_1^2 R_a[\mathrm{W}]$$

よって，(4)が正解。

(b)

負荷抵抗$R[\Omega]$の消費電力の誤差率を求めるには，消費電力の真値である$P_R[\mathrm{W}]$を計算する必要がある。

まず，$R$に印加される電圧$V_R[\mathrm{V}]$は，図1において分圧の法則より，

$$V_R = \frac{R}{R_a + R} V_1[\mathrm{V}]$$

よって，負荷抵抗$R$の消費電力の真値$P_R[\mathrm{W}]$は，

$$P_R = V_R I_1 = \frac{R}{R_a + R} V_1 I_1[\mathrm{W}]$$

求める消費電力の誤差率$\varepsilon[\%]$は，

$$\varepsilon = \frac{V_1 I_1 - P_R}{P_R} \times 100 = \frac{V_1 I_1 - \dfrac{R}{R_a + R} V_1 I_1}{\dfrac{R}{R_a + R} V_1 I_1} \times 100 = \frac{1 - \dfrac{R}{R_a + R}}{\dfrac{R}{R_a + R}} \times 100$$

$$= \frac{(R_a + R) - R}{R} \times 100 = \frac{R_a}{R} \times 100 = \frac{4}{320} \times 100 = 1.25 \%$$

よって，最も近い値である(5)が正解。

解答… **(a)(4)** **(b)(5)**

**問題168** 電力計について，次の(a)及び(b)の間に答えよ。

(a) 次の文章は，電力計の原理に関する記述である。

図1に示す電力計は，固定コイルF1，F2に流れる負荷電流$\dot{I}$[A]による磁界の強さと，可動コイルMに流れる電流$\dot{I}_\mathrm{M}$[A]の積に比例したトルクが可動コイルに生じる。したがって，指針の振れ角$\theta$は [ (ア) ] に比例する。

このような形の計器は，一般に [ (イ) ] 計器といわれ，[ (ウ) ] の測定に使用される。

負荷$\dot{Z}$[Ω]が誘導性の場合，電圧$\dot{V}$[V]のベクトルを基準に負荷電流$\dot{I}$[A]のベクトルを描くと，図2に示すベクトル①，②，③のうち [ (エ) ] のように表される。ただし，$\varphi$[rad]は位相角である。

上記の記述中の空白箇所(ア)，(イ)，(ウ)及び(エ)に当てはまる組合せとして，正しいものを次の(1)～(5)のうちから一つ選べ。

図1

図2

| | (ア) | (イ) | (ウ) | (エ) |
|---|---|---|---|---|
| (1) | 負荷電力 | 電流力計形 | 交　流 | ③ |
| (2) | 電力量 | 可動コイル形 | 直　流 | ② |
| (3) | 負荷電力 | 誘導形 | 交流直流両方 | ① |
| (4) | 電力量 | 可動コイル形 | 交流直流両方 | ② |
| (5) | 負荷電力 | 電流力計形 | 交流直流両方 | ③ |

(b) 次の文章は，図1で示した単相電力計を2個使用し，三相電力を測定する2電力計法の理論に関する記述である。

図3のように，誘導性負荷 $\dot{Z}$ を3個接続した平衡三相負荷回路に対称三相交流電源が接続されている。ここで，線間電圧を $\dot{V}_{ab}$[V]，$\dot{V}_{bc}$[V]，$\dot{V}_{ca}$[V]，負荷の相電圧を $\dot{V}_a$[V]，$\dot{V}_b$[V]，$\dot{V}_c$[V]，線電流を $\dot{I}_a$[A]，$\dot{I}_b$[A]，$\dot{I}_c$[A]で示す。

この回路で，図のように単相電力計 $W_1$ と $W_2$ を接続すれば，平衡三相負荷の電力が，2個の単相電力計の指示の和として求めることができる。

単相電力計 $W_1$ の電圧コイルに加わる電圧 $\dot{V}_{ac}$ は，図4のベクトル図から $\dot{V}_{ac} = \dot{V}_a - \dot{V}_c$ となる。また，単相電力計 $W_2$ の電圧コイルに加わる電圧 $\dot{V}_{bc}$ は $\dot{V}_{bc} =$ 　(オ)　となる。

それぞれの電流コイルに流れる電流 $\dot{I}_a$，$\dot{I}_b$ と電圧の関係は図4のようになる。図4における $\phi$[rad]は相電圧と線電流の位相角である。

線間電圧の大きさを $V_{ab} = V_{bc} = V_{ca} = V$[V]，線電流の大きさを $I_a = I_b = I_c = I$[A]とおくと，単相電力計 $W_1$ 及び $W_2$ の指示をそれぞれ $P_1$[W]，$P_2$[W]とすれば，

$P_1 = V_{ac}I_a\cos$ ( 　(カ)　 ) [W]

$P_2 = V_{bc}I_b\cos$ ( 　(キ)　 ) [W]

したがって，$P_1$ と $P_2$ の和 $P$[W]は，

$P = P_1 + P_2 = VI$ ( 　(ク)　 ) $\cos\phi = \sqrt{3}VI\cos\phi$ [W]

となるので，2個の単相電力計の指示の和は三相電力に等しくなる。

上記の記述中の空白箇所(オ)，(カ)，(キ)及び(ク)に当てはまる組合せとして，正しいものを次の(1)～(5)のうちから一つ選べ。

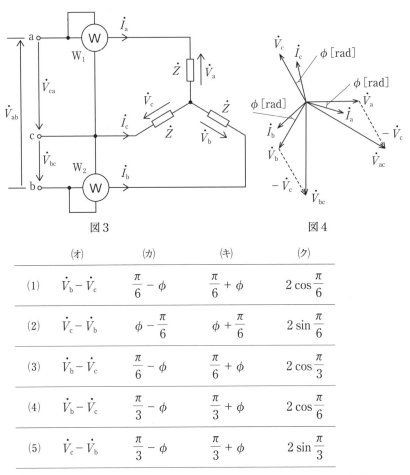

図3

図4

|     | (オ) | (カ) | (キ) | (ク) |
|-----|------|------|------|------|
| (1) | $\dot{V}_b - \dot{V}_c$ | $\dfrac{\pi}{6} - \phi$ | $\dfrac{\pi}{6} + \phi$ | $2\cos\dfrac{\pi}{6}$ |
| (2) | $\dot{V}_c - \dot{V}_b$ | $\phi - \dfrac{\pi}{6}$ | $\phi + \dfrac{\pi}{6}$ | $2\sin\dfrac{\pi}{6}$ |
| (3) | $\dot{V}_b - \dot{V}_c$ | $\dfrac{\pi}{6} - \phi$ | $\dfrac{\pi}{6} + \phi$ | $2\cos\dfrac{\pi}{3}$ |
| (4) | $\dot{V}_b - \dot{V}_c$ | $\dfrac{\pi}{3} - \phi$ | $\dfrac{\pi}{3} + \phi$ | $2\cos\dfrac{\pi}{6}$ |
| (5) | $\dot{V}_c - \dot{V}_b$ | $\dfrac{\pi}{3} - \phi$ | $\dfrac{\pi}{3} + \phi$ | $2\sin\dfrac{\pi}{3}$ |

H23-C17

| | ① | ② | ③ | ④ | ⑤ |
|---|---|---|---|---|---|
| 学 習 日 | | | | | |
| 理 解 度<br>(○/△/×) | | | | | |

**解説**

(a) 問の電力計の指針は，電磁力 $F = BIl$ [N] によって振れる。この電磁力は，固定コイルに負荷電流を流すことによって生じる磁束密度 $B$ [T] と，可動コイルに加わる負荷電圧によって流れる電流 $I$ [A] の積に比例する。したがって，指針の振れ角 $\theta$ は(ア)**負荷電力**に比例する。このような電力計を(イ)**電流力計形計器**といい，(ウ)**交流直流両方**の測定に使用することができる。

電圧 $\dot{V}$ [V] を基準としたとき，負荷 $\dot{Z}$ [Ω] が誘導性であれば，負荷電流 $\dot{I}$ [A] は図2のうち(エ)**③（遅れ）**となる。

よって，(5)が正解。

(b) 図4のベクトル図より，電圧 $\dot{V}_{bc}$ は $\dot{V}_{bc}$ =(オ) $\dot{V}_b - \dot{V}_c$ である。また，$\dot{V}_{ac}$ と $\dot{V}_a$ の位相差及び $\dot{V}_{bc}$ と $\dot{V}_b$ の位相差は $\dfrac{\pi}{6}$ であるから，図4より，

$$P_1 = \left| \dot{V}_{ac} \right| \left| \dot{I}_a \right| \cos\angle(\dot{V}_{ac} と \dot{I}_a の位相差) = VI\cos\left((カ)\frac{\pi}{6} - \phi\right)$$

$$P_2 = \left| \dot{V}_{bc} \right| \left| \dot{I}_b \right| \cos\angle(\dot{V}_{bc} と \dot{I}_b の位相差) = VI\cos\left((キ)\frac{\pi}{6} + \phi\right)$$

加法定理より，$P_1$ と $P_2$ の和 $P$ は，

$$P = VI\cos\left(\frac{\pi}{6} - \phi\right) + VI\cos\left(\frac{\pi}{6} + \phi\right)$$

$$= VI\cos\frac{\pi}{6}\cos\phi + VI\sin\frac{\pi}{6}\sin\phi + VI\cos\frac{\pi}{6}\cos\phi - VI\sin\frac{\pi}{6}\sin\phi$$

$$= VI\left((ク)2\cos\frac{\pi}{6}\right)\cos\phi = \sqrt{3}\,VI\cos\phi$$

よって，(1)が正解。

**解答… (a)(5) (b)(1)**

CH 08 電気測定

**ポイント**

加法定理の公式は覚えておくと便利です。
$$\cos(\alpha \pm \beta) = \cos\alpha \cos\beta \mp \sin\alpha \sin\beta$$

問題169 電気計測に関する記述として，誤っているものを次の(1)～(5)のうちから一つ選べ。

(1) ディジタル指示計器（ディジタル計器）は，測定値が数字のディジタルで表示される装置である。

(2) 可動コイル形計器は，コイルに流れる電流の実効値に比例するトルクを利用している。

(3) 可動鉄片形計器は，磁界中で磁化された鉄片に働く力を応用しており，商用周波数の交流電流計及び交流電圧計として広く普及している。

(4) 整流形計器は感度がよく，交流用として使用されている。

(5) 二電力計法で三相負荷の消費電力を測定するとき，負荷の力率によっては，電力計の指針が逆に振れることがある。

H24-A14

| | ① | ② | ③ | ④ | ⑤ |
|---|---|---|---|---|---|
| 学 習 日 | | | | | |
| 理 解 度 (○/△/×) | | | | | |

(1) ディジタル計器とは，アナログの測定量をディジタル変換し，ディジタルの数字で表示する装置である。よって，(1)は正しい。

(2) 可動コイル形計器は直流用であり，その指示値は**平均値**を示す。よって，(2)は誤り。

(3) 可動鉄片形計器の構成を示すと図1のとおり。

図1

コイルに交流電流が流れると，電流の向きの変化に応じて磁束の向きが変化し，磁化された鉄片の極性が変化する。どちらの状態であっても，2つの鉄片には反発力が働く。この2つの鉄片の設置の工夫により，可動鉄片形計器はつくられる。おもに交流用であり，その指示値は実効値である。よって，(3)は正しい。

(4) 整流形計器は，整流器と可動コイル形計器を組み合わせてつくられ，交流の電圧電流測定に用いられる。よって，(4)は正しい。

(5) 二電力計法とは，三相負荷を2個の電力計で測定する方法である。この方法では，負荷の力率によって指針が逆に振れることがある。よって，(5)は正しい。

以上より，(2)が正解。

解答… (2)

CH 08
電気測定

**問題170** 振幅 $V_m$[V] の交流電源の電圧 $v = V_m \sin \omega t$[V]をオシロスコープで計測したところ，画面上に図のような正弦波形が観測された。次の(a)及び(b)の問に答えよ。

ただし，オシロスコープの垂直感度は5 V/div，掃引時間は2 ms/divとし，測定に用いたプローブの減衰比は1対1とする。

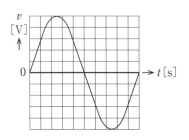

(a) この交流電源の電圧の周期[ms]，周波数[Hz]，実効値[V]の値の組合せとして，最も近いものを次の(1)～(5)のうちから一つ選べ。

|     | 周期 | 周波数 | 実効値 |
| --- | --- | --- | --- |
| (1) | 20 | 50 | 15.9 |
| (2) | 10 | 100 | 25.0 |
| (3) | 20 | 50 | 17.7 |
| (4) | 10 | 100 | 17.7 |
| (5) | 20 | 50 | 25.0 |

(b) この交流電源をある負荷に接続したとき，$i = 25 \cos\left(\omega t - \dfrac{\pi}{3}\right)$[A]の電流が流れた。この負荷の力率[%]の値として，最も近いものを次の(1)～(5)のうちから一つ選べ。

(1) 50　　(2) 60　　(3) 70.7　　(4) 86.6　　(5) 100

H25-B16

|  |  | ① | ② | ③ | ④ | ⑤ |
| --- | --- | --- | --- | --- | --- | --- |
| 学 習 日 |  |  |  |  |  |  |
| 理 解 度 (○/△/×) |  |  |  |  |  |  |

(a) 5 V/div および 2 ms/div は 1 目盛あたり 5 V，2 ms であることを表す。

周期 $T$[ms]は，

$\qquad T = 2\ \text{ms} \times 10 = 20\ \text{ms}$

周波数 $f$[Hz]は，

$$f = \frac{1}{T} = \frac{1}{0.02\ \text{s}} = 50\ \text{Hz}$$

実効値 $V$[V]は，最大値の $\dfrac{1}{\sqrt{2}}$ 倍となるため，

$$V = \frac{V_{\mathrm{m}}}{\sqrt{2}} = \frac{5\ \text{V} \times 5}{\sqrt{2}} \doteqdot 17.7\ \text{V}$$

よって，(3)が正解。

(b) 電流を sin の形に変換すると

$$i = 25\cos\left(\omega t - \frac{\pi}{3}\right) = 25\sin\left(\omega t - \frac{\pi}{3} + \frac{\pi}{2}\right) = 25\sin\left(\omega t + \frac{\pi}{6}\right)\ [\text{A}]$$

電圧と電流の位相差は $\phi = \dfrac{\pi}{6}$ rad である。よって力率の値は，

$$\cos\phi = \cos\frac{\pi}{6} = \frac{\sqrt{3}}{2} \doteqdot 0.866\ \rightarrow\ 86.6\ \%$$

よって，(4)が正解。

解答… (a)(3) (b)(4)

**ポイント**

div は分割 (division) のことで「1目盛あたり」を意味します。

# オシロスコープとリサジュー図形(2)

**問題171** ブラウン管オシロスコープは，水平・垂直偏向電極を有し，波形観測ができる。次の(a)及び(b)に答えよ。

(a) 垂直偏向電極のみに，正弦波交流電圧を加えた場合は，蛍光面に ___(ア)___ のような波形が現れる。また，水平偏向電極のみにのこぎり波電圧を加えた場合は，蛍光面に ___(イ)___ のような波形が現れる。また，これらの電圧をそれぞれの電極に加えると，蛍光面に ___(ウ)___ のような波形が現れる。このとき波形を静止させて見るためには，垂直偏向電極の電圧の周波数と水平偏向電極の電圧の繰返し周波数との比が整数でなければならない。

　上記の記述中の空白箇所(ア)，(イ)及び(ウ)に当てはまる語句として，正しいものを組み合わせたのは次のうちどれか。

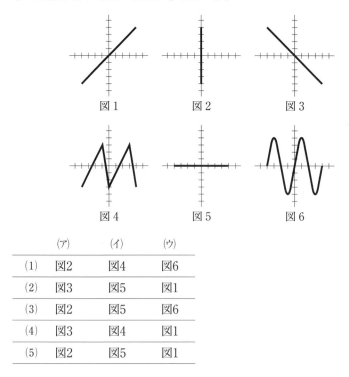

図1　　　図2　　　図3

図4　　　図5　　　図6

|  | (ア) | (イ) | (ウ) |
|---|---|---|---|
| (1) | 図2 | 図4 | 図6 |
| (2) | 図3 | 図5 | 図1 |
| (3) | 図2 | 図5 | 図6 |
| (4) | 図3 | 図4 | 図1 |
| (5) | 図2 | 図5 | 図1 |

(b) 正弦波電圧 $v_a$ 及び $v_b$ をオシロスコープで観測したところ,蛍光面に図7に示すような電圧波形が現れた。同図から,$v_a$ の実効値は $\boxed{\quad (ア) \quad}$ [V],$v_b$ の周波数は $\boxed{\quad (イ) \quad}$ [kHz],$v_a$ の周期は $\boxed{\quad (ウ) \quad}$ [ms],$v_a$ と $v_b$ の位相差は $\boxed{\quad (エ) \quad}$ [rad]であることが分かった。

ただし,オシロスコープの垂直感度は 0.1 V/div,掃引時間は 0.2 ms/div とする。

上記の記述中の空白箇所(ア),(イ),(ウ)及び(エ)に当てはまる最も近い値として,正しいものを組み合わせたのは次のうちどれか。

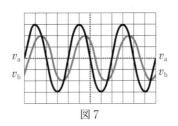

図7

|  | (ア) | (イ) | (ウ) | (エ) |
|---|---|---|---|---|
| (1) | 0.21 | 1.3 | 0.8 | $\dfrac{\pi}{4}$ |
| (2) | 0.42 | 1.3 | 0.4 | $\dfrac{\pi}{3}$ |
| (3) | 0.42 | 2.5 | 0.4 | $\dfrac{\pi}{3}$ |
| (4) | 0.21 | 1.3 | 0.4 | $\dfrac{\pi}{4}$ |
| (5) | 0.42 | 2.5 | 0.8 | $\dfrac{\pi}{2}$ |

H20-B16

| | ① | ② | ③ | ④ | ⑤ |
|---|---|---|---|---|---|
| 学習日 | | | | | |
| 理解度<br>(○/△/×) | | | | | |

(a) オシロスコープは，水平偏向電極に加えられた電圧を$x$，垂直偏向電極に加えられた電圧を$y$とした$xy$座標の点の軌跡で観測波形を表示する。

　(ア) 垂直偏向電極のみに正弦波交流電圧を加えた場合は，**図2**のように$y$軸上を往復する波形が表示される。

　(イ) 水平偏向電極のみにのこぎり波電圧を加えた場合は，**図5**のように$x$軸上を往復する波形となる。

　(ウ) 垂直偏向電極に正弦波交流電圧，水平偏向電極にのこぎり波電圧を加えると，**図6**のような波形を表示することができる。

　よって，(3)が正解。

(b)

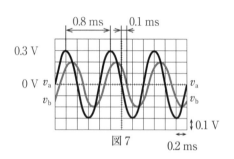

図7

$v_a$の実効値$V_a$[V]は，

$$V_a = \frac{V_m}{\sqrt{2}} = \frac{0.3}{\sqrt{2}} \fallingdotseq (\text{ア})0.21 \text{ V}$$

$v_a$の周期$T_a$[ms]と$v_b$の周期$T_b$[ms]は等しく，

$$T_a = T_b = (\text{ウ})0.8 \text{ ms}$$

$v_b$の周波数$f_b$[kHz]は，

$$f_b = \frac{1}{T_b} = \frac{1}{0.8 \times 10^{-3}} = 1250 \text{ Hz} \fallingdotseq (\text{イ})1.3 \text{ kHz}$$

$v_a$と$v_b$の位相差$\phi$[rad]は，$v_a$と$v_b$が0になる時間差が図7より0.1 msであることから，

$$\phi = 2\pi \times \frac{0.1}{0.8} = (\text{エ})\frac{\pi}{4} \text{ rad}$$

以上より，(1)が正解。

解答… **(a)**(3)　**(b)**(1)

**問題172** ディジタル計器に関する記述として，誤っているものを次の(1)〜(5)のうちから一つ選べ。

(1) ディジタル交流電圧計には，測定入力端子に加えられた交流電圧が，入力変換回路で直流電圧に変換され，次のA−D変換回路でディジタル信号に変換される方式のものがある。

(2) ディジタル計器では，測定量をディジタル信号で取り出すことができる特徴を生かし，コンピュータに接続して測定結果をコンピュータに入力できるものがある。

(3) ディジタルマルチメータは，スイッチを切り換えることで電圧，電流，抵抗などを測ることができる多機能測定器である。

(4) ディジタル周波数計には，測定対象の波形をパルス列に変換し，一定時間のパルス数を計数して周波数を表示する方式のものがある。

(5) ディジタル直流電圧計は，アナログ指示計器より入力抵抗が低いので，測定したい回路から計器に流れ込む電流は指示計器に比べて大きくなる。

H25-A14

| | ① | ② | ③ | ④ | ⑤ |
|---|---|---|---|---|---|
| 学 習 日 | | | | | |
| 理解度<br>(○/△/×) | | | | | |

(1) ディジタル計器で交流信号を計測する場合，A－D変換可能なレベルの電圧に調整したのち，整流によって実効値に比例した直流に変換される。よって，(1)は正しい。

(2) ディジタル計器は，測定値をディジタル信号として取り出せるため，コンピュータに接続しデータを転送できるものがある。よって，(2)は正しい。

(3) ディジタル計器の中には，切換スイッチを備え，1台で電圧，電流，抵抗といったさまざまな物理量を計測できるマルチメータがある（マルチ〔multi〕＝多様な，さまざまな）。よって，(3)は正しい。

(4) ディジタル周波数計の中には，測定波形をパルス列に変換し，一定時間のパルス数により周波数を表示するものがある。整流形計器は，整流器と可動コイル形計器を組み合わせてつくられ，交流の電圧や電流測定に用いられる。よって，(4)は正しい。

(5) アナログ電圧計器は，指針を動かすためにエネルギーを要する。そこで，ある程度の電流を得るために，あえて入力抵抗を抑えてつくられる。それに対し，ディジタル電圧計器は指針を動かす必要がないので，アナログ指示計器よりも入力抵抗は高くなる。

　　それゆえ，回路から計器に流れ込む電流は指示計器に比べて小さくなる。よって，(5)は誤り。

以上より，(5)が正解。

**電気測定 CH 08**

**解答…** (5)